Tumordokumentation in Klinik und Praxis

Herausgegeben von
G. Wagner   J. Dudeck   E. Grundmann   P. Hermanek

Springer
Berlin
Heidelberg
New York
Barcelona
Budapest
Hongkong
London
Mailand
Paris
Santa Clara
Singapur
Tokio

Tumordokumentation in Klinik und Praxis

Herausgegeben von:

G. Wagner
Institut für Epidemiologie und Biometrie
Deutsches Krebsforschungszentrum
Im Neuenheimer Feld 280
D-69120 Heidelberg

J. Dudeck
Institut für Medizinische Informatik
Universität Gießen
Heinrich-Buff-Ring 44
D-35392 Gießen

E. Grundmann
Gerhard-Domagk-Institut für Pathologie
Universität Münster
Domagkstraße 17
D-48149 Münster

P. Hermanek
Abteilung für Klinische Pathologie
Chirurgische Klinik der Universität Erlangen-Nürnberg
Maximiliansplatz
D-91054 Erlangen

Diese Reihe besteht aus folgenden Bänden:

Basisdokumentation für Tumorkranke
Organspezifische Tumordokumentation
Tumorlokalisationsschlüssel
Tumorhistologieschlüssel

E. Grundmann   P. Hermanek   G. Wagner

Tumor-histologieschlüssel

Empfehlungen zur aktuellen Klassifikation
und Kodierung der Neoplasien
auf der Grundlage der ICD-O

Zweite, völlig überarbeitete und erweiterte Auflage

Professor Dr. Dr. h.c. mult. E. Grundmann
Gerhard-Domagk-Institut
für Pathologie der Universität
Domagkstraße 17
48149 Münster

Professor Dr. Dr. h.c. P. Hermanek
Chirurgische Klinik der Universität Erlangen-Nürnberg
Maximiliansplatz
91054 Erlangen

Professor Dr. G. Wagner
Deutsches Krebsforschungszentrum
Institut für Epidemiologie und Biometrie
Im Neuenheimer Feld 280
69120 Heidelberg

Additional material to this book can be downloaded from http://extra.springer.com.
ISBN-13:978-3-540-61005-2
2. Auflage, Springer-Verlag Berlin Heidelberg New York

Die Deutsche Bibliothek – CIP-Einheitsaufnahme
Tumorhistologieschlüssel / G. Wagner ... – 2., völlig überarb. u. erw. Aufl. – Berlin; Heidelberg ; New York ; Barcelona ; Budapest ; Honkong ; London ; Mailand ; Paris ; Santa Clara ; Singapur ; Tokio : Springer, 1997
(Tumordokumentation in Klinik und Praxis)
ISBN-13:978-3-540-61005-2   e-ISBN-13:978-3-642-60401-0
DOI: 10.1007/978-3-642-60401-0

Buch.-1978, 1997   CD-ROM.-1997

Dieses Werk besteht aus Buch und CD-ROM und ist urheberrechtlich geschützt. Die dadurch begründeten Rechte, insbesondere die der Übersetzung, des Nachdrucks, des Vortrags, der Entnahme von Abbildungen und Tabellen, der Funksendung, der Mikroverfilmung oder der Vervielfältigung auf anderen Wegen und der Speicherung in Datenverarbeitungsanlagen, bleiben, auch bei nur auszugsweiser Verwertung, vorbehalten. Eine Vervielfältigung dieses Werkes oder von Teilen dieses Werkes ist auch im Einzelfall nur in den Grenzen der gesetzlichen Bestimmungen des Urheberrechtsgesetzes der Bundesrepublik Deutschland vom 9. September 1965 in der jeweils geltenden Fassung zulässig. Sie ist grundsätzlich vergütungspflichtig. Zuwiderhandlungen unterliegen den Strafbestimmungen des Urheberrechtsgesetzes.

© Springer-Verlag Berlin Heidelberg 1978, 1997

Die Wiedergabe von Gebrauchsnamen, Handelsnamen, Warenbezeichnungen usw. in diesem Werk berechtigt auch ohne besondere Kennzeichnung nicht zu der Annahme, daß solche Namen im Sinne der Warenzeichen- und Markenschutzgesetzgebung als frei zu betrachten wären und daher von jedermann benutzt werden dürften.
Produkthaftung: Für Angaben über Dosierungsanweisungen und Applikationsformen kann vom Verlag keine Gewähr übernommen werden. Derartige Angaben müssen vom jeweiligen Anwender im Einzelfall anhand anderer Literaturstellen auf ihre Richtigkeit überprüft werden.
Umschlag: design & production GmbH, Heidelberg
Satz: Mitterweger Werksatz GmbH, Plankstadt bei Heidelberg
SPIN: 10043652   19/3133-5 4 3 2 1 0 – Gedruckt auf säurefreiem Papier

Vorwort zur zweiten Auflage

Die hier vorgelegte 2. Auflage des Tumorhistologieschlüssels (THS) basiert auf dem ins Deutsche übersetzten Morphologieteil der 2. Auflage der englischsprachigen Originalfassung der ICD-O. Unser Ziel ist es, die internationalen Bemühungen um eine Standardisierung der morphologischen Tumordiagnostik zu unterstützen, die klinische Tumordokumentation zu vereinheitlichen und damit letztlich zu einer Verbesserung der Krebsbehandlung und der Krebsstatistik speziell in den deutschsprachigen Ländern beizutragen.

Das Buch ist in erster Linie für die Ärzte und Dokumentationsassistentinnen gedacht, welche die onkologischen Diagnosen zu dokumentieren haben. Die Diagnosen werden in der Regel von den Pathologen gestellt, die somit eine zweite – wesentliche – Zielgruppe des Buches sind. Die Methoden der pathologisch-histologischen Diagnostik werden durch moderne Verfahren immer differenzierter. Auch erscheinen in jedem Jahr neue Tumorbezeichnungen, wobei es sich nur zum Teil um neue Entitäten handelt, in vielen Fällen lediglich um Präzisierungen oder Differenzierungen. Nicht selten bieten sie aber die Grundlage für eine spezifische Behandlung. Der Pathologe muß den neuesten Stand der Nomenklatur kennen. Da dieses Buch den Anspruch erhebt, die aktuelle Tumorklassifikation wiederzugeben, ist es auch in dieser Hinsicht eine Hilfe für die Pathologen.

Eine einfache Übersetzung der 2. Auflage der englischsprachigen Originalfassung der ICD-O war nicht möglich. Seit ihrer Publikation vor knapp 7 Jahren ist die Tumorklassifikation vielfältig erweitert, geändert und präzisiert worden. In der Reihe der sogenannten „Blue Books" der International Histological Classification of Tumours der WHO erschienen seit 1990 weitere 12 Bände der 2. Auflage, welche die erste, von 1967 bis 1981 veröffentlichte Serie ergänzten und erweiterten. Die Veröffentlichung der zweiten Reihe ist noch nicht abgeschlossen. Im Gegensatz zur ersten enthält die zweite Reihe in fast allen Fällen dezidierte Vorschläge für die Kodierung der Tumorentitäten. Ab 1990 erschienen 17 umfangreiche Bände in der dritten Serie des Atlas of Tumor Pathology des Armed Forces Institute of Pathology (AFIP) in Washington/DC. Um dem Anspruch der Aktualität zu entsprechen, mußten die in diesen Reihen veröffentlichten Entitäten berücksichtigt und kodiert werden. Hinzu kamen Einzelveröffentlichungen oder zusammenfassende Darstellungen in internationalen Zeitschriften vorwiegend der Pathologie, aber auch Neuauflagen deutschsprachiger Lehrbücher.

Mit dieser Differenzierung der Tumordiagnostik nimmt die Zahl der Entitäten zu. Manche histologischen Diagnosen veralten aber auch oder werden obsolet. Die Autoren haben sich bemüht, alle wichtigen Krankheitsbegriffe aufzunehmen und durch die Reihenfolge ihrer Anordnung zu bewerten. Vorzugsbezeichnungen stehen grundsätzlich jeweils an erster Stelle. Neu aufgenommene Begriffe mit eigener Code-Nummer wurden durch Kursivschrift kenntlich gemacht. Durch eckige Klammern gekennzeichnet wurden alle als obsolet, irreführend, mißverständlich oder nichtssagend anzusehenden Tumorbegriffe, die in Zukunft nicht mehr verwendet werden sollten.

Die Autoren wählten bei der Übersetzung der englischen Begriffsbezeichnungen die dem deutschen Benutzer geläufigen Termini und führten neben den durch Fettdruck hervorgehobenen Vorzugsbezeichnungen auch gebräuchliche Synonyme auf. Bei den morphologischen Tumortypen, die nur in bestimmten Lokalisationen vorkommen, wurde in Klammern die entsprechende Organangabe einschließlich des Topographie-Codes der 5. Auflage des Tumorlokalisationsschlüssels beigefügt.

Eine wichtige Neuerung gegenüber der 1. Auflage des Tumorhistologieschlüssels und auch der 2. Auflage der englischsprachigen Originalfassung der ICD-O ist die Einführung ausführlicher Anmerkungen. Besonders unter Hinweis auf die oben genannten Neuveröffentlichungen erschien es notwendig, viele Diagnosebegriffe zu definieren. Dies konnte nicht in der gleichen Ausführlichkeit geschehen wie in den „Blue Books" der WHO. Die Autoren haben aber immer dann, wenn histologische Charakteristika besonders wichtig oder für die Differentialdiagnose unverzichtbar sind, diese in Kurzform beschrieben. Diese Anmerkungen wurden – soweit irgend möglich – auf die jeweilige Nachbarseite der Klassifikationsliste gesetzt.

Dem Anspruch, eine aktuelle Tumorklassifikation zu erstellen, konnte nur mit Hilfe namhafter Experten entsprochen werden. Die Autoren sind hierfür besonders den Kollegen Prof. Dr. Harald Stein/Berlin, Prof. Dr. Hans-Konrad Müller-Hermelink/Würzburg und Prof. Dr. Wolfgang Hiddemann/Göttingen dankbar, die sich um die Aktualisierung der Lymphomklassifikationen in diesem Band verdient gemacht haben. Für fachliche Kritik und Beratung zum Bereich der gynäkologischen Tumoren danken wird Herrn Prof. Dr. Eberhard Paterok/Erlangen, zum Bereich der Neuropathologie Herrn Prof. Dr. Filippo Gullotta/Münster. Zu Dank verpflichtet sind wir unseren Mitarbeiterinnen: In Münster Frau Hermine Lossmann, in Erlangen Frau Doris Eckert, in Heidelberg Frau Angelika Celso. Wir danken dem Springer-Verlag für die in jeder Hinsicht angenehme Kooperation, insbesondere für das bereitwillige Eingehen auf uns richtig und wichtig erscheinende Anliegen.

Die Autoren waren sich von Anfang an der Schwierigkeiten bewußt, die mit dem gestellten Anspruch verbunden sind; sie wußten und wissen: Der Ansatz enthält ein hohes Risiko, zumal die Klassifikationsbemühungen ständig weiterschreiten. Wir hoffen trotzdem, daß das Buch für die angesprochenen Benutzerkreise hilfreich ist.

Münster, Erlangen, Heidelberg, im Juli 1997   Ekkehard Grundmann
                                                       Paul Hermanek
                                                       Gustav Wagner

Übersetzung des Vorworts zur 2. Auflage der englischen Originalfassung der ICD-O (1990)

Die 1. Auflage (1976) der International Classification of Diseases for Oncology (ICD-O) basierte auf der 9. Revision der International Classification of Diseases (ICD-9). Die 2. Auflage (1990) ist eine Erweiterung von Kapitel II (Neoplasien) der 10. Revision der International Statistical Classification of Diseases and Related Health Problems (ICD-10). Die ICD-O enthält Codes zur Verschlüsselung von Topographie und Morphologie (Histologie) von Tumoren.

Wie für die ICD-9 und die 1. Auflage der ICD-O übertrug die Weltgesundheitsorganisation (WHO) der International Agency for Research on Cancer (IARC) die Verantwortung auch für das Tumorkapitel der ICD-10 und die Revision der ICD-O. Die IARC holte Vorschläge von interessierten Körperschaften ein und beauftragte eine Arbeitsgruppe, diese Ergänzungen bzw. Änderungsvorschläge zu prüfen. Wie bei der ICD-9 und bei der 1. Auflage der ICD-O bot das National Cancer Institute (NCI) der USA bereitwillig seine Mitarbeit bei der Aufgabe an.

Die ICD stellt die Basis für den Topographieschlüssel der ICD-O dar. Erstmalig wurde ein alphanumerisches System für die Kategorien der ICD-10 aufgenommen, d.h. die erste Stelle der Notation ist ein Buchstabe. Den malignen Tumoren ist der Buchstabe „C" zugeteilt. In der 2. Auflage der ICD-O reicht der Abschnitt „Topographie" von C00 bis C80. Jede dreistellige Kategorie ist weiter in bis zu 10 Subkategorien unterteilt, die durch eine Ziffer nach einem Punkt gekennzeichnet werden.

Der Morphologieteil ist grundsätzlich identisch mit dem der 1. Auflage der ICD-O von 1976; jedoch sind inzwischen in der Literatur einige neue histologische Tumortypen beschrieben worden, und diese wurden mit neuen Code-Nummern an entsprechender Stelle eingefügt. Die einzige große Änderung erfolgte beim Abschnitt der Non-Hodgkin-Lymphome, der völlig umgestaltet wurde, um die in der 1982 publizierten Working Formulation des NCI anerkannten Krankheitsbegriffe aufzunehmen. Um Verwirrungen zwischen der 1. und der 2. Auflage möglichst gering zu halten, wurden die zuvor nicht benutzten Notationen 967–968 für die Klassifizierung der diffusen Lymphome verwendet und die Code-Nummern 960–964 gestrichen. Als äquivalent angesehene Bezeichnungen aus verschiedenen Non-Hodgkin-Lymphom-Klassifikationen (Working Formulation, Rappaport, Kiel usw.) wurden in der Regel unter den gleichen oder benachbarten Code-Nummern zusammengefaßt.

Der Schlüssel für das biologische Verhalten (Behavior-Code) ist im wesentlichen der gleiche wie der der 1. Auflage; lediglich der Schlüssel für den histologischen Differenzierungsrad (Grading; 6.Stelle) wurde erweitert, um die immunologische Charakterisierung bei Lymphomen und Leukämien (T-, B-, Null-Zelltyp) zu ermöglichen.

Die Herausgeber empfanden es als eine wesentliche Verpflichtung, so wenige Krankheitsbegriffe wie möglich zu ändern und neue Begriffe an freien Stellen einzuführen. Neue Termini wurden nur übernommen, wenn wenigstens zwei Publikationen in der Fachliteratur über diese Krankheitseinheiten vorlagen. Eine Liste der neuen morphologischen Bezeichnungen und der wenigen geänderten Code-Nummern ist am Ende des Bandes beigefügt.

Wie für die 1. Auflage wurden ausgedehnte Testungen vor Ort durchgeführt. Zwischen 1986 und 1988 veröffentlichte das NCI vier verschiedene Feldstudienausgaben, die von den Surveillance-Epidemiology-and-End-Results-Registern (SEER) des NCI und vielen anderen bevölkerungsbezogenen und Krankenhaus-Krebsregistern in den USA benutzt wurden. Die International Association of Cancer Registries (IACR) verteilte weltweit Kopien an ihre Mitglieder. In diesen Feldstudienversionen wurden neue histologische Begriffe durch Fettdruck gekennzeichnet, andere als Kandidaten für eine mögliche Streichung markiert; die Topographie der ICD-9 wurde beibehalten. Teilnehmer an den Feldstudien schlugen zusätzliche neue Begriffe vor und setzten sich gelegentlich für die Beibehaltung von zum Wegfall vorgeschlagenen Termini ein. Der Vorschlag für den neuen Abschnitt über Non-Hodgkin-Lymphome wurde als sehr zufriedenstellend beurteilt.

Da die große Mehrzahl der Benutzer aus Tumorregistern kommen, enthält diese Auflage spezifische Gebrauchsanweisungen für Tumorregistrare wie auch für Pathologen und andere Interessenten. Die Liste der tumorähnlichen Veränderungen in der 1. Auflage wird nur noch im alphabetischen Index aufgeführt. Die Notationen für diese Begriffe entstammen der 2. Auflage der vom College of American Pathologists publizierten Systematized Nomenclature of Medicine (SNOMED). Ausführungen, die nur für die USA von größerer Bedeutung sind, wurden in Klammern gesetzt.

Arbeitsgruppen und Berater für die ICD-O, 2. Auflage

Die von der WHO und der IARC eingesetzte Arbeitsgruppe und die sachverständigen Berater waren:
Dr. R. Beckett, Hartford, CT, USA
Dr. J.W. Berg, Denver, CO, USA
Dr. G. Braemer, WHO
Dr. F. Carli, Dijon, France
Dr. K. Kupka, WHO
Herr A. L'Hours, WHO
Dr. P. Maguin, Paris, France
Dr. C.S. Muir, IARC
Dr. N.P. Napalkov, Leningrad, USSR
Dr. G.T. O'Conor, Chicago, IL, USA
Frau C. Percy, Bethesda, MD, USA
Dr. F. Rilke, Milan, Italy

Dr. D. Rothwell, Milwaukee, WI, USA
Dr. R. Shanmugaratnam, Singapore
Dr. L. Sobin, Washington, DC, USA
Frau V. Van Holten, Bethesda, MD, USA
Dr. D. Wright, Southampton, United Kingdom

Die Mitglieder der Arbeitsgruppe und die Berater hätten ohne die Hilfe und Unterstützung vieler weiterer Experten der jeweiligen Fachgebiete nicht so effektiv arbeiten können. Besonderer Dank gilt allen Feldstudien-Teilnehmern, die bei der Erstellung dieses Bandes geholfen haben.

Computer-Unterstützung gewährte die NCI-Division of Cancer Prevention and Control, National Institutes of Health, Bethesda, MD, USA. Dankbar vermerkt wird auch die Rechner-Hilfe der verschiedenen Mitarbeiter von Information Management Services, Inc., Rockville, MD., insbesondere von Herrn Jerry Felix und Frau Maureen Troublefield.

Inhaltsverzeichnis

Verwendete Abkürzungen XV

A. Allgemeiner Teil 1

1 Historischer Rückblick 1

2 Aufbau des Tumorhistologieschlüssels (THS). 1

3 Struktur des Morphologie-Codes 2

4 Verwendete Drucktypen 4

5 Erfassung des histologischen Tumortyps 4
5.1 Krebs, Karzinom, Tumor, Neoplasie 4
5.2 Lokalisationsspezifische Bezeichnungen
und lokalisatorische Hinweise 4
5.3 Pseudotopographische morphologische Bezeichnungen 5
5.4 Pluriform gebaute Neoplasien 6
5.5 Bedeutung und Verwendung der Abkürzung „o.n.A."
(ohne nähere Angaben) 6
5.6 Zytologische Diagnosen 7

6 Kodierung des biologischen Verhaltens des Tumors 7
6.1 Allgemeines 7
6.2 Intraepitheliale Neoplasie, Dysplasie, Carcinoma in situ 8

7 Sechste Stelle des Morphologie-Codes 9
7.1 Histologisches Grading 9
7.2 Immunologische Charakterisierung von Lymphomen
und Leukämien 10

8 Multiple Primärtumoren (Mehrfachtumoren) 10

9 Tumorähnliche Veränderungen. 12

10 THS versus ICD-10 12

11	Unterschiede zur englischsprachigen Originalfassung der ICD-O (2. Aufl.).	13
11.1	Anmerkungen zu den Krankheitsbegriffen	13
11.2	Neugliederung der Lymphome und Leukämien	13
11.3	Aufnahme neuer Tumorentitäten und Vergabe bisher freier Code-Nummern	15
11.4	Kennzeichnung der zu empfehlenden und der nicht zu empfehlenden Begriffe	22
11.5	Vorzugsbezeichnungen und Synonyme	22
11.6	Lokalisationsangaben	22
11.7	Gegenüber ICD-O (1990) und WHO-Klassifikationen im THS geänderte Code-Nummern	23

B. Systematischer Teil: Numerische Liste der Krankheitsbezeichnungen 27

Code-Nummern	Bezeichnungen	
800	Neoplasien o.n.A.	29
801–804	Epitheliale Neoplasien	29
805–808	Plattenepithelneoplasien	33
809–811	Basalzellneoplasien (Haut)	37
812–813	Papillome und Karzinome des Übergangsepithels	41
814–838	Adenome und Adenokarzinome	41
839–842	Neoplasien der Haut und der Hautanhangsgebilde (ausgenommen Basalzellneoplasien und maligne Lymphome)	61
843	Mukoepidermoide Neoplasien	65
844–849	Zystische, muzinöse und seröse Neoplasien	65
850–854	Duktale, lobuläre und medulläre Neoplasien	69
855	Azinuszellneoplasien	73
856–858	Komplexe epitheliale Neoplasien	75
859–867	Spezielle Gonadenneoplasien (ausgenommen Keimzellneoplasien)	75
868–871	Paragangliome und Glomustumoren	83
872–879	Nävi und Melanome	85
880	Weichteilneoplasien und Sarkome o.n.A.	91
881–883	Fibromatöse Neoplasien	91
884	Myxomatöse Neoplasien	95
885–888	Lipomatöse Neoplasien	95
889–892	Myomatöse Neoplasien	99
893–899	Komplexe Misch- und Stromaneoplasien	101
900–903	Fibroepitheliale Neoplasien	105
904	Synoviaähnliche Neoplasien	107
905	Mesotheliale Neoplasien	107
906–909	Keimzellneoplasien	109
910	Trophoblastische Neoplasien	113

Code-Nummern	Bezeichnungen	
911	Mesonephrome	115
912–916	Neoplasien der Blutgefäße	115
917	Neoplasien der Lymphgefäße	119
918–924	Neoplasien der Knochen- und Knorpelgewebe	119
925	Riesenzellneoplasien	125
926	Sonstige Neoplasien des Knochens	125
927–934	Odontogene Neoplasien	125
935–937	Sonstige Neoplasien	129
938–948	Gliome	131
949–952	Neuroepitheliomatöse Neoplasien	135
953	Meningeome (Hirnhäute)	137
954–957	Neoplasien der Nervenscheiden	139
958	Granularzellneoplasien und alveoläres Weichteilsarkom	141
959–972	Hodgkin- und Non-Hodgkin-Lymphome	141
959	Lymphome o.n.A.	141
960–964	Non-Hodgkin-Lymphome nach der REAL-Klassifikation	143
965–966	Hodgkin-Lymphome (Morbus Hodgkin, HD)	147
967–969	Diffuse und follikuläre (noduläre) Lymphome	149
970–972	T-Zell-Lymphome und sonstige spezielle lymphoretikuläre Neoplasien	155
973	Plasmazellneoplasien	159
974	Mastzellneoplasien	159
976	Immunoproliferative Krankheiten	159
980	Leukämien o.n.A.	161
982–983	Lymphatische Leukämien und Plasmazell-Leukämien	161
984	Erythroleukämien	163
985	Sonstige lymphatische Leukämien	165
986–988	Myeloische Leukämien einschließlich Basophilen- und Eosinophilenleukämien	165
989	Monozytenleukämien	169
990–994	Sonstige Leukämien	169
995–997	Myeloproliferative Syndrome (MPS) und sonstige lymphoproliferative Krankheiten	171
998	Myelodysplastische Syndrome	173
C.	SNOMED-Code-Nummern wichtiger tumorähnlicher Veränderungen	175
D.	Alphabetischer Index	185
E.	Literatur	287

Verwendete Abkürzungen

ACTH	Adrenokortikotropes Hormon
AFIP	Armed Forces Institute of Pathology
AIDS	Erworbenes Immundefekt-Syndrom
AILD	Angioimmunoblastisches T-Zell-Lymphom
AIS	Adenocarcinoma in situ
ALCL	Anaplastisches großzelliges Lymphom
ALL	Akute lymphatische Leukämie
ALM	Akral-lentiginöses Melanom
AML	Akute myeloische Leukämie
ATL	Adulte T-Zell-Leukämie
ATL/L	Adulte(s) T-Zell-Leukämie/Lymphom
B-ALL	Akute lymphatische B-Zell-Leukämie
B-CLL	Chronische lymphatische B-Zell-Leukämie
BL	Burkitt-Lymphom
C	Topographie-Code der ICD-O
CD	Leukozytendifferenzierungscluster
CIg	Zytoplasmatisches Immunglobulin
CIN	Zervikale intraepitheliale Neoplasie
CIS	Carcinoma in situ
CLL	Chronische lymphatische Leukämie
CML	Chronische myeloische Leukämie
CMML	Chronische myelomonozytäre Leukämie
CMPE	Chronische myeloproliferative Erkrankung
DCIS	Duktales Carcinoma in situ
DIG	Desmoplastisches infantiles Gangliogliom
DMM	Diffuses malignes Mesotheliom
DMPS	Dysmyelopoetisches Syndrom
EBV	Epstein-Barr-Virus
EC	Enterochromaffin
ECL	Enterochromaffin-like
EMA	Epitheliales Membranantigen
FAB	French-American-British Cooperation Group (für die Klassifikation der akuten Leukämien)
FAP	Familiäre adenomatöse Polypose
FIGO	Féderation Internationale de Gynécologie et Obstétrique
HCC	Hepatozelluläres Karzinom
HCG	Humanes Choriongonadotropin
HCL	Haarzell-Leukämie
HD	M. Hodgkin

HMB	Humaner Melanom-B-Antikörper
HPV	Humanes Papillomavirus
HSIL	High-grade Squamous Intraepithelial Lesion
HTLV	Humanes T-Lymphozytenvirus
IACR	International Association of Cancer Registries
IARC	International Agency for Research on Cancer
IASLC	International Association for the Study of Lung Cancer
ICD-O	International Classification of Diseases for Oncology (2. englische Auflage)
ICD-O-DA	Tumorhistologieschlüssel (1. deutschsprachige Auflage)
ICD-9	Internationale Klassifikation der Krankheiten, Verletzungen und Todesursachen (ICD), 1979, 9. Revision
ICD-10	Internationale statistische Klassifikation der Krankheiten und verwandter Gesundheitsprobleme, 1994, 10. Revision
IgM	Immunglobulin der Klasse M
K	Kiel-Klassifikation der Non-Hodgkin-Lymphome
Ki-1	Proliferationsantigen (entspricht CD30)
LD-HD	Lymphozytenarmer Typ des M. Hodgkin
LGLL	Large Granular Lymphocytic Leukemia
LgrX	Lymphogranulomatose X
LHCH	Langerhans-Zell-Histiozytose
LMM	Lentigo-maligna-Melanom
LP-HD	Lymphozytenprädominanter Typ des M. Hodgkin
LRC-HD	Lymphozytenreicher klassischer Typ des M. Hodgkin
LSIL	Low-grade Squamous Intraepthelial Lesion
L-Zellen	Endrokrine Zellen mit groben Granula (large granules)
M	Morphologie-Code der ICD-O
MALT	Mukosa-assoziiertes lymphatisches Gewebe
MC-HD	Mischtyp des M. Hodgkin
MDS	Myelodysplastisches Syndrom
MH	Maligne Histiozytose
MOTNAC	Manual of Tumor Nomenclature and Coding
MPNST	Maligner peripherer Nervenscheidentumor
MPS	Myeloproliferatives Syndrom
NCI	National Cancer Institute (USA)
NK	Natural killer (Zellen)
NM	Noduläres Melanom
NOS	Not otherwise specified
NSE	Neuronspezifische Enolase
NS-HD	Nodulär-sklerosierender Typ des M. Hodgkin
OMS	Osteomyelosklerose
O.n.A.	Ohne nähere Angaben
OTD	Organspezifische Tumordokumentation (1995)
PAS	Perjodsäure-Schiff(-Reaktion)
PC-L	Plasmozytisches Lymphom
PDGF	Plättchenwachstumsfaktor
PIN	Prostatische intraepitheliale Neoplasie
PNET	Primitiver neuroektodermaler Tumor
PSA	Prostataspezifisches Antigen

PTLE	Posttransplantations-Lymphoproliferative Erkrankung
RA	Refraktäre Anämie ohne Ringsideroblasten
RAEB	Refraktäre Anämie mit Blastenüberschuß
RAEBT	Refraktäre Anämie mit Blastenüberschuß und Transformation
RARS	Refraktäre Anämie mit Ringsideroblasten
REAL	Klassifikation der Revised European-American Lymphoma Group
SEER	Surveillance, Epidemiology and End Results Programm des NCI
SLL/B-CLL	Kleinzellige(s) lymphozytische(s) B-Zell-Lymphom/Leukämie
SMH	Stein–Müller-Hermelink–Hiddemann (1996) (Modifikation der REAL-Klassifikation der Lymphome)
SNOMED	Systematized Nomenclature of Medicine (Coté RA et al., Hrsg. der engl. Ausgaben: 1st edn 1977, 2nd edn 1984, 3rd edn 1993; Wingert F, Hrsg. der dt. Ausgabe 1984)
SSM	Oberflächlich spreitendes Melanom
T-ALL	Akute lymphatische T-Zell-Leukämie
T-CLL	Chronische lymphatische T-Zell-Leukämie
THS	Tumorhistologieschlüssel
TIN	Testikuläre intraepitheliale Neoplasie
TNM	Tumor-Node-Metastasis, Klassifikation der anatomischen Ausbreitung
T-PLL	Prolymphozytenleukämie vom T-Zell-Typ
UCM	Unklassifiziertes Melanom
UICC	Unio Internationalis Contra Cancrum
VAIN	Vaginale intraepitheliale Neoplasie
VIN	Vulväre intraepitheliale Neoplasie
W	Working Formulation (Non-Hodgkin's Lymphoma Pathologic Classification Project)
WHO	World Health Organization

A. Allgemeiner Teil

1 Historischer Rückblick

Bemühungen um eine allgemein akzeptierte Klassifikation des histologischen Tumortyps, eine standardisierte Beschreibung des Malignitätsgrades sowie eine einheitliche Erfassung der Tumorlokalisation begannen nach dem 2. Weltkrieg. Zu erwähnen sind hier die Erstellung eines Atlas of Tumor Pathology in zahlreichen Bänden ab 1949 durch das Armed Forces Institute of Pathology (AFIP), Washington/DC (1957, 1966, 1991), die Publikation einer Illustrated Tumor Nomenclature durch die UICC im Jahre 1965, sowie die Herausgabe der International Histological Classification of Tumours durch die WHO (1967 ff.). Diese sogenannten „Blue Books" erschienen – gesondert für einzelne Organe bzw. Organsysteme – in 1. Auflage zwischen 1967 und 1981, in 2. Auflage seit 1981. Die verschiedenen Tumortypen werden darin anhand histologischer Farbfotos demonstriert und exakt beschrieben und abgegrenzt.

Für die Verschlüsselung von Topographie und Morphologie legte die American Cancer Society 1968 das auf der 8. Revision der ICD und der Systematized Nomenclature of Pathology (SNOP) basierende Manual of Tumor Nomenclature and Coding (MOTNAC) vor (Percy et al. 1968). Als Ergebnis mehrjähriger Arbeit einer internationalen Expertengruppe der WHO kam in der Nachfolge von MOTNAC dann die International Classification of Diseases for Oncology (ICD-O) (WHO 1976) heraus, die auf der 9. Revision der ICD und den SNOMED-Notationen aufbaute und seither der international gebräuchliche Code zur Erfassung der Morphologie und der Topographie aller Arten von Tumoren ist.

Gegenüber dem ursprünglichen MOTNAC-Code wurden die Notationen der ICD-O schon in der 1. Auflage (1976) um eine Stelle erweitert. Beispielsweise hat das „Plattenepithelkarzinom o.n.A." im MOTNAC-Code die Code-Nr. 8073 (wobei „807" den histologischen Typ und „3" den Malignitätsgrad des Tumors bezeichnet). In der ICD-O hat der gleiche Begriff die Code-Nr. 8070/3; die vierstelligen MOTNAC-Codes wurden also auf fünfstellige ICD-O-Notationen erweitert, wobei der biologische Verhaltenscode (Behavior-Code) mit Schrägstrich als Anhängeziffer hinter den Code für den histologischen Typ gesetzt wurde.

Nach der Publikation der 10. Revision der ICD ist 1990 eine revidierte 2. Auflage der ICD-O erschienen (Percy et al. 1990). Morphologie- und Topographieteil der 1. Auflage des englischsprachigen ICD-O-Codes wurden – ins Deutsche übertragen – als Tumorhistologieschlüssel (ICD-O-DA) (Jacob et al. 1978) bzw. Tumorlokalisationsschlüssel (Wagner 1974, 1979, 1988) publiziert. Der Topographieteil der 2. Auflage der ICD-O erschien in deutscher Sprache im Frühjahr 1993 in 5. Auflage (Wagner 1993). Mit dem hier vorgelegten Tumorhistologieschlüssel wird dem onkologisch tätigen Kliniker schließlich auch eine deutsche Übersetzung des Morphologie-Teils der neuesten Auflage der ICD-O zugänglich gemacht.

2 Aufbau des Tumorhistologieschlüssels

Der Tumorhistologieschlüssel (THS) ist die erweiterte und auf den neuesten Stand der Erkenntnisse gebrachte deutschsprachige Fassung des Morphologie-Teils der englischsprachigen Originalfassung der ICD-O (2. Auflage von 1990). Er stellt eine kodierte Nomenklatur der heute als klinische Entitäten anerkannten benignen und malignen Tumoren dar. Die darin aufgeführten Tumorbezeichnungen haben fünfstellige Notationen zwischen M-8000/0 und M-9989/1. Zur Vereinfachung wurde im THS das Präfix „M-" stets weggelassen, also statt z. B. M-8140/3 nur 8140/3 aufgeführt.

Der Tumorhistologieschlüssel besteht aus zwei Hauptteilen. Der systematische Teil läßt die Struktur des Schlüssels und die Einordnung der verschiedenen Tumoren in das nosologische System erkennen. Die ersten vier Stellen der Notationen sind hierarchisch gegliedert und dienen der Kodierung des histologischen Typs; die fünfte Stelle, nach dem Schrägstrich (/), dient der Kennzeichnung des biologischen Verhaltens (sog. „Behavior-Code"). Die zur kompletten Kennzeichnung eines Tumors vorgesehene 6. Stelle beschreibt den histologischen Differenzierungsgrad (Grading).

In einem gesonderten Kapitel werden die tumorähnlichen Veränderungen aufgeführt, die mit Neoplasien verwechselt werden können, etwa weil sie auf „om" enden (z. B. „Riesenzellgranulom") oder weil sie mögliche prämaligne Konditionen bezeichnen (z. B. „Leukoplakie"). Diese Begriffe werden für interessierte Ärzte bzw. Tumorregister im alphabetischen Index mit der entsprechenden Schlüssel-Nr. des SNOMED INTERNATIONAL (1993) aufgelistet.

Beispiel: Acanthosis nigricans: SNOMED D0-23320.

Der alphabetische Index erleichtert das Auffinden der Notationen der verschiedenen Tumorbegriffe und dient damit vorwiegend dem Kodieren. Alle vorkommenden Tumorbegriffe werden hier sowohl in der im systematischen Teil aufgeführten „Normalfassung" als auch in permutierter Schreibweise erfaßt, beispielsweise das „Muzinöse Adenokarzinom" einmal unter M und einmal unter A (als Adenokarzinom, muzinös).

Der Tumorhistologieschlüssel verwendet die Tumorbegriffe der International Histological Classification of Tumours der WHO (sog „Blue Books"), deren erste Serie (von 1967 bis 1981 veröffentlicht) insgesamt 25 Bände für die wichtigsten Organtumoren umfaßte. Das 1978 publizierte Coded Compendium of the International Histological Classification of Tumours (Sobin et al. 1978) faßte alle bis dahin erschienenen Klassifikationen mit ihren ICD-O-Code-Nummern zusammen. Für die tumorähnlichen Läsionen wurden die entsprechenden SNOMED-Code-Nummern angegeben.

Seit 1981 erscheint die Serie der „Blue Books" in 2. Auflage. Bisher sind davon 16 Bände erschienen, deren Terminologievorschlägen hier weitgehend gefolgt wird. Sind unter einer Code-Nr. des systematischen Teils des THS mehrere Termini aufgeführt, so ist die an erster Stelle genannte Bezeichnung (Vorzugsbezeichnung) gewöhnlich die in den „Blue Books" angegebene.

3 Struktur des Morphologie-Codes

Der Morphologie-Code der ICD-O bzw. des Tumorhistologieschlüssels besteht aus einer vierstelligen Notation für den histologischen Tumortyp und einer mit Schrägstrich angefügten Anhängeziffer (sog. Behavior-Code). Eine weitere sechste Stelle des Morphologie-Codes ist für den histologischen Differenzierungsgrad (Grading) vorgesehen.

Ebenso wie in der ICD-O ist auch im THS der jeweils erstgenannte Begriff einer Code-Nr. entweder die von den Autoren empfohlene Vorzugsbezeichnung oder die Sammelbezeichnung für eine Tumorgruppe. Die eingerückt darunter stehenden Begriffe sind gebräuchliche Synonyme der Vorzugsbezeichnung; abzulehnende (obsolete, nichtssagende, mißverständliche) Begriffe sind im THS entweder gar nicht aufgeführt oder in eckige Klammern gesetzt.

Die aus histologischem Tumortyp und Behavior-Code zusammengesetzte „Morphologie-Code-Matrix" soll kurz am Beispiel der in Tabelle 1 angeführten Tumorbegriffe erläutert werden:

In *Beispiel (a)* sind unter der Morphologie-Code-Nr. 8140 sechs verschiedene Tumorbegriffe mit ihren jeweiligen Notationen aufgeli-

Tabelle 1. Beispiele für die Kodierung von histologischem Tumortyp und biologischem Verhalten (Morphologie-Code und Behavior-Code)

Morphologie-Code Behavior-Code	(a) 8140	(b) 9000	(c) 9370
/0 Gutartig (Benigne)	8140/0 Adenom o.n.A.	9000/0 Benigner Brenner-Tumor	9370/0 Parachordom
/1 Fragliche Dignität* (Borderline-Malignität)	8140/1 [Bronchialadenom o.n.A.]	9000/1 Brenner-Tumor von Borderline-Malignität	9370/1 -**
/2 Carcinoma in situ (intraepithelial, nicht-invasiv)	8140/2 Adenocarcinoma in situ	9000/2 -**	9370/2 -**
/3 Bösartig (maligne), Primärtumor	8140/3 Adenokarzinom o.n.A.	9000/3 Maligner Brenner-Tumor	9370/3 Chordom o.n.A.
/6 Bösartig, Metastase	8140/6 Adenokarzinommetastase	9000/6 Metastase eines malignen Brenner-Tumors	9370/6 Chordommetastase
/9 Bösartig, unsicher, ob Primärtumor oder Metastase	8140/9 Adenokarzinom, unsicher, ob Primärtumor oder Metastase	9000/9 -**	9370/9 -**

* Im Bereich des Ovars werden Tumoren fraglicher Dignität teilweise als maligne verschlüsselt.
**Entsprechende Tumoren sind nicht bekannt.

stet. „Adenom o.n.A." ist ein gutartiger Tumor. Er erhält daher die Anhängeziffer /0. Das maligne Gegenstück „Adenokarzinom o.n.A." bekommt den Behavior-Code /3, das „Adenokarzinom in situ" den Zusatz /2. Das „Bronchialadenom o.n.A." wurde früher als gutartiger Tumor angesehen. Es zeigte sich aber, daß dieser Tumor maligne sein kann. Man versah diesen Begriff daher in der ICD-O mit dem Behavior-Code /1 (fragliche Dignität). Die Herausgeber des THS sind der Ansicht, daß dieser nichtssagende Begriff in Zukunft nicht mehr verwendet werden sollte, und haben ihn daher in eckige Klammern gesetzt. Die „Adenokarzinommetastase" hat den Anhängecode /6 zur Bezeichnung einer Metastase (Sekundärtumor). Schließlich besteht auch noch die Möglichkeit, ein Adenokarzinom, von dem man nicht weiß, ob es ein Primärtumor oder eine Metastase ist, mit 8140/9 zu dokumentieren.

Beispiel (b) zeigt die vier Möglichkeiten für die Kodierung unterschiedlicher Typen des Brenner-Tumors (9000).

Beispiel (c): Unter der Notation 9370 ist in der ICD-O nur ein Begriff aufgeführt, nämlich das „Chordom", das als maligne anzusehen ist und dem daher der Zusatzcode /3 zugeteilt wurde. Inzwischen ist jedoch in der Neuauflage des WHO-Bandes Histological Typing of Soft Tissue Tumours (Weiss 1994) auch das ursprünglich 1951 von Laskowski beschriebene, später von Dabska (1977) herausgestellte „Parachordom" als neue Krankheitseinheit anerkannt worden. Als gutartiger Tumor ist das

Parachordom daher im THS unter der Notation 9370/0 aufgenommen worden. Schließlich ist für eine Chordommetastase die Schlüssel-Nr. 9370/6 vorgesehen.

4 Verwendete Drucktypen

Zur besseren Kennzeichnung der Bedeutung der im systematischen Teil aufgeführten Tumorbegriffe wurden verschiedene Drucktypen benutzt:

Zwischentitel Halbfett, größere Schrift
Vorzugsbe- Halbfett
zeichnungen
   Synonyme   Normalschrift eingerückt
   [Nicht zur   Normalschrift in eckigen
   Verwendung   Klammern
   empfohlene
   Begriffe]
Neu eingeführte
Vorzugs-   Kursiv halbfett
bezeichnungen
   Neu   Kursiv, Normalschrift,
   eingeführte   eingerückt
   Synonyme

Beispiele

805–808   Plattenepithelneoplasien

8052/0   **Plattenepithelpapillom**
           Keratotisches Papillom
8011/3   [Malignes Epitheliom]
8241/0   *Benigner argentaffiner*
           Karzinoidtumor
           Benignes Argentaffinom

5 Erfassung des histologischen Tumortyps

5.1 Krebs, Karzinom, Tumor, Neoplasie

Obwohl das Wort „Krebs" maligne Tumoren jeden histologischen Typs bezeichnet und „Karzinom" sich nur auf epitheliale Neoplasien bezieht, werden beide Wörter häufig als synonym angesehen. So wird z. B. der Begriff „Plattenepithelkrebs" als Synonym für „Plattenepithelkarzinom" verwendet, und beide Bezeichnungen werden gleich kodiert. Die Diagnose „Spindelzellkrebs" kann sich aber sowohl auf das „Spindelzellkarzinom" als auch auf das „Spindelzellsarkom" beziehen; sie ist also irreführend bzw. zweideutig. Das Wort „Krebs" wird daher in der ICD-O und entsprechend auch im THS vermieden. Es wird nur an einer Stelle (8000/3) als nicht mehr zu empfehlendes Synonym zu dem Begriff „Maligne Neoplasie o.n.A." erwähnt.

Der Begriff „Tumor" hat in der Onkologie seinen festen Platz. Auch für den vorliegenden Band wurde die eingefahrene Bezeichnung „Tumorhistologieschlüssel" benutzt. Jedoch umfaßt der Begriff „Tumor" weit mehr als die hier behandelten benignen und malignen Neubildungen, insbesondere auch alle Schwellungen nicht-neoplastischer Art. Die Herausgeber haben daher – wo immer angängig – den Ausdruck „Tumor" durch die Bezeichnung „Neoplasie" ersetzt, so z.B. in den meisten Zwischentiteln des systematischen Teils (etwa „Fibromatöse Neoplasien" statt „Fibromatöse Tumoren").

5.2 Lokalisationsspezifische Bezeichnungen und lokalisatorische Hinweise

Manche Tumorbezeichnungen sind spezifisch für bestimmte Lokalisationen bzw. Gewebe. Beispielsweise entsteht das „Nephroblastom" (=8960/3) definitionsgemäß stets in der Niere, das „Hepatozelluläre Karzinom" (HCC) (=8170/3) immer in der Leber. Bei solchen lokalisationsspezifischen Bezeichnungen erübrigt sich zwar ein Hinweis auf das befallene Organ oder Gewebe; um die Dokumentation zu erleichtern, wurde aber die Code-Nr. für die Lokalisationen nach dem Krankheitsbegriff in Klammern beigegeben.

Morphologische Tumorformen, die nur in bestimmten Organen vorkommen, deren Bezeichnungen aber nicht lokalisationsspezifisch sind, haben in der ICD-O und im THS in Klammern nachgestellte Hinweise auf ihren Sitz, beispielsweise „Diffuses Karzinom (Magen, C16)". In der englischsprachigen Originalfassung der ICD-O ist statt des Organs nur der entsprechende Topographie-Code angegeben, z. B. „Carcinoma, diffuse type (C16)".

Zusätzliche Organhinweise wurden im THS überall dort aufgeführt, wo dies erforderlich erschien. So ist z.B. beim „Morbus Bowen" (=8081/2) in der englischsprachigen Originalfassung der ICD-O als Lokalisation nur die Haut (C44) erwähnt; da diese Neoplasie aber auch am Penis (C60) und im Larynx (C32) beobachtet wird, sind im THS auch diese Organe mit ihren Topographie-Codes angegeben.

Das gleiche Prinzip wurde bei quasi-lokalisationsspezifischen Tumorbezeichnungen beachtet. Das „Basalzellkarzinom o.n.A." (=8090/3) entsteht zwar in der Regel in der Haut, es kommt aber auch in der Vulva und in der Prostata vor. Der „Nävuszellnävus o.n.A." (=9720/0) ist ebenfalls typischerweise ein Tumor der Haut, kann aber auch in Vulva, Vagina, Cervix uteri, Tränenwegen und Uvea vorkommen. Das „Meningeom o.n.A." (=9530/0) befällt zwar immer die Hirnhäute; Sonderformen können aber in Weichteilen, Nasen- und Nasennebenhöhlen, Nasopharynx, Orbita und Lungen beobachtet werden. Um die Verschlüsselung solcher Begriffe zu erleichtern, sind im THS alle dabei in Frage kommenden Lokalisationen mit ihren Topographie-Nummern angeführt, so z.B. 9391/0 „Ektopisches Ependymom (Weichteile, C49)" oder 8410/3 „Talgdrüsenkarzinom (auch Parotis, C07; andere große Speicheldrüsen, C08; Vulva, C51)". Wenn bei einem Vorzugsbegriff eine Lokalisationsangabe zugesetzt ist, gilt diese – sofern nicht anders vermerkt – auch für die Synonyme, bei denen dann aber der Verweis nicht mehr wiederholt wird.

Den meisten morphologischen Tumorbegriffen wurden keine lokalisatorischen Hinweise zugeordnet, weil die dadurch bezeichneten Neubildungen nicht organspezifisch sind und primär in diversen Lokalisationen auftreten können. So hat beispielsweise das „Adenokarzinom o.n.A." (=8140/3) keinen Organverweis, weil dieser Tumor in vielen Organen vorkommen kann.

5.3 Pseudotopographische morphologische Bezeichnungen

Die Bezeichnungen einiger Neubildungen deuten auf eine bestimmte Lokalisation hin, die aber nicht unbedingt dem Tumorsitz entsprechen muß. Beispielsweise ist das „Gallengangszystadenokarzinom" (=8161/3) die besondere histologische Form eines Tumors, der in der Leber (C22) gefunden wird und daher nicht automatisch mit „Gallengänge" („C24.0") definiert werden darf.

Neubildungen der kleinen Speicheldrüsen gibt es in der gesamten Mundhöhle und in den angrenzenden Organen in unterschiedlichen histologischen Typen wie „Adenoid-zystisches Karzinom" (=8200/3), „Maligner Mischtumor" (=8940/3) und „Adenokarzinom o.n.A." (=8140/3). Es gibt daher keinen besonderen morphologischen Code für „Karzinom der kleinen Speicheldrüsen". Da alle Formen der Adenokarzinome der Mundhöhle von den kleinen Speicheldrüsen ausgehen, sollte „kleine Speicheldrüsen" in einer Diagnose wie „Adenozystisches Karzinom des harten Gaumens, ausgehend von den kleinen Speicheldrüsen" ignoriert werden. Hier sollte zusätzlich die Topographie „Harter Gaumen" (C05.0) kodiert werden. Wird in einer Diagnose wie „Adenokarzinom der kleinen Speicheldrüsen" keine genaue Lokalisation angegeben, dann sollte die Topographie „Mundhöhle o.n.A." (C06.9) kodiert werden, da sie die kleinen Speicheldrüsen einschließt.

5.4 Pluriform gebaute Neoplasien

Zahlreiche Tumoren zeigen unterschiedliche histologische Strukturen. Die Empfehlungen der WHO („Blue Books") legen im einzelnen fest, wie in solchen Fällen die Klassifikation und die Verschlüsselung erfolgen sollen. Zum Beispiel werden in Kolon und Rektum als „Adenokarzinome" auch jene Tumoren klassifiziert, die neben Strukturen des Adenokarzinoms auch solche des muzinösen Adenokarzinoms zeigen, sofern die letzteren nicht mehr als 50% des Tumors ausmachen. Hingegen wird ein Tumor, der zu mehr als 50% aus Strukturen eines muzinösen Adenokarzinoms besteht und im übrigen das Bild eines Adenokarzinoms aufweist, als „Muzinöses Adenokarzinom" klassifiziert. Ein Knochensarkom, das auch nur an umschriebener Stelle direkt Osteoid oder Knochen bildet, wird immer als „Osteosarkom" eingeordnet, auch dann, wenn im Großteil des Tumors nur Knorpelbildung festzustellen ist.

Bei manchen Tumoren wird das pluriforme Muster auch in der Namengebung zum Ausdruck gebracht. Als *Beispiele* seien genannt:

Adenosquamöses Karzinom (=8560/3)
Klein- und großzelliges
Karzinom (Lunge) (=8045/3)
Invasives duktales und
lobuläres Karzinom (Brust) (=8522/3)
Maligner Mischtumor (je nach Lokalisation = 8940/3 oder 8941/3)

Bei einigen Tumoren wird der pluriforme Charakter durch Verwendung von zwei Vorsilben gekennzeichnet, z.B. „Fibromyxosarkom" (=8811/3), wobei als Synonym auch Myxofibrosarkom gebraucht werden kann. Wenn ein derartig zusammengesetzter Begriff im THS nicht enthalten ist, muß die Dokumentarin prüfen, ob der Begriff nicht nach Umstellung der Silben zu finden ist.

Bei den Keimzelltumoren sind für die häufigeren Kombinationen eigene Code-Nummern vorgesehen:

Embryonalkarzinom + Teratom (=9081/3)
Chorionkarzinom kombiniert mit
anderen Keimzellelementen (=9101/3)
alle anderen Kombinationen:
Germinaler Mischtumor (=9085/3)

In einigen wenigen Fällen müssen pluriform strukturierte Tumoren mit zwei Code-Nummern verschlüsselt werden. Dies gilt für folgende Neoplasien:

Lunge: Kombinierte Haferzellkarzinome:
Haferzell- und Platten-
epithelkarzinom (=8042/3 + 8070/3)
Haferzell- und Adeno-
karzinom (=8042/3 + 8140/3)
Mamma: Invasives duktales
Karzinom mit überwiegender
intraduktaler
Komponente (=8500/3+8500/2)
Mischtypen von Adenokarzinom
mit Metaplasie:
Adenokarzinom mit plattenepithelialer
Differenzierung und spindelzelliger
Metaplasie (=8570/3 + 8572/3)
Adenokarzinom mit plattenepithelialer
Differenzierung und heterologer
Metaplasie (=8570/3 + 8571/3)

Sofern nicht – wie von der Deutschen Krebsgesellschaft 1995 empfohlen und zunehmend durchgeführt – die ICD-O-Code-Nr. bereits im Pathologiebefund angegeben ist, können Kodierungsprobleme dann entstehen, wenn Diagnosen verwendet werden, die in den WHO-Klassifikationen bzw. den gebräuchlichen Klassifikationen für Lymphome und Leukämien nicht vorgesehen sind. Im allgemeinen sollte dann Rücksprache mit dem diagnostizierenden Pathologen genommen werden.

5.5 Bedeutung und Verwendung der Abkürzung „o.n.A." (= ohne nähere Angaben)

„O.n.A." steht hinter morphologischen Bezeichnungen, die im systematischen Teil an anderer Stelle durch modifizierende Adjektive näher spezifiziert sind. Im alphabetischen Index steht „o.n.A." immer an erster Stelle; danach folgen die modifizierenden Beiwörter in alphabetischer Reihenfolge. Die Code-Nr. eines „o.n.A."-Begriffs sollte immer dann benutzt werden, wenn eine Krankheitsbezeichnung entweder nicht näher spezifiziert wird, oder wenn sie ein modifizierendes Adjektiv enthält, das in der systematischen Liste nicht vorgesehen ist.

Beispiel aus dem alphabetischen Index

Adenokarzinom
8140/3	o.n.A.
8251/3	alveoläres
8401/3	apokrines
8280/3	azidophiles
8550/3	azinäres
8300/3	basophiles
8250/3	bronchioläres
8250/3	bronchiolo-alveoläres
...	...
...	...
usw.	

Für die alleinige Diagnose „Adenokarzinom" ist 8140/3 (= Adenokarzinom o.n.A.) die korrekte Notation. Lautet die verwendete Diagnosebezeichnung z.B. „Atypisches Adenokarzinom", so ist die richtige Code-Nr. ebenfalls 8140/3, da das Beiwort „atypisch" in der Liste der modifizierenden Termini des Hauptbegriffs Adenokarzinom nicht vorgesehen ist. „O.n.A." wird sowohl in der numerischen (systematischen) Liste als auch im alphabetischen Index angeführt, um dem Bearbeiter zu zeigen, daß der Begriff mit sonstigen Modifikationen an anderer Stelle vorkommt. In einigen Fällen zeigt „o.n.A." auch an, daß der betreffende Terminus in allgemeinem Sinne, etwa als Gruppenbezeichnung, aufzufassen ist.

5.6 Zytologische Diagnosen

Der Tumorhistologieschlüssel enthält (ebenso wie die englischsprachige Originalfassung der ICD-O) keine spezifische Kodierung für zytologische Diagnosen bzw. Befunde, wie etwa die Papanicolaou-Gruppen. Für zytologische Diagnosen, die auf der Untersuchung von Körperflüssigkeiten (Sputum, Liquor, Urin, Pleuraerguß, Aszites u.a.) oder Abstrichen (Zervix, Vagina, Mundhöhle u.a.) basieren, stehen im THS nur drei allgemeine Notationen zur Verfügung:

8001/0	Benigne Tumorzellen
8001/1	Tumorzellen fraglicher Dignität
8001/3	Maligne Tumorzellen

Gemeinsam mit dem zutreffenden Topographie-Code (C) aus dem Tumorlokalisationsschlüssel (Wagner 1993) können diese drei Notationen für zytologische Diagnosen verwendet werden. So wäre z.B. ein „Pleuraerguß mit Tumorzellen fraglicher Dignität" als „8001/1, C38.4" zu erfassen, ein Pleuraerguß mit sicheren Tumorzellen als „8001/3, C38.4". Werden sichere maligne Pleuraepithelzellen gefunden, gilt die gleiche Kodierung. Finden sich im Sputum maligne plattenepitheliale Verbände, kann zytologisch nicht entschieden werden, ob ein Plattenepithelkarzinom in situ (= 8070/2) oder ein invasives Plattenepithelkarzinom (= 8070/3) vorliegt, so daß hier nur die Verschlüsselung mit 8001/3 vorgenommen werden kann. Analoges gilt für die Abstrichzytologie im Bereich des weiblichen Genitales. In Fällen, in denen anhand des zytologischen Befundes eine sichere Aussage über den histologischen Typ möglich ist, soll aber die entsprechende Code-Nummer des systematischen Teils angewandt werden. *Beispiel:* Feinnadelbiopsie der Leber mit Zellen eines hepatozellulären Karzinoms, = 8170/3.

6 Kodierung des biologischen Verhaltens des Tumors

6.1 Allgemeines

Die jeweils fünfte Stelle des ICD-O-Codes (sog. Behavior-Code) beschreibt das biologische Verhalten des Tumors. Es bedeuten:

/0	benigne
	gutartig
/1	fragliche Dignität
	Borderline-Malignität
	[semimaligne]
	[potentiell maligne]

/2 Carcinoma in situ
  intraepithelial
  nicht-invasiv
/3 maligne, Primärtumor
  bösartig, Primärtumor
/6 maligne, Metastase
  bösartig, Metastase
  Sekundärtumor
/9 maligne, unbestimmt ob Primärtumor oder Metastase
  bösartig, unbestimmt ob Primärtumor oder Metastase

Beispiel: In der Code-Nr. 8070/3 für „Plattenepithelkarzinom o.n.A." bezeichnet /3 einen malignen Primärtumor. Eine „Plattenepithelkarzinom-Metastase in der Leber" wird mit 8070/6, C22.0 kodiert, wobei /6 die Metastase anzeigt. Die folgenden Beispiele zeigen den Gebrauch von /6:

  8010/3 Karzinom o.n.A.
  8010/6 Karzinommetastase o.n.A.
  8720/3 Malignes Melanom o.n.A.
  8720/6 Melanommetastase o.n.A.
  9180/3 Osteosarkom o.n.A.
  9180/6 Osteosarkommetastase o.n.A.

Wegen dieser Konvention konnten in der ICD-O fast alle Begriffe aus dem Schlüssel gestrichen werden, die metastatische Tumoren beschreiben. Dies ist jedoch nicht ganz konsequent durchgeführt worden. So wird z.B. für einen metastatischen Tumor o.n.A. die Notation 8000/6 aufgeführt. Im deutschen THS wurden alle übrigen /6-Notationen weggelassen (Ausnahmen: pseudomyxoma peritonei, =8460/0 und Krukenberg-Tumor, =8490/6).

Die Verschlüsselung der Borderline-Tumoren des Ovars weicht insofern z.T. vom allgemeinen Behavior-Code ab, als etliche Typen mit /3 verschlüsselt werden (8442/3, 8451/3, 8462/3, 8463/3, 8472/3, 8473/3), andere jedoch mit /1 (8310/1, 8323/1, 8381/1, 9014/1, 9015/1).

Manche histologischen Diagnosen besagen a priori, daß es sich um benigne oder maligne Tumoren handelt; so ist z.B. ein Adenom immer benigne, ein Karzinom immer maligne. In den Pathologiebefunden steht daher nicht ausdrücklich gut- oder bösartig bzw. benigne oder maligne. Für die Verschlüsselung ist dann maßgebend die im alphabetischen und systematischen Teil angeführte Code-Nr., z.B. 8140/0 für „Adenom" und 8140/3 für „Adenokarzinom".

Für lokoregionäre Rezidive wird im allgemeinen der Behavior-Code /3 verwendet; lediglich in den relativ seltenen Fällen von zweifelsfreier Abkunft von regionären Lymphknoten erfolgt die Kodierung mit /6.

6.2 Intraepitheliale Neoplasie, Dysplasie, Carcinoma in situ

Diese drei Begriffe werden je nach Epitheltyp und Organsystem unterschiedlich verwendet.

Bei Örtlichkeiten mit Plattenepithel wird die Bezeichnung „Intraepitheliale Neoplasie" zunehmend als Oberbegriff für Dysplasie und Carcinoma in situ verwendet und die Bezeichnung „Dysplasie" ausschließlich für neoplastische Veränderungen, nicht aber für ähnlich aussehende regenerative Prozesse benutzt. Dementsprechend ist nach der 2. Auflage der WHO-Klassifikation der weiblichen Genitalorgane (Scully et al. 1994) in Zervix, Vagina und Vulva die Bezeichnung „Intraepitheliale Neoplasie" ein Oberbegriff, der Reifungsstörungen und Kernanomalien des Plattenepithels umfaßt. Als Kernanomalien gelten Verlust der Polarität, Polymorphie, grobe Verteilung des Chromatins, Unregelmäßigkeiten der Kernmembran und Mitosen (auch atypische).

Je nach Organbefall unterscheidet man zwischen

  CIN Zervikale intraepitheliale Neoplasie (Grad 1–3)
  VAIN Vaginale intraepitheliale Neoplasie (Grad 1–3)
  VIN Vulväre intraepitheliale Neoplasie (Grad 1–3)

Je nach Ausdehnung in den Epithelschichten lassen sich diese Veränderungen in vier Formen unterscheiden:

1) Leichte Dysplasie (Grad 1): Begrenzt auf das untere Drittel des Epithels;
2) Mäßiggradige Dysplasie (Grad 2): Befall der unteren zwei Drittel des Epithels;
3) Schwere Dysplasie (Grad 3): Ausbreitung auf das obere Drittel des Epithels, aber ohne Befall des Epithels in voller Dicke;
4) Carcinoma in situ (Grad 3): Befall des Epithels in voller Dicke oder Veränderung, bei der das untere Drittel des Epithels das Aussehen eines gut differenzierten Plattenepithelkarzinoms zeigt.

Im Gegensatz zur WHO-Klassifikation fassen die International Society for the Study of Vulvar Diaseases (Ridley et al. 1989; Wilkinson et al. 1986) und die International Society of Gynecological Pathologists (Kurman et al. 1992) schwere Dysplasie und Carcinoma in situ zusammen, da die Abgrenzung im Einzelfall schwierig oder gar unmöglich sein kann und klinisch meist nicht relevant ist. Auch die englischsprachige Originalfassung der ICD-O empfiehlt, die Begriffe „Schwere Dysplasie" und „Carcinoma in situ" als Synonyme aufzufassen (beide als „Intraepitheliale Neoplasie Grad 3"). Das „Bethesda-System" zervikal-vaginaler zytologischer Befunde (Kurman u. Solomon 1994) unterscheidet sogar nur zwischen zwei Gruppen, nämlich „Low-grade squamous intraepithelial lesion" (LSIL) und „High-grade squamous intraepithelial lesion" (HSIL). Letztere umfaßt die mäßiggradige und die schwere Dysplasie sowie das Carcinoma in situ.

Bei Schleimhäuten des Drüsenepithels (insbesondere im Gastrointestinaltrakt) wird der Begriff „Dysplasie" im gleichen Sinn wie „Intraepitheliale Neoplasie" verwendet und zwischen niedrig- und hochgradiger Dysplasie unterschieden (Borchard et al.1991). Die hochgradige Dysplasie entspricht dabei dem Carcinoma in situ. Eine Sonderstellung nehmen das Kolon und das Rektum ein: Da in diesen Organen mit Metastasierung erst dann zu rechnen ist, wenn atypische epitheliale Formationen die Submukosa infiltrieren, werden im deutschsprachigen Raum und in Großbritannien Läsionen mit Invasion der Lamina propria mucosae und der Muscularis mucosae noch der hochgradigen Dysplasie zugeordnet (s. auch Anmerkungen 59 und 83).

Im Urothel ist die Bezeichnung „Carcinoma in situ" lediglich den nicht papillär strukturierten, nicht-invasiven Epithelveränderungen mit zytologischen Merkmalen der Malignität vorbehalten, während nicht-invasive Läsionen mit papillärem Wachstum und entsprechenden Epithelveränderungen den papillären Übergangszellkarzinomen (mit Verhaltenscode /3) zugeordnet werden (s. Anmerkung 50).

7 Sechste Stelle des Morphologie-Codes

7.1 Histologisches Grading

Zusätzlich zum vierstelligen Morphologie-Code mit der Anhängeziffer für das biologische Verhalten als fünfter Stelle sieht die ICD-O einen weiteren einstelligen Schlüssel zur Kennzeichnung des histologischen Differenzierungsgrades der jeweiligen Neoplasie vor. Dieser Code kann als sechste Stelle der Morphologie-Notation eingesetzt werden.

Der Schlüssel für die histologische Differenzierung (Grading) lautet:

1 = Grad 1 = gut differenziert (G1)
2 = Grad 2 = mäßig differenziert (G2)
3 = Grad 3 = schlecht differenziert (G3)
4 = Grad 4 = undifferenziert / anaplastisch (G4)
X = Grading nicht durchgeführt oder nicht bestimmbar (GX)

In der Schreibweise des Differenzierungsgrades besteht ein Unterschied zwischen der ICD-O und dem TNM-System. In der ICD-O werden die Differenzierungsgrade mit römischen, in der TNM-Klassifikation dagegen mit arabischen Ziffern geschrieben (römische Ziffern sind im TNM-System den Tumorstadien vorbehalten). Im THS wird empfohlen, für das Grading arabische Ziffern zu verwenden.

Wenn die Tumordiagnose verschiedene Differenzierungsgrade beinhaltet (z.B. „Mäßig differenziertes Plattenepithelkarzinom mit schlecht differenzierten Arealen"), soll immer der höhere Grad kodiert werden, in diesem Falle also die „3".

Ein weiteres Problem ergibt sich dadurch, daß in der 2. Auflage der WHO-Klassifikationen (Blue Books seit 1981) bei mehreren Tumortypen (z.B. bei den Adenokarzinomen des Dickdarms) ein Grading nur in zwei Stufen (Low-grade und High-grade) vorgesehen ist. Nach der 2. Auflage der englischsprachigen Originalfassung der ICD-O sind Low-grade-Tumoren mit „2", High-grade-Tumoren mit „4" zu verschlüsseln. Im TNM-System ist bei Ovarialtumoren und urologischen Neubildungen ein „Grad 3-4" vorgesehen. Auch solche Tumoren wären nach ICD-O mit „4" zu verschlüsseln.

Wir empfehlen – wie bereis in der *Basisdokumentation* (Dudeck et al. 1994) und in der *Organspezifischen Tumordokumentation* (Wagner u. Hermanek 1995) vorgesehen – neben den Schlüsseln 1-4 die wahlweise Verwendung der Notationen

    L = Low-grade (= G1, G2)
    H = High-grade (= G3, G4)

Für Borderline-Tumoren des Ovars wurde im TNM-System (UICC 1987, 1993a) für das histologische Grading die Notation „B" vorgeschlagen. Nach der ICD-O sind aber Borderline-Tumoren des Ovars schon durch die Stellen 1-5 des Morphologie-Codes ausreichend charakterisiert, so daß die Verwendung der sechsten Stelle keine zusätzliche Information bringt und gestrichen wird.

Für die Tumoren der Schilddrüse, das maligne Mesotheliom, die Trophoblasttumoren der Gravidität, die Hodentumoren, das Retinoblastom und das maligne Melanom der Haut ist derzeit ein Grading nicht vorgesehen. In diesen Fällen ist die sechste Stelle mit „0" zu verschlüsseln.

7.2 Immunologische Charakterisierung von Lymphomen und Leukämien

Neben der Kennzeichnung des Differenzierungsgrades diente die sechste Stelle der Morphologie-Notation in der 2. Auflage der englischsprachigen Originalfassung der ICD-O auch zur immunologischen Charakterisierung von Lymphomen und Leukämien. In Abweichung hiervon wird im deutschen THS die immunologische Charakterisierung von Lymphomen und Leukämien durch die ersten fünf Stellen des Morphologie-Codes vorgenommen (s. S. 14 und Anmerkung 409). Dadurch ist die sechste Stelle auch bei diesen Neoplasien der Charakterisierung des Differenzierungs- bzw. Malignitätsgrades vorbehalten.

8 Multiple Primärtumoren (Mehrfachtumoren)

Multiple Primärtumoren werden leider unterschiedlich definiert. In der englischsprachigen Originalfassung der ICD-O (2. Auflage) wurde ein Vorschlag der Arbeitsgruppe der IARC (International Agency for Research on Cancer) publiziert und auch auf das hiervon etwas unterschiedliche Vorgehen des SEER-Programms (*S*urveillance, *E*pidemiology and *E*nd *R*esults) der USA hingewiesen. 1993 wurden entsprechende Regeln von der UICC (UICC 1993b, General Rule No 5) veröffentlicht. Wir empfehlen, nach den letzteren vorzugehen, um auch die TNM-Klassifikation anwenden zu können.

Grundsätzlich ist zwischen multiplen Primärtumoren und multifokalen bzw. multizentrischen Tumoren zu unterscheiden.

Multiple Primärtumoren sind:
– Primärtumoren in mehr als einem Organ einschließlich bilateraler Primärtumoren von paarigen Organen (mit gleichem oder unterschiedlichem histologischen Typ) oder
– Fälle mit mehr als einem Primärtumor von unterschiedlichem histologischem Typ in einem Organ.

Multifokale (multizentrische) Primärtumoren sind:
- Fälle mit mehr als einem Primärtumor vom gleichen histologischen Typ in einem Organ.

Tabelle 2 zeigt, was bei dieser Klassifikation als „ein Organ" gilt.

Die Anerkennung des Vorliegens von zwei oder mehr Primärtumoren ist nicht zeitabhängig. Multiple Primärtumoren können also synchron (gleichzeitig) und/oder metachron (zu verschiedenen Zeitpunkten) auftreten.

Tabelle 2. Liste der Tumorlokalisationen, die bei der Unterscheidung zwischen multiplen und multifokalen Primärtumoren nach UICC 1993 b als „ein Organ" gelten

Lokalisation	ICD-O-Topographie-Code-Nr.
Lippe	C00.0,1,2,6
Mundhöhle	C00.3-5, C02.0-3, C04, C05.0, C06
Oropharynx	C01, C05.1-2, C09, C10.0, 2, 3
Nasopharynx	C11
Hypopharynx	C12, C13
Larynx	C10.1, C32.0-2
Kieferhöhle	C31.0
Parotis	C07
Glandula submandibularis	C08.8
Glandula sublingualis	C08.1
Schilddrüse	C73
Ösophagus	C15
Magen	C16
Dünndarm	C17
Kolon und Rektum	C18 – C20
Analkanal	C21.1,2
Leber	C22
Gallenblase	C23
Extrahepatische Gallengänge	C24.0
Ampulla Vateri	C24.1
Pankreas	C25
Lunge	C34
Pleura	C38.4
Knochen	C40, C41
Periphere Weichteile	C47, C49
Retroperitoneale Weichteile	C48
Mediastinum	C38.1-3
Haut, ausgenommen Augenlid, Analrand und perianale Haut	C44.0, 2-4, 5 (außer .55), 6-9
Augenlid	C44.1
Analrand und perianale Haut	C44.55
Mamma	C50
Vulva	C51
Vagina	C52
Cervix uteri	C53
Corpus uteri	C54
Ovar	C56
Penis	C60
Prostata	C61
Hoden	C62
Skrotum	C63.2
Niere	C64
Nierenbecken und Ureter	C65, C66
Harnblase	C67
Urethra	C68.0
Konjunktiva	C69.0
Uvea	C69.3,4
Retina	C69.2
Orbita	C69.8
Tränendrüsen	C69.5
Gehirn	C70.0, C71

Beispiele für gesondert zu klassifizierende multiple Primärtumoren:
- Oropharynx und Hypopharynx
- Glandula submandibularis und Parotis
- Harnblase und Harnröhre (sofern voneinander getrennt)
- Hautkarzinom am Augenlid und am Hals

Beispiele für Klassifikation als multifokaler Tumor:
- Zwei getrennte Tumoren im Hypopharynx
- Zäkum und Colon transversum
- Hautkarzinom an Stamm und Arm
- Nierenbecken und Ureter (auch wenn voneinander getrennt)

9 Tumorähnliche Veränderungen

In manchen Krebsregistern werden neben echten Neoplasien auch Läsionen oder Krankheiten mit tumorähnlichem Charakter erfaßt. Manche von diesen haben Namen, die Anlaß zur Verwechslung mit benignen oder malignen Tumoren geben können, z.B. „Nasengliom", „Riesenzellgranulom" oder „Amyloidtumor". Andere interessieren wegen ihrer mutmaßlichen Verbindung zu Neoplasien, z.B. „Fibrozystische Mastopathie" oder „Leukoplakie". Die „Blue Books" der International Histological Classification of Tumours der WHO erwähnen in der seit 1981 erscheinenden 2. Auflage neben den verschiedenen Neoplasien auch diese „tumorlike lesions" jeweils mit ihren SNOMED-Codes von 1984. Auch die 2. Auflage der englischsprachigen Originalfassung der ICD-O verwendet die SNOMED-Notationen von 1984.

Inzwischen ist jedoch 1993 die erweiterte 3. englischsprachige Auflage unter der Bezeichnung SNOMED INTERNATIONAL (The Systematized Nomenclature of Human and Veterinary Medicine) erschienen (Coté et al. 1993), in der viele Notationen geändert und zahlreiche Diagnosebegriffe aus der M-Kategorie (Morphologie) in die D-Kategorie (Diseases/Diagnoses) versetzt wurden. Dadurch sind die in den bisher erschienenen „Blue Books" der 2. Serie sowie in der 2. Auflage der englischsprachigen Originalfassung der ICD-O aufgeführten SNOMED-Notationen überholt. Wir haben daher die uns erwähnenswert erscheinenden Bezeichnungen für „Tumorähnliche Veränderungen" unter Berücksichtigung der neuen Code-Nummern von SNOMED INTERNATIONAL 1993 im Teil C tabellarisch zusammengestellt. Alle dort aufgeführten Begriffe sowie ihre gängigen Synonyme erscheinen auch im alphabetischen Index.

10 THS versus ICD-10

Die deutschen Krankenhäuser und die Vertragskassenärzte sind nach den Bestimmungen des Gesundheitsstrukturgesetzes bzw. des Sozialgesetzbuches V (Literatur bei Stausberg u. Schneider 1996) verpflichtet, die Diagnosen verschlüsselt nach ICD-10 (Internationale statistische Klassifikation der Krankheiten und verwandter Gesundheitsprobleme, 10. Revision, DIMDI 1994) anzugeben. Diese Kodierung unterscheidet sich grundsätzlich von jener der ICD-O bzw. des THS, und zwar dadurch, daß biologisches Verhalten und Lokalisation, teilweise auch der morphologische Typ, in eine vierstellige alphanumerische Notation zusammengefaßt sind (Kategorien C oder D + drei Ziffern).

Dabei werden nach dem biologischen Verhalten vier Hauptgruppen unterschieden:
- Gutartige Neoplasien (Verhaltenscode /0)   D10–D36
- Neoplasien mit unsicherem oder unbekanntem Verhalten (Verhaltenscode /1)   D37–D48
- Maligne Neoplasien – Primärtumoren (Verhaltenscode /3)
  Solide Tumoren   C00–C76, C80*
  Lymphome und Leukämien   C81–C96
- Maligne Neoplasien – Metastasen   C77–C79, C80*

Für synchrone maligne Primärtumoren an mehreren Lokalisationen ist eine eigene Kategorie C97 vorgesehen.

Innerhalb der angeführten Gruppen (ausgenommen die Lymphome und Leukämien) werden die Tumoren – in erster Linie, aber nicht ausnahmslos – nach der Topographie geordnet. Bei den malignen Primärtumoren entsprechen dabei die Codes C00 bis C80 zwar teilweise, aber nicht durchgängig den Topographie-Codes der ICD-O bzw. des Tumorlokalisationsschlüssels. Beispielsweise wird das maligne Melanom der Haut in der ICD-10 unter C43 eingeordnet, während in der ICD-O und im Tumorlokalisa-

---

* In die Gruppe C80 werden Primärtumoren und Metastasen ohne Angabe der Lokalisation eingeordnet.

tionsschlüssel C43 nicht verwendet wird. Ebenso werden in der ICD-O und im Tumorlokalisationsschlüssel die Notationen C45 und C46 nicht benutzt; in der ICD-10 bezeichnen sie das Mesotheliom bzw. das Kaposi-Sarkom.

Fakultativ kommen in der ICD-10 zusätzliche Codes aus dem Kapitel IV (endokrine, Ernährungs- und Stoffwechselkrankheiten = E00-E90) zur Anwendung, um die funktionelle Aktivität von Neoplasien zu bezeichnen. So kann z.B. bei einem basophilen Adenom der Hypophyse (D35.2) ein Cushing-Syndrom durch Zusatz von E24.0 verschlüsselt werden.

Bei bekanntem Morphologie- und Topographie-Code nach ICD-O bzw. THS ist eine Umkodierung nach ICD-10 stets möglich, da letztere eine weniger spezifizierte Aussage bietet.

11 Unterschiede zur englischsprachigen Originalfassung der ICD-O (2. Aufl.)

Die Neufassung des Tumorhistologieschlüssels (THS) ist primär eine Übersetzung der 2. Auflage der englischsprachigen Originalfassung der ICD-O aus dem Jahre 1990 (Percy et al. 1990). Eine bloße Übersetzung war aber nicht möglich; sind doch in dem Abstand von knapp sieben Jahren wesentliche Ergänzungen und auch Änderungen in der Tumorklassifikation veröffentlicht worden. In einigen Gebieten – z.B. bei den malignen Lymphomen und Leukämien und den endokrinen Tumoren – sind sogar neue Klassifikationsprinzipien eingeführt worden. Da diese z.T. von erheblicher klinischer Bedeutung sind, mußten sie bei der Neufassung berücksichtigt werden.

In der Reihe der „Blue Books", der International Histological Classification of Tumours der WHO, erschienen in der zweiten Serie in den genannten sieben Jahren 12 weitere Bände, und zwar durchweg mit Kodierungsvorschlägen. In der 3. Serie der AFIP-Atlanten (Armed Forces Atlas of Tumor Pathology, 1991 ff.) sind inzwischen 17 weitere umfangreiche Bände erschienen. Die wesentlichsten dieser Neuerungen konnten in den THS aufgenommen werden. Hinzu kamen Anregungen und Vorschläge aus dem Kreis der medizinischen Informatiker und weitere Kommentare, denen wir teilweise gern folgten.

11.1 Anmerkungen zu den Krankheitsbegriffen

Wie bereits im Vorwort kurz erwähnt, unterscheidet sich der jetzt vorgelegte Tumorhistologieschlüssel (THS) sowohl von der englischsprachigen Originalfassung der ICD-O (2. Auflage) als auch von der 1. deutschsprachigen Auflage (Jacob et al. 1978) ganz besonders durch die Einführung von „Anmerkungen". In geringem Ausmaße wurden solche auch in die Histologische Tumorklassifikation der Österreichischen Gesellschaft für Pathologie (1994) aufgenommen. Diese Anmerkungen begründen u.a. die Aufnahme neuer, in der ICD-O bislang nicht berücksichtigter Entitäten unter Hinweis auf die aktuelle Literatur. Es handelt sich dabei ganz bevorzugt um neue Krankheitsbegriffe aus der 2. Serie der „Blue Books" der WHO, um solche aus der 3. Serie der AFIP-Atlanten, gelegentlich aber auch aus neueren Originalpublikationen bzw. Erstbeschreibungen eines Tumors. Dabei ergab sich die Notwendigkeit, die Charakteristika jedes der betreffenden Tumoren kurz zu schildern. Das beigegebene Literaturverzeichnis gestattet dem Benutzer, die jeweilige Originalpublikation bzw. das entsprechende „Blue Book" oder den AFIP-Atlas zu Rate zu ziehen Im Interesse einer einfachen Zuordnung von Krankheitsbegriff und zugehöriger Anmerkung wurde versucht, letztere möglichst jeweils auf die der Klassifikationsliste gegenüberliegende Seite zu setzen.

11.2 Neugliederung der Lymphome und Leukämien

Die Aufgabe, eine für die nächsten Jahre gültige Klassifikation und Kodierung der Lymphome zu erstellen, erschien zunächst unlösbar, konnte doch bis heute eine weltweit akzeptierte einheitliche Klassifikation der Non-Hodgkin-Lymphome nicht realisiert werden. In verschiedenen Ländern sind unterschiedliche Klassifikationssysteme im Gebrauch, ohne daß der Beweis für die Überlegenheit eines dieser Systeme erbracht werden konnte. Bei der Erstellung der 2. Auflage der englischsprachigen Originalfassung der ICD-O entschloß man sich daher, die in der sog Working Formulation des National Cancer Institute (1982) anerkannten Krankheitsbegriffe aufzunehmen, aber auch die als äquivalent angesehenen Deskriptionen der Kiel-Klassifikation (Lennert 1981) sowie der WHO-Klassifikation (Mathé u Rappaport 1976).

Eine einfache Übersetzung der englischsprachigen ICD-O wäre ein a priori veraltetes und noch dazu verstümmeltes Opus, also ein Torso. Zunächst haben wir im Lymphom-Kapitel das Adjektiv „maligne" weggelassen, da unter dem Begriff „Lymphom" ausschließlich maligne Krankheiten verstanden werden. Die Working Formulation des „Non-Hodgkin-Lymphoma Pathological Classification Project 1982" wird wohl nur noch vereinzelt angewandt, im deutschsprachigen Raum gar nicht mehr. Auch der Konsensusbericht der Österreichischen Gesellschaft für Pathologie, veröffentlicht als Histologische Tumorklassifikation (1994), berücksichtigt dies. Die Aktualisierte Kiel-Klassifikation, die 2. Auflage der Histopathologie der Non-Hodgkin-Lymphome (Lennert u. Feller 1990), ist ihrerseits in Entwicklung begriffen (vgl. Lennert 1995). Um die vier international gebräuchlichen Klassifikationssysteme der Lymphome – die Working Classification, die Kiel-Klassifikation, die Rappaport- und die Lukes-Collins-Klassifikation – einander anzugleichen, hat sich eine Gruppe von Hämopathologen aus Amerika und Europa zusammengesetzt und die REAL-Klassifikation erarbeitet (Revised English-American Classification of Lymphoid Neoplasms, Harris et al. 1994). Auch diese Klassifikation ist noch nicht endgültig; führt sie doch mehrere Entitäten auf, die ausdrücklich als „provisorisch" bezeichnet werden. Die Veröffentlichung von Harris et al. (1994) enthält nicht nur eine Vergleichstabelle, sondern in allen Fällen auch alternative Bezeichnungen der Kiel-, der Rappaport-, der Lukes-Collins-Klassifikation sowie der Working Formulation. Bei genauerer Betrachtung sind diese Bezüge nicht durchweg überzeugend.

Da die REAL-Klassifikation voraussichtlich zusammen mit der modifizierten Kiel-Klassifikation in die Neufassung des entsprechenden „Blue Book" der WHO aufgenommen werden wird, haben wir uns entschlossen, beide Fassungen komplett in die Neuauflage des THS einzubauen. Außerdem haben wir die Begriffe der aktualisierten Kiel-Klassifikation nach Lennert u. Feller (1990), der REAL-Klassifikation in der Fassung von Harris et al. (1994) und der von Stein, Müller-Hermelink u Hiddemann (1996) modifizierten REAL-Klassifikation der Non-Hodgkin-Lymphome (ohne Haarzell-Leukämie und Plasmozytom/Myelom) im systematischen und im alphabetischen Teil berücksichtigt.

Im systematischen Teil sind außerdem die Lymphomtermini, die in der Veröffentlichung von Harris et al. 1994 als „provisorisch" bezeichnet wurden, mit einem (*) versehen, die Entitäten aus dem Vorschlag von Stein, Müller-Hermelink und Hiddemann (1996) mit dem Zusatz (SMH). Eine unmittelbare Einarbeitung der Entitäten der REAL-Klassifikation in die bisherige Kodierungsfolge erwies sich als unmöglich. Wir haben daher die bisher freien Code-Nummern 9600–9639 mit den Begriffen der REAL-Klassifikation belegt. Jedem Benutzer ist freigestellt, ob er die Notationen der Kiel-Klassifikation oder die der REAL-Klassifikation anwenden will.

Die mitaufgeführten Begriffe der Aktualisierten Kiel-Klassifikation (Lennert u. Feller 1990) sind durch (K) gekennzeichnet, die der Working Formulation durch (W).

Generell kennzeichnen bei den Lymphomen die angeführten fünfstelligen Code-Nummern bereits den immunologischen Typ der Entitäten, also beispielsweise B-Zell- oder T-Zell-Lymphom. Diese Abweichung von der englischen Fassung der ICD-O ermöglicht die Benutzung der jeweiligen sechsten Stelle für das Grading wie bei allen anderen Tumoren. Nach der Basisdokumentation für Tumorkranke (Dudeck et al. 1994) ist aber auch die Verwendung der Buchstaben „L" (niedrigmalignes bzw. Low-grade-Lymphom) oder „H" (hochmalignes bzw. High-grade-Lymphom) möglich.

Ein weiteres Problem ergab sich bei den lymphatischen Leukämien: Bisher wurden die Leukämien vom lymphatischen Typ und die Lymphome getrennt aufgeführt und kodiert. Dies ist nach heutiger Kenntnis nicht mehr vertretbar. Wir schlagen daher vor, Leukämien vom lymphatischen Typ in die Lymphomklassifikation mit einzubeziehen und auch hier zu kodieren. Um den Vergleich mit den bisher publizierten ICD-O-Ausgaben zu ermöglichen, werden daneben die dort vorgesehenen Code-Nummern für die lymphatischen Leukämien (982-983) beibehalten. Es wird aber jeweils auf die Code-Nr. der Lymphomklassifikation verwiesen. Umgekehrt wird bei den Lymphomen auf die Leukämieklassifikation Bezug genommen.

Damit ist das alte Prinzip des Histologieschlüssels, für jeden Tumor nur eine Code-Nr. vorzusehen, bewußt durchbrochen. Wir gehen davon aus, daß nach der histologischen Diagnostik die Kodierung notwendigerweise als Lymphom erfolgt, nach der klinischen bzw. zytologischen Diagnostik dagegen unter der Gruppe der Leukämien. Durch die beigegebenen Code-Nr.-Verweise ist eine Konvertierung jederzeit möglich.

Aus Gründen der Vergleichbarkeit mit der 2. Auflage der englischsprachigen Originalfassung der ICD-O haben wir die Plasmozytomformen in dem gesonderten Kapitel der Plasmazell-Neoplasien mit den Code-Nummern 9731/3 ff. aufgelistet, die Haarzell-Leukämie (HCL) behält die Code-Nr. 9940/3.

11.3 Aufnahme neuer Tumorentitäten und Vergabe bisher freier Code-Nummern

Ohne Berücksichtigung der Begriffe der REAL-Klassifikation für die Non-Hodgkin-Lymphome wurden im THS für insgesamt 187 Krankheitsbegriffe bisher freie Code-Nummern neu vergeben. Hierbei handelt es sich nur teilweise um neue Entitäten; z.T. wurden die Diagnosebezeichnungen nur präzisiert. Beispielsweise finden sich im Kapitel der endokrinen Tumoren in der englischen Originalfassung der ICD-O Begriffe wie „Somatostatinom" oder „Enteroglukagonom" noch nicht. Sie wurden aufgenommen und mit neuen Code-Nummern versehen. Bei den Hauttumoren wurden im kürzlich erschienenen neuen WHO-Band (Heenan et al. 1996) mehrere neue Entitäten herausgestellt, die auch im analogen AFIP-Atlas (Elder u. Murphy 1991) detailliert beschrieben worden sind. Als ein Beispiel dafür sei das „Porokarzinom" genannt. Die neuaufgenommenen Termini und ihre zugehörigen Code-Nummern haben wir in Tabelle 3 zusammengestellt. Die REAL-Klassifikation der Lymphome wurde dabei nicht einbezogen, da ein Teil der dortigen Notationen von Harris et al.(1994) ausdrücklich als „vorläufig" bezeichnet wurde. Sie ist unter den Code-Nummern 960-964 im systematischen Teil zusammengefaßt.

Tabelle 3. Im THS neu aufgenommene Tumorentitäten und ihre Code-Nummern (ohne die Begriffe der REAL-Klassifikation)

Code-Nr.	Neuer Tumorbegriff	Anm.-Nr.	Kodierungsvorschlag
8035/3	Karzinom mit osteoklastischen Riesenzellen (Brust)	9	OTD
8040/0	Benignes Tumorlet (Lunge)	10	THS
8046/3	Nichtkleinzelliges Karzinom (Lunge)	15	OTD
8051/2	Nichtinvasives verruköses Karzinom (Penis)	17	OTD
8054/3	Warziges (kondylomatöses) Plattenepithelkarzinom (Vulva, Vagina, Cervix uteri)	20	OTD

Code-Nr.	Neuer Tumorbegriff	Anm.-Nr.	Kodierungsvorschlag
8078/2	Plattenepithelkarzinom mit Hornbildung, in situ (Haut)	34	OTD
8078/3	Plattenepithelkarzinom mit Hornbildung, invasiv (Haut)	34	OTD
8079/3	Plattenepithelkarzinom mit Tumorriesenzellen (Vulva)	35	OTD
8084/3	Plattenepithelkarzinom mit muzinösen Mikrozysten (Analkanal)	37	OTD
8085/3	Desmoplastisches Plattenepithelkarzinom (Haut, Lippen)	38	THS
8097/3	Pigmentiertes Basalzellkarzinom (Haut)	45	OTD
8100/3	Malignes Trichoepitheliom (Haut)	46	OTD
8102/3	Tricholemmkarzinom (Haut)	48	Heenan et al. 1996
8148/3	Endozervikales muzinöses Adenokarzinom (Cervix uteri)	66	OTD
8149/3	Adenoma malignum (Cervix uteri, Vagina)	67	OTD
8151/1	Insulinom, benigne oder von Low-grade-Malignität (Pankreas)	68	THS
8152/1	Glukagonom, benigne oder von Low-grade-Malignität (Pankreas)	68	THS
8153/0	Benignes Gastrinom	68	THS
8155/0	Benignes Vipom	68	THS
8155/1	Vipom, benigne oder von Low-grade-Malignität	68	THS
8156/1	Somatostatinom, benigne oder von Low-grade-Malignität	68	THS
8156/3	Somatostatinom von Low-grade-Malignität	68	THS
8157/0	Benignes Enteroglukagonom	68	THS
8157/1	Enteroglukagonom, benigne oder von Low-grade-Malignität	68	THS
8157/3	Enteroglukagonom von Low-grade-Malignität	68	THS
8172/3	Sklerosierendes hepatozelluläres Karzinom (HCC)	74	OTD
8173/3	Spindelzelliges hepatozelluläres Karzinom (HCC)	75	OTD
8174/3	Klarzelliges hepatozelluläres Karzinom (HCC)	76	OTD
8175/3	Riesenzelliges hepatozelluläres Karzinom (HCC)	77	OTD
8211/2	Hochgradige Dysplasie in tubulärem Adenom (Kolon, Rektum)	83	THS
8211/2	Adenocarcinoma in situ in tubulärem Adenom (ausgenommen Kolon und Rektum)	83	THS
8212/3	Adenokarzinom der Analdrüsen	85	OTD
8213/3	Parietalzellkarzinom (Magen)	86	OTD
8214/3	Hepatoides Karzinom (Magen)	87	OTD
8220/2	Hochgradige Dysplasie bei familiärer adenomatöser Polypose (Kolon und Rektum)	83	THS
8240/0	Benigner Karzinoidtumor	68	THS

Code-Nr.	Neuer Tumorbegriff	Anm.-Nr.	Kodierungs-vorschlag
8241/0	Benigner argentaffiner Karzinoidtumor (Benigner EC-Zell-Tumor)	68	THS
8246/0	Benigner neuroendokriner Tumor	68	THS
8246/1	Neuroendokriner Tumor, benigne oder von Low-grade-Malignität	68	THS
8249/3	Karzinom mit endokriner Differenzierung (Brust)	92	OTD
8252/3	Neuroendokriner Tumor von Low-grade-Malignität	68	THS
8253/3	Schlecht differenziertes neuroendokrines Karzinom	68	THS
8310/1	Klarzelladenom von Borderline-Malignität (Ovar)	97	Sobin et al. 1978
8316/3	Glaszellkarzinom („Glassy cell carcinoma") (Cervix uteri, Corpus uteri)	99	OTD
8317/3	Sekretorisches Adenokarzinom (Corpus uteri)	100	OTD
8318/3	Flimmerzell-Adenokarzinom („Ciliated cell adenocarcinoma") (Corpus uteri)	101	OTD
8319/3	Duct-Bellini-Karzinom (Niere)	102	OTD
8323/1	Gemischtzelliger epithelialer Tumor von Borderline-Malignität (Ovar)	104	Sobin et al. 1978
8341/3	Papilläres Mikrokarzinom (Schilddrüse)	116	OTD
8342/3	Papilläres Karzinom, oxyphiler Zelltyp (Schilddrüse)	117	OTD
8402/3	Malignes noduläres Hidradenom (Haut)	124	Heenan et al. 1996
8403/3	Malignes ekkrines Spiradenom (Haut)	124	Heenan et al. 1996
8407/3	Sklerosierendes Karzinom der Schweißdrüsenausführungsgänge (Haut)	126	Heenan et al. 1996
8408/3	Aggressives digitales papilläres Adenom/Adenokarzinom (Haut)	127	OTD
8409/3	Porokarzinom (Haut)	128	THS
8413/3	Ekkrines Adenokarzinom (Haut)	129	OTD
8452/3	Solid-pseudopapilläres Karzinom (Pankreas)	132	Klöppel et al. 1996
8453/0	Zystischer Tumor des atrioventrikulären Knotens (Herz)	133	THS
8463/3	Oberflächenpapillom von Borderline-Malignität (Ovar)	135	OTD
8463/3	Seröses papilläres Karzinom des Peritoneums von Borderline-Malignität	134	OTD
8470/1	Muzinöser zystischer Tumor mit mäßiger Dysplasie (Pankreas)	137	Klöppel et al. 1996
8470/2	Nichtinvasives muzinöses Zystadenokarzinom (Pankreas)	137	Klöppel et al. 1996
8474/3	Zystisches hypersekretorisches Karzinom mit Invasion (Brust)	140	OTD

Code-Nr.	Neuer Tumorbegriff	Anm.-Nr.	Kodierungs-vorschlag
8503/1	Intraduktaler papillär-muzinöser Tumor mit mäßiger Dysplasie (Pankreas)	152	Klöppel et al. 1996
8507/3	Polymorphes Low-grade-Adenokarzinom (Parotis, andere große Speicheldrüsen)	154	OTD
8513/3	Atypisches medulläres Karzinom (Brust)	158	OTD
8514/3	Gemischtzelliges, medullär-follikuläres Karzinom (Schilddrüse)	159	THS
8515/3	Medulläres Karzinom mit papillärer Komponente (Schilddrüse)	160	THS
8551/3	Azinuszell-Zystadenokarzinom (Pankreas)	168	OTD
8552/3	Gemischt azinär-endokrines Karzinom (Pankreas)	169	THS
8561/3	Karzinom im Warthin-Tumor (Parotis, andere große Speicheldrüsen, Kieferhöhle)	171	OTD
8633/1	Schlecht differenzierter Sertoli-Leydig-Zell-Tumor (Ovar)	191	THS
8634/1	Sertoli-Leydig-Zell-Tumor mit heterologen Elementen (Ovar)	192	THS
8635/1	Retiformer Sertoli-Leydig-Zell-Tumor (Ovar)	193	THS
8642/1	Großzelliger verkalkender Sertoli-Zell-Tumor (Hoden)	197	THS
8670/3	Maligner Steroidzelltumor (Ovar)	199	THS
8680/0	Benignes Paragangliom o.n.A.	202	Williams 1980
8681/0	Benignes sympathisches Paragangliom	201	Williams 1980
8681/3	Malignes sympathisches Paragangliom	203	Williams 1980
8682/0	Benignes parasympathisches Paragangliom	201	Williams 1980
8682/3	Malignes parasympathisches Paragangliom	203	Williams 1980
8690/0	Beniger Glomus-jugulare-Tumor	202	Williams 1980
8691/0	Beniger Glomus-aorticum-Tumor	201	Williams 1980
8692/0	Beniger Glomus-caroticum-Tumor	201	Williams 1980
8693/0	Benignes extraadrenales Paragangliom	201	Williams 1980
8711/3	Maligner Glomustumor	205	Weiss 1994
8726/1	Melanozytom (nur Gehirn)	213	Kleihues et al. 1993
8805/3	Undifferenziertes Sarkom (Knochen, Gehirn)	223	OTD
8806/3	Desmoplastischer kleinzelliger Tumor der Kinder und jungen Erwachsenen (Mediastinum, periphere Nerven, Weichteile)	224	OTD
8842/0	Ossifizierender fibromyxoider Weichteiltumor	239	THS
8850/1	Atypisches Lipom	242	Weiss 1994
8859/0	Chondroides Lipom	250	THS
8898/0	Myofibroblastom (Lymphknoten, Brust, Vulva)	253	THS
8911/3	Rhabdomyosarkom mit ganglionärer Differenzierung	256	THS
8912/3	Spindelzelliges Rhabdomyosarkom	257	THS
8960/0	Multilokuläres zystisches Nephrom	263	THS

Code-Nr.	Neuer Tumorbegriff	Anm.-Nr.	Kodierungs-vorschlag
8982/3	Malignes Myoepitheliom o.n.A. (Große Speicheldrüsen, Nasen- und Nasennebenhöhlen)	268	Seifert 1991
9014/1	Seröses Adenofibrom von Borderline-Malignität	270	Sobin et al. 1978
9014/3	Malignes seröses Adenofibrom (Ovar)	271	Sobin et al. 1978
9015/1	Muzinöses Adenofibrom von Borderline-Malignität	270	Sobin et al. 1978
9015/3	Malignes muzinöses Adenofibrom	270	Sobin et al. 1978
9045/3	Schlecht differenziertes Synovialsarkom	274	THS
9050/2	Mesothelioma in situ (Pleura, Peritoneum, Perikard)	278	THS
9055/0	Multizystisches benignes Mesotheliom (Pleura, Peritoneum, Perikard)	280	THS
9055/3	Zystisches malignes Mesotheliom (Pleura, Peritoneum, Perikard)	280	THS
9056/3	Gut differenziertes papilläres Mesotheliom (Peritoneum)	281	THS
9057/3	Undifferenziertes diffuses malignes Mesotheliom (Pleura, Peritoneum, Perikard)	282	THS
9064/2	Carcinoma in situ des Hodens	285	OTD
9105/3	Epitheloider Trophoblasttumor (Plazenta)	308	THS
9161/0	Erworbenes büscheliges Angioblastom (Haut)	320	Weiss 1994
9162/1	Angiomatose (ausgenommen Angiomatosis retinae)	322	THS
9186/3	Konventionelles zentrales Osteosarkom (Skelett)	330	OTD
9187/3	Intraossäres gut differenziertes (Low-grade-) Osteosarkom (Skelett)	331	OTD
9192/3	Paraossales Osteosarkom (Skelett)	333	OTD
9193/3	Periossales Osteosarkom (Skelett)	333	OTD
9194/3	Hochmalignes (High-grade-)Oberflächen-Osteosarkom (Skelett)	334	OTD
9195/3	Intrakortikales Osteosarkom (Skelett)	335	OTD
9222/3	Extraskelettales Chondrosarkom, gut differenziertes (nur Weichteile)	338	OTD
9242/3	Entdifferenziertes Chondrosarkom (Skelett, Weichteile)	340	OTD
9243/3	Klarzell-Chondrosarkom (Skelett)	341	OTD
9252/0	Benigner Riesenzelltumor der Sehnenscheide	344	THS
9252/3	Maligner Riesenzelltumor der Sehnenscheide	345	OTD
9302/3	Odontogenes Schattenzellkarzinom	357	THS
9370/0	Parachordom (Weichteile)	359	OTD
9371/3	Chondroides Chordom (Knochen)	360	OTD
9372/3	Entdifferenziertes Chordom (Knochen)	361	OTD
9385/3	Gemischtes Subependymom-Ependymom	364	OTD
9386/3	Anaplastisches Oligoastrozytom (Gehirn, Rückenmark)	365	OTD

Code-Nr.	Neuer Tumorbegriff	Anm.-Nr.	Kodierungs-vorschlag
9387/3	Andere gemischte Gliome (Gehirn, Rückenmark)	366	OTD
9391/0	Ektopisches Ependymom (Weichteile)	367	Weiss 1994
9395/3	Zellreiches Ependymom	368	OTD
9396/3	Klarzelliges Ependymom	369	OTD
9412/1	Infantiles desmoplastisches Astrozytom (Gehirn, Rückenmark)	371	THS
9444/0	Granularzelltumor des Infundibulums (Hypophyse)	375	THS
9444/1	Gliofibrom (Gehirn, Rückenmark)	376	THS
9474/3	Melanotisches Medulloblastom (Gehirn, Rückenmark)	378	OTD
9501/0	Benignes Medulloepitheliom (Retina)	381	THS
9502/0	Benignes teratoides Medulloepitheliom (Retina)	382	THS
9505/0	Desmoplastisches infantiles Gangliogliom (DIG)	384	Kleihues et al. 1993
9505/0	Dysembryoblastischer neuroepithelialer Tumor	384	Kleihues et al. 1993
9505/3	Anaplastisches Gangliogliom	386	Kleihues et al. 1993
9541/3	Melanotischer maligner peripherer Nervenscheidentumor (MPNST)	394	OTD
9542/3	Epitheloider maligner peripherer Nervenscheidentumor (MPNST)	395	OTD
9543/3	Maligner peripherer Nervenscheidentumor (MPNST) mit divergierender mesenchymaler und/oder epithelialer Differenzierung	396	OTD
9544/3	Maligner peripherer Nervenscheidentumor (MPNST) mit glandulärer Differenzierung	397	OTD
9596/3	Niedrigmalignes Lymphom, nicht klassifizierbares	408	THS
9597/3	Hochmalignes Lymphom, nicht klassifizierbares	408	THS
9651/3	M. Hodgkin, lymphozytenreicher klassischer Typ (LRC-HD)	433	THS
9678/3	Lymphozytisches B-Zell-Lymphom	446	THS
9679/3	Immunoblastisches B-Zell-Lymphom	447	THS
9688/3	Burkitt-Lymphom mit zytoplasmatischem Immunglobulin	451	THS
9689/3	Lymphoblastisches B-Zell-Lymphom	452	THS
9699/3	Großzelliges anaplastisches B-Zell-Lymphom	465	THS
9708/3	Lymphoblastisches T-Zell-Lymphom	461	THS
9710/3	Lymphozytisches T-Zell-Lymphom	446	THS
9715/3	Großzelliges Lymphom vom „multilobated" Typ (Pinkus)	466	THS
9716/3	Erythrophagozytisches T-gamma-Lymphom (Kadin)	467	THS
9717/3	Malignes Lymphom der plasmozytoiden T-Zellen	468	THS

Code-Nr.	Neuer Tumorbegriff	Anm.-Nr.	Kodierungs-vorschlag
9718/3	Lymphohistiozytisches Lymphom	469	THS
9719/3	Siegelringzell-Lymphom vom T-Zell-Typ	470	THS
9721/1	Langerhans-Zell-Histiozytose (LHCH)	472	THS
9724/3	Immunoblastisches T-Zell-Lymphom	446	THS
9725/3	Großzelliges anaplastisches T-Zell-Lymphom	465	THS
9726/3	Großzelliges anaplastisches Null-Zell-Lymphom	446	THS
9727/3	Großzelliges sklerosierendes B-Zell-Lymphom des Mediastinums	446	THS
9733/3	Extramedulläres Plasmozytom	476	THS
9805/3	Akute undifferenzierte Leukämie o.n.A.	487	THS
9806/3	Akute gemischtzellige Leukämie	488	THS
9828/3	Vorwiegend kleinzellige akute lymphatische Leukämie	490	THS
9829/3	Großzellig-heterogene akute lymphatische Leukämie	490	THS
9831/3	B-lymphoblastische Leukämie vom Vorläufer-zell-Typ	494	THS
9832/3	T-Lymphoblastische Leukämie vom Vorläufer-zell-Typ	494	THS
9833/3	Prolymphozyten-Leukämie vom B-Zell-Typ	495	THS
9834/3	Prolymphozyten-Leukämie vom T-Zell-Typ	495	THS
9835/3	Akute lymphatische Leukämie vom B-Zell-Typ (B-ALL)	496	THS
9836/3	Akute lymphatische Leukämie vom T-Zell-Typ (T-ALL)	496	THS
9851/3	Chronische lymphatische B-Zell-Leukämie (B-CLL)	499	THS
9852/3	Chronische lymphatische T-Zell-Leukämie (T-CLL)	499	THS
9853/3	Chronische lymphatische Leukämie vom azurgranulierten Typ o.n.A.	500	THS
9854/3	Chronische lymphatische T-Zell-Leukämie vom azurgranulierten Typ	500	THS
9855/3	Chronische lymphatische NK-Zell-Leukämie vom azurgranulierten Typ	500	THS
9871/3	Akute undifferenzierte myeloische Leukämie	507	THS
9872/3	Akute myeloische Leukämie ohne Ausreifung	507	THS
9873/3	Akute myeloische Leukämie mit Ausreifung	507	THS
9874/3	Akute myeloblastische Leukämie mit Ausreifung und basophilen Blasten	507	THS
9875/3	Akute Promyelozyten-Leukämie, hypogranuläre Variante	503	THS
9876/3	Akute myelomonozytäre Leukämie mit Eosinophilie	504	THS
9895/3	Akute Monoblastenleukämie o.n.A.	509	THS

Code-Nr.	Neuer Tumorbegriff	Anm.-Nr.	Kodierungsvorschlag
9896/3	Akute promonozytär-monozytäre Leukämie	509	THS
9971/1	Polymorphe Posttransplantations-Lymphoproliferative Erkrankung (PTLE)	519	THS
9972/1	Monomorphe Posttransplantations-Lymphoproliferative Erkrankung (PTLE)	520	THS

11.4 Kennzeichnung der zu empfehlenden und der nicht zu empfehlenden Begriffe

Bei der Bearbeitung der hämatologischen Kapitel wurde besonders deutlich, daß eine große Zahl von Entitäten, die in der englischen ICD-O aufgeführt sind, heute im deutschen Sprachraum nicht mehr zu empfehlen sind. Einige dieser Begriffe sind inzwischen sogar obsolet (z. B. „Retikulosarkom"). Solche Diagnosebegriffe wurden im THS in eckige Klammern gesetzt. Damit ist einmal gewährleistet, daß die Dokumentarin den Namen der Entität findet, falls er auftaucht, und die Diagnose auch verschlüsseln kann; andererseits wird deutlich, daß diese Diagnose veraltet ist und nicht mehr verwendet werden sollte, was die Dokumentarin dazu anregen kann, den Diagnostiker auf diesen Umstand hinzuweisen.

11.5 Vorzugsbezeichnungen und Synonyme

Für viele Entitäten sind mehrere diagnostische Termini gebräuchlich. Wir haben aus dem Schrifttum, insbesondere aus den „Blue Books", aus den AFIP-Atlanten und den deutschsprachigen Lehrbüchern sowie aus der eigenen Erfahrung diejenigen (halbfett gedruckt) hervorgehoben, die wir als Vorzugsbezeichnungen empfehlen. Wir verlangen aber nicht, daß andernorts übliche oder vorgezogene Synonyme fallengelassen werden. Aus diesem Grunde haben wir die meisten der in den WHO-Klassifikationsbüchern („Blue Books") vorgesehenen Synonyme den jeweiligen Vorzugsbegriffen (nach rechts eingerückt) hinzugefügt.

Im Gegensatz zur 1. Auflage des deutschsprachigen Tumorhistologieschlüssels (Jacob et al. 1978) wurde die Zahl der Synonyme begrenzt gehalten, da ein großer Teil der dort aufgeführten Bezeichnungen veraltet ist und heute nicht mehr verwendet wird. Alle im systematischen Teil genannten Synonyme finden sich im alphabetischen Index. In diesem sind auch Synonyme, permutierte Begriffe sowie Bezeichnungen von Subtypen und Varianten aufgenommen, die zwar nicht im systematischen Teil aufgelistet sind, aber in den Anmerkungen erwähnt werden.

11.6 Lokalisationsangaben

Auf Wunsch zahlreicher medizinischer Informatiker und Dokumentarinnen wurde die jeweilige Lokalisation der Tumoren nicht nur mit der Code-Nr. des neuesten deutschsprachigen Tumorlokalisationsschlüssels (5. Aufl, Wagner 1993) versehen, sondern auch unmittelbar benannt. In den Fällen, in denen ein Tumor in mehreren Lokalisationen vorkommt, haben wir alle uns bekannten Lokalisationen erwähnt. Die Reihenfolge innerhalb der Aufzählung richtet sich nach der Häufigkeit des Tumorvorkommens. Damit sind wesentlich mehr Lokalisationen angegeben als in den bisherigen Auflagen, was dem heutigen Kenntnisstand entspricht. Bei einigen Kapiteln, bei denen (nahezu) alle Entitäten nur einer Lokalisation zugehören (Beispiel: Meningeome, C70) wurden im systematischen Teil Lokalisation und Lokalisationsschlüssel in der Überschrift genannt. Wenn bei einzelnen Entitäten zusätzliche Lokalisationen bekannt sind, wurden diese hinzugefügt. Damit ergaben sich erhebliche Unterschiede bei den Lokalisationsangaben zwischen der 2. Auflage der englischsprachigen ICD-O und dem Tumorhistologieschlüssel. Wir glauben, daß mit diesem Vorgehen eine übersichtliche und sichere Bezugsmöglichkeit zwischen Tumor und Lokalisation gewährleistet ist.

11.7 Gegenüber ICD-O (1990) und WHO-Klassifikationen im THS geänderte Code-Nummern

Aufgrund der Weiterentwicklung der Tumorklassifikation seit 1990 war es bei bestimmten Krankheitsbegriffen erforderlich, die Code-Nummern des THS gegenüber der englischsprachigen Originalfassung der ICD-O sowie gegenüber den WHO-Klassifikationen (Blue Books) zu ändern. Um Vergleiche mit den Begriffen zu ermöglichen, die nach den dort benutzten Notationen erfaßt sind, haben wir die Änderungen gegenüber der ICD-O in Tabelle 4A, gegenüber den WHO-Klassifikationen in Tabelle 4B zusammengestellt. Hierbei wird auf die Anmerkungen im systematischen Teil B des THS verwiesen, in denen die Gründe für die Änderungen dargelegt sind.

Nicht in die Listen aufgenommen sind die im systematischen Teil und im alphabetischen Index in eckige Klammern gesetzten Begriffe, deren Verwendung nicht empfohlen wird. Ferner wurde nicht als Änderung aufgefaßt das im THS angewandte Prinzip, bei Lymphomen und Leukämien den immunologischen Typ durch Vergabe freier fünfstelliger Code-Nummern zu charakterisieren und nicht durch die 6. Stelle des Morphologie-Codes (s. Anm. 440, 446, 486 und 489).

Tabelle 4. Krankheitsbegriffe, bei denen die Code-Nummern des THS von jenen der ICD-O (1990) bzw. der WHO-Klassifikationen abweichen

A. Abweichungen von den Code-Nummern der ICD-O (1990)

Krankheitsbegriff	Code-Nummern THS	ICD-O[*]	Begründung für die Änderung
Adenocarcinoma in situ			
– in tubulärem Adenom	8211/2	8210/2	Anm. 59
– in familiärer adenomatöser Polypose	8220/2	8210/2	Anm. 59
Adenomatose o.n.A., sofern in Gallenblase und extrahepatischen Gallengängen	8060/0	8220/0	Anm. 21
Androblastom o.n.A., sofern im Hoden	8590/1	8630/1	Anm. 186
Basosquamöses Karzinom	8095/3	8094/3	Anm. 44
Benigner Riesenzelltumor der Sehnenscheide	9252/0	SNOMED M-47830	Anm. 344
Dentinom o.n.A.	9290/0	9271/0	Anm. 351
Dermoidzyste, sofern im Hoden	9080/1	9084/0	Anm. 296
Eosinophiles Granulom			
– im Knochen	9721/1	SNOMED M-77860	Anm. 472
– in sonstiger Lokalisation	9721/1	SNOMED M-44050	Anm. 472

[*] Die in der ICD-O angegebenen SNOMED-Code-Nummern entsprechen jenen von SNOMED 1984.

Krankheitsbegriff	Code-Nummern THS	ICD-O	Begründung für die Änderung
Extramedulläres Plasmozytom	9733/3	9731/3	Anm. 475
Fibröse Nasenpapel	9160/0	8724/0	Anm. 212
Gemischt basalzellig-plattenepitheliales Karzinom	8095/3	8094/3	Anm. 44
Hand-Schüller-Christian-Krankheit	9721/1	SNOMED M-77920	Anm. 472
Histiozytose X o.n.A.	9721/1	SNOMED M-77800	Anm. 472
Karzinosarkom, sofern in Cervix uteri oder Vagina	8951/3	8980/3	Anm. 262
Kloakogenes Karzinom (Analkanal)	8070/3	8124/3	Anm. 24, 55
Maligne lymphomatöse Polypose	9673/3	9677/3	Anm. 455
Maligner mesodermaler Mischtumor, sofern im Corpus uteri	8980/3	8951/3	Anm. 262
Maligner-Müller-Mischtumor – in Cervix uteri, Vagina	8951/3	–	Anm. 262
– in Corpus uteri	8980/3	8950/3	Anm. 262
– in anderen Lokalisationen	8950/3	–	Anm. 262
Malignes Schwannom o.n.A.	9540/3	9560/3	Anm. 393, 399
Medulläres Karzinom mit lymphoidem Stroma, sofern in Mamma	8510/3	8512/3	Anm. 157
M. Hodgkin, noduläres Paragranulom	9659/3	9660/3	Anm. 436
M. Hodgkin, Paragranulom o.n.A.	9657/3	9660/3	Anm. 436
Noduläres Hidradenom	8402/0	8400/0	Anm. 124
Parossales (juxtakortikales) Osteosarkom	9192/3	9190/3	Anm. 325
Periossales Osteosarkom	9193/3	9190/3	Anm. 325
Peripherer neuroektodermaler Tumor	9503/3	9364/3	Anm. 383
Pigmentierte villonoduläre Synovitis	9252/0	SNOMED M-47830	Anm. 344
Reifes Teratom, sofern in Nasopharynx, Nasen- und Nasennebenhöhlen, Mittel- und Innenohr, Larynx, Pankreas, Haut	9080/0	9080/1	Anm. 292
Riesenkondylom (Analrand)	8051/3	SNOMED M-76740	Anm. 18
Spindelzellkarzinom, sofern in Mundhöhle, Lippe, Oropharynx, Hypopharynx, Ösophagus, Nasen- und Nasennebenhöhlen, Larynx, Trachea, Lunge, äußerem Ohr	8074/3	8032/3	Anm. 8, 26

Krankheitsbegriff	Code-Nummern THS	ICD-O	Begründung für die Änderung
Sertoli-Leydig-Zell-Tumor o.n.A.	8630/1	8631/0	Anm. 189
Synoviale Chondromatose	9220/1	SNOMED M-73670	s. Coté et al. 1993
Synoviale Osteochondromatose	9210/1	SNOMED M-73670	s. Coté et al. 1993
Tendosynovitis nodularis – s. pigmentierte villonoduläre Synovitis			
Übergangskarzinom (Analkanal)	8072/3	8120/3	Anm. 24

B. Abweichungen von den Code-Nummern der WHO-Klassifikationen

Krankheitsbegriff	Code-Nummern THS	WHO-Klassifikationen	Begründung für die Änderung
Adenoides Basalzellkarzinom (Cervix uteri, Vagina)	8147/3	8092/3 (Scully et al. 1994)	Anm. 65
Angiomatose (ausgenommen Angiomatosis retinae)	9162/1	SNOMED M-76310 (Weiss 1994)	Anm. 322
Atypisches Fibroxanthom	8830/1	8831/1 (Weiss 1994) 8830/1 (Heenan et al. 1996)	Anm. 232, 233
Basosquamöses Karzinom	8095/3	8094/3 (Heenan et al. 1996)	Anm. 44
Benigner Riesenzelltumor der Sehnenscheide	9252/0	SNOMED M-47830 (Weiss 1994)	Anm. 344
Benignes Histiozytom	8832/0	8830/0 (Heenan et al. 1996)	Anm. 232, 233
Benignes Paragangliom, sofern in Cauda equina	8680/0	8690/0 (Kleihues et al. 1993)	Anm. 202
Dermatofibrom o.n.A.	8832/0	8830/0 (Heenan et al. 1996)	Anm. 232, 233
Dermatomyofibrom	8832/0	8830/0 (Heenan et al. 1996)	Anm. 232, 233
Endovaskuläres papilläres Angioendotheliom	9134/1	9134/0 (Weiss 1994)	Anm. 318
Epitheloides Hämangiom	9125/0	SNOMED M-72260 (Weiss 1994)	Anm. 313

Krankheitsbegriff	Code-Nummern THS	WHO-Klassifikationen	Begründung für die Änderung
Erworbenes büscheliges Angioblastom	9161/0	9120/0 (Heenan et al. 1996) 9161/0 (Weiss 1994)	Anm. 320
Ganglioneuromatose (Dünn- und Dickdarm)	9491/0	9490/0 (Jass u. Sobin 1989)	Anm. 380
High-grade-Oberflächen-Osteosarkom	9194/3	9190/33 (Schajowicz 1933)	Anm. 325
Histiozytose X o.n.A.	9721/1	SNOMED M-77860 (Schajowicz 1993)	Anm. 472
Intraossäres gut differenziertes (Low-grade-)Osteosarkom	9187/3	9180/31 (Schajowicz 1993)	Anm. 325
Konventionelles zentrales Osteosarkom	9186/3	9180/3 (Schajowicz 1993)	Anm. 330
Maligne lymphomatöse Polypose	9673/3	SNOMED M-76880 (Jass u. Sobin 1989)	Anm. 445
Malignes Schwannom o.n.A.	9540/3	9560/3 (Watanabe et al. 1990, Shanmugaratnam 1991, Heenan et al. 1996) 9540/3 (Kleihues et al. 1993, Weiss 1994)	Anm. 393, 399
Parossales (juxtakortikales) Osteosarkom	9192/3	9190/31 (Schajowicz 1993)	Anm. 325
Periossales Osteosarkom	9193/3	9190/32 (Schajowicz 1993)	Anm. 325
Pigmentierte villonoduläre Synovitis	9252/0	SNOMED M-47830 (Weiss 1994)	Anm. 344
Porokarzinom	8409/3	8400/3 (Heenan et al. 1996)	Anm. 128
Riesenkondylom (Analrand)	8051/3	SNOMED M-76730 (Heenan et al. 1996) 8051/3 (Jass u. Sobin 1989)	Anm. 18
Sklerosierendes Hämangiom	8832/0	8830/0 (Heenan et al. 1996)	Anm. 232, 233
Solides Karzinom mit Schleimbildung (Lunge)	8481/3	8230/3 (WHO 1981a)	Anm. 143
Tendosynovitis nodularis – s. Pigmentierte villonoduläre Synovitis			

B. Systematischer Teil:
Numerische Liste der Krankheitsbezeichnungen

Vorzugsbezeichnungen sind in **halbfett**, Synonyme in Normalschrift gedruckt.

Kursivschrift kennzeichnet Bezeichnungen, für die im Tumorhistologieschlüssel bisher freie Code-Nummern neu vergeben wurden.

Die Verwendung von in eckige Klammern gesetzten Bezeichnungen wird nicht empfohlen.

Der Hinweis „OTD 1995" bezieht sich auf:
Wagner G, Hermanek P (1955) Organspezifische Tumordokumentation. Arbeitsgemeinschaft Deutscher Tumorzentren (ADT), Tumordokumentation in Klinik und Praxis, Band 2. Springer, Berlin Heidelberg New York Tokyo.

<Anm. 1>
Die Bezeichnung „Unklassifizierter epithelialer Tumor (Ovar)" ist bei Russell (1994), der Terminus „Unklassifizierter nasopharyngealer epithelialer Tumor (Nasopharynx)" bei Wenig (1993) angeführt.

<Anm. 2>
Vor der Zuordnung eines Tumors zu dieser Code-Nr. sollte geprüft werden, ob eine Differenzierung möglich ist in:
Nichtinvasives verruköses Karzinom (= 8051/2),
Plattenepithelkarzinom in situ (= 8070/2),
Plattenepithelkarzinom mit Hornbildung, in situ (= 8078/2),
Übergangszellkarzinom in situ (= 8120/2),
Adenocarcinoma in situ (= 8140/2),
Adenocarcinoma in situ in tubulärem Adenom (= 8211/2),
Adenocarcinoma in situ in villösem Adenom (= 8261/2),
Adenocarcinoma in situ in tubulovillösem Adenom (= 8263/2),
Duktales Carcinoma in situ (DCIS) (= 8500/2),
Lobuläres Carcinoma in situ (LCIS) (= 8520/2),
Intraduktales Karzinom und lobuläres Carcinoma in situ (= 8522/2),
Carcinoma in situ des Hodens (= 9064/2).

800 Neoplasien o.n.A.

8000/0 **Benigne Neoplasie o.n.A.**
Benigner Tumor o.n.A.
Benigner unklassifizierter Tumor o.n.A.

8000/1 **Neoplasie fraglicher Dignität**
Neoplasie o.n.A.
Tumor o.n.A.
Unklassifizierter Tumor fraglicher Dignität

8000/3 **Maligne Neoplasie o.n.A.**
Maligner Tumor o.n.A.
Maligner unklassifizierter Tumor

8000/6 **Neoplasie, metastatische**
Metastase o.n.A.
Tumor, metastatischer

8000/9 **Maligne Neoplasie, unsicher ob Primärtumor oder Metastase**
Maligner unklassifizierter Tumor, unsicher ob Primärtumor oder Metastase

8001/0 **Benigne Tumorzellen**

8001/1 **Tumorzellen fraglicher Dignität**
Tumorzellen o.n.A.

8001/3 **Maligne Tumorzellen**

8002/3 [Maligner Tumor, kleinzelliger Typ]

8003/3 [Maligner Tumor, Riesenzelltyp]

8004/3 [Maligner Tumor, Spindelzelltyp]

801-804 Epitheliale Neoplasien

8010/0 **Benigne epitheliale Neoplasie**
Benigner epithelialer Tumor o.n.A.
Benigner unklassifizierter epithelialer Tumor (Ovar, C56; Nasopharynx, C11) <Anm. 1>

8010/2 **Carcinoma in situ o.n.A.** (ausgenommen Cervix uteri, = 8070/2) <Anm. 2>
Intraepitheliales Karzinom o.n.A.

8010/3 **Maligne epitheliale Neoplasie**
Maligner epithelialer Tumor o.n.A.
Karzinom o.n.A.
Maligner unklassifizierter epithelialer Tumor (Ovar, C56) <Anm. 1>
Nasopharyngeales Karzinom (C11)

<Anm. 3>
Als großzellige Karzinome werden besonders in den Lungen maligne epitheliale Tumoren bezeichnet, die nicht nur große Zellen, sondern auch große Kerne mit deutlichen Nukleolen aufweisen. Meist sind die Zellgrenzen gut zu erkennen. Es dürfen nirgendwo die Charakteristika von Plattenepithelkarzinomen, Adenokarzinomen oder kleinzelligen Karzinomen erkennbar sein.

<Anm. 4>
Undifferenzierte (anaplastische) Karzinome sind hochmaligne Tumoren, die teilweise oder vollständig aus undifferenzierten Zellen bestehen. Meist finden sich unterschiedliche Anteile von spindeligen, polygonalen Zellen, oft auch mehrkernige Riesenzellen. In der Schilddrüse ist die Differentialdiagnose zu malignen Lymphomen wichtig. Im Magen-Darm-Kanal sind bei diesen Tumoren weder plattenepitheliale noch adenomatöse Differenzierungen ausgebildet. Auch fehlen die histologischen und immunhistologischen Charakteristika des kleinzelligen Karzinoms (NSE, Chromogranin usw.). Immunhistologisch muß ein malignes Melanom (S 100, HMB-45) ausgeschlossen werden (Rosai et al. 1992).

<Anm. 5>
Das undifferenzierte (anaplastische) Karzinom des Pankreas stellt eine Variante des duktalen Adenokarzinoms dar, die aus pleomorphen großen Zellen, Riesenzellen und/oder Spindelzellen besteht (Klöppel et al. 1996) Ganz umschriebene Herde einer drüsigen Differenzierung können vorhanden sein. Der Tumor soll nach der WHO-Klassifikation unter dieser Code-Nr. verschlüsselt werden und ist vom osteoklastischen Riesenzelltumor (= 8030/3) abzugrenzen (vgl. Anm. 6).

<Anm. 6>
Der sehr seltene osteoklastische Riesenzelltumor des Pankreas besteht aus undifferenzierten epithelialen und/oder mesenchymalen Zellen, die mit nichtneoplastischen osteoklastenähnlichen Riesenzellen untermischt sind. Zusätzlich können Herde neoplastischer duktaler Drüsen und auch Osteoidbildung vorkommen (Klöppel et al. 1996).

<Anm. 7>
Das Riesenzellkarzinom ist eine Variante des großzelligen Karzinoms (= 8012/3) mit vielen polymorphen, vielkernigen Zellen.

<Anm. 8>
Nach der WHO-Klassifikation wird für das Spindelzellkarzinom von Mundhöhle, Lippe, Oropharynx, Hypopharynx, Ösophagus, Nasenhöhle, Nasennebenhöhlen, Larynx, Trachea, Lunge und äußerem Ohr die Code-Nr. 8074/3 verwendet (Watanabe et al. 1990; Shanmugaratnam 1991) (vgl. auch Anm. 25 und 26).

<Anm. 9>
Das Karzinom mit osteoklastenähnlichen Riesenzellen ist für die Mamma als eigene Entität im Tumoratlas des AFIP (Rosen u. Oberman 1993) beschrieben: Meist mäßig bis schlecht differenziertes, invasives duktales Karzinom, bei dem osteoklastische Riesenzellen um die karzinomatösen Drüsen und auch in den Drüsenschläuchen liegen. Für diesen in der englischsprachigen Originalfassung der ICD-O nicht angeführten Tumor wird entsprechend dem Vorschlag der OTD (1995) die freie Code-Nr. 8035/3 empfohlen.

<Anm. 10>
Die Einteilung der Tumorlets der Lunge in benigne Formen und solche unbekannter Dignität wurde in der 2. Auflage der WHO-Klassifikation der Lungentumoren (1981a) vorgenommen (Einzelheiten bei Müller 1983).

<Anm. 11>
Bei kleinzelligen Karzinomen der Lunge sollte – wann immer möglich – der Subtyp angegeben werden (Code-Nr. 8042/3, 8043/3, 8044/3 und 8045/3). In anderen Lokalisationen, z.B. Ösophagus, Kolon-Rektum, Gallenblase usw., wird unter der Code-Nr. 8041/3 jede Form des kleinzelligen Karzinoms registriert. Im Ösophagus sind Wucherungen eines kleinzelligen Lungenkarzinoms auszuschließen. Im Magen-Darm-Kanal und in der Gallenblase können bei kleinzelligen Karzinomen in den tieferen Teilen auch umschriebene adenokarzinomatöse Strukturen vorliegen, ohne daß dies die Klassifikation beeinflußt. Manche kleinzelligen Karzinome zeigen karzinoidähnliche Strukturen. Die neuronspezifische Enolase ist sowohl in kleinzelligen Karzinomen als auch in Karzinoidtumoren nachweisbar. Der Nachweis von vielen serotoninhaltigen Zellen spricht für einen Karzinoidtumor. Für ein kleinzelliges Karzinom sprechen eine diffuse Chromatinverteilung im Kern, reichlich Mitosen und Nekroseareale.

8010/6	Karzinom-Metastase o.n.A.
8010/9	Karzinomatose
8011/0	[Benignes Epitheliom]
8011/3	[Malignes Epitheliom] [Epitheliom o.n.A.]
8012/3	Großzelliges Karzinom <Anm. 3>
8020/3	Undifferenziertes Karzinom o.n.A. <Anm. 4> Undifferenziertes (anaplastisches) Karzinom (Schilddrüse, C73)
8021/3	Anaplastisches Karzinom Undifferenziertes (anaplastisches) Karzinom (Pankreas, C25) <Anm. 5>
8022/3	Pleomorphes Karzinom
8030/3	Riesenzell- und Spindelzellkarzinom Osteoklastischer Riesenzelltumor (Pankreas, C25) <Anm. 6>
8031/3	Riesenzellkarzinom <Anm. 7>
8032/3	[Spindelzellkarzinom] <Anm. 8>
8033/3	Pseudosarkomatöses Karzinom Sarkomatoides Nierenzellkarzinom (C64)
8034/3	[Polygonalzelliges Karzinom]
8035/3	*Karzinom mit osteoklastenähnlichen Riesenzellen* (Brust, C50) <Anm. 9>
8040/0	*Benignes Tumorlet* (Lunge, C34) <Anm. 10>
8040/1	Tumorlet o.n.A. (Lunge, C34) <Anm. 10>
8041/3	Kleinzelliges Karzinom o.n.A. <Anm. 11>

<Anm. 12>
Als Haferzellkarzinom der Lunge wird ein maligner Tumor bezeichnet, der aus uniformen kleinen Zellen besteht, die im allgemeinen etwas größer als Lymphozyten sind. Der Tumor wird auch als „Kleinzelliges neuroendokrines Karzinom" bezeichnet. Die Diagnose Haferzellkarzinom wird auch gestellt, wenn einige größere Zellen oder einige Tubuli mit geringfügiger Schleimbildung vorliegen. Das Haferzellkarzinom der Lunge kann kombiniert mit Plattenepithel- oder Adenokarzinomen vorkommen; in solchen Fällen sind 2 Code-Nummern anzuwenden: 8042/3 und 8070/3 bzw. 8042/3 und 8140/3.

<Anm. 13>
Das kleinzellige Karzinom vom Intermediärtyp hat Kerne ähnlich denen des Haferzellkarzinoms. Die Zellen besitzen aber reichlicher Zytoplasma und können polygonal oder fusiform und weniger gleichmäßig gestaltet sein.

<Anm. 14>
Unter diesem Begriff werden Karzinome verstanden, die neben kleinzelligen Arealen vom Intermediärtyp auch Areale eines großzelligen Karzinoms enthalten. Dieser Subtyp wird nach der WHO-Klassifikation (1981a) als kleinzelliges Karzinom vom Intermediärtyp klassifiziert, wurde aber von der International Association for the Study of Lung Cancer (IASLC) (Hirsch et al. 1988) von den rein kleinzelligen Karzinomen als gesonderter Subtyp abgetrennt.

<Anm. 15>
Gelegentlich wird bei zytologischen Präparaten oder an sehr kleinen und schlecht erhaltenen Biopsien lediglich die Diagnose „Nichtkleinzelliges Karzinom" gestellt. Hierfür gibt es in der englischsprachigen Originalfassung der ICD-O keine eigene Code-Nr. In der OTD (1995) wurde vorgeschlagen, für solche Fälle die freie Code-Nr. 8046/3 zu verwenden.

<Anm. 16>
Die Bezeichnung „Papilläres Carcinoma in situ" sollte zugunsten einer Zuordnung zum papillären Übergangszellkarzinom (= 8130/3; vgl. Anm. 50) oder zum nichtinvasiven verrukösen Karzinom (= 8051/2) spezifiziert werden. Für invasive papilläre Karzinome in Geweben bzw. Organen, die vielfach Plattenepithelkarzinome enthalten (z.B. Lunge bzw. Bronchus), sollte die Notation 8052/3 (Papilläres Plattenepithelkarzinom) benutzt werden. Wenn ein Organ vorwiegend Adenokarzinome enthält (z.B. Schilddrüse), sollte 8260/3 benutzt werden. Die Bezeichnung „Verruköses Papillom" ist in den WHO-Klassifikationen nicht vorgesehen und sollte vermieden werden.

<Anm. 17>
Das verruköse Karzinom kann am Penis auch in einer nichtinvasiven Form beobachtet werden (Petersen 1992). Es muß aber abgegrenzt werden von der Erythroplasie Queyrat (= 8080/2) und dem Morbus Bowen (= 8081/2) (s. auch Anm. 36). Wir folgen dem Kodierungsvorschlag der OTD (1995).

<Anm. 18>
Das verruköse Karzinom ist eine seltene Variante des Plattenepithelkarzinoms. Es ist histologisch charakterisiert durch papilläres Wachstum, eine höhere zelluläre Differenzierung und – im Gegensatz zu Code-Nr. 8051/2 – eine Invasion des subepithelialen Gewebes. Riesenkondylome (Buschke-Löwenstein) werden z.T. noch als nichtneoplastische tumorähnliche Läsionen eingeordnet (Heenan et al. 1996) und nach SNOMED verschlüsselt. Wir empfehlen aber die Verschlüsselung mit 8051/3.

<Anm. 19>
Als Ackerman-Tumor wird ein meist nur gering invasives verruköses Karzinom des Kehlkopfes bezeichnet. Es wurde von Ferlito u. Recher (1980) ausführlich beschrieben.

<Anm. 20>
In die WHO-Klassifikation (Scully et al. 1994) neu aufgenommene Entität. Der Tumor weist oberflächlich das Aussehen eines Kondyloms mit zellulären Merkmalen einer HPV-Infektion auf und läßt nur an der Basis die typischen Zeichen eines Plattenepithelkarzinoms erkennen. Nach dem Vorschlag der OTD (1995) erfolgt die Verschlüsselung mit der freien Code-Nr. 8054/3.

<Anm. 21>
Für die Papillomatose der Gallenblase und der extrahepatischen Gallengänge wird in der WHO-Klassifikation (Albores-Saavedra et al. 1991) auch das Synonym „Adenomatose" verwendet. Hierfür darf nicht die Code-Nr. 8220/0 benutzt werden.

8042/3	**Haferzellkarzinom** (Lunge, C34) <Anm. 12> Oat-cell-Karzinom Kleinzelliges Karzinom vom Haferzelltyp Kleinzelliges neuroendokrines Karzinom
8043/3	**Kleinzelliges Karzinom, Spindelzelltyp** (Lunge, C34) Kleinzelliges Karzinom, fusiformer Typ
8044/3	**Kleinzelliges Karzinom, Intermediärtyp** (Lunge, C34) <Anm. 13>
8045/3	**Klein- und großzelliges Karzinom** (Lunge, C34) <Anm. 14>
8046/3	*Nichtkleinzelliges Karzinom* (Lunge, C34) <Anm. 15>

805–808 Plattenepithelneoplasien

8050/0	**Papillom o.n.A.** (ausgenommen Papillom der Harnblase, = 8120/0)
8050/2	[Papilläres Carcinoma in situ] <Anm. 16>
8050/3	[Papilläres Karzinom o.n.A.] <Anm. 16>
8051/0	[Verruköses Papillom] <Anm. 16>
8051/2	*Nichtinvasives verruköses Karzinom* (Penis, C60) <Anm. 17>
8051/3	**Verruköses Karzinom o.n.A.** <Anm. 18> **Verruköses Plattenepithelkarzinom** Riesenkondylom (Analrand, C44.55) Ackerman-Tumor (Kehlkopf, C32) <Anm. 19>
8052/0	**Plattenepithelpapillom** Keratotisches Papillom
8052/3	**Papilläres Plattenepithelkarzinom**
8053/0	**Invertiertes Papillom** (ausgenommen invertiertes Übergangszellpapillom der Harnblase, = 8121/1) **Invertiertes duktales Papillom** (Parotis, C07; andere große Speicheldrüsen, C08) **Übergangspapillom** (Tränenwege, C69.5)
8054/3	*Warziges (kondylomatöses) Plattenepithelkarzinom* (Vulva, C51; Vagina, C52; Cervix uteri, C53) <Anm. 20>
8060/0	**Papillomatose o.n.A.** <Anm. 21> **Biliäre Papillomatose** (Leber, C22) Adenomatose o.n.A. (Gallenblase, C23; extrahepatische Gallengänge, C24) <Anm. 21>

<Anm. 22>
Nach der WHO-Klassifikation (Scully et al. 1994) wird in der Cervix uteri zwischen Carcinoma in situ und CIN3 (schwerer Dysplasie) unterschieden. Dabei wird das Carcinoma in situ mit 8070/2, CIN3 mit 8077/2 verschlüsselt. CIN3 (schwere Dysplasie) wird heute begriffsmäßig als neoplastische Läsion angesehen, daher ist eine Verschlüsselung nach SNOMED, wie sie in der englischsprachigen Originalfassung der ICD-O noch erwähnt wird, nicht angemessen. Nach den Vorschlägen der International Society of Gynecological Pathologists (Kurman et al. 1992) und der Bethesda-Klassifikation (Kurman u. Solomon 1994) werden Carcinoma in situ und schwere Dysplasie (CIN3) zusammengefaßt. In diesem Fall soll die Verschlüsselung mit Code-Nr. 8077/2 erfolgen (OTD 1995).

<Anm. 23>
Die Plattenepithelkarzinome (Pflasterzellkarzinome) sollten – wenn irgend möglich – weiter differenziert werden in verhornende (= 8071/3) oder nichtverhornende groß- bzw. kleinzellige Plattenepithelkarzinome (= 8072/3 und 8073/3) sowie spindelzellige und adenoide Subtypen (= 8074/3 und 8075/3). Ein verhornendes Plattenepithelkarzinom wird immer dann diagnostiziert, wenn sich Hornperlen finden, auch nur an umschriebener Stelle. – Im Magen-Darm-Kanal, insbesondere im Kolon-Rektum, im Pankreas und in der Analregion, werden als Plattenepithelkarzinome nur diejenigen Tumoren kodiert, die ausschließlich aus plattenepithelial differenzierten Anteilen bestehen, also Interzellularbrücken und evtl. Verhornung aufweisen. Das Vorhandensein von nur umschriebenen Herden von Plattenepithel berechtigt in diesen Lokalisationen nicht zur Diagnose eines Plattenepithelkarzinoms (OTD 1995).

<Anm. 24>
In der englischsprachigen Originalfassung der ICD-O ist für das kloakogene Karzinom des Analkanals die Code-Nr. 8124/3 angegeben. Die Bezeichnung „Kloakogenes Karzinom" wird jedoch entsprechend der WHO-Klassifikation (Jass u. Sobin 1989) als Synonym für alle Plattenepithelkarzinome des Analkanals verwendet, weshalb die Code-Nr. 8070/3 empfohlen wird. Nach Möglichkeit sollte auch das Plattenepithelkarzinom des Analkanals (kloakogenes Karzinom) näher klassifiziert werden. Dabei wird zwischen drei Subtypen unterschieden:
– großzellig verhornend (= 8071/3),
– großzellig nichtverhornend (= 8072/3),
– basaloid (= 8123/3).
Sind Strukturen von 2 oder mehr dieser Subtypen vorhanden, so erfolgt die Einordnung nach der überwiegenden Komponente. Für das großzellige, nichtverhornende Plattenepithelkarzinom wird im Analkanal auch die Bezeichnung „Übergangskarzinom" gebraucht.

<Anm. 25>
Die spindelzelligen Plattenepithelkarzinome sind Varianten des schlecht differenzierten Plattenepithelkarzinoms. Sie bestehen vorwiegend oder ausschließlich aus spindeligen, fusiformen Zellen und ähneln damit vielfach einem Sarkom. Es fehlen aber Differenzierungen in Richtung Knorpel, Knochen oder Muskulatur, was für die Abgrenzung gegenüber Karzinosarkomen entscheidend ist (OTD 1995).

<Anm. 26>
Hierunter fällt auch das Spindelzellkarzinom von Mundhöhle, Lippe, Oropharynx, Hypopharynx, Ösophagus, Nasenhöhle, Nasennebenhöhlen, Larynx, Trachea, Lunge und äußerem Ohr. Obwohl für den Begriff „Spindelzellkarzinom" in der englischsprachigen Originalfassung der ICD-O die Code-Nr. 8032/3 vorgesehen ist, wird für diesen Begriff in den WHO-Klassifikationen der angeführten Örtlichkeiten die Code-Nr. 8074/3 verwendet, da diese Tumoren vom Plattenepithel ausgehen (Watanabe et al. 1990; Shanmugaratnam 1991).

<Anm. 27>
Das adenoide Plattenepithelkarzinom zeigt infolge von Akantholyse und Dyskeratose der Tumorzellen oft ein pseudodrüsiges Aussehen. Die vorhandenen Hohlräume entstehen durch Degeneration und Verflüssigung zentraler Teile der Tumornester.

<Anm. 28>
Das akantholytische Plattenepithelkarzinom wird nach der WHO-Klassifikation der Hauttumoren (Heenan et al. 1996) mit der Code-Nr. 8070/3 (Plattenepithelkarzinom o.n.A.) verschlüsselt. Abweichend hiervon folgen wir der OTD (1995), in der für diesen Tumor die Code-Nr. 8075/3 (in der englischsprachigen Originalfassung der ICD-O für adenoide oder pseudoglanduläre Plattenepithelkarzinome vorgesehen) angegeben wurde, da hiermit die morphologische Besonderheit dieser Variante besser charakterisiert wird.

8070/2	**Plattenepithelkarzinom in situ o.n.A.** <Anm. 22>
	Intraepidermales Karzinom o.n.A.
	Intraepitheliales Plattenepithelkarzinom o.n.A.
	Carcinoma in situ o.n.A. (Cervix uteri, C53)
	Intraepitheliales Karzinom (Mundhöhle, C01-06; Oropharynx, C10)
8070/3	**Plattenepithelkarzinom o.n.A.** <Anm. 23>
	Epidermoidkarzinom
	Kloakogenes Karzinom (Analkanal, C21.1) <Anm. 24>
	Spinozelluläres Karzinom (Haut, C44)
	Stachelzellkarzinom
	Spinaliom
8071/3	**Verhornendes Plattenepithelkarzinom o.n.A.**
	Großzelliges verhornendes Plattenepithelkarzinom (Analkanal, C21.1) <Anm. 24>
8072/3	**Nichtverhornendes Plattenepithelkarzinom o.n.A.**
	Großzelliges nichtverhornendes Plattenepithelkarzinom (Analkanal, C21.1) <Anm. 24>
	Übergangskarzinom (Analkanal, C21.1) <Anm. 24>
8073/3	**Kleinzelliges nichtverhornendes Plattenepithelkarzinom**
	Differenziertes nichtverhornendes Karzinom (Nasopharynx, C11)
8074/3	**Spindelzelliges Plattenepithelkarzinom** <Anm. 25>
	Spindelzellkarzinom <Anm. 26>
8075/3	**Adenoides Plattenepithelkarzinom** <Anm. 27>
	Pseudoglanduläres Plattenepithelkarzinom
	Akantholytisches Plattenepithelkarzinom (Haut, C44; Vulva, C51) <Anm.28>
8076/2	[Plattenepithelkarzinom in situ mit fraglicher Stromainvasion (Cervix uteri, C53)] <Anm. 29>
8076/3	[Mikroinvasives Plattenepithelkarzinom (Cervix uteri, C53)] <Anm. 30>

<Anm. 29>
Nach der derzeitigen TNM- bzw. FIGO-Klassifikation des Zervixkarzinoms sollte stets eine Unterscheidung zwischen nichtinvasiven Karzinomen und solchen mit Invasion (minimale oder weiterreichende Stromainvasion) vorgenommen werden. Fälle mit fraglicher Invasion sind entsprechend den allgemeinen Regeln der TNM-Klassifikation als nichtinvasive Karzinome (Carcinoma in situ) einzustufen.

<Anm. 30>
Dieser Begriff bezeichnet einerseits summarisch den histologischen Typ, andererseits berücksichtigt er die derzeitig gültige TNM- bzw. FIGO-Klassifikation. Er wird jedoch nicht empfohlen, da hierbei die wünschenswerte Unterteilung in verhornende und nichtverhornende Plattenepithelkarzinome bzw. die Berücksichtigung der Varianten des Plattenepithelkarzinoms nicht vorgenommen wird (OTD 1995).

<Anm. 31>
In der englischsprachigen Originalfassung der ICD-O werden die Differenzierungsgrade mit römischen Ziffern bezeichnet. Entsprechend den Empfehlungen der UICC sollen jedoch römische Ziffern ausschließlich für Tumorstadien verwendet werden, weswegen hier arabische Zahlen aufgeführt sind. – Hinzuweisen ist auch darauf, daß im sog. Bethesda-System (z.B. Lundberg 1989; Kurman u. Solomon 1994)) nur 2 Gruppen berücksichtigt werden: Niedriggradige intraepitheliale Plattenepithelläsion (Low-grade Squamous Intraepithelial Lesions = LSIL) und hochgradige intraepitheliale Plattenepithelläsion (High-grade Squamous Intraepithelial Lesions = HSIL). Zur ersten Gruppe gehört CIN1, zur zweiten Gruppe rechnen CIN2 und CIN3. Kurman et al. (1992) unterscheiden in ihren Abbildungen weiterhin CIN1, CIN2 und CIN3. Die Deutsche Gesellschaft für Zytologie hat 1989 die sog. Münchener Nomenklatur II beschlossen (Soost 1990). Nach dieser Nomenklatur werden mit Dysplasie Grad III D die Formen CIN1 und CIN2 bezeichnet, als Dysplasie IV a+b die Veränderungen entsprechend CIN3. Danach kann CIN3 unterteilt werden in die schwere Dysplasie und in das Carcinoma in situ (s. auch Anm. 22).

<Anm. 32>
Die vulväre intraepitheliale Neoplasie (VIN) kann in drei unterschiedliche Subtypen unterteilt werden: Der basaloide (gewöhnliche) Typ ähnelt dem klassischen Carcinoma in situ der Zervix. Das Epithel besteht völlig oder fast ganz aus atypischen, unreifen parabasalen Zellen mit zahlreichen, auch abnormen Mitosen, während die Koilozytose relativ selten ist. – Der warzige (kondylomatöse) Subtyp, auch als bowenoider Subtyp bezeichnet, zeigt eine stark ausgeprägte Akanthose, Para- und Hyperkeratose mit reichlichen, auch abnormen Mitosen. Im oberflächlichen Epithel finden sich oft charakteristische koilozytische Atypien, oft auch vielkernige Riesenzellen. Das Zytoplasma ist eosinophil, und man sieht Einzelzell-Verhornungen. – Der differenzierte (einfache) Subtyp hat nur im Bereich der basalen und parabasalen Anteile abnorme Zellen, während die oberflächlichen Epithellagen eine normale Reifung aufweisen. Das Ausmaß der Kernatypien ist vergleichsweise gering. Auch in den basalen Arealen kommen Hornperlen vor. – Alle 3 Formen werden unter der Notation 8077/2 kodiert (OTD 1995).

<Anm. 33>
Die Einteilung der verschiedenen Formen der vaginalen intraepithelialen Neoplasie (VAIN) erfolgt nach den gleichen Kriterien wie bei der Zervix (vgl. Anm. 31).

<Anm. 34>
Als „Plattenepithelkarzinom mit Hornbildung" werden Plattenepithelkarzinome der Haut bezeichnet, die eine so starke Hornbildung aufweisen, daß makroskopisch hornartige Vorwölbungen entstehen. Dies kann sowohl beim Plattenepithelkarzinom in situ (= 8078/2) als auch beim invasiven Plattenepithelkarzinom (= 8078/3) vorkommen (OTD 1995).

<Anm. 35>
Dieser Tumor wurde von der International Society of Gynecological Pathology (Kurman et al. 1992) als Variante des Plattenepithelkarzinoms eingeführt. Die Kodierung erfolgt nach dem Vorschlag der OTD (1995).

<Anm. 36>
In der Haut und auch am Penis sind die Erythroplasie Queyrat (= 8080/2) und der Morbus Bowen (= 8081/2) aus histologischer und biologischer Sicht als In-situ-Karzinome anzusehen, auch im Hinblick auf Therapie und Prognose. Sie unterscheiden sich allerdings nach dem klinischen Bild: Der M. Bowen tritt in der Regel in Form von scharf begrenzten, schuppenden erythematösen Plaques auf, die Erythroplasie Queyrat hat meist samtartige erythematöse Plaques. Histologisch sind beide Veränderungen identisch: Im Epithel finden sich in allen Schichten große, hyperchromatische Kerne, vielkernige Zellen, Dyskeratosen, Vakuolisierungen und zahlreiche typische und atypische Mitosen, z.T. auch Akanthosen und Parakeratosen (OTD 1995).

<Anm. 37>
Dieser Tumortyp wird in der WHO-Klassifikation (Jass u. Sobin 1989) zwar beschrieben und abgebildet, aber nicht als eigene Variante aufgelistet. Die Tumoren wurden auch als Mukoepidermoidkarzinome beschrieben (Shepherd et al. 1990). Es wird empfohlen, diese Tumoren gesondert zu registrieren, da sie im Vergleich zu anderen Plattenepithelkarzinomen eine schlechtere Prognose haben (OTD 1995).

8077/2	**Intraepitheliale Neoplasie Grad 3 von Cervix uteri** (C53), **Vulva** (C51), **Vagina** (C52)
	    Zervikale intraepitheliale Neoplasie, Grad 3 (CIN 3) (C53) <Anm. 31>
	    Vulväre intraepitheliale Neoplasie Grad 3 (VIN 3) (C51) <Anm. 32>
	    Vaginale intraepitheliale Neoplasie Grad 3 (VAIN 3) (C52) <Anm. 33>

8078/2	*Plattenepithelkarzinom mit Hornbildung, in situ* (Haut, C44) <Anm. 34>
8078/3	*Plattenepithelkarzinom mit Hornbildung, invasiv* (Haut, C44) <Anm. 34>
8079/3	*Plattenepithelkarzinom mit Tumorriesenzellen* (Vulva, C51) <Anm. 35>
8080/2	**Erythroplasie Queyrat** (Haut, C44; Penis, C60) <Anm. 36>
8081/2	**Morbus Bowen** (Haut, C44; Penis, C60; Larynx, C32) <Anm. 36> Intraepitheliales Plattenepithelkarzinom vom Bowen-Typ

8082/3	**Lymphoepitheliales Karzinom**
	    Lymphoepitheliom (Mundhöhle, C01-06; Oropharynx, C10)
	    Undifferenziertes Karzinom mit lymphozytärem Stroma (Nasen- und Nasennebenhöhlen, C30.0, C31; Larynx, C32; Hypopharynx, C13; Trachea, C33)
	    Schmincke-Tumor (Nasopharynx, C11)
	    Lymphoepitheliales Plattenepithelkarzinom (Haut, C44)

8084/3	*Plattenepithelkarzinom mit muzinösen Mikrozysten* (Analkanal, C21.1) <Anm. 37>
8085/3	*Desmoplastisches Plattenepithelkarzinom* (Haut, C44; Lippen, C00) <Anm. 38>

809–811 Basalzellneoplasien (Haut, C44)

8090/1	[Basalzelltumor] <Anm. 39>

<Anm. 38>
Dieser Tumor wurde von Breuninger et al. (1997) als hochmaligner Subtyp des Plattenepithelkarzinoms der Haut beschrieben. Wir schlagen hierfür die Code-Nr. 8085/3 vor.

<Anm. 39>
Diese Bezeichnung ist nach der internationalen Nomenklatur nicht vorgesehen. Der im deutschen Sprachraum noch vielfach verwendeten Bezeichnung „Basaliom" entspricht nach internationaler Nomenklatur das Basalzellkarzinom (= 8090/3).

<Anm. 40>
Hierunter werden jene Basalzellkarzinome verschlüsselt, die nicht einer der nachfolgend aufgeführten histologischen Varianten entsprechen (vgl. Notationen 8091/3 bis 8093/3 und 8097/3). Die klinischen Typen des nodulären und des nodulo-ulzerativen Basalzellkrebses einschließlich des Ulcus rodens werden dann, wenn keine histologische Subklassifikation vorliegt, unter 8090/3 kodiert. Auch verschiedene histologische Varianten wie das Basalzellkarzinom mit Adnexdifferenzierung, das keratotische und das mikronoduläre Basalzellkarzinom (Heenan et al. 1996) werden unter der Code-Nr. 8090/3 verschlüsselt.

<Anm. 41>
Das multifokale, oberflächliche Basalzellkarzinom der Haut ist durch relativ große, erythematöse, schuppige Plaques gekennzeichnet. Histologisch finden sich multiple Herde neoplastischer basaloider Zellen und dazwischen ein verschleimendes Stroma (OTD 1995).

<Anm. 42>
Das sklerosierende Basalzellkarzinom zeigt durch ausgedehnte Vernarbungen oberflächlich Einsenkungen. Histologisch liegt zwischen den kubischen bis fusiformen Basalzellen reichlich bindegewebiges Stroma, wobei oft Schwierigkeiten in der Unterscheidung zwischen epithelialen Tumorzellen und spindeligen Stromazellen bestehen. Dieser Subtyp verhält sich aggressiver als das multifokale oberflächliche und das fibroepitheliale Basalzellkarzinom (OTD 1995).

<Anm. 43>
Es handelt sich um ein hochdifferenziertes Basalzellkarzinom, bei welchem sich ein zartes Netzwerk anastomosierender Stränge basaloider Zellen in einem reichlichen fibrösen Stroma findet (Murphy u. Elder 1991).

<Anm. 44>
In der englischsprachigen Originalfassung der ICD-O sind unter der Code-Nr. 8094/3 die Bezeichnungen „Basosquamöses Karzinom" und „Gemischt basalzellig-plattenepitheliales Karzinom" angeführt. Dies sind Bezeichnungen für einen Tumor der Haut, der sowohl eindeutige Strukturen eines Basalzellkarzinoms als auch solche eines Plattenepithelkarzinoms enthält, der auch metastasieren kann, als metatypisches Karzinom klassifiziert und mit der Code-Nr. 8095/3 verschlüsselt wird (OTD 1995). Hiervon wird in der neuen WHO-Klassifikation der Hauttumoren (Heenan et al. 1996) abgewichen, indem statt dessen die Bezeichnung „Basosquamöses Karzinom" verwendet und mit 8094/3 verschlüsselt wird. Wir empfehlen demgegenüber die Verschlüsselung als metatypisches Karzinom (= 8095/3) und die Verwendung der Code-Nr. 8094/3 entsprechend den WHO-Klassifikationen (Shanmugaratnam 1991, Pindborg et al., 1997) nur für das basaloide Plattenepithelkarzinom von Mundschleimhaut, Larynx, Hypopharynx und Trachea.

<Anm. 45>
Basalzellkarzinom mit reichlicher Pigmentierung, von Murphy u. Elder (1991) als eigener Tumortyp vorgeschlagen. Die Verschlüsselung erfolgt nach dem Vorschlag der OTD (1995) mit der freien Code-Nr. 8097/3.

<Anm. 46>
Dieser seltene Tumor ist im AFIP-Atlas (Murphy u. Elder 1991) beschrieben; die Verschlüsselung mit Code-Nr. 8100/3 wurde in der OTD (1995) vorgeschlagen.

<Anm. 47>
Der vorwiegend in der Kopfhaut älterer Frauen vorkommende Pilartumor (auch proliferierende Tricholemmzyste) ist in der englischsprachigen Originalfassung der ICD-O nicht erwähnt. Er wird in der WHO-Klassifikation (Heenan et al. 1996) als benigne Neoplasie beschrieben, allerdings mit der alten SNOMED-Nummer M-72670 kodiert. Wir empfehlen jedoch, hierfür die Code-Nummer 8102/0 zu verwenden.
Multiple Tricholemmome des Gesichtes sind Haut-Manifestationen des autosomal dominant erblichen Cowden-Syndroms. Dazu gehören außer den Hauterscheinungen in vielen Fällen Mammakarzinome oder maligne Tumoren von Schilddrüse, Magen-Darm-Kanal und Genitalorganen (Murphy u. Elder 1991).

<Anm. 48>
Dieser Tumor wird in der WHO-Klassifikation der Hauttumoren (Heenan et al. 1996) beschrieben und mit der Code-Nr. 8102/3 verschlüsselt.

8090/3	**Basalzellkarzinom o.n.A.** (auch Vulva, C51; Prostata, C61) <Anm. 40>
	[Basaliom o.n.A.] <Anm. 39>
	Basalzellepitheliom
	Ulcus rodens
8091/3	**Multifokales oberflächliches Basalzellkarzinom** <Anm. 41>
	Oberflächliches multizentrisches Basalzellkarzinom
	Superfizielles Basaliom
	Multizentrisches Basalzellkarzinom
8092/3	**Sklerosierendes Basalzellkarzinom** <Anm. 42>
	Desmoplastisches Basalzellkarzinom
	Basalzellkarzinom, Morpheatyp
8093/3	**Fibroepitheliales Basalzellkarzinom** <Anm. 43>
	Fibroepitheliom Pinkus
	Pinkus-Tumor
8094/3	**Basaloides Plattenepithelkarzinom** (nur Larynx, C32; Hypopharynx, C13; Trachea, C33) <Anm. 44>
	[Basosquamöses Karzinom]
8095/3	**Metatypisches Karzinom** <Anm. 44>
	Gemischt basalzellig-plattenepitheliales Karzinom
	Basosquamöses Karzinom
8096/0	**Intraepidermales Epitheliom Jadassohn**
8097/3	*Pigmentiertes Basalzellkarzinom* <Anm. 45>
8100/0	**Trichoepitheliom**
	Brooke-Tumor
	Epithelioma adenoides cysticum
8100/3	*Malignes Trichoepitheliom* <Anm. 46>
8101/0	**Trichofollikulom**
8102/0	**Tricholemmom**
	Pilartumor <Anm. 47>
	Proliferierende Tricholemmzyste <Anm. 47>
	Multiple Tricholemmome <Anm. 47>
8102/3	*Tricholemmkarzinom* <Anm. 48>
8110/0	**Pilomatrixom o.n.A.**
	Verkalkendes Epitheliom Malherbe
8110/3	**Malignes Pilomatrixom**
	Pilomatrixkarzinom

<Anm. 49>
Bei papillären Geschwülsten der Harnblase ist nach den Kriterien der WHO (Mostofi 1973) und nach allgemeinem Gebrauch eine Entscheidung zwischen benignen Übergangszellpapillomen (= keine nennenswerten Atypien und nicht mehr als 6 Zellreihen) und malignen nichtinvasiven papillären Übergangszellkarzinomen vorzunehmen. Die unspezifischen Begriffe „Urothelpapillom" und „Harnblasenpapillom" sollten daher vermieden werden.

<Anm. 50>
Übergangszellkarzinome der ableitenden Harnwege werden nach Vorhandensein oder Fehlen einer Invasion und auch nach Wachstumstyp (papillär oder nichtpapillär) unterteilt und dementsprechend unterschiedlich verschlüsselt:
nicht-invasiv
   nicht-papillär   = 8120/2
   papillär   = 8130/3
invasiv
   nicht-papillär   = 8120/3
   papillär   = 8130/3

Da bei papillären Übergangszelltumoren die Bezeichnung Karzinom auch für nichtinvasive Formen angewandt wird (Mostofi 1973), wird auch das nichtinvasive papilläre Karzinom mit dem Verhaltenscode „/3" (maligne) verschlüsselt. Es läuft damit unter der gleichen Code-Nr. wie das invasive papilläre Übergangszellkarzinom; die Unterscheidung zwischen beiden erfolgt durch die T- bzw. pT-Klassifikation.

<Anm. 51>
Das Transitionalkarzinom der Lunge entwickelt sich in Transitionalpapillomen, in welchen das respiratorische Epithel dominiert. Diese Tumoren sind sehr selten (OTD 1995). Analoge Tumoren sind auch in den Tränenwegen beschrieben worden (Zimmerman 1980).

<Anm. 52>
Diese Bezeichnung wird in der WHO-Klassifikation (Shanmugaratnam 1991) als Haupttyp benannt, dem das exophytische Papillom (=8121/0) und das invertierte Papillom (=8121/1) untergeordnet sind. Analog ist das sinonasale Karzinom als Haupttyp aufgeführt, das Plattenepithelkarzinom (= 8070/3) und das Zylinderzellkarzinom der Nasen- und Nasennebenhöhlen (=8121/3) als Subtypen.

<Anm. 53>
Das Vorhandensein spindelzelliger Areale in Übergangszellkarzinomen der ableitenden Harnwege wird im obligaten Grading berücksichtigt, weshalb eine besondere Kennzeichnung dieser Tumoren nicht empfohlen wird (Mostofi 1973; OTD 1995).

<Anm. 54>
Basaloide Plattenepithelkarzinome bestehen aus soliden Formationen relativ kleiner Zellen, oft mit peripherer Palisadenstellung und zentralen eosinophilen Nekrosen. Herdförmig kann Verhornung vorhanden sein (OTD 1995).

<Anm. 55>
Die WHO-Klassifikation (Jass u. Sobin 1989) gibt diesem Tumor die Code-Nr. 8070/3. Wir folgen dem (vgl. Anm. 24).

<Anm. 56>
Dieser Tumor wurde in der WHO-Klassifikation (Kleihues et al. 1993) mit dieser Code-Nr. versehen.

<Anm. 57>
Für die Bronchialadenome ist in der WHO-Klassifikation (1981a) die Code-Nr. 8140/0 eingesetzt, womit nur eindeutig gutartige epithelial-drüsige Tumoren gemeint sind. Meist werden aber Zylindrome, Mukoepidermoidtumoren usw., deren Dignität unterschiedlich ist, auch zu den Bronchialadenomen gezählt, weswegen hier, entsprechend der englischsprachigen Originalfassung der ICD-O, die Code-Nr. 8140/1 belassen wurde. Ihre Verwendung wird nicht empfohlen. In jedem Fall ist eine detaillierte histologische Klassifikation vorzunehmen.

812-813 Papillome und Karzinome des Übergangsepithels

8120/0 **Übergangszellpapillom o.n.A** <Anm. 49>
Übergangspapillom (ausgenommen Tränenwege, = 8053/0)

8120/1 [Urothelpapillom (C67)] <Anm. 49>
[Harnblasenpapillom]

8120/2 **Übergangszellkarzinom in situ** <Anm. 50>
Carcinoma in situ (Harnblase, C67; Nierenbecken, C65; Ureter, C66: Harnröhre, C68)
„Flat tumor" (Harnblase, C67; Nierenbecken, C65; Ureter. C66; Harnröhre, C68)

8120/3 **Nichtpapilläres invasives Übergangszellkarzinom** <Anm. 50>
Übergangszellkarzinom o.n.A.
Transitionalzellkarzinom o.n.A.
Urothelkarzinom o.n.A.
Transitionalkarzinom (Lunge, C34; Tränenwege, C69.5) <Anm. 51>

8121/0 **Sinonasales Papillom** <Anm. 52>
Exophytisches Papillom (Nasen- und Nasennebenhöhlen, C30.0; C31)
Schneider-Papillom

8121/1 **Übergangszellpapillom, invertierter Typ** (Harnblase, C67; Nierenbecken, C65; Ureter, C66; Harnröhre, C68)
Sinonasales (zylinderzelliges) Papillom, invertierter Typ
(Nasen- und Nasennebenhöhlen, C30.0, C31)

8121/3 **Sinonasales Karzinom** <Anm. 52>
Zylinderzellkarzinom (Nasen- und Nasennebenhöhlen, C30.0; C31)
Schneider-Karzinom

8122/3 [Übergangszellkarzinom, spindelzellig] <Anm. 53>

8123/3 **Basaloides Plattenepithelkarzinom** (Analkanal, C21.1; Vulva, C51) <Anm. 54>
Basaloidkarzinom

8124/3 [Kloakogenes Karzinom] <Anm. 55>

8130/3 **Papilläres Übergangszellkarzinom** <Anm. 50>

814-838 Adenome und Adenokarzinome

8140/0 **Adenom o.n.A.**
Hypophysenadenom (C75.1) <Anm. 56>
Basalzelladenom (Hypophyse, C75.1; Larynx, C32; Trachea, C33)
Basaloides Adenom

8140/1 [Bronchialadenom o.n.A. (C34)] <Anm. 57>

<Anm. 58>
Das Adenokarzinom in situ (AIS) der Zervix ist gekennzeichnet durch zytologisch malignes Epithel in den Zervixdrüsen ohne Invasion in das Stroma. Nach dem Epitheltyp kann zwischen endozervikalem (am häufigsten), intestinalem, endometrioidem, klarzelligem, und adenosquamösem Subtyp unterschieden werden. Da dies aber weder für die Therapie noch für die Prognose von Bedeutung ist, wird eine Dokumentation dieser Subtypen nicht empfohlen (OTD 1995).

<Anm. 59>
Im Kolorektum wird in Deutschland und Großbritannien die Bezeichnung „Adenocarcinoma in situ" nicht verwendet. Vielmehr werden derartige Veränderungen wie auch alle Epithelproliferationen mit starken zellulären und strukturellen Atypien ohne Invasion der Submukosa als „Hochgradige Dysplasien" bezeichnet (Borchard et al. 1991). Derartige Veränderungen in flacher Schleimhaut (z.B. bei chronischer Colitis ulcerosa) werden unter 8140/2 verschlüsselt, bei Auftreten in Polypen unter 8211/2, 8261/2 oder 8263/2, bei familiärer adenomatöser Polyposis unter 8220/2.

<Anm. 60>
Diese Neoplasie wird oft auch in unmittelbarer Umgebung von Prostatakarzinomen gefunden. Sie ist in der englischsprachigen Originalfassung der ICD-O noch nicht aufgeführt. Wichtigste Unterscheidung zum Prostatakarzinom ist das Fehlen von Basalzellen (Bostwick u. Brawer 1987).

<Anm. 61>
Adenokarzinome können insbesondere im Intestinaltrakt Areale mit Schleimbildung aufweisen. Sofern diese weniger als 50% des Tumors einnehmen, wird hierdurch die Einordnung als Adenokarzinom unter der Code-Nr. 8140/3 nicht beeinflußt. Das Gleiche gilt für das Vorhandensein kleiner Herde von plattenepithelialer Differenzierung. – In der Prostata soll zwischen dem azinären (= 8550/3), dem muzinösen (= 8480/3) und dem duktalen Adenokarzinom (= 8500/3) unterschieden werden. Nur wenn dies nicht möglich ist, darf der Tumor ausnahmsweise als „Adenokarzinom o.n.A." der Code-Nr. 8140/3 zugeordnet werden. – Das duktale Adenokarzinom des Pankreas wurde bis vor kurzem üblicherweise mit der Code-Nr. 8140/3 verschlüsselt. Die neue WHO-Klassifikation (Klöppel et al. 1996) empfiehlt jedoch Kodierung mit 8500/3 (vgl. Anm. 149).

<Anm. 62>
Das Adenokarzinom vom Rektumtyp ist im Analkanal der häufigste Typ des Adenokarzinoms. Histologisch entspricht es dem typischen Adenokarzinom des Rektums. Die Differentialdiagnose gegen das Rektumkarzinom erfolgt ausschließlich nach der Lokalisation: Anal-Adenokarzinome sollen nur dann diagnostiziert werden, wenn die Hauptmasse des Tumors im Analkanal liegt. Bestehen hinsichtlich der Topographie Zweifel, soll die Neoplasie als Rektumkarzinom diagnostiziert und entsprechend kodiert werden (OTD 1995).

<Anm. 63>
Diese Bezeichnungen werden in der WHO-Klassifikation (Watanabe et al. 1990) weder für die traditionelle Klassifikation des Magenkarzinoms noch für die Laurén- und die Ming-Klassifikation verwendet. Die Bezeichnungen „Szirrhöses Adenokarzinom" und „Linitis plastica" beschreiben das Ausmaß der Desmoplasie und das hierdurch bedingte makroskopische Aussehen des Karzinoms, charakterisieren somit nur sekundäre Eigenschaften des Tumors ohne die wesentliche histologische Typisierung einzuschließen. Die Bezeichnung „Oberflächlich spreitendes Adenokarzinom" wurde für Tumoren verwendet, die in ihrem Wachstum auf Mukosa und Submukosa begrenzt sind und größere Flächenausdehnung erreichen. Sie werden heute durch die pT-Klassifikation und die Angabe des größten Durchmessers erfaßt. Alle drei Begriffe sollten nicht mehr verwendet werden.

<Anm. 64>
Intestinale Adenokarzinome zeigen in den tubulären oder papillären Strukturen überwiegend Zellen vom Intestinaltyp, d.h. Becherzellen oder Zylinderzellen oder auch Panethzellen.

<Anm. 65>
Das relativ seltene, in der englischsprachigen Originalfassung der ICD-O nicht aufgeführte adenoide Basalzellkarzinom von Cervix uteri und Vagina wird in der WHO-Klassifikation (Scully et al. 1994) unter 8092/3 kodiert. Wegen der weitgehenden Ähnlichkeit mit den Tumoren der Speicheldrüsen wurde in der OTD (1995) die Code-Nr. 8147/3 hierfür vorgeschlagen. Wir schließen uns diesem Vorschlag an. Der Tumor ist charakterisiert durch Nester und Stränge kleiner ovaler Zellen mit peripherer palisadenartiger Anordnung, wobei eine Ähnlichkeit mit dem Basalzellkarzinom der Haut besteht. Herdförmig finden sich

8140/2	**Adenocarcinoma in situ (AIS)** (Cervix uteri, C53) <Anm. 58>
	Hochgradige Dysplasie in flacher Schleimhaut (Kolon, C18; Rektum, C20) <Anm. 59>
	Prostatische intraepitheliale Neoplasie (PIN 3) (C61) <Anm. 60>
8140/3	**Adenokarzinom o.n.A.** <Anm. 61>
	Hypophysenkarzinom (C75.1) <Anm. 56>
	Adenokarzinom vom Rektumtyp (Analkanal, C21.1) <Anm. 62>
8141/3	[Szirrhöses Adenokarzinom] <Anm. 63>
	[Szirrhöses Karzinom (ausgenommen Brust, = 8500/3)]
	[Karzinom mit produktiver Fibrose]
8142/3	[Linitis plastica (Magen, C16)] <Anm. 63>
8143/3	[Oberflächlich spreitendes Adenokarzinom] <Anm. 63>
8144/3	**Intestinales Adenokarzinom** (Magen, C16; Gallenblase, C23; extrahepatische Gallengänge, C24; Nasen- und Nasennebenhöhlen, C30.0, C31) <Anm. 64>
	Intestinales muzinöses Adenokarzinom (Cervix uteri, C53; Vagina, C52)
	Karzinom vom intestinalen Typ (Magen, C16; Gallenblase, C23; extrahepatische Gallengänge, C24)
8145/3	**Diffuses Karzinom** (Magen, C16)
	Diffuses Adenokarzinom
	Karzinom vom diffusen Typ
8146/0	[Monomorphes Adenom]
8147/0	**Basalzelladenom** (Parotis, C07; andere große Speicheldrüsen, C08; Nasen- und Nasennebenhöhlen, C30.0, C31; Nasopharynx, C11)
8147/3	**Basalzelladenokarzinom** (Parotis, C07, andere große Speicheldrüsen, C08)
	Adenoides Basalzellkarzinom (Cervix uteri, C53; Vagina, C52) <Anm. 65>
8148/3	*Endozervikales muzinöses Adenokarzinom* (Cervix uteri, C53) <Anm. 66>

auch Drüsenbildungen, u. U. auch plattenepitheliale Differenzierungen. Dieser vorwiegend bei älteren Patientinnen vorkommende Tumor verdient eine Sonderstellung, weil trotz infiltrierenden Wachstums keine Metastasen auftreten (OTD 1995).

<Anm. 66>
Unter dieser Bezeichnung werden in der WHO-Klassifikation (Scully et al. 1994) Adenokarzinome beschrieben, bei denen wenigstens einige Zellen mäßig bis reichlich Schleim im Zytoplasma enthalten. Wenn irgend möglich, sollen diese Karzinome genauer klassifiziert werden entweder als Adenoma malignum bzw. als „Minimal-deviation"-Adenokarzinom, wofür wir nach dem Vorschlag der OTD (1995) die Code-Nr. 8149/3 empfehlen (vgl. Anm. 67), oder als villoglanduläres papilläres Adenokarzinom (= 8260/3, vgl. Anm. 96).

<Anm. 67>
Es handelt sich um ein hochdifferenziertes Adenokarzinom, das nur an Konisaten und exstirpierten Uteri diagnostiziert werden kann und überwiegend aus Drüsen besteht, die von normalen endozervikalen Drüsen nicht zu unterscheiden sind. Die Diagnose erfolgt aufgrund gelegentlicher Drüsen mit ausgeprägten Kernatypien und/oder desmoplastischer Stromareaktion, oder aufgrund vermehrter Mitosen, einer Hyperplasie oberflächlicher Drüsen, oder dem Nachweis von Drüsen tiefer als 5 mm unter der Schleimhautoberfläche (Kurman et al. 1992).

<Anm. 68>
Entsprechend der „Revidierten Klassifikation neuroendokriner Tumoren" (Capella et al. 1995) soll bei allen neuroendokrinen Tumoren von Lunge, Pankreas und Magen-Darm-Trakt unterschieden werden zwischen folgenden Kategorien:
– benigne (dies nicht in der Lunge und nicht bei Somatostatinomen),
– benigne oder von Low-grade-Malignität,
– Low-grade-Malignität,
– High-grade-Malignität.
High-grade-Tumoren entsprechen schlecht differenzierten Karzinomen unterschiedlicher Art einschließlich der kleinzelligen Karzinome.

Für die Differenzierung dieser Kategorien sind bei Capella et al. (1995) organspezifische Kriterien angegeben. Dabei werden berücksichtigt:
– Tumorgröße,
– Differenzierungsgrad,
– Anatomische Ausbreitung in der Darmwand,
– Angioinvasion,
– Funktion (Hormonimmunhistochemie).
Bezeichnungen, die herkömmlich verwendet wurden, die aber nicht der revidierten Klassifikation (Capella et al. 1995) entsprechen, werden nicht mehr empfohlen und sind daher in Klammern gesetzt. Für die neuen, in der englischsprachigen Originalfassung der ICD-O nicht aufgeführten Entitäten wurden von uns freie Code-Nummern vergeben.

<Anm. 69>
Nach der WHO-Klassifikation (Klöppel et al. 1996) soll dieser Tumor nur dann diagnostiziert werden, wenn die endokrine Komponente wenigstens 30% des Tumors ausmacht. Bei Vorkommen geringerer Mengen von endokrinen Zellen wird ein duktales Adenokarzinom (= 8500/3) diagnostiziert.

8149/3	*Adenoma malignum* (Cervix uteri, C53; Vagina, C52) <Anm. 67> „*Minimal-deviation*"-*Adenokarzinom*
8150/0	[Inselzelladenom (Pankreas, C25)] <Anm. 68> [Nesidioblastom]
8150/3	[Inselzellkarzinom (Pankreas, C25)] <Anm. 68> [Inselzelladenokarzinom]
8151/0	**Benignes Insulinom** (Pankreas, C25) <Anm. 68> Beta-Zell-Adenom
8151/1	*Insulinom, benigne oder von Low-grade-Malignität* (Pankreas, C25) <Anm. 68>
8151/3	**Insulinom von Low-grade-Malignität** (Pankreas, C25) <Anm. 68> Inselzellkarzinom von Low-grade-Malignität [Maligner Beta-Zelltumor] [Malignes Insulinom] <Anm. 68>
8152/0	**Benignes Glukagonom** (Pankreas, C25)<Anm. 68> Benignes Alpha-Zell-Adenom
8152/1	*Glukagonom, benigne oder von Low-grade-Malignität* (Pankreas, C25) <Anm. 68>
8152/3	**Glukagonom von Low-grade-Malignität** (Pankreas, C25) <Anm. 68> [Malignes Glukagonom] <Anm. 68> [Maligner Alpha-Zelltumor]
8153/0	*Benignes Gastrinom* <Anm. 68>
8153/1	**Gastrinom, benigne oder von Low-grade-Malignität** <Anm. 68>
8153/3	**Gastrinom von Low-grade-Malignität** <Anm. 68> [Malignes Gastrinom] [Maligner G-Zelltumor]
8154/3	**Gemischt duktal-endokrines Karzinom** (Pankreas, C25) <Anm. 69> Gemischtes Inselzell- und exokrines Adenokarzinom
8155/0	*Benignes Vipom* <Anm. 68>
8155/1	*Vipom, benigne oder von Low-grade-Malignität* <Anm. 68>
8155/3	**Vipom von Low-grade-Malignität** <Anm. 68> [Malignes Vipom]
8156/1	*Somatostatinom, benigne oder von Low-grade-Malignität* <Anm. 68>
8156/3	*Somatostatinom von Low-grade-Malignität* <Anm. 68>
8157/0	*Benignes Enteroglukagonom* <Anm. 68> Benigner L-Zell-Tumor
8157/1	*Enteroglukagonom, benigne oder von Low-grade-Malignität* <Anm. 68> L-Zell-Tumor, benigne oder von Low-grade-Malignität

<Anm. 70>
Die Code-Nummern 8160 und 8161 werden ausschließlich für intrahepatische Tumoren verwendet (Ishak et al. 1994). Für Karzinome der extrahepatischen Gallengänge werden keine lokalisationsspezifischen Bezeichnungen verwendet, sondern allgemeine Begriffe wie Adenokarzinom, papilläres Adenokarzinom u. ä. (Albores-Saavedra et al. 1991).

<Anm. 71>
Als Klatskin-Tumor (korrekter ist: Altemeier-Klatskin-Tumor) werden die Tumoren im Bereich der Gabelung des Ductus hepaticus bezeichnet. Auf die Besonderheiten dieser Tumoren haben erstmals Altemeier et al. (1957) hingewiesen, später dann Klatskin (1965). Der Begriff ist ausschließlich durch die Lokalisation definiert. Histologisch besteht meist eine beträchtliche Sklerose (Fibrose) des Stromas; es gibt aber kein spezifisches histologisches Substrat. Daher ist eine gesonderte morphologische Code-Nr. nicht gerechtfertigt (OTD 1995), obwohl sie in der englischen Originalfassung der ICD-O vorgesehen ist. Die histologische Klassifikation der Klatskin-Tumoren erfolgt entsprechend jener der sonstigen Tumoren der extrahepatischen Gallengänge (Albores-Saavedra et al. 1991).

<Anm. 72>
Dieser gutartige Lebertumor ist abzugrenzen von der knotigen Transformation und der fokalen nodulären Hyperplasie (Altmann 1994; Ishak et al. 1994).

<Anm. 73>
In der WHO-Klassifikation (Ishak et al. 1994) beschriebene eigene Variante des HCC mit reichlicher Fibrose. Dieser Tumor wird meist bei jüngeren Patienten in nicht-zirrhotischer Leber beobachtet, ist durchweg abgekapselt und besteht aus soliden Zellbalken mit bindegewebiger Septierung. Diese Variante des HCC zeigt eine bessere Prognose als die übrigen Leberzellkarzinome (OTD 1995).

<Anm. 74>
Das sklerosierende (szirrhöse, fibrosierende) HCC enthält wesentlich mehr Bindegewebe (also eine stärkere Fibrose) als das fibrolamelläre HCC. Ishak et al. (1994) bevorzugen die Bezeichnung „Szirrhöse Variante des HCC". Für diesen Tumortyp wurde in der OTD die Verschlüsselung mit der freien Code-Nr. 8172/3 vorgeschlagen.

<Anm. 75>
In der WHO-Klassifikation (Ishak et al. 1994) beschriebene Variante des HCC, die diagnostiziert werden soll, wenn der Tumor zu mehr als 50% aus Spindelzellen besteht. Die Kodierung erfolgt hier nach der OTD (1995).

<Anm. 76>
In der WHO-Klassifikation (Ishak et al. 1994) beschriebene Variante eines HCC, die dann diagnostiziert werden soll, wenn der Tumor zu mehr als 50% aus Klarzellen besteht. Die Kodierung erfolgt hier nach der OTD (1995).

<Anm. 77>
In der WHO-Klassifikation (Ishak et al. 1994) beschriebene Variante eines HCC, die dann diagnostiziert werden soll, wenn der Tumor zu mehr als 50% aus mehrkernigen Riesenzellen besteht. Die Kodierung erfolgt hier nach der OTD (1995).

<Anm. 78>
Dieser Tumor wird von Rosai et al. (1992) von den übrigen Schilddrüsenadenomen abgetrennt, da er zwischen viel hyalinisiertem Bindegewebe meist trabekulär angeordnete Tumorzellen hat, die gelegentlich Zellballen ähnlich einem Paragangliom bilden können.

8157/3	*Enteroglukagonom von Low-grade-Malignität* <Anm. 68> L-Zell-Tumor von Low-grade-Malignität
8160/0	**Gallengangsadenom o.n.A.** (Leber, C22) <Anm. 70> Cholangiom Intrahepatisches Gallengangsadenom
8160/3	**Gallengangskarzinom o.n.A.** (Leber, C22) <Anm. 70> Intrahepatisches Cholangiokarzinom
8161/0	**Gallengangs-Zystadenom** (Leber, C22) <Anm. 70>
8161/3	**Gallengangs-Zystadenokarzinom** (Leber, C22) <Anm. 70>
8162/3	[Klatskin-Tumor (Extrahepatische Gallengänge, C24.0)] <Anm. 71>
8170/0	**Hepatozelluläres Adenom** (C22) <Anm. 72> Leberzelladenom Benignes Hepatom
8170/3	**Hepatozelluläres Karzinom (HCC) o.n.A.** (C22) Leberzellkarzinom Hepatokarzinom Malignes Hepatom [Hepatom o.n.A.]
8171/3	*Fibrolamelläres hepatozelluläres Karzinom (HCC)* (C22) <Anm. 73>
8172/3	*Sklerosierendes hepatozelluläres Karzinom (HCC)* (C22) <Anm. 74> *Szirrhöses hepatozelluläres Karzinom (HCC)* *Fibrosierendes hepatozelluläres Karzinom (HCC)*
8173/3	*Spindelzelliges hepatozelluläres Karzinom (HCC)* (C22) <Anm. 75> *Sarkomatoides HCC*
8174/3	*Klarzelliges hepatozelluläres Karzinom (HCC)* C22) <Anm. 76>
8175/3	*Riesenzelliges hepatozelluläres Karzinom (HCC)* (C22) <Anm. 77>
8180/3	**Hepatocholangiokarzinom** (C22) Kombiniertes hepatozelluläres Karzinom und Cholangiokarzinom Gemischtes Leberzell- und Gallengangskarzinom
8190/0	**Trabekuläres Adenom** **Hyalinisiertes trabekuläres Adenom** (Schilddrüse, C73) <Anm. 78>
8190/3	**Trabekuläres Adenokarzinom** Trabekuläres Karzinom
8191/0	**Embryonales Adenom**
8200/0	**Zylindrom der Haut** (C44) Ekkrines dermales Zylindrom Turbantumor (Kopfhaut, C44.4)

<Anm. 79>
Das adenoid-zystische Karzinom der Speicheldrüsen besteht im glandulären (kribriformen) Subtyp aus Nestern epithelialer Zellen, zwischen denen viele Pseudozysten ausgebildet sind. Der tubuläre Typ zeigt von Epithel ausgekleidete Lumina, die von hyalinem Stroma umgeben sind. Der solide Typ ist durch solide Epithelstränge gekennzeichnet (Seifert 1991). Gleich strukturierte Tumoren gehen von ekkrinen Drüsen der Haut aus. – In der Mamma wurden die Tumoren früher als Zylindrome bezeichnet.

<Anm. 80>
Als invasive kribriforme Karzinome werden in der Mamma gut differenzierte Karzinome bezeichnet, die im invasiven Teil vorwiegend kribriform wachsen und oft auch eine tubuläre Komponente aufweisen (sog. klassische kribriforme Karzinome) oder in weniger als der Hälfte kribriform wachsen, sonst aber weniger gut differenziert und nicht kribriform erscheinen (sog. „Mixed invasive cribriform carcinoma") (Rosen u. Oberman 1993).

<Anm. 81>
Das seröse mikrozystische Adenom wird in der WHO-Klassifikation (Klöppel et al. 1996) lediglich als makroskopischer Untertyp des serösen Zystadenoms erwähnt und nicht mit einer eigenen Code-Nr. verschlüsselt.

<Anm. 82>
Adenomatöse Polypen sollten, sofern sie im Rahmen einer familiären adenomatösen Polypose (Adenomatosis coli) auftreten, unter der Code-Nr. 8220/0 erfaßt, sofern sie solitär oder multipel vorkommen als tubuläres (= 8211/0), tubulovillöses (= 8263/0) oder villöses Adenom (= 8261/1) verschlüsselt werden. Analoges gilt für in solchen Polypen auftretende Adenokarzinome (= 8210/3) und In-situ-Adenokarzinome (= 8210/2). Eine besondere Kennzeichnung von multiplen Polypen ist nicht gerechtfertigt, weil diesen keine klinische, biologische oder histologische Sonderstellung zukommt. Daher ist in der WHO-Klassifikation keine gesonderte Bezeichnung vorgesehen (Jass u. Sobin 1989; Watanabe et al. 1990).

<Anm. 83>
Im Kolon und im Rektum wird in Deutschland und in Großbritannien die Bezeichnung „Karzinom" ausschließlich für Tumoren verwendet, die durch die Muscularis mucosae in die Submucosa infiltriert sind, weil nur in diesem Falle mit Metastasierung zu rechnen ist und damit klinisch-biologisch Malignität vorliegt (Jass u. Sobin 1989; Hermanek 1990). Für alle anderen Epithelproliferationen mit starken zellulären und strukturellen Atypien wird die Bezeichnung „Hochgradige Dysplasie" bevorzugt (Borchard et al. 1991). Sie schließt auch invasive Veränderungen ein, die aber noch auf die Lamina propria und die Muscularis mucosae beschränkt sind (sog. Adenocarcinoma in situ).

<Anm. 84>
Als tubuläre Karzinome werden hochdifferenzierte Karzinome der Mamma bezeichnet, die überwiegend (zu mindestens 75%) aus gut begrenzten Tubuli bestehen. Diese sind von einer Reihe regelmäßiger Zellen ausgekleidet und von reichlichem fibrösem Stroma umgeben (OTD 1995).

<Anm. 85>
Sehr seltener Tumor, bestehend aus kleinen Azini und Tubuli, die in Analdrüsen entstehen (Jass u. Sobin 1989). Die Azini sind von kubischen Zellen mit spärlicher Schleimbildung ausgekleidet. Wir empfehlen Verschlüsselung nach dem Vorschlag der OTD (1995).

<Anm. 86>
Dieser Tumor besteht ausschließlich aus runden bis polygonalen Zellen mit reichlich eosinophil granuliertem Zytoplasma ähnlich den Parietalzellen (Capella et al. 1984). Nach dem Vorschlag der OTD (1995) soll er mit der freien Code-Nr. 8213/3 erfaßt werden.

<Anm. 87>
Dieses Adenokarzinom hat Areale mit hepatoider Differenzierung (Matsunou et al. 1994). Die OTD (1995) empfiehlt Verschlüsselung mit der freien Code-Nr. 8214/3.

8200/3	**Adenoid-zystisches Karzinom** <Anm. 79> **Adenoid-zystisches ekkrines Karzinom** (Haut, C44) Zylindrom o.n.A (ausgenommen Zylindrom der Haut, = 8200/0) Zylindroides Bronchusadenom (C34) Zylindroides Adenokarzinom
8201/3	**Invasives kribriformes Karzinom** <Anm. 80>
8202/0	**Seröses mikrozystisches Adenom** (Pankreas, C25) <Anm. 81>
8210/0	[Ademomatöser Polyp o.n.A.] <Anm. 82> [Polypoides Adenom]
8210/2	[Adenocarcinoma in situ in adenomatösem Polypen] <Anm. 82, 83> [Adenocarcinoma in situ in tubulärem Adenom] [Carcinoma in situ in adenomatösem Polypen] [Adenocarcinoma in situ in polypoidem Adenom] [Adenocarcinoma in situ in einem Polypen o.n.A.]
8210/3	[Adenokarzinom in adenomatösem Polypen] <Anm. 82> [Adenokarzinom in tubulärem Adenom] [Karzinom in adenomatösem Polypen] [Adenokarzinom in polypoidem Adenom] [Adenokarzinom in einem Polypen o.n.A.] [Karzinom in einem Polypen o.n.A.]
8211/0	**Tubuläres Adenom** (ausgenommen Hoden, = 8640/0)
8211/2	*Hochgradige Dysplasie in tubulärem Adenom* (Kolon, C18; Rektum, C20) <Anm. 83> *Adenocarcinoma in situ in tubulärem Adenom* (ausgenommen Kolon und Rektum)
8211/3	**Tubuläres Adenokarzinom** **Tubuläres Karzinom** (Mamma, C50) <Anm. 84>
8212/3	*Adenokarzinom der Analdrüsen* (C21.1) <Anm. 85>
8213/3	*Parietalzellkarzinom* (Magen, C16) <Anm. 86>
8214/3	*Hepatoides Karzinom* (Magen, C16) <Anm. 87>
8220/0	**Familiäre adenomatöse Polypose (FAP)** (Kolon, C18; Rektum, C20) **Adenomatosis coli** Familiäre Polyposis coli [Adenomatose o.n.A. (ausgenommen Gallenblase, C23, und extrahepatische Gallengänge, C24, = 8060/0)] <Anm. 21>
8220/2	*Hochgradige Dysplasie bei familiärer adenomatöser Polypose* (Kolon, C18; Rektum, C20) <Anm. 83> *Hochgradige Dysplasie bei Adenomatosis coli* [*Adenocarcinoma in situ bei familiärer adenomatöser Polypose*]

<Anm. 88>
Für Tumoren von Nasen- und Nasennebenhöhlen, Larynx, Hypopharynx und Trachea wird die konventionelle Einteilung in Karzinoidtumoren, also: „Typisches Karzinoid" (= 8240/3) und „Atypischer Karzinoidtumor" (= 8246/3) empfohlen (Shanmugaratnam, 1991). Atypische Karzinoide der Lunge entsprechen in der revidierten Einteilung neuroendokriner Tumoren solchen von Low-grade-Malignität. Sie werden nach den Empfehlungen der OTD (1995) mit 8246/3 verschlüsselt.

<Anm. 89>
Die Bezeichnung „Kryptenzellkarzinom" stammt von Isaacson (1981) und wird jetzt spezifisch für diesen Tumor der Appendix verwendet.

<Anm. 90>
Entsprechend der revidierten Klassifikation neuroendokriner Tumoren (Capella et al. 1995) soll diese Diagnose nur dann gestellt werden, wenn mindestens 50% des Tumors aus neuroendokrin differenzierten Zellen bestehen, und wenn zwischen Adenokarzinom und neuroendokrinem Anteil eine Durchmischung (und nicht nur ein Nebeneinander) besteht.

<Anm. 91>
Diese Bezeichnung ist wegen Verwechslungsmöglichkeit mit dem biologisch unterschiedlichen Karzinoid-Adenokarzinom (= 8244/3) nicht zu empfehlen.

8220/3	**Adenokarzinom in familiärer adenomatöser Polypose (FAP)** (Kolon, C18; Rektum, C20)
	Adenokarzinom in familiärer Adenomatosis coli
8221/0	[Multiple adenomatöse Polypen] <Anm. 82>
8221/3	[Adenokarzinom in multiplen adenomatösen Polypen] <Anm. 82>
8230/3	[Solides Karzinom o.n.A.]
8231/3	[Carcinoma simplex o.n.A.]
8240/0	*Benigner Karzinoidtumor*
	Benigner ECL-Tumor <Anm. 68>
8240/1	Karzinoidtumor, benigne oder von Low-grade-Malignität <Anm. 68>
	ECL-Tumor, benigne oder von Low-grade-Malignität
	[Karzinoidtumor o.n.A. (Appendix, C18.1; Ovar, C56)]
	Typischer Karzinoidtumor (Lunge, C34)
8240/3	Karzinoidtumor von Low-grade-Malignität <Anm. 68>
	ECL-Tumor von Low-grade-Malignität
	Karzinoidtumor (typischer Karzinoidtumor) (Nasen- und Nasennebenhöhlen, C30.0, C31; Larynx, C32; Hypopharynx, C13; Trachea, C33) <Anm. 88>
	[Karzinoidtumor o.n.A., ausgenommen Appendix]
	[Bronchialadenom vom Karzinoidtyp (Lunge, C34)]
8241/0	*Benigner argentaffiner Karzinoidtumor* <Anm. 68>
	Benigner EC-Zell-Tumor
	Benignes Argentaffinom
	Klassisches Karzinoid
8241/1	Karzinoidtumor, argentaffin, benigne oder von Low-grade-Malignität <Anm. 68>
	[Argentaffinom o.n.A.]
	EC-Zell-Tumor, benigne oder von Low-grade-Malignität
8241/3	Karzinoidtumor, argentaffin, von Low-grade-Malignität <Anm. 68>
	EC-Zell-Tumor von Low-grade-Malignität
	[Maligner argentaffiner Karzinoidtumor]
	[Malignes Argentaffinom]
8243/3	**Becherzellkarzinoid** (Appendix, C18.1)
	Mukokarzinoidtumor
	Muzinöses Karzinoid
	Kryptenzellkarzinom <Anm. 89>
	Mukokarzinoid (diffuses endokrines System)
8244/3	**Karzinoid-Adenokarzinom** <Anm. 90>
	Kombiniertes Karzinoid und Adenokarzinom
8245/3	[Adenokarzinoidtumor] <Anm. 91>
8246/0	*Benigner neuroendokriner Tumor* <Anm. 68>

<Anm. 92>
Unter dieser Bezeichnung werden von Rosen u. Oberman (1993) Karzinome definiert, die Strukturen endokriner Differenzierung (karzinoidähnlich oder wesentlich seltener chorionkarzinomatös) oder aber ausschließlich zelluläre Zeichen endokriner Differenzierung (so insbesondere Argyrophilie) oder auch ektopische Hormonproduktion (HCG, Kalzitonin, ACTH, Parathormon) aufweisen. Fast nie wird klinisch ein paraneoplastisches Syndrom beobachtet. Wir empfehlen die Verwendung der Code-Nr. 8249/3, wie in der OTD (1995) vorgeschlagen.

<Anm. 93>
Die bronchiolo-alveolären Adenokarzinome sind die sog. Alveolarzellkarzinome der Lunge, bei denen Zylinderzellen die erhaltenen Alveolarwände tapetenartig auskleiden. Für die Zuordnung zur Code-Nr. 8250/3 muß dieses Wachstumsmuster überwiegend vorhanden sein. Ähnliche Strukturen können in geringerem Ausmaß auch in anderen Adenokarzinomen der Lunge vorkommen (OTD 1995).

<Anm. 94>
Zur Sonderform des „Alveolären Adenoms des Bronchus" vgl. Siebenmann et al. (1990).

<Anm. 95>
Das papilläre Karzinom der Schilddrüse ist in erster Linie gekennzeichnet durch sog. Milchglaskerne (Ground glass nuclei). Die Kerne sind relativ groß, färben sich blaß an, sind meist ohne deutliche Nukleoli, zeigen häufig nukleäre Pseudoeinschlüsse und Kernkerbungen (OTD 1995). Die Zellen invadieren in das Stroma in Form vieler kleiner Zapfen mit deutlicher fibroblastischer Reaktion. In papillären Karzinomen kommen papilläre und follikuläre Strukturen vor. Die früher unter der Code-Nr. 8340/3 geführte sog. follikuläre Variante des papillären Schilddrüsenkarzinoms (auch „gemischt papillär-follikuläres Karzinom") wird in der WHO-Klassifikation (Hedinger 1988) nicht mehr geführt. Wesentlich ist die Unterscheidung des papillären Karzinoms vom follikulären Karzinom. Diesem fehlen die charakteristischen Milchglaskerne; die Kerne sind kleiner und kompakter, die follikulären Karzinome expandieren mit vielen, oft unabhängig voneinander entstehenden Knospungen. Im Stroma finden sich oft teleangiektatische Blutgefäße (Correa u. Chen 1995).

<Anm. 96>
Das villoglanduläre papilläre Adenokarzinom von Vagina und Zervix ist ein mäßig bis hoch differenziertes Adenokarzinom, komplex verzweigt mit papillären Strukturen. Der Tumor zeigt einen relativ scharfen Rand und breitet sich zwar lokal infiltrativ aus, eine Ausbreitung jenseits des Uterus wurde aber bisher nicht beobachtet (OTD 1995).

8246/1	*Neuroendokriner Tumor, benigne oder von Low-grade-Malignität* <Anm. 68>
8246/3	**Atypischer Karzinoidtumor** (Lunge, C34; Nasen- und Nasennebenhöhlen, C30.0, C31; Larynx, C32; Hypopharynx, C13; Trachea, C33) <Anm. 88> Neuroendokrines Karzinom von Low-grade-Malignität (Lunge, C34) (andere Organe = 8252/3) Neuroendokrines Karzinom o.n.A.
8247/3	**Primäres kutanes neuroendokrines Karzinom** (C44) Merkel-Zellkarzinom (Haut, C44) Maligner Merkel-Zelltumor (Haut, C44; Vulva. C51)
8248/1	**Apudom**
8249/3	*Karzinom mit endokriner Differenzierung* (Brust, C50) <Anm. 92> Karzinom mit karzinoidähnlichen Merkmalen
8250/1	**Pulmonale Adenomatose** (C34) Lungenadenomatose
8250/3	**Bronchiolo-alveoläres Adenokarzinom** (C34) <Anm. 93> Alveolarzellkarzinom (Lunge, C34) Bronchiolo-alveoläres Karzinom Bronchioläres Adenokarzinom Bronchioläres Karzinom
8251/0	**Alveoläres Adenom** (Lunge, C34) <Anm. 94>
8251/3	**Alveoläres Adenokarzinom** [Alveoläres Karzinom]
8252/3	*Neuroendokriner Tumor von Low-grade-Malignität* (ausgenommen Lunge, = 8246/3) <Anm. 68, 88> Neuroendokrines Karzinom von Low-grade-Malignität
8253/3	*Schlecht differenziertes neuroendokrines Karzinom* <Anm. 68> Neuroendokrines Karzinom von High-grade-Malignität
8260/0	**Papilläres Adenom** (ausgenommen Kolon, Rektum, = 8261/1) **Sialadenoma papilliferum** (Speicheldrüsen, C08)
8260/3	**Papilläres Adenokarzinom** (ausgenommen Prostata, = 8500/3) <Anm. 150> **Papilläres Karzinom** (Schilddrüse, C73) <Anm. 95> **Villoglanduläres papilläres Adenokarzinom** (Cervix uteri, C53; Vagina, C52) <Anm. 96>
8261/1	**Villöses Adenom** Papilläres Adenom (Kolon, C18; Rektum, C20) [Villöses Papillom]
8261/2	**Hochgradige Dysplasie in villösem Adenom** (Kolon, C18; Rektum, C20) <Anm. 82, 83> **Adenocarcinoma in situ in villösem Adenom** (ausgenommen Kolon und Rektum) <Anm. 82, 83>

8261/3	**Adenokarzinom in villösem Adenom**
8262/3	[Villöses Adenokarzinom]
8263/0	**Tubulovillöses Adenom** Tubulopapilläres Adenom (Gallenblase, C23; extrahepatische Gallengänge, C24)
8263/2	**Hochgradige Dysplasie in tubulovillösem Adenom** (Kolon, C18; Rektum, C20) <Anm. 82, 83> Adenocarcinoma in situ in tubulovillösem Adenom (ausgenommen Kolon und Rektum) <Anm. 82, 83>
8263/3	**Adenokarzinom in tubulovillösem Adenom**
8270/0	**Chromophobes Adenom** (Hypophyse, C75.1)
8270/3	**Chromophobes Karzinom** (Hypophyse, C75.1) Chromophobes Adenokarzinom
8271/0	**Prolaktinom** (Hypophyse, C75.1)
8280/0	**Azidophiles Adenom** (Hypophyse, C75.1) Eosinophiles Adenom Kortikotropes Adenom
8280/3	**Azidophiles Karzinom** (Hypophyse, C75.1) Azidophiles Adenokarzinom Eosinophiles Karzinom Eosinophiles Adenokarzinom
8281/0	**Azidophil-basophiles Adenom, gemischtzellig** (Hypophyse, C75.1)
8281/3	**Azidophil-basophiles Karzinom, gemischtzellig** (Hypophyse, C75.1)
8290/0	**Oxyphiles Adenom** Onkozytäres Adenom Onkozytom Hürthlezelladenom (Schilddrüse, C73) [Hürthlezelltumor]
8290/3	**Onkozytäres Karzinom** (ausgenommen Brust, = 8573/3) <Anm. 174> Oxyphiles Adenokarzinom Onkozytäres Adenokarzinom Hürthlezellkarzinom (Schilddrüse, C73) Hürthlezelladenokarzinom
8300/0	**Basophiles Adenom** (Hypophyse. C75.1) Mukoidzelladenom
8300/3	**Basophiles Karzinom** (Hypophyse, C75.1) Basophiles Adenokarzinom Mukoidzellkarzinom
8310/0	**Klarzelladenom**

<Anm. 97>
In der englischsprachigen Originalfassung der ICD-O ist dieser Tumor nicht angeführt. Von Sobin et al. (1978) wurde die Code-Nr. 8310/1 vorgeschlagen.

<Anm. 98>
Das Klarzelladenokarzinom der Niere ist aus großen Zellen aufgebaut, die im Zytoplasma reichlich Lipide und Glykogen enthalten; dieses erscheint im Paraffinschnitt entweder feinvakuolisiert oder optisch leer. Die Struktur dieser auch als chromophobe Nierenzellkarzinome bezeichneten Tumoren kann kompakt (solide), tubulo-papillär oder auch zystisch sein (Thoenes et al. 1990; OTD 1995).

<Anm. 99>
In der WHO-Klassifikation (Scully et al. 1994) beschriebenes, schlecht differenziertes Karzinom, dessen Zellen mäßig bis reichlich Zytoplasma mit milchglasartigem oder gekörntem Aussehen, gut erkennbare Zellmembranen und große Kerne mit deutlichen solitären oder multiplen Nukleolen zeigen. Wir empfehlen, nach dem Vorschlag der OTD (1995) für diesen Tumor die freie Code-Nr. 8316/3 zu verwenden.

<Anm. 100>
In der WHO-Klassifikation (Scully et al. 1994) vorgesehene Variante eines Adenokarzinoms des Endometriums, das zumindest stellenweise gut differenzierte Drüsen mit dem Aussehen der frühen bis mittleren Sekretionsphase zeigt. Nach dem Vorschlag der OTD (1995) empfehlen wir, dafür die freie Code-Nr. 8317/3 zu verwenden.

<Anm. 101>
Adenokarzinom, in dem die Mehrzahl der Drüsen von Flimmerepithel ausgekleidet wird (Scully et al. 1994). Wir empfehlen, nach dem Vorschlag der OTD (1995), dafür die freie Code-Nr. 8318/3 zu verwenden.

<Anm. 102>
In der WHO-Klassifikation (Mostofi 1980) beschriebenes Karzinom, das im Nierenmark entsteht und Ähnlichkeit zum Epithel der Sammelrohre aufweist. Wir empfehlen, dem Vorschlag der OTD (1995) zu folgen und dafür die freie Code-Nr. 8319/3 zu verwenden.

<Anm. 103>
Das Granularzellkarzinom der Niere besteht aus Zellen mit gut färbbarem, feingekörntem, basophilem oder eosinophilem Zytoplasma. Nach der Mainz-Klassifikation (Thoenes et al. 1986) gehört diese Tumorform zu den chromophilen Nierenzellkarzinomen.

<Anm. 104>
Dieser Tumortyp ist in der englischsprachigen Originalfassung der ICD-O nicht aufgeführt, Sobin et al. (1978) haben dafür die Code-Nr. 8323/1 vorgeschlagen.

<Anm. 105>
Das gemischtzellige Adenokarzinom der Zervix wird in der WHO-Klassifikation (Scully et al. 1994) nicht erwähnt, wohl aber im AFIP-Atlas (Kurman et al. 1992). Als gemischtzellige Adenokarzinome werden dort solche Adenokarzinome bezeichnet, die neben einer Hauptkomponente mehr als 10% Strukturen eines anderen Typs aufweisen. Die Kodierung erfolgt nach dem Vorschlag der OTD (1995).

<Anm. 106>
Unter einem Mischkarzinom (Mixed carcinoma) des Corpus uteri werden Karzinome bezeichnet, die 10% oder mehr Strukturen zweier oder mehrerer Tumortypen enthalten. Ausgenommen hiervon sind die Adenokarzinome mit Plattenepithel-Differenzierung, die immer dann diagnostiziert werden, wenn neben drüsigen Elementen auch plattenepitheliale Strukturen vorhanden sind, und zwar unbeschadet der quantitativen Verhältnisse. Dann kommt die Code-Nr. 8570/3 zur Anwendung.

<Anm. 107>
Nach der Organspezifischen Tumordokumentation (OTD 1995) wird dieser Tumor des Ovars unter der Code-Nr. 8323/3 eingeordnet, obwohl in der englischsprachigen Originalfassung der ICD-O unter dieser Code-Nummer nur die Bezeichnung „Gemischtzelliges Adenokarzinom" angegeben ist.

8310/1	*Klarzelladenom von Borderline-Malignität* (Ovar, C56) <Anm. 97> *Mesonephroides Klarzelladenom von Borderline-Malignität*
8310/3	**Klarzelladenokarzinom o.n.A.** <Anm. 98> Klarzellkarzinom o.n.A. Mesonephroides Klarzellkarzinom
8311/1	[Hypernephroider Tumor (C64)]
8312/3	**Nierenzellkarzinom o.n.A.** (C64) Nierenzelladenokarzinom [Grawitz-Tumor] [Hypernephrom]
8313/0	**Klarzelladenofibrom** Klarzelliges Zystadenofibrom **Mesonephrisches Adenofibrom** (Ovar, C56)
8314/3	**Lipidreiches Karzinom** (Brust, C50) Lipidsezernierendes Karzinom
8315/3	**Glykogenreiches Karzinom** (Brust, C50) Glykogenhaltiges Karzinom
8316/3	*Glaszellkarzinom („Glassy cell carcinoma")* (Cervix uteri, C53; Corpus uteri, C54) <Anm. 99>
8317/3	*Sekretorisches Adenokarzinom* (Corpus uteri, C54) <Anm. 100>
8318/3	*Flimmerzell-Adenokarzinom („Ciliated cell adenocarcinoma")* (Corpus uteri, C54) <Anm. 101>
8319/3	*Duct-Bellini-Karzinom* (Niere, C64) <Anm. 102> *Sammelrohrkarzinom*
8320/3	**Granularzellkarzinom** <Anm. 103> Granularzelladenokarzinom
8321/0	**Hauptzellenadenom** (Nebenschilddrüsen, C75.0)
8322/0	**Wasserklares Adenom** (Nebenschilddrüsen, C75.0)
8322/3	**Wasserklares Adenokarzinom** Wasserklares Karzinom
8323/0	**Gemischtzelliges Adenom o.n.A.** Gemischtzelliger benigner epithelialer Tumor (Ovar, C56)
8323/1	*Gemischtzelliger epithelialer Tumor von Borderline-Malignität* (Ovar, C56) <Anm. 104> *Gemischtzelliger epithelialer Tumor mit niedrigem Malignitätspotential* (Ovar, C56) <Anm. 104>
8323/3	**Gemischtzelliges Adenokarzinom** <Anm. 105> **Mischkarzinom** (Corpus uteri, C54) <Anm. 106> **Gemischtzelliger maligner epithelialer Tumor** (Ovar, C56) <Anm. 107>

<Anm. 108>
Es handelt sich um ein follikuläres Adenom der Schilddrüse mit massiver Knorpelmetaplasie, beschrieben bei Rosai et al. (1992).

<Anm. 109>
Das atypische Adenom der Schilddrüse unterscheidet sich vom minimal invasiven follikulären Karzinom nur durch das Fehlen von Gefäß- und Kapselinvasion (Rosai et al. 1992).

<Anm. 110>
Das toxische Adenom ist meist ein folliküläres Adenom mit pseudopapillären Epithelstrukturen und den klinischen Zeichen der Schilddrüsenüberfunktion (Rosai et al. 1992).

<Anm. 111>
Nach der WHO-Klassifikation (Hedinger 1988) ist dieser Tumor charakterisiert durch eine nur geringgradige Invasion in Blutgefäße und/oder Kapseldurchbruch. Deshalb wird der Tumor auch als „Minimal invasives (abgekapseltes) follikuläres Karzinom der Schilddrüse" bezeichnet.

<Anm. 112>
Im Gegensatz zum follikulären Adenokarzinom mit minimaler Invasion ist dieser Tumor durch eine weit ausgebreitete Infiltration in die Blutgefäße und/oder in das angrenzende Schilddrüsengewebe ohne Abkapselung charakterisiert (Hedinger 1988).

<Anm. 113>
Nach der WHO-Klassifikation (Hedinger 1988) ist der Tumor weitgehend oder ausschließlich aus eosinophilen Zellen aufgebaut.

<Anm. 114>
Abgesehen von den hellen Zellen entspricht dieser Tumor nach der WHO-Klassifikation (Hedinger 1988) sowohl im Aufbau als auch im klinischen Verlauf anderen follikulären Karzinomen. Zur Differentialdiagnose gegenüber dem Klarzelladenokarzinom der Nebenschilddrüsen (= 8310/3) und Metastasen etwa des klarzelligen Nierenzellkarzinoms (= 8312/6) ist die Immunhistologie (Thyreoglobulin) wichtig.

<Anm. 115>
Das insuläre Karzinom ist nach der WHO-Klassifikation eine ungewöhnlich schlecht differenzierte Variante des follikulären Karzinoms (Hedinger 1988). Nach Rosai et al. (1992) wird der Tumor als eigener Typ abgetrennt, weil es auch Übergangsformen zwischen papillärem und insulärem Karzinom gibt.

<Anm. 116>
Nach der WHO-Klassifikation (Hedinger 1988) hat dieser Tumor einen Durchmesser von höchstens 1,0 cm. Zur Abgrenzung vom sog. okkulten papillären Karzinom vgl. Rosai et al.(1992). Die Kodierung erfolgt nach dem Vorschlag der OTD (1995).

<Anm. 117>
In der WHO-Klassifikation (Hedinger 1988) als Sonderform mit intensiv eosinophilen Zellen beschrieben, aber nicht gesondert kodiert. Wir empfehlen die Verwendung der freien Code-Nr. 8342/3 nach dem Vorschlag der OTD (1995).

<Anm. 118>
Zur Differentialdiagnose der Nebennierenrindenadenome s. Dhom (1981).

8324/0	**Lipoadenom** Adenolipom
8330/0	**Follikuläres Adenom** (Schilddrüse, C73) **Adenochondrom** <Anm. 108> **Atypisches Adenom** <Anm. 109> **Toxisches Adenom** <Anm. 110>
8330/3	**Follikuläres Karzinom o.n.A.** (Schilddrüse, C73) Folliküläres Adenokarzinom o.n.A.
8331/3	**Follikuläres Karzinom, gut differenziert** (Schilddrüse, C73) Follikuläres Adenokarzinom, gut differenziert Follikuläres Adenokarzinom mit minimaler Invasion <Anm. 111> Follikuläres Adenokarzinom, grob invasiv <Anm. 112> Follikuläres Adenokarzinom, oxyphiler Zelltyp <Anm. 113> Follikuläres Adenokarzinom vom Klarzelltyp <Anm. 114>
8332/3	**Follikuläres Karzinom, mäßig differenziert** (Schilddrüse, C73) Follikuläres Adenokarzinom, mäßig differenziert Follikuläres Karzinom, trabekulär Follikuläres Adenokarzinom, trabekulär Wuchernde Struma Langhans Insuläres Karzinom <Anm. 115>
8333/0	**Mikrofollikuläres Adenom** (Schilddrüse, C73) Fetales Adenom
8334/0	**Makrofollikuläres Adenom** (Schilddrüse, C73) Kolloidadenom
8340/3	[Follikuläre Variante des papilläres Schilddrüsenkarzinoms (C73)] <Anm. 95>
8341/3	*Papilläres Mikrokarzinom* (Schilddrüse, C73) <Anm. 116>
8342/3	*Papilläres Karzinom, oxyphiler Zelltyp* (Schilddrüse, C73) <Anm. 117>
8350/3	**Nichtabgekapseltes sklerosierendes Karzinom** (Schilddrüse, C73) Nichtabgekapseltes sklerosierendes Adenokarzinom [Nichtabgekapselter sklerosierender Tumor]
8360/1	**Multiple endokrine Adenome** Endokrine Adenomatose
8361/1	**Juxtaglomerulärer Tumor** (Niere, C64) Reninom
8370/0	**Nebennierenrindenadenom o.n.A.** (C74.0) <Anm. 118> Benigner Nebennierenrindentumor o.n.A.
8370/3	**Nebennierenrindenkarzinom** (C74.0) Nebennierenrindenadenokarzinom Maligner Nebennierenrindentumor
8371/0	**Nebennierenrindenadenom, Kompaktzelltyp** (C74.0)

<Anm. 119>
Endometrioide Tumoren, z.B. des Ovars, enthalten epitheliale Elemente, Stromaelemente oder eine Kombination von beiden, die den für das Endometrium typischen Tumoren entsprechen (Russell 1994). Die Drüsen enthalten Endometriumepithel vom proliferierenden Typ. Allerdings sind Mitosen extrem selten, und atypische Mitosen kommen nicht vor. Wenn wenig Stromabindegewebe ausgebildet ist, kann die Bezeichnung „Endometrioides Adenom" angewandt werden, wenn Zysten vorhanden sind, auch die Bezeichnung „Endometrioides Zystadenom". Die meisten gutartigen endometrioiden Tumoren sind aber Adenofibrome mit entsprechend größerem Anteil von Bindegewebe. Sie werden unter der Code-Nr. 8381/0 geführt.

<Anm. 120>
Der endometrioide Tumor von Borderline-Malignität kommt vorwiegend als Adenofibrom vor (= 8381/1). Synonyme sind „Atypisches endometrioides Adenofibrom" und „Proliferierender endometrioider Tumor".

<Anm. 121>
Die meisten malignen endometrioiden Tumoren entsprechen dem endometrioiden Karzinom (= 8380/3). Nur selten finden sich maligne endometrioide Adenofibrome oder Zystadenofibrome, wie in der WHO-Klassifikation (Serov u. Scully 1973) beschrieben. Neuerdings werden die letztgenannten Diagnosen angezweifelt (Kurman 1994).

<Anm. 122>
Das ekkrine Porom ist ein nodulär gebauter Tumor des Akrosyringiums und kommt meist an den Handflächen und Fußsohlen, gelegentlich auch an Kopf, Hals und Stamm vor. Das seltene Syringofibroadenom ist ein Fibroadenom und tritt gewöhnlich an den Extremitäten auf. Trotz histologischer und klinischer Unterschiedlichkeiten werden beide Tumoren nach der WHO-Klassifikation (Heenan et al. 1996) unter der gleichen Code-Nr. 8400/0 verschlüsselt.

8372/0	**Nebennierenrindenadenom, stark pigmentierter Typ** (C74.0) Schwarzes Adenom
8373/0	**Nebennierenrindenadenom, Klarzelltyp** (C74.0) Spongiozytäres Nebennierenadenom
8374/0	**Nebennierenrindenadenom, Glomerulosazelltyp** (C74.0)
8375/0	**Nebennierenrindenadenom, gemischtzelliger Typ** (C74.0)
8380/0	**Endometrioides Adenom** (Ovar, C56) <Anm. 119> Endometrioides Zystadenom (Ovar, C56)
8380/1	**Endometrioides Adenom von Borderline-Malignität** (Ovar, C56) <Anm. 120> Endometrioides Zystadenom von Borderline-Malignität (Ovar, C56) Endometrioider Tumor mit niedrigem Malignitätspotential
8380/3	**Endometrioides Karzinom** (Corpus uteri, C54; Cervix uteri, C53; Ovar, C56; Vagina, C52) <Anm. 121> Endometrioides Adenokarzinom **Endometrioides Zystadenokarzinom**
8381/0	**Endometrioides Adenofibrom** (Ovar, C56) <Anm. 119> Endometrioides Zystadenofibrom
8381/1	**Endometrioides Adenofibrom von Borderline-Malignität** (Ovar, C56) <Anm. 120> **Endometrioides Zystadenofibrom von Borderline-Malignität** Atypisches endometrioides Adenofibrom Proliferierender endometrioider Tumor
8381/3	**Malignes endometrioides Adenofibrom** (Ovar, C56) <Anm. 121> **Malignes endometrioides Zystadenofibrom** <Anm. 121>

839–842 Neoplasien der Haut und der Hautanhangsgebilde (C44)
(ausgenommen Basalzellneoplasien und maligne Lymphome)

8390/0	**Hautanhangsadenom** [Hautanhangstumor] [Adnextumor]
8390/3	**Hautanhangskarzinom** [Adnexkarzinom]
8400/0	**Schweißdrüsenadenom** **Ekkrines Porom** <Anm. 122> **Syringofibroadenom** <Anm. 122> Benigner Schweißdrüsentumor Hidradenom o.n.A. Syringadenom o.n.A.

<Anm. 123>
In der englischsprachigen Originalfassung der ICD-O sind für die verschiedenen Subtypen von Schweißdrüsenkarzinomen (Murphy u. Elder 1991) keine eigenen Code-Nummern vorgesehen. Wegen der sehr unterschiedlichen Prognose dieser Subtypen wurden ihnen zunächst in der OTD (1995), sodann auch in der neuen Auflage der WHO-Klassifikation der Hauttumoren (Heenan et al. 1996) bisher freie Nummern zugeteilt. Dabei sind die Verschlüsselungsvorschläge der WHO teilweise verschieden von jenen der OTD (1995). Im Interesse einer internationalen Vereinheitlichung folgen wir den Vorschlägen der WHO (Heenan et al. 1996), weichen allerdings hinsichtlich des Porokarzinoms davon ab (vgl. Anm. 128).

<Anm. 124>
Das noduläre Hidradenom wird in der englischsprachigen Originalfassung der ICD-O als Schweißdrüsenadenom (=8400/0) kodiert. Wir empfehlen jedoch, der WHO-Klassifikation (Heenan et al. 1996) zu folgen und diese Bezeichnung als Vorzugsbegriff gegenüber den Bezeichnungen ekkrines Akrospirom und Klarzellenhidradenom zu verwenden und spezifischer mit 8402/0 zu kodieren. – Die Verschlüsselung des malignen nodulären Hidradenoms mit der bisher freien Code-Nummer 8402/3 erfolgt nach dem Vorschlag der WHO-Klassifikation (Heenan et al. 1996).

<Anm. 125>
Es handelt sich um einen gutartigen Hautanhangstumor der ekkrinen Ductuli, meist eine 1–3 cm große Papel. Histologisch scharf begrenzte Ductuli, von viel Bindegewebe umgeben, oft Hornzysten (Murphy u. Elder 1991).

<Anm. 126>
Wegen der sehr guten Prognose besonders hervorgehobener Typ eines Schweißdrüsenkarzinoms (Murphy u. Elder 1991). Verschlüsselung nach Vorschlag der WHO (Heenan et al. 1996) mit der freien Code-Nr. 8407/3.

<Anm. 127>
Die Bezeichnung „Adenom/Adenokarzinom" wurde gewählt, da oft atypische adenomatöse Areale und eindeutige Adenokarzinom-Anteile unmittelbar nebeneinander vorkommen. Der Tumor kann lokal destruktiv wachsen, kann aber auch scharf abgegrenzt sein, neigt dann aber zu Rezidiven (Murphy u. Elder 1991). Er wird in der WHO-Klassifikation (Heenan et al. 1996) zwar angeführt und beschrieben, aber ohne Notation. Entsprechend dem Vorschlag der OTD (1995) empfehlen wir Verschlüsselung mit der freien Code-Nr. 8408/3.

<Anm. 128>
Das Porokarzinom wird in der neuen WHO-Klassifikation der Hauttumoren (Heenan et al. 1996) unter der Code-Nr. 8400/3 verschlüsselt, die in der englischsprachigen Originalfassung der ICD-O für Schweißdrüsenkarzinome o.n.A. vorgesehen ist. Da das Porokarzinom gegenüber anderen Typen der Schweißdrüsenkarzinome eine wesentlich schlechtere Prognose hat, weichen wir von der WHO-Klassifikation ab und empfehlen eine gesonderte Kodierung unter der freien Nummer 8409/3.

<Anm. 129>
Das ekkrine Adenokarzinom ist ein im AFIP-Atlas (Murphy u. Elder 1991) beschriebener maligner Tumor, der vom muzinösen ekkrinen Karzinom (= 8480/3) wegen seiner stärkeren Metastasierungsneigung abzugrenzen ist. Der Tumor wird in der WHO-Klassifikation (Heenan et al. 1996) nicht gesondert aufgeführt. Die Verschlüsselung erfolgt nach dem Vorschlag der OTD (1995) mit der freien Code-Nr. 8413/3.

8400/1	[Schweißdrüsentumor o.n.A.]
8400/3	**Schweißdrüsenkarzinom** (auch Vulva, C51) <Anm. 123> Schweißdrüsenadenokarzinom Maligner Schweißdrüsentumor Unklassifizierter maligner Schweißdrüsentumor
8401/0	**Apokrines Adenom** **Apokrines Zystadenom** Apokrines Hidrokystom
8401/3	**Apokrines Adenokarzinom**
8402/0	**Noduläres Hidradenom** <Anm. 124> Ekkrines Akrospirom Klarzellhidradenom
8402/3	*Malignes noduläres Hidradenom* <Anm. 124>
8403/0	**Benignes ekkrines Spiradenom** Spiradenom o.n.A.
8403/3	*Malignes ekkrines Spiradenom* <Anm. 124>
8404/0	**Ekkrines Zystadenom** Ekkrines Hidrokystom
8405/0	**Papilläres Hidradenom** Hidroadenoma papilliferum
8406/0	**Papilläres Syringozystadenom** Papilläres Syringadenom
8407/0	**Syringom o.n.A.** <Anm. 125>
8407/3	*Sklerosierendes Karzinom der Schweißdrüsenausführungsgänge* <Anm. 126> *Syringomatöses Karzinom* *Mikrozystisches Karzinom der Hautadnexe*
8408/0	**Papilläres ekkrines Adenom**
8408/3	*Aggressives digitales papilläres Adenom/Adenokarzinom* <Anm. 127>
8409/3	*Porokarzinom* <Anm. 128>
8410/0	**Talgdrüsenadenom** (auch Parotis, C07; andere große Speicheldrüsen, C08) Adenoma sebaceum
8410/3	**Talgdrüsenkarzinom** (auch Parotis, C07; andere große Speicheldrüsen, C08; Vulva, C51) Talgdrüsenadenokarzinom
8413/3	*Ekkrines Adenokarzinom* <Anm. 129>
8420/0	**Zeruminaladenom** (nur äußerer Gehörgang, C44.2)
8420/3	**Zeruminalkarzinom** (nur äußerer Gehörgang, C44.2) Zeruminaladenokarzinom

<Anm. 130>
Im Endometrium gleicht der Tumor weitgehend dem entsprechenden Typ des Ovars. In etwa einem Drittel der Fälle sind Psammomkörper ausgebildet. Der Tumor ist besonders aggressiv und zeigt oft Lymphgefäß- und Veneneinbrüche (OTD 1995).

<Anm. 131>
Das sehr seltene seröse Zystadenokarzinom des Pankreas (Yoshimi et al. 1992), früher auch als mikrozystisches Adenokarzinom geführt, zeigt neben den Strukturen eines serösen (mikrozystischen) Adenoms auch maligne Anteile (OTD 1995).

<Anm. 132>
Der solid-pseudopapilläre Tumor (früher solid-zystischer oder papillär-zystischer Tumor) besteht aus monomorphen Zellen, die solide und pseudopapilläre Strukturen bilden; oft finden sich hämorrhagisch-zystische Veränderungen. Die Diagnose „Solid-pseudopapilläres Karzinom" (= 8452/3) wird dann gestellt, wenn bei einem solchen Tumor eindeutige Kriterien der Malignität wie Gefäß- und Nerveninvasion erkennbar oder Metastasen (Lymphknoten, Leber) nachweisbar sind (Klöppel et al. 1996).

<Anm. 133>
Für diesen früher als Lymphangiom, Endotheliom, Mesotheliom, Einschlußzyste oder Angioendotheliom bezeichneten Tumor wird wegen der unklaren Genese heute die unspezifische Bezeichnung „Zystischer Tumor des atrioventrikulären Knotens" gebraucht (Burke u. Virmani 1996). Es handelt sich um wechselnd große, meist multiple zystische Bildungen, die von unterschiedlichen Endotheltypen ausgekleidet werden und in der Lichtung PAS-positives Material enthalten. Der Tumor ist in der englischsprachigen Originalfassung der ICD-O nicht angeführt. Wir schlagen die Kodierung unter der freien Nr. 8453/0 vor.

<Anm. 134>
Primäre seröse papilläre Karzinome des Peritoneums und die entsprechenden Borderline-Tumoren ähneln weitgehend den entsprechenden Geschwülsten des Ovars. Sie befallen überwiegend Frauen, wobei aber das Ovar tumorfrei ist oder nur einige oberflächliche Tumorherde zeigt. Die Tumorzellen sind kleiner, die Kerne chromatinreicher als beim diffusen malignen Mesotheliom. Für die Differentialdiagnose ist die Immunhistologie wichtig (Battifora u. McCaughey 1995).

843 Mukoepidermoide Neoplasien

8430/1 [Mukoepidermoidtumor]

8430/3 **Mukoepidermoidkarzinom** (Parotis, C07; andere große Speicheldrüsen, C08; Nasen- und Nasennebenhöhlen, C30.0, C31; Nasopharynx, C11; Larynx, C32; Hypopharynx, C13; Trachea, C33; Haut, C44; Corpus uteri, C54)

844–849 Zystische, muzinöse und seröse Neoplasien

8440/0 [Zystadenom o.n.A]
[Zystom o.n.A.]

8440/3 **Zystadenokarzinom o.n.A.**

8441/0 **Seröses Zystadenom o.n.A.** (Ovar, C56; Pankreas, C25)
Seröses Zystom (Ovar, C56)

8441/3 **Seröses Adenokarzinom o.n.A.** (Ovar, C56; Corpus uteri, C54; Cervix uteri, C53) <Anm. 130>
Seröses Zystadenokarzinom o.n.A.(Ovar, C56)
Seröses Zystadenokarzinom (Pankreas, C25) <Anm. 131>
[Mikrozystisches seröses Adenokarzinom (Pankreas, C25)]

8442/3 **Seröses Zystadenom von Borderline-Malignität** (Ovar, C56)
Seröser Tumor mit geringem Malignitätspotential o.n.A.

8450/0 **Papilläres Zystadenom o.n.A.** (Ovar, C56)

8450/3 **Papilläres Zystadenokarzinom o.n.A.** (Ovar, C56)
Papillär-zystisches Adenokarzinom

8451/3 **Papilläres Zystadenom von Borderline-Malignität** (Ovar, C56)

8452/1 **Solid-pseudopapillärer Tumor** (Pankreas, C25) <Anm. 132>
[Solid-zystischer Tumor]
[Papillär-zystischer Tumor]

8452/3 *Solid-pseudopapilläres Karzinom* (Pankreas, C25) <Anm. 132>

8453/0 *Zystischer Tumor des atrioventrikulären Knotens* (Herz, C38.0) <Anm. 133>

8460/0 **Seröses papilläres Zystadenom** (Ovar, C56)

8460/3 **Seröses papilläres Zystadenokarzinom** (Ovar, C56)
Serös-papilläres Adenokarzinom

8461/0 **Seröses Oberflächenpapillom** (Ovar, C56)

8461/3 **Seröses papilläres Oberflächenkarzinom** (Ovar, C56)
Seröses papilläres Karzinom des Peritoneums (C48.1) <Anm. 134>

8462/3 **Seröses papilläres Zystadenom von Borderline-Malignität** (Ovar, C56)
Serös-papillärer Tumor mit geringem Malignitätspotential

<Anm. 135>
Dieser Tumor ist in der WHO-Klassifikation (Serov u. Scully 1973) beschrieben, in der englischsprachigen Originalfassung der ICD-O aber nicht erwähnt. Wir empfehlen, dafür nach dem Vorschlag der OTD (1995) die freie Code-Nr. 8463/3 zu verwenden.

<Anm. 136>
Das muzinöse Zystadenom wie auch das muzinöse Adenom bestehen aus Zellen entweder vom endozervikalen oder vom intestinalen Typ. Bei reichlichem Stroma werden muzinöse Adenome auch als muzinöse Adenofibrome bezeichnet (Russell 1994) und dann mit 9015/0 kodiert.

<Anm. 137>
Der muzinöse zystische Tumor mit mäßiggradiger Dysplasie besteht aus schleimbildenden Zylinderzellen mit mäßiger Dysplasie und Stroma, das dem des Ovars ähnlich ist. Der Tumor kann uni- oder multilokulär sein (Klöppel et al. 1996). Wenn in einem solchen Tumor schwere Dysplasien auftreten, wird er als „Nichtinvasives muzinöses Zystadenokarzinom" (= 8470/2), bei Nachweis einer Invasion als „(Invasives) muzinöses Zystadenokarzinom" (= 8470/3) bezeichnet.

<Anm. 138>
In der englischsprachigen Originalfassung der ICD-O ist unter der Code-Nr. 8470/3 nur das muzinöse Zystadenokarzinom des Ovars vorgesehen. Da gleichartige Typen aber auch im Pankreas vorkommen, schlagen wir vor, diese Notation auch für die entsprechenden Tumoren des Pankreas zu verwenden. Sie zeigen nebeneinander Strukturen eines benignen und eines malignen Tumors. Wichtig ist der Nachweis der Infiltration zur Abgrenzung von den benignen muzinösen Zystadenomen (= 8470/0) bzw. den nichtinvasiven muzinösen Zystadenokarzinomen des Pankreas (= 8470/2).

<Anm. 139>
Das muzinöse Zystadenom von Borderline-Malignität des Ovars wird bei Russell (1994) als „Atypisch proliferierender muzinöser Tumor des Ovars" geführt. Da über 2% der Patientinnen Rezidive oder auch Metastasen aufweisen, wird eine entsprechend engmaschige Überwachung empfohlen. Das gleiche gilt für die papilläre Variante (Code-Nr. 8473/1).

<Anm. 140>
Im AFIP-Atlas beschriebener Tumor, der makroskopisch durch multiple Zysten gekennzeichnet ist. Histologisch findet sich in den zystisch erweiterten Gängen eosinophiles Sekret ähnlich dem Schilddrüsenkolloid. In den Zysten Zellproliferation nach Art eines mikropapillären intraduktalen Karzinoms, herdförmig mit Infiltration (Rosen u. Oberman 1993). Kodierung nach dem Vorschlag der OTD (1995).

<Anm. 141>
Als muzinös sind Adenokarzinome nur dann zu bezeichnen, wenn sie zu mehr als 50% aus extrazellulärem Schleim bestehen, was schon makroskopisch erkennbar ist. Geringgradige, nur histologisch erkennbare Schleimmengen rechtfertigen nicht diese Zuordnung. Früher wurde dieser Tumor auch als Kolloidkarzinom, Carcinoma gelatinosum, mukoides oder muköses Karzinom bezeichnet. – Das muzinöse Adenokarzinom der Prostata metastasiert seltener als die anderen Adenokarzinomformen; meist fehlt die Hormonabhängigkeit, und die Tumoren sprechen auf Radiotherapie schlechter an. – In Vagina und Zervix sind die muzinösen Adenokarzinome zu unterteilen in die intestinalen muzinösen Adenokarzinome mit der Notation 8144/3 und die endozervikalen muzinösen Adenokarzinome mit der Code-Nr. 8148/3. Diese wiederum gliedern sich in 2 Typen: Das Adenoma malignum (Minimal-deviation-Adenokarzinom) (= 8149/3), und das villoglanduläre papilläre Adenokarzinom (= 8260/3).

<Anm. 142>
Das muzinöse nichtzystische Karzinom ist ein Adenokarzinom, das gut differenzierte Drüsen mit reichlicher extrazellulärer Schleimproduktion zeigt. Mehr als 50% des Tumors bestehen aus Schleim, daher ist die Schnittfläche makroskopisch von schleimiger Beschaffenheit ohne Zystenbildung (Klöppel et al. 1996).

<Anm. 143>
Bei Adenokarzinomen und sonstigen Karzinomen wird eine Schleimbildung nur unter definierten Bedingungen in der Tumorklassifikation berücksichtigt und unter den nachfolgenden Bezeichnungen erfaßt:
- Muzinöses Adenokarzinom (Speicheldrüsen, Gastrointestinaltrakt, Gallenblase, extrahepatische Gallengänge, Haut, Ovar) (= 8480/3),
- Muzinöses nichtzystisches Karzinom (Pankreas) (= 8480/3),
- Muzinöses Karzinom (Mamma, Cervix uteri, Vagina) (= 8480/3),
- Muzinöses Zystadenokarzinom (Ovar, Pankreas) (= 8470/3),

8463/3	*Oberflächenpapillom von Borderline-Malignität* (Ovar, C56) <Anm. 135> *Seröses papilläres Karzinom des Peritoneums von Borderline-Malignität* (C48.1) <Anm. 134>
8470/0	**Muzinöses Zystadenom o.n.A.** (Ovar, C56; Pankreas, C25) <Anm. 136> Muzinöses Zystom [Pseudomuzinöses Zystadenom o.n.A.]
8470/1	*Muzinöser zystischer Tumor mit mäßiger Dysplasie* (Pankreas, C25) <Anm. 137>
8470/2	*Nichtinvasives muzinöses Zystadenokarzinom* (Pankreas, C25) <Anm. 137>
8470/3	**Muzinöses Zystadenokarzinom** (Ovar, C56; Pankreas, C25) <Anm. 138> [Pseudomuzinöses Adenokarzinom (Ovar, C56)] [Pseudomuzinöses Zystadenokarzinom o.n.A.]
8471/0	**Muzinöses papilläres Zystadenom** (Ovar, C56) [Pseudomuzinöses papilläres Zystadenom]
8471/3	**Muzinöses papilläres Zystadenokarzinom** (Ovar, C56) [Pseudomuzinöses papilläres Zystadenokarzinom]
8472/3	**Muzinöses Zystadenom von Borderline-Malignität** (Ovar, C56) <Anm. 139> Atypisch proliferierender muzinöser Tumor des Ovars [Pseudomuzinöses Zystadenom von Borderline-Malignität] [Muzinöser Tumor mit geringem Malignitätspotential o.n.A.]
8473/3	**Muzinöses papilläres Zystadenom von Borderline-Malignität** (Ovar, C56) <Anm. 139> [Pseudomuzinöses papilläres Zystadenom von Borderline-Malignität] [Muzinöser papillärer Tumor mit geringem Malignitätspotential]
8474/3	*Zystisches hypersekretorisches Karzinom mit Invasion* (Brust, C50) <Anm. 140>
8480/0	**Muzinöses Adenom** <Anm. 136>
8480/3	**Muzinöses Adenokarzinom** <Anm. 141, 143> Muzinöses Karzinom (Mamma, C50; Cervix uteri, C53; Vagina, C52) Muzinöses nichtzystisches Karzinom (Pankreas, C25) <Anm. 142, 143> Muzinöses ekkrines Karzinom (Haut, C44)

- Muzinöses papilläres Zystadenokarzinom (Ovar) (= 8471/3),
- Mukoepidermoidkarzinom (Speicheldrüsen, Nasen- und Nasennebenhöhlen, Nasopharynx, Larynx, Hypopharynx, Trachea, Haut, Corpus uteri) (= 8430/3),
- Siegelringzellkarzinome (Gastrointestinaltrakt, Gallenblase, extrahepatische Gallenwege, Pankreas) (= 8490/3).

Daher sind allgemeine Bezeichnungen wie schleimbildendes oder schleimsezernierendes Karzinom nicht zu empfehlen.
In der Lunge ist eine Sonderform des Adenokarzinoms von Bedeutung, die heute als „Solides Karzinom mit Schleimbildung" bezeichnet wird (WHO 1981a). Es handelt sich um schlecht differenzierte Karzinome ohne Azini, Tubuli und Papillen, die in vielen der solide angeordneten Tumorzellen

muzinhaltige Vakuolen zeigen. Die Kerne sind groß, haben auffällige Nukleoli, das Zytoplasma ist reichlich. Für die Differentialdiagnose gegen großzellige Karzinome sind Schleimfärbungen wesentlich. In der WHO-Klassifikation wurde für diesen Tumor die Code-Nr. 8230/3 (= solides Karzinom o.n.A.) angegeben. Entsprechend der OTD (1995) wird aber vorgeschlagen, zur besseren Charakterisierung dieses Tumortyps die Code-Nr. 8481/3 zu verwenden.

<Anm. 144>
Als „Siegelringzellkarzinome" werden im Magendarmtrakt Tumoren bezeichnet, die zu mehr als 50% aus Siegelringzellen mit intrazellulärem Schleim bestehen (Jass u. Sobin 1989). Im Pankreas soll ein Siegelringzellkrebs nur dann diagnostiziert werden, wenn der Tumor fast ausschließlich aus Siegelringzellen besteht (Klöppel et al. 1996).

<Anm. 145>
Das nichtinvasive intraduktale Karzinom der Mamma manifestiert sich histologisch in Form mikropapillärer, papillärer, kribriformer oder solider Strukturen oder als sog. Komedotyp (Epithelformationen mit zentraler Nekrose). Eingeschlossen sind auch nichtinvasive intraduktale Tumoren, also solche, die in den terminalen Gangsegmenten lokalisiert sind (OTD 1995).

<Anm. 146>
Entsprechend der WHO-Klassifikation (Klöppel et al. 1996) wird im Pankreas nicht zwischen „Schwerer duktaler Dysplasie" und „Carcinoma in situ" unterschieden, da eine eindeutige Abgrenzung sehr schwer, wenn nicht unmöglich ist. Die Veränderung kann makroskopisch nicht erkannt werden und findet sich üblicherweise in Verbindung mit einem invasiven duktalen Adenokarzinom und nur selten in anderen Situationen.

<Anm. 147>
Dieser Tumor der Brust ist definiert als Karzinom, das nicht einem der anderen Typen invasiver Mammakarzinome zugeordnet werden kann. Dies erklärt die im angelsächsischen Raum häufig verwendete Bezeichnung „Invasive ductal carcinoma NOS (not otherwise specified)". – Stellenweise finden sich in diesem Tumor auch Strukturen anderer spezifischer Tumortypen, z.B. solche von tubulären, papillären oder muzinösen Karzinomen. Diese in nur geringem Maße vorkommenden Strukturen haben keinen Einfluß auf die Prognose; treten sie aber ausschließlich oder überwiegend auf, muß der Tumor als entsprechende Sonderform klassifiziert werden, weil dann die Prognose günstiger ist. – Die nicht selten gebrauchten Bezeichnungen „Carcinoma simplex" oder „Szirrhöses Karzinom" beziehen sich auf die Relation von Tumor und Stroma, kennzeichnen aber nicht den histologischen Tumortyp. Sie sollten daher nicht verwendet werden. So bezeichnete Tumoren entsprechen in der Regel invasiven duktalen Karzinomen (OTD 1995). – Gelegentlich enthalten invasive Karzinome duktale und lobuläre Anteile. Nach Rosen u. Oberman (1993) werden auch diese Tumoren den invasiven duktalen Karzinomen zugeordnet. – Invasive duktale Karzinome in der Vulva gehen von ektopischem Mammagewebe aus (Cho et al. 1985).

<Anm. 148>
Das „Invasive duktale Karzinom mit überwiegender intraduktaler Komponente" wird dann diagnostiziert, wenn die intraduktale Komponente mindestens 4mal so groß ist wie die invasive Komponente. In diesem Falle folgen wir der OTD (1995) und empfehlen die doppelte Kodierung mit 8500/2 und 8500/3.

<Anm. 149>
Das duktale Adenokarzinom des Pankreas ist der häufigste maligne Tumor des exokrinen Pankreas (80-85%). Es besteht aus schleimproduzierenden Drüsen, die normalen Gangstrukturen des Pankreas ähneln. Die folgenden Varianten des duktalen Adenokarzinoms werden unter gesonderten Code-Nummern verschlüsselt (Klöppel et al. 1996):
Muzinöses nichtzystisches Karzinom, 1–3%
(= 8480/3), <Anm. 142>
Siegelringzellkarzinom, weniger als 1%
(= 8490/3), <Anm. 144>
Adenosquamöses Karzinom, 3–4%
(= 8560/3), <Anm. 170>
Undifferenziertes (anaplastisches) Karzinom,
2–7% (= 8021/3), <Anm. 5>
Gemischt duktal-endokrines Karzinom, weniger als 1% (= 8154/3), <Anm. 69>

<Anm. 150>
In der Prostata werden als duktale Adenokarzinome die seltenen Karzinome der größeren Ausführungsgänge bezeichnet, die typischerweise papilläre Strukturen zeigen und aus zylindrischen Zellen mit vakuolisiertem (hellem) Zytoplasma und/oder kubischen Zellen mit granuliertem Zytoplasma bestehen. Die früher bisweilen vertre-

8480/6	**Pseudomyxoma peritonei** (C48.1)
8481/3	**Solides Karzinom mit Schleimbildung** (Lunge, C34) <Anm. 143>
	[Schleimbildendes Adenokarzinom]
	[Schleimbildendes Karzinom]
	[Schleimsezernierendes Adenokarzinom]
	[Schleimsezernierendes Karzinom]
8490/3	**Siegelringzellkarzinom** <Anm. 144>
	Siegelringzelladenokarzinom
8490/6	**Krukenberg-Tumor** (Ovar, C56)

850–854 Duktale, lobuläre und medulläre Neoplasien

8500/2	**Nichtinvasives intraduktales Karzinom** <Anm. 145>
	Duktales Carcinoma in situ (DCIS)
	Nichtinvasives intraduktales Adenokarzinom
	Intraduktales Karzinom o.n.A.
	Schwere duktale Dysplasie/Carcinoma in situ (Pankreas, C25) <Anm. 146>
8500/3	**Invasives duktales Karzinom** (Brust, C50; Vulva, C51) <Anm. 147>
	Invasives duktales Karzinom mit überwiegend intraduktaler Komponente (Brust, C50) <Anm. 148>
	Invasives duktales Adenokarzinom
	Duktales Adenokarzinom (Pankreas, C25 <Anm. 149>; Prostata, C61 <Anm. 150>)
	[Duktales Karzinom o.n.A.]
	Speichelgangkarzinom (Parotis, C07; andere große Speicheldrüsen, C08; Hypopharynx, C13; Larynx, C32)

tene Unterscheidung zwischen papillären Adenokarzinomen (rein duktale Karzinome) und endometrioiden Karzinomen (Adenokarzinome des Utriculus prostaticus = duktale Karzinome mit endometrioiden Zügen) wird heute nicht mehr durchgeführt, wenngleich manche der duktalen Adenokarzinome lichtmikroskopisch eine Ähnlichkeit mit endometrioiden Adenokarzinomen des Uterus aufweisen. In Gegensatz zu letzteren lassen sich aber in den Tumorzellen saure Prostataphosphatase wie auch PSA nachweisen (OTD 1995).

<Anm. 151>
Das sekretorische Karzinom der Mamma zeigt blaß gefärbte Zellen, die ausgesprochene sekretorische Aktivität vom Typ jener in Schwangerschaft und Laktation aufweisen. Das Sekret ist Muzikarmin- und PAS-positiv. Der Tumor kommt nicht nur im Alter unter 20 Jahren vor; er stellt aber bei Patientinnen dieser Altersgruppe den Großteil der Mammakarzinome.

<Anm. 152>
Der intraduktale papillär-muzinöse Tumor mit mäßiger Dysplasie ist durch eine intraduktale papilläre Wucherung von schleimproduzierenden Zylinderzellen mit zumindest teilweise mäßiger Dysplasie gekennzeichnet (Klöppel et al. 1996). Treten schwere Dysplasien oder Veränderungen nach Art eines Carcinoma in situ auf, so wird der Tumor als nichtinvasives (= 8503/2), bei infiltrativem Wachstum dagegen als invasives intraduktales papillär-muzinöses Karzinom (= 8503/3) klassifiziert.

<Anm. 153>
Die Diagnose eines invasiven papillären Karzinoms der Mamma kann nur dann gestellt werden, wenn papilläre Strukturen im Tumor weit überwiegen, d.h. zu mindestens 75% ausgebildet sind. Umschriebene papilläre Strukturen reichen nicht für diese Zuordnung aus.

<Anm. 154>
Dieser in den WHO-Klassifikationen (Seifert 1991; Shanmugaratnam 1991) ohne Kodierungsvorschlag beschriebene Tumor wird nach der Empfehlung der OTD (1995) unter der freien Code-Nr. 8507/3 geführt.

<Anm. 155>
In der Schilddrüse sind medulläre Karzinome diejenigen Tumoren, die eindeutige Zeichen einer C-Zell-Differenzierung aufweisen. Die Tumoren haben solide Züge, Inseln oder Trabekel polygonaler oder spindeliger Zellen, die reichlich granuliertes Zytoplasma besitzen. Immunhistochemisch ist in diesen Zellen Kalzitonin nachweisbar. Im Stroma findet sich häufig (aber nicht immer) Amyloid, z.T. mit riesenzelliger Umgebungsreaktion. – In der Mamma müssen zur Klassifikation als medulläres Karzinom in mindestens 75% des Tumors folgende fünf Kriterien erfüllt sein:
– scharfe Begrenzung,
– synzytiales Wachstum,
– schlecht differenzierte Zellen,
– hohe Mitoserate,
– ausgeprägte lymphoplasmazelluläre Infiltration.

Die Prognose ist relativ gut. – Ein Karzinom, das in mindestens 75% des Tumors synzytiales Wachstum zeigt, aber nicht alle Kriterien des medullären Karzinoms erfüllt, wird als atypisches medulläres Karzinom unter der Code-Nr. 8513/3 erfaßt (OTD 1995) (vgl. Anm. 158).

<Anm. 156>
Der Amyloidgehalt medullärer Karzinome der Schilddrüse ist, ebenso wie auch Kalzifizierungen und gelegentliche Psammomkörper (Rosai et al. 1992), nicht von klinischer Bedeutung und berechtigt damit nicht zur Abgrenzung einer eigenen Tumorform. Die Verwendung dieses Begriffes wird daher nicht empfohlen.

<Anm. 157>
Die Code-Nr. 8512/3 ist in der englischsprachigen Originalfassung der ICD-O dem entsprechenden Tumor der Mamma vorbehalten. Wir folgen dem nicht, da beim Mammakarzinom ein lymphoides Stroma zu den integrierenden Kriterien der Diagnose eines medullären Karzinoms gehört (vgl. Anm. 155). Wenn das lymphoide Stroma fehlt, kann nur ein „Atypisches medulläres Karzinom" (= 8513/3) diagnostiziert werden. Das typische medulläre Karzinom der Brust wird unter der Code-Nr. 8510/3 verschlüsselt. – Wir empfehlen, die Code-Nr. 8512/3 nur beim medullären Karzinom des Magens mit ausgeprägtem lymphoidem Stroma zu verwenden.

8501/2	[Nichtinvasives Komedokarzinom (Brust, C50)]
8501/3	[Komedokarzinom o.n.A. (Brust, C50)]
8502/3	**Sekretorisches Karzinom** (Brust, C50) <Anm. 151> Juveniles Karzinom
8503/0	**Intraduktales Papillom** Duktales Adenom Duktales Papillom **Intraduktales papillär-muzinöses Adenom** (Pankreas, C25)
8503/1	*Intraduktaler papillär-muzinöser Tumor mit mäßiger Dysplasie* (Pankreas, C25) <Anm. 152>
8503/2	**Nichtinvasives intraduktales papillär-muzinöses Karzinom** (Pankreas, C25) <Anm. 152> [Nichtinvasives intraduktales papilläres Adenokarzinom (Brust, C50)] [Nichtinvasives intraduktales papilläres Karzinom] [Intraduktales papilläres Adenokarzinom] [Intraduktales papilläres Karzinom]
8503/3	**Invasives papilläres Karzinom** (Brust, C50) <Anm. 153> Intraduktales papilläres Adenokarzinom mit Invasion **Invasives intraduktales papillär-muzinöses Karzinom** (Pankreas, C25) <Anm. 152> Papillär-muzinöses Karzinom
8504/0	**Intrazystisches Papillom** Intrazystisches papilläres Adenom
8504/2	[Nichtinvasives intrazystisches Karzinom]
8504/3	**Intrazystisches Karzinom** Intrazystisches papilläres Adenokarzinom
8505/0	**Intraduktale Papillomatose** Diffuse intraduktale Papillomatose
8506/0	**Brustwarzen-Adenom** (C50.0) Subareoläre Milchgangs-Papillomatose
8507/3	*Polymorphes Low-grade-Adenokarzinom* (Parotis, C07; andere große Speicheldrüsen, C08) <Anm. 154> *Terminales duktales Adenokarzinom*
8510/3	**Medulläres Karzinom o.n.A.** <Anm. 155> Medulläres Adenokarzinom **C-Zellkarzinom** (Schilddrüse, C73) **Parafollikulärzellkarzinom** (Schilddrüse, C73)
8511/3	[Medulläres Karzinom mit amyloidem Stroma (Schilddrüse, C73)] <Anm. 156>
8512/3	**Medulläres Karzinom mit lymphoidem Stroma** (Magen, C16) <Anm. 157>

<Anm. 158>
Als atypisch gilt ein medulläres Karzinom, das in mindestens 75% des Tumors synzytiales Wachstum zeigt, aber nicht alle anderen Kriterien des medullären Karzinoms (scharfe Begrenzung, schlecht differenzierte Zellen, hohe Mitoserate, ausgeprägte lymphoplasmazelluläre Infiltration) erfüllt (Rosen u. Oberman 1993). Wir empfehlen in Übereinstimmung mit der OTD (1995), für diesen Tumor die freie Code-Nr. 8513/3 zu verwenden.

<Anm. 159>
Nach der WHO-Klassifikation (Hedinger, 1988) liegen in diesem Tumor nebeneinander Zellen, in denen immunhistochemisch Thyreoglobulin oder Kalzitonin sicher nachgewiesen werden kann (vgl. auch Rosai et al. 1992). Wir schlagen Verschlüsselung mit der Code-Nr. 8514/3 vor.

<Anm. 160>
Einzelheiten dieses seltenen Tumortyps beschreiben Rosai et al. (1992): Im medullären Schilddrüsenkarzinom liegen Nester vom Typ des papillären Karzinoms, die Thyreoglobulin-positiv sind. Der Tumor sollte mit Code-Nr. 8515/3 verschlüsselt werden.

<Anm. 161>
Dieser Tumor ist durch Ausbreitung atypischer Zellen in den Azini und intralobulären Duktuli gekennzeichnet. Die histologische und zytologische Unterscheidung von der atypischen duktalen (intraduktalen) und lobulären Hyperplasie (Epitheliose) (SNOMED M-72005) sowie der intraduktalen Papillomatose (= 8505/0) beschreiben ausführlich Rosen u. Oberman (1993) sowie Böcker et al. (1997) und Sloane et al. (1997).

<Anm. 162>
Das invasive lobuläre Karzinom der Mamma zeigt uniforme, kleine und mittelgroße Zellen, vielfach in „gänsemarschartiger" Anordnung („Indian file pattern"), im Stroma Desmoplasie, z. T. siegelringzellartige Zellen (OTD 1995).

<Anm. 163>
Die Abgrenzung eines sog. duktulären Karzinoms, also eines Karzinoms im Bereich der Duktuli, ist weder in der WHO-Klassifikation (WHO 1981b) noch im AFIP-Tumoratlas (Rosen u. Oberman 1993) vorgesehen. Die Duktuli sind in der Regel beim (invasiven wie nichtinvasiven) lobulären Karzinom mitbefallen, z. T. auch beim duktalen Karzinom.

<Anm. 164>
Nach dem AFIP-Atlas (Rosen u. Oberman 1993) werden alle Tumoren mit duktalen und lobulären Anteilen als duktale Karzinome klassifiziert.

<Anm. 165>
Entzündliche Karzinome sind charakterisiert durch eine besondere klinische Erscheinungsform: Diffuse braune Induration der Haut mit erysipelähnlichem Rand, Ödem und Hyperämie sowie oft rascher Vergrößerung der gesamten Brust bei nicht tastbarer Tumormasse. Diesem klinischen Bild kann kein bestimmter histologischer Typ zugeordnet werden. Es wird in der TNM-Klassifikation erfaßt. Zur Charakterisierung des histologischen Tumortyps ist dieser Begriff nicht geeignet. Er sollte daher nicht verwendet werden (OTD 1995).

<Anm. 166>
Der extramammäre Morbus Paget geht in der Regel von apokrinen Hautanhangsdrüsen aus und entspricht histologisch dem M. Paget der Mamille. In jedem Fall müssen metastatische Wucherungen und amelanotische Formationen eines malignen Melanoms sorgfältig ausgeschlossen werden (Murphy u. Elder 1991).

<Anm. 167>
Adenokarzinome der Lunge und der Prostata werden dann als azinär bezeichnet, wenn sie überwiegend glanduläre Strukturen, d.h. Azini oder Tubuli, zeigen. Dabei können zusätzlich papilläre oder solide Strukturen vorkommen. – In der Prostata sind die azinären Adenokarzinome die typischen Adenokarzinome; sie machen mehr als 90% aller Prostatakarzinome aus (OTD 1995).

<Anm. 168>
Diese Form der azinären Tumoren des Pankreas ist ein sehr seltener Sondertyp, dessen histologisches Bild aber eine gesonderte Kodierung als sinnvoll erscheinen läßt (OTD 1995).

<Anm. 169>
Ein gemischt azinär-endokrines Karzinom soll nur diagnostiziert werden, wenn mindestens ein Drittel der Tumorzellen endokrin ist (Klöppel et al. 1996). Wir schlagen für diesen Fall die Code-Nr. 8552/3 vor.

8513/3	*Atypisches medulläres Karzinom* (Brust, C50) <Anm. 158>
8514/3	*Gemischtzelliges, medullär-follikuläres Karzinom* (Schilddrüse, C73) <Anm. 159>
8515/3	*Medulläres Karzinom mit papillärer Komponente* (Schilddrüse, C73) <Anm. 160>
8520/2	**Lobuläres Carcinoma in situ (LCIS)** (Brust, C50) <Anm. 161> Carcinoma lobulare in situ (CLIS) Lobuläres Karzinom, nichtinvasives
8520/3	**Invasives lobuläres Karzinom** (Brust, C50) <Anm. 162> Lobuläres Adenokarzinom Lobuläres Karzinom o.n.A.
8521/3	[Invasives duktuläres Karzinom (Brust, C50)] <Anm. 163>
8522/2	**Intraduktales Karzinom und lobuläres Carcinoma in situ** (Brust, C50)
8522/3	**Invasives duktales und lobuläres Karzinom** (Brust, C50) <Anm. 164> Lobuläres und duktales Karzinom o.n.A.
8530/3	[Entzündliches Karzinom (Brust, C50)] <Anm. 165> [Inflammatorisches Karzinom] [Entzündliches Adenokarzinom]
8540/3	**M. Paget der Brustwarze** (C50.0)
8541/3	**M. Paget mit invasivem duktalem Karzinom** (Brust, C50)
8542/3	**Extramammärer M. Paget** (ausgenommen M. Paget des Knochens, SNOMED 1984 = M-74970; SNOMED 1993 = D1-61100) <Anm. 166>
8543/3	**M. Paget mit nichtinvasivem intraduktalem Karzinom** (Brust, C50)

855 Azinuszellneoplasien

8550/0	**Azinuszelladenom** Azinarzelladenom
8550/1	[Azinuszelltumor]
8550/3	**Azinuszellkarzinom** Azinuszell-Adenokarzinom Azinarzell-Adenokarzinom **Azinäres Adenokarzinom** (Prostata, C61; Lunge, C34) <Anm. 167>
8551/3	*Azinuszell-Zystadenokarzinom* (Pankreas, C25) <Anm. 168> *Azinäres Zystadenokarzinom*
8552/3	*Gemischt azinär-endokrines Karzinom* (Pankreas, C25) <Anm. 169>

<Anm. 170>
In Adenokarzinomen können bei Routinefärbungen plattenepithelial differenzierte Areale (Verhornungen und/oder Intrazellularbrücken) vorkommen. Sind solche Areale nicht nur an sehr umschriebener Stelle vorhanden, so werden diese Tumoren gesondert von den üblichen Adenokarzinomen klassifiziert. Dabei wird unterschieden zwischen:
- Adenosquamösen Karzinomen = plattenepitheliale Anteile *mit* zytologischen Malignitätskriterien (= 8560/3),
- Adenoakanthomen (Synonyme: Adenokarzinom mit plattenepithelialer Differenzierung, Adenokarzinom mit Plattenepithelmetaplasie) = plattenepitheliale Anteile *ohne* zytologische Malignitätskriterien (= 8570/3).

Für die Diagnose eines adenosquamösen Karzinoms des Pankreas soll die plattenepitheliale Komponente mindestens 30% des Tumors einnehmen (Klöppel et al. 1996).

<Anm. 171>
Karzinome in Warthin-Tumoren sind in den WHO-Klassifikationen von Speicheldrüsen und Kieferhöhlen beschrieben worden (Seifert 1991; Shanmugaratnam 1991). Der in der englischsprachigen Originalfassung der ICD-O nicht aufgeführte Tumor soll nach dem Vorschlag der OTD (1995) die Code-Nr. 8561/3 erhalten.

<Anm. 172>
In der WHO-Klassifikation der Tumoren des Corpus uteri (Scully et al. 1994) wird die Bezeichnung „Adenokarzinom mit plattenepithelialer Differenzierung" als Zusammenfassung von adenosquamösem Karzinom und Adenoakanthom verwendet und dabei mit 8570/3 verschlüsselt.

<Anm. 173>
In der Mamma ist das Adenokarzinom mit heterologer Metaplasie die häufigste Form des im AFIP-Atlas (Rosen u. Oberman 1993) neu eingeführten „Karzinoms mit Metaplasie". Als heterologe Metaplasie wird dabei in erster Linie Knorpel- und/oder Knochenmetaplasie beobachtet. Andere Formen sind das „Adenokarzinom mit Plattenepithelmetaplasie" (= 8570/3) und das „Adenokarzinom mit Spindelzellmetaplasie" (= 8572/3). Oft sind auch zwei Formen der Metaplasie kombiniert; dann wird nach dem Vorschlag der OTD (1995) Verschlüsselung mit zwei Code-Nummern empfohlen. Die prognostische Wertigkeit des Vorkommens von Metaplasien beim invasiven duktalen Mammakarzinom ist noch nicht definitiv zu beurteilen.

<Anm. 174>
Das apokrine Karzinom der Mamma – früher auch onkozytäres Karzinom oder Schweißdrüsenkarzinom genannt – soll nur dann diagnostiziert werden, wenn Epithelzellen aprokriner Natur überwiegen (vgl. WHO-Klassifikation der Mammatumoren 1981b; OTD 1995). Nur 1-4% aller Mammakarzinome gehören zu diesem Typ (Rosen u. Oberman 1993).

<Anm. 175>
Zur Einteilung der Thymome in solche vom kortikalen, medullären oder Mischtyp, sowie zur Klassifikation der Thymuskarzinome siehe Müller-Hermelink et al. (1986) und Kirchner et al. (1992).

<Anm. 176>
„Keimstrang-Stromatumor" ist eine Sammelbezeichnung für Tumoren mit Differenzierung in Richtung Keimstrang und/oder spezialisiertes Ovarialstroma. Die Tumoren können Zellen weiblichen Typs ähnlich Granulosa- und Thekazellen, Zellen männlichen Typs ähnlich Sertoli- und Leydig-Zellen, sowie undifferenzierte Stromazellen enthalten (Rosai 1996). Zu diesen Tumoren gehören im Ovar vor allem Granulosazelltumoren, Thekome, Sertoli-Leydig-Zell-Tumoren, Gynandroblastome, im Hoden vor allem Leydig-Zell- und Sertoli-Zell-Tumoren.

Bei einem Teil dieser Geschwülste finden sich zwar zytologische und/oder strukturelle Merkmale eines Keimstrang-Stromatumors, doch ist die Zuordnung zu einer der spezifischen Kategorien (8600 – 8671) nicht möglich. Derartige Tumoren werden nach den WHO-Klassifikationen (Serov u. Scully 1973, Mostofi 1977) in Ovar und Hoden unterschiedlich bezeichnet. Im Ovar wird von „Unklassifizierten Keimstrang-Stromatumoren" gesprochen. In der englischsprachigen Originalfassung der ICD-O ist für diese Tumoren die Code-Nr. 8590/1 vergeben. Für die entsprechenden Tumoren im Hoden wird von der WHO-Klassifikation die Bezeichnung „Inkomplett differenzierter Keimstrang-Stromatumor" verwendet. Etwa 10% dieser Tumoren sind maligne, jedoch erlaubt die histologische Beurteilung keinen Rückschluß auf das biologische Verhalten.

856–858 Komplexe epitheliale Neoplasien

8560/3   Adenosquamöses Karzinom <Anm. 170>
         [Adenokarzinomatöser Plattenepitheltumor]
         [Adenokarzinomatös-epidermoider Tumor]

8561/0   Adenolymphom (Parotis, C07; andere große Speicheldrüsen, C08)
         Papilläres lymphomatöses Zystadenom
         Warthin-Tumor

8561/3   *Karzinom in Warthin-Tumor* (Parotis, C07; andere große Speicheldrüsen, C08; Kieferhöhle, C31.0) <Anm. 171>

8562/3   Epithelial-myoepitheliales Karzinom

8570/3   Adenokarzinom mit plattenepithelialer Differenzierung <Anm. 170, 172>
         Adenokarzinom mit Plattenepithel-Metaplasie
         Adenoakanthom <Anm. 170>

8571/3   Adenokarzinom mit heterologer Metaplasie <Anm. 173>
         Adenokarzinom mit Knorpel- und Knochen-Metaplasie
         Adenokarzinom mit Knorpelmetaplasie
         Adenokarzinom mit Knochenmetaplasie

8572/3   Adenokarzinom mit Spindelzellmetaplasie <Anm. 173>

8573/3   Apokrines Karzinom (Brust, C50) <Anm. 174>
         Adenokarzinom mit apokriner Metaplasie

8580/0   Benignes Thymom (C37.9; auch Herz, C38.0) <Anm. 175>
         Thymom o.n.A.

8580/3   Malignes Thymom (C37.9; auch Herz, C38.0) <Anm. 175>
         Thymuskarzinom

859–867 Spezielle Gonadenneoplasien
(ausgenommen Keimzellneoplasien, = 906-909)
(sofern nicht anders vermerkt, in Ovar und Hoden)

8590/1   Unklassifizierter Keimstrang-Stromatumor (Ovar, C56) <Anm. 176>
         Inkomplett differenzierter Keimstrang-Stromatumor (Hoden, C62) <Anm. 176>
         Androblastom (Hoden, C62)
         [Gonaden-Stromatumor]
         [Keimstrangtumor o.n.A.]
         [Ovar-Stromatumor, C56]
         [Hoden-Stromatumor (C62)]

<Anm. 177>
Unter diesem Namen wird ein breites Spektrum von Keimstrangtumoren zusammengefaßt. Die typischen Thekazelltumoren bestehen vorwiegend aus lipidreichen, relativ großen Zellen, die den normalen Thekazellen ähneln und zwischen diesen unterschiedliche Mengen von Bindegewebe enthalten. Andere Tumoren enthalten vorwiegend Fibroblasten und entsprechen daher eher Fibromen („Fibrothekom"). Zur Unterscheidung vom diffusen Granulosazelltumor wird die Silberfaserfärbung empfohlen (Serov u. Scully 1973).

<Anm. 178>
Die vereinzelt beschriebenen „Malignen Thekome" sind z.T. endokrinologisch inaktive Fibrosarkome oder diffuse Granulosazelltumoren (Young u. Scully 1994). Daher sollte die Diagnose eines malignen Thekoms nur ausnahmsweise gestellt werden.

<Anm. 179>
Wenn die Tumorzellen luteinisierten Thekazellen und luteinisierten Stromazellen entsprechen – was selten vorkommt –, wird der Ausdruck „luteinisiertes Thekom" empfohlen (Young u. Scully 1994).

<Anm. 180>
Im Gegensatz zu den fibrösen Thekomen (vgl. Anm. 177) weisen diese Tumoren pseudolobuläre Strukturen auf, die aus kollagenproduzierenden Spindelzellen und vakuolisierten runden bis ovalen Zellen bestehen. Letztere ähneln z.T. Siegelringzellen, deren Vakuolen Lipide, aber nicht Schleim enthalten, womit diese Tumoren histologisch von Krukenberg-Tumoren unterschieden werden können. Im Gegensatz zu den Thekomen ist Östrogensekretion bei diesen Tumoren ausgesprochen selten; eine maligne Variante ist nicht bekannt (Young u. Scully 1994).

<Anm. 181>
Das Luteom oder Stromaluteom ist eine Form der Steroidzelltumoren des Ovars (vgl. Anm. 199). Es besteht aus diffus oder in Nestern oder Strängen angeordneten Zellen vom Typ der Luteinzellen, die aber meist nur wenig Lipid enthalten. Die Tumorzellen produzieren Steroidhormone – in den meisten Fällen Östrogene – und sind stets benigne (Young u. Scully 1994). Diese Tumoren sind zu unterscheiden von den „Schwangerschaftsluteomen" (SNOMED M-79680). Das sind tumorähnliche Veränderungen, die auch als „Noduläre Thekalutein-Hyperplasie" bezeichnet werden und im Gegensatz zu den Luteomen von der Chorion-Gonadotropin-Stimulation abhängig sind (Serov u. Scully 1973).

<Anm. 182>
In der englischsprachigen Originalfassung der ICD-O wird bei den nichtmalignen Granulosazelltumoren zwischen „Granulosazelltumor o.n.A." und „Juvenilem Granulosazelltumor" unterschieden. Für den ersteren Tumor folgen wir Young u. Sccully (1994) sowie Rosai (1996) und schlagen als Vorzugsbezeichnung „Adulter Granulosazelltumor" vor.

Der „Adulte Granulosazelltumor" besteht aus Granulosazellen, die mikro- oder makrofollikulär, in vielen Fällen auch trabekulär, insulär oder diffus angeordnet sind. Oft kommen verschiedene Wachstumsformen in einem Tumor vor. Typisch für die mikrofollikuläre Form sind die Call-Exner-Körperchen der sich entwickelnden Graafschen Follikel. In diesen Fällen ist die histologische Diagnose eindeutig. In anderen Fällen kann die Differentialdiagnose zu Metastasen eines Adenokarzinoms des Corpus uteri schwierig sein, insbesondere wenn die typische Kernkerbung der Granulosazellen nicht erkennbar ist (Serov u. Scully 1973).

Der adulte Granulosazelltumor kommt meist beim Erwachsenen vor (Altersgipfel 50 – 55 Jahre), wird aber gelegentlich auch vor der Pubertät beobachtet. Die Abgrenzung gegen den juvenilen Granulosazelltumor erfolgt nicht nach dem Alter, sondern aufgrund histologischer Kriterien. Die meisten adulten Granulosazelltumoren des Ovars produzieren Östrogen; sie können aber auch inaktiv sein oder in einzelnen Fällen Androgen sezernieren. In einer kleinen Zahl verhalten sich Granulosazelltumoren klinisch maligne, zeigen aber auch dann gewöhnlich relativ wenig aggressives Verhalten (Low-grade) mit spätem Auftreten von Rezidiven. Gelegentliche bizarre und vielkernige Riesenzellen sind *nicht* als Zeichen der Malignität zu werten, sondern eher degenerativer Natur (Young u. Scully 1982). Adulte Granulosazelltumoren kommen vereinzelt auch im Hoden vor (Hedinger 1991; Rosai 1996).

<Anm. 183>
Hierunter werden bisweilen Granulosazelltumoren beschrieben, die eine größere Thekazellkomponente enthalten. Kleinere Thekazellinseln kommen in vielen Granulosazelltumoren vor und sind als Reaktion des Ovarialstromas auf die Granulosazellneoplasie anzusehen. Granulosazelltumoren mit Überwiegen von Thekazellen stellen mögli-

8600/0	**Thekom o.n.A.** (Ovar, C56) <Anm. 177>	
	Thekazelltumor	
	Fibrothekom	
8600/3	**Malignes Thekom** (Ovar, C56) <Anm. 178>	
8601/0	**Luteinisiertes Thekom** (Ovar, C56) <Anm. 179>	
8602/0	**Sklerosierender Stromatumor** (Ovar, C56) <Anm. 180>	
8610/0	**Luteom** (Ovar, C56) <Anm. 181>	
	Stromaluteom	
	Luteinom	
8620/1	**Adulter Granulosazelltumor** <Anm. 182>	
	Granulosazelltumor o.n.A.	
8620/3	**Maligner Granulosazelltumor** <Anm. 182>	
	Granulosazellkarzinom (Ovar, C56)	
8621/1	**Granulosa-Thekazelltumor** (Ovar, C56) <Anm. 183>	
	Theka-Granulosazelltumor	
8622/1	**Juveniler Granulosazelltumor** <Anm. 184>	
8623/1	**Keimstrangtumor mit anulären Tubuli** <Anm. 185>	
	Keimstrangtumor mit Ringtubuli	

cherweise echte Mischtumoren dar (Young u. Scully 1994).

<Anm. 184>
Im Gegensatz zu den adulten Granulosazelltumoren (= 8620/1) kommt dieser Tumor in über 50% vor der Pubertät bzw. in 80% in den ersten zwei Dekaden vor. Klinisch zeigen die Patientinnen meist Frühreife (Rosai 1996). Der Tumor wächst überwiegend diffus und zeigt unreife Follikel, die Schleim enthalten. Die Kerne sind meist hyperchromatisch, rund, nur vereinzelt gekerbt. Call-Exner-Körperchen sind extrem selten. Die Kerne zeigen auch Atypien und oft reichlich Mitosen. Obwohl die Tumoren somit weniger differenziert erscheinen als die adulten Granulosazelltumoren, verhalten sie sich seltener maligne. Diese Tumoren kommen auch im Hoden vor, und zwar vorwiegend bei unter 6 Monate alten Kindern; sie gelten als die häufigsten Gonaden-Stromatumoren von Neugeborenen und Kleinkindern (Hedinger 1991; Rosai 1996).

<Anm. 185>
In der WHO-Klassifikation (Serov u. Scully 1973) ist dieser Tumor noch der Gruppe der unklassifizierten Keimzelltumoren zugeordnet. Inzwischen ist er aber als eigenständiger Tumor gesichert (Young u. Scully 1994), der auch im Hoden vorkommen kann (Rosai 1996). Er enthält einfache oder komplexe anuläre Tubuli. Kerne sind sowohl peripher als auch in unmittelbarer Umgebung eines zentralen hyalinisierten Körpers so angeordnet, daß dazwischen eine kernlose Zytoplasmazone liegt. Die Tumoren kommen auffallend häufig beim Peutz-Jeghers-Syndrom vor.

<Anm. 186>
Die Bezeichnung „Androblastom" wird bei Ovarialtumoren als Sammelbegriff für Sertoli-Stroma-Zell-Tumoren verwendet, die aus variablen Anteilen von Zellen bestehen, die den männlichen Sertoli- und Leydig-Zellen ähneln. Nach elektronenmikroskopischen Befunden stehen die hier gefundenen „Sertoli-Zellen" den Granulosazellen nahe und enthalten auch weibliches Sexchromatin (Rosai 1996). Unter leichter Modifikation der älteren WHO-Klassifikation von Serov u. Scully (1973) unterteilt Rosai (1996) die Androblastome in 6 Gruppen:
1) Gut differenzierte Sertoli-Leydig-Zell-Tumoren (= 8631/0),
2) Intermediäre Sertoli-Leydig-Zell-Tumoren (= 8630/1),
3) Schlecht differenzierte (sarkomatoide, undifferenzierte) Sertoli-Leydig-Zell-Tumoren (= 8633/1),
4) Benigne Sertoli-Zell-Tumoren (tubuläre Androblastome) (= 8640/0),
5) Sertoli-Leydig-Zell-Tumoren mit heterologen Elementen (teratoide Androblastome) (= 8634/1),
6) Retiforme Sertoli-Leydig-Zell-Tumoren (= 8635/1).

Für die Gruppen 3, 5 und 6 sind in der englischsprachigen Originalfassung der ICD-O keine entsprechenden Code-Nummern vorgesehen; wir empfehlen, hierfür die oben angegebenen freien Code-Nummern zu verwenden. – Die gut differenzierten Sertoli-Leydig-Zell-Tumoren (1) und die (reinen) Sertoli-Zell-Tumoren (4) sind immer gutartig. Bei den übrigen Gruppen beobachtet man in einem Teil der Fälle malignes Verhalten, das aber aufgrund des histologischen Bildes nicht voraussehbar ist. Auch bizarre Kerne und vielkernige Zellen sind keine Indikatoren malignen Verhaltens (Young u. Scully 1983). Nach Rosai (1996) ist bei intermediären Sertoli-Leydig-Zell-Tumoren (2) in 10%, bei Tumoren mit heterologen Elementen (5) in 20% und bei schlecht differenzierten Tumoren (3) in 60% mit klinisch malignem Verhalten zu rechnen. – Die Diagnose „Androblastom" soll nur gestellt werden, wenn eine nähere Differenzierung in die obigen Gruppen nicht möglich ist. Die englischsprachige Originalfassung der ICD-O sieht benigne Androblastome (= 8630/0), Androblastome o.n.A. (= 8630/1) und maligne Androblastome (= 8630/3) vor. Da aber Benignität mit Sicherheit nur angenommen werden kann, wenn die spezifischen Typen eines gut differenzierten Sertoli-Leydig-Zell-Tumors oder des (reinen) Sertoli-Zell-Tumors diagnostiziert werden können, empfehlen wir, die Diagnose eines „benignen" Androblastoms nicht zu stellen. Ein malignes Androblastom wird dann verschlüsselt, wenn Metastasen nachgewiesen werden. Die Bezeichnung „Arrhenoblastom" betont die Maskulinisierung durch den Tumor, die aber durchaus nicht in allen Fällen gegeben ist; einzelne Tumoren wirken sogar östrogen. Die Bezeichnung ist irreführend und sollte vermieden werden.

Bei Hodentumoren ist die Bezeichnung „Androblastom" ein Synonym für den inkomplett differenzierten Keimstrang-Stromatumor. Die Verschlüsselung soll unter der Code-Nr. 8590/1 erfolgen.

<Anm. 187>
In der englischsprachigen Originalfassung der ICD-O ist unter dieser Code-Nr. die Bezeichnung „Androblastom o.n.A," und als Synonym „Arrhenoblastom o.n.A." angeführt. Wir empfehlen, mit dieser Nummer auch das in der WHO-Klassifikation (Serov u. Scully 1973) aufgenommene „Intermediär differenzierte Androblastom" (in der Nomenklatur nach Rosai 1996 „Intermediärer Sertoli-Leydig-Zell-Tumor", vgl. Anm. 186) zu verschlüsseln. Bei diesem Tumor finden sich diffus angeordnete unreife Sertoli-Zellen, die auch Inseln oder Stränge bilden können. Oft erkennt man zusätzlich auch gut geformte Tubuli und reife Leydig-Zellen (Serov u. Scully 1973).

<Anm. 188>
Die Bezeichnung „Malignes Androblastom" wird im Ovar dann gewählt, wenn ein Sertoli-Stromazelltumor nicht näher in die verschiedenen Subtypen (vgl. Anm. 186) klassifiziert werden kann und Metastasen nachzuweisen sind. Im Hoden wird die Bezeichnung „Maligner inkomplett differenzierter Keimstrang-Stromatumor" bevorzugt (Mostofi 1977).

<Anm. 189>
Hierbei handelt es sich um Tumoren mit jeweils beträchtlichem Anteil an Leydig- und an Sertoli-Zellen, die durchweg tubulär angeordnet sind. Ein nur geringer Gehalt an Leydig-Zellen bei Überwiegen von Sertoli-Zellen, oder eine geringe Zahl von Sertoli-Zellen in Leydig-Zell-Tumoren berechtigt nicht zur Diagnose eines Sertoli-Leydig-Zell-Tumors, Wird ein Sertoli-Leydig-Zell-Tumor ohne den ausdrücklichen Zusatz „gut differenziert" diagnostiziert, so ist damit der Sammelbegriff „Androblastom o.n.A." gemeint, und die Verschlüsselung erfolgt unter 8630/1.

8630/0	[Benignes Androblastom (Ovar, C56)] <Anm. 186> [Benignes Arrhenoblastom]
8630/1	**Androblastom o.n.A.** (Ovar, C56) <Anm. 186, 187> **Intermediär differenziertes Androblastom** Intermediärer Sertoli-Leydig-Zell-Tumor [Sertoli-Leydig-Zell-Tumor o.n.A.] [Arrhenoblastom o.n.A.]
8630/3	**Malignes Androblastom** (Ovar, C56) <Anm. 186, 188> [Malignes Arrhenoblastom] **Maligner inkomplett differenzierter Keimstrang-Stromatumor** (Hoden, C62) Maligner gonadaler Stromatumor
8631/0	**Gut differenzierter Sertoli-Leydig-Zell-Tumor** <Anm. 189> Tubuläres Adenom mit Leydig-Zellen
8632/1	**Gynandroblastom** (Ovar, C56) <Anm. 190>
8633/1	*Schlecht differenzierter Sertoli-Leydig-Zell-Tumor* (Ovar, C56) <Anm. 191> *Sarkomatoider Sertoli-Leydig-Zell-Tumor* *Undifferenzierter Sertoli-Leydig-Zell-Tumor*
8634/1	*Sertoli-Leydig-Zell-Tumor mit heterologen Elementen* (Ovar, C56) <Anm. 192> *Teratoides Androblastom*
8635/1	*Retiformer Sertoli-Leydig-Zell-Tumor* (Ovar, C56) <Anm. 193>

<Anm. 190>
Dieser sehr seltene Tumor des Ovars sollte nur dann diagnostiziert werden, wenn Tubuli mit typischen Sertoli-Zellen neben voll ausgereiften Granulosazellen mit typischen Call-Exner-Körperchen zu finden sind. Jede der beiden Komponenten muß mindestens 10% des Tumors ausmachen (Young u. Scully 1994).

<Anm. 191>
Schlecht differenzierte Sertoli-Leydig-Zell-Tumoren bestehen überwiegend aus spindeligen Zellen in diffuser (sarkomähnlicher) Anordnung (Serov u. Scully 1973; Rosai 1996). Wir schlagen die Code-Nr. 8633/1 vor.

<Anm. 192>
Diese Sertoli-Leydig-Zell-Tumoren sind intermediär oder schlecht differenziert und zeigen zusätzlich verschiedene Strukturen wie Drüsen oder Zysten mit schleimbildendem Epithel und argentaffinen Zellen wie im Gastrointestinaltrakt, Skelettmuskulatur oder Knorpel (Serov u. Scully 1973). In einzelnen Fällen wurden auch Mikrokarzinoide beobachtet. (Literatur bei Rosai 1996.)

<Anm. 193>
Der retiforme Sertoli-Leydig-Zell-Tumor zeigt neben typischen Elementen eines Sertoli-Leydig-Zell-Tumors zusätzlich auch wechselnd reichlich Strukturen, die an das Rete ovarii oder testis erinnern. Dabei finden sich unregelmäßig gestaltete Räume, die von niedrigem Epithel ausgekleidet werden, und oft auch plumpe Papillen (Rosai 1996).

<Anm. 194>
Diese Tumoren bestehen fast nur aus Sertoli-Zellen, die zumeist tubulär angeordnet sind. Dazwischen kommen auch einzelne Leydig-Zellen vor. In der WHO-Klassifikation der Ovarialtumoren (Serov u. Scully 1973) werden diese Tumoren als „Tubuläre Androblastome" bezeichnet. Im Hoden zeigen manche Sertoli-Zell-Tumoren eine starke Fibrose und Hyalinose des Zwischengewebes (sog. sklerosierende Form). Diese Variante ist immer benigne (Rosai 1996).

<Anm. 195>
Im Hoden werden Sertoli-Zell-Tumoren dann als maligne bezeichnet, wenn sich eine lokale Invasion benachbarter Strukturen und/oder Lymphgefäß- oder Veneninvasion finden. In der Regel sind auch vermehrt Mitosen, Nekrosen, größere Zellpolymorphie und verringerte Tubulusbildung zu sehen (Petersen 1992). – Nach Rosai (1996) kommt Malignität bei Sertoli-Zell-Tumoren des Ovars nicht vor.

<Anm. 196>
Die lipidspeichernden Zellen dieses Tumors bilden durchweg Tubuli. Für den im Ovar lokalisierten Tumor wird in der WHO-Klassifikation (Serov u. Scully 1973) die Bezeichnung „Tubuläres Androblastom mit Lipidspeicherung" bevorzugt. Häufig findet sich eine erhöhte Östrogenproduktion, die bei Männern zu Gynäkomastie führen kann.

<Anm. 197>
Der großzellige verkalkende Sertoli-Zell-Tumor des Hodens wurde von Proppe u. Scully (1980) beschrieben. Er tritt üblicherweise im Alter unter 20 Jahren und oft bilateral und multifokal auf. Metastasierung ist selten. Oft sind diese Tumoren Teil eines Syndroms, bei dem neben großzelligen verkalkenden Sertoli-Zell-Tumoren auch Leydig-Zell-Tumoren, eine pigmentierte noduläre Nebennierenrindenhyperplasie, Hypophysentumoren, Myxome des Herzens und fleckige Hautpigmentierungen gefunden werden (Carney et al. 1985). Wir empfehlen die Code-Nr. 8642/1.

<Anm. 198>
Im *Hoden* sind Leydig-Zell-Tumoren die häufigsten Gonaden-Stromatumoren; sie stellen insgesamt 3–4% aller Hodentumoren. Sie treten bevorzugt bei Erwachsenen auf und verursachen häufig eine Gynäkomastie, bei Kindern eine Pseudopubertas praecox. Die meist soliden, gelegentlich auch trabekulär und pseusofollikulär gebauten Tumoren bestehen aus gut begrenzten Zellen mit eosinophilem, gelegentlich auch klarem Zytoplasma. Zu diesem Tumortyp sollten nur solche Geschwülste gerechnet werden, die ausschließlich aus Leydig-Zellen bestehen und licht- oder elektronenmikroskopisch eindeutige Reinke-Kristalle erkennen lassen. Finden sich Kapsel- und/oder Gefäßinvasion (in etwa 10%), sollen diese Tumoren als maligne klassifiziert werden (Petersen 1992). – Im *Ovar* werden 2 Typen von Leydig-Zell-Tumoren unterschieden: Leydig-Zell-Tumoren vom nicht-hilären Typ (= 8650/0) und Hiluszelltumoren (= 8660/0). Der Hiluszelltumor überwiegt bei weitem. Abgesehen von der Lokalisation ergeben sich keine Unterschiede. Diese Ovarialtumoren sind durchweg gutartig.

<Anm. 199>
„Lipidzelltumor" oder – neuerdings (Rosai 1996) bevorzugt – „Steroidzelltumor" wird als Sammelbegriff für Tumoren verwendet, die ausschließlich aus Zellen bestehen, die Lutein-, Leydig- oder Nebennierenrindenzellen ähneln. Nach Young u. Scully (1994) umfaßt der Sammelbegriff Steroidzelltumor folgende Typen:
– Stromaluteome (= 8610/0);
– Leydig-Zell-Tumoren:
  a) Hiluszell-Tumoren (= 8660/0),
  b) Leydig-Zell-Tumoren vom nicht-hilären Typ (= 8650/0, /1, /3),
– Steroidzelltumoren (= 8670/0, /3).
Beim Steroidzelltumor finden sich ausschließlich Zellen mit reichlich eosinophilem oder vakuolisiertem Zytoplasma, das oft positive Lipidfärbung zeigt. Diese Zellen ähneln Lutein-, Leydig- oder Nebennierenrindenzellen, ohne daß aber eine sichere Zuordnung möglich wäre. Etwa 25% der Tumoren sind maligne; sie zeigen Kernatypien und Mitosen sowie Areale mit Nekrosen und Blutungen (Hayes u. Scully 1987). – In Fällen, in denen diese Tumoren virilisierend wirken, werden sie auch als Maskulinovoblastome bezeichnet.

<Anm. 200>
Nebennierenreste kommen gelegentlich an der Tube und im Ligamentum latum in Nähe des Ovarhilus, aber extrem selten im Inneren des Ovars vor (Young u. Scully 1994). Der Hinweis, daß dadurch erhöhte Werte von 17-Ketosteroiden im Urin verursacht werden, reicht nicht aus, eine eigene Tumorentität „Nebennierenresttumor" abzugrenzen. Die Bezeichnung sollte daher vermieden werden.

8640/0	**Benigner Sertoli-Zell-Tumor** <Anm. 194> Tubuläres Adenom (Pick) Sertolizelladenom Hodenadenom (C62) **Tubuläres Androblastom** (Ovar, C56)
8640/3	**Sertoli-Zell-Karzinom** (Hoden, C62) <Anm. 195> Maligner Sertoli-Zell-Tumor
8641/0	**Lipidspeichernder Sertoli-Zell-Tumor** <Anm. 196> **Tubuläres Androblastom mit Lipidspeicherung** (Ovar, C56) Lipidhaltiges Follikulom Lipidfollikulom Lecène
8642/1	*Großzelliger verkalkender Sertoli-Zell-Tumor* (Hoden, C62) <Anm. 197>
8650/0	**Benigner Leydig-Zell-Tumor** (Hoden, C62) <Anm.198> **Leydig-Zell-Tumor vom nicht-hilären Typ** (Ovar, C56) [Leydig-Zell-Tumor o.n.A. (Ovar, C56)] [Benigner Zwischenzelltumor]
8650/1	[Leydig-Zell-Tumor o.n.A. (Hoden, C62)] <Anm. 198> [Zwischenzelltumor o.n.A.]
8650/3	**Maligner Leydig-Zell-Tumor** (Hoden, C62) <Anm. 198> [Maligner Zwischenzelltumor]
8660/0	**Hiluszelltumor** (Ovar, C56) <Anm. 198> Leydig-Zell-Tumor vom Hilustyp
8670/0	**Steroidzelltumor o.n.A.** (Ovar, C56) <Anm. 199> Lipidzelltumor o.n.A. Lipidzelliger Ovarialtumor Maskulinovoblastom
8670/3	*Maligner Steroidzelltumor* (Ovar, C56) <Anm. 199> *Maligner Lipidzelltumor*
8671/0	[Nebennierenresttumor (Ovar, C56)] <Anm. 200>

<Anm. 201>
In der englischsprachigen Originalfassung der ICD-O sind für die Code-Nummern 8680 bis 8682 und 8690 bis 8693 jeweils nur die Verhaltenscodes „/1" = unsicheres oder unbekanntes Verhalten und teilweise „/3" = maligne, nicht aber „/0" = benigne vorgesehen. Demgegenüber wird in den WHO-Klassifikationen (Williams 1980; Jass u. Sobin 1989; Albores-Saavedra et al. 1991; Weiss 1994) durchweg zwischen benignen und malignen Paragangliomen („/0" und „/3") unterschieden. Wegen der klinischen Bedeutung der Differenzierung dieser Tumoren empfehlen wir, den Vorschlägen der WHO-Klassifikationen zu folgen. Aus diesem Grunde werden von uns Nummern für die benignen und ggf. für die malignen Paragangliome und Glomustumoren vergeben, andererseits die Bezeichnungen mit dem Verhaltenscode „/1" als nicht empfehlenswert in eckige Klammern gesetzt.

<Anm. 202>
Die Code-Nr. 8680/0 ist in der englischsprachigen Originalfassung der ICD-O nicht angeführt, wird jedoch in verschiedenen WHO-Klassifikationen (Jass u. Sobin 1989; Albores-Saavedra et al. 1991; Weiss 1994) für das benigne Paragangliom o.n.A. verwendet. Wir empfehlen, diesem Vorgehen zu folgen und, wann immer möglich, zwischen benignem und malignem Paragangliom zu unterscheiden, und die Code-Nr. 8680/1 nicht zu verwenden. – Das Paragangliom der Cauda equina wird in der WHO-Klassifikation (Kleihues et al. 1993) unter der Nummer 8690/0 kodiert, obwohl diese Nummer für den Glomus-jugulare-Tumor vorgesehen ist. Aus Gründen der klaren Abgrenzung empfehlen wir für das Paragangliom der Cauda equina die Kodierung unter 8680/0.

<Anm. 203>
Dieser Tumor ist in der WHO-Klassifikation der Tumoren des endokrinen Systems (Williams 1980) beschrieben und kodiert worden.

<Anm. 204>
Malignitätskriterium ist nur das Vorhandensein von Metastasen; zytologische und histologische Kriterien sind unbrauchbar. Die Rate der malignen Phäochromozytome wird im Schrifttum zwischen 1% und 15% angegeben (Mitschke u. Schäfer 1981).

868–871 Paragangliome und Glomustumoren <Anm. 201>

8680/0	*Benignes Paragangliom o.n.A.* (einschl. Cauda equina, C72.1) <Anm. 202> *Chemodektom o.n.A.*
8680/1	[Paragangliom o.n.A.] <Anm. 202>
8680/3	**Malignes Paragangliom o.n.A.**
8681/0	*Benignes sympathisches Paragangliom* <Anm. 201>
8681/1	[Sympathisches Paragangliom] <Anm. 201>
8681/3	*Malignes sympathisches Paragangliom* <Anm. 201, 203>
8682/0	*Benignes parasympathisches Paragangliom* <Anm. 201>
8682/1	[Parasympathisches Paragangliom] <Anm. 201>
8682/3	*Malignes parasympathisches Paragangliom* <Anm. 201, 203>
8683/0	**Ganglienzell-Paragangliom** (Duodenum, C17.0)
8690/0	*Benigner Glomus-jugulare-Tumor* (C75.53) <Anm. 201, 202> *Benignes tympano-jugulares Paragangliom*
8690/1	[Glomus-jugulare-Tumor (C75.53)] <Anm. 201>
8691/0	*Benigner Glomus-aorticum-Tumor* (C75.51) <Anm. 201> *Benignes Paragangliom des Aortenglomus*
8691/1	[Glomus-aorticum-Tumor (C75.51)] <Anm. 201>
8692/0	*Benigner Glomus-caroticum-Tumor* (C75.4) <Anm. 201> *Benignes Paragangliom des Glomus caroticum*
8692/1	[Glomus-caroticum-Tumor (C75.4)] <Anm. 201>
8693/0	*Benignes extraadrenales Paragangliom* <Anm. 201> *Benignes Chemodektom* *Benignes nichtchromaffines Paragangliom*
8693/1	[Extraadrenales Paragangliom o.n.A.] <Anm. 201>
8693/3	**Malignes extraadrenales Paragangliom** <Anm. 201> Malignes Chemodektom Malignes nichtchromaffines Paragangliom
8700/0	**Phäochromozytom o.n.A.** (Nebennierenmark, C74.1; Harnblase, C67) Chromaffines Paragangliom Chromaffiner Tumor Chromaffinom
8700/3	**Malignes Phäochromozytom** (Nebennierenmark, C74.1; Harnblase, C67) <Anm. 204> Phäochromoblastom (Nebennierenmark, C74.1)
8710/3	**Glomangiosarkom**

<Anm. 205>
Der Tumor ist in der WHO-Klassifikation (Weiss 1994) beschrieben und mit der Code-Nr. 8711/3 versehen worden.

<Anm. 206>
In der WHO-Klassifikation (Heenan et al. 1996) werden mehrere Varianten des erworbenen Melanozytennävus beschrieben:
- *Kombinierter Nävus*: Kombination eines üblichen epitheloidzelligen Melanozytennävus mit einer Komponente pigmentierter Spindelzellen, die einem blauen Nävus oder einem Spitz-Nävus ähneln.
- *Tiefpenetrierender Nävus*: zeigt die Zeichen eines blauen Nävus, eines kombinierten Nävus und eines Spitz-Nävus.
- *Rezidivierender Melanozytennävus* (auch als Pseudomelanom bezeichnet): tritt einige Wochen nach kompletter Entfernung (meist Abschabung) eines Nävus auf und zeigt die Zeichen eines Melanozytennävus, wobei nicht zwischen Junktions- und dermalem Nävus unterschieden werden kann. (Lokalrezidive nach malignem Melanom treten durchwegs später, Monate bis Jahre nach Erstexzision, auf.)

<Anm. 207>
Der Begriff Melanoma in situ wird zusammenfassend für die verschiedenen Formen von intraepidermalen atypischen Melanozytenproliferationen ohne Invasion der Dermis verwendet. Wann immer möglich, sollte eine Differenzierung in prämaligne Melanose (=8741/2) oder Lentigo maligna (=8742/2) erfolgen.

<Anm. 208>
Wann immer möglich, sollten maligne Melanome näher klassifiziert werden. Für maligne Melanome der Haut – ausgenommen jene der Augenlider – ist eine Unterteilung entsprechend dem Fehlen oder Vorhandensein einer seitlichen intraepidermalen Tumorkomponente und ggf. nach deren Typ obligat (s. auch Ackerman et al. 1994). Dabei wird unterschieden zwischen
- Nodulärem Melanom (NM) (=8721/3),
- Oberflächlich spreitendem Melanom (Superficial Spreading Melanoma, SSM) (=8743/3),
- Lentigo-Maligna-Melanom (LMM) (=8742/3),
- Akral-Lentiginösem Melanom (ALM) (=8744/3),

(Elder u. Murphy 1991; Balch et al. 1992; OTD 1995).

Ist eine diesbezügliche Aussage nicht möglich, soll die Diagnose „Unklassifiziertes Melanom (UCM)" (=8720/3) verwendet werden. Dabei sind Melanome eingeschlossen, bei denen eine sichere Aussage über Vorhandensein oder Fehlen der seitlichen epidermalen Tumorkomponente nicht möglich ist, und auch solche mit zwar eindeutig vorhandener, aber nicht näher klassifizierbarer intradermaler Komponente. Die Bezeichnung „Melanom o.n.A.", die in der englischsprachigen Originalausgabe der ICD-O angeführt ist, sollte vermieden werden, weil sie keine sicheren Aussagen bezüglich des biologischen Verhaltens liefert.
– Die Bezeichnung „Minimal-deviation"-Melanom wird bisweilen im Schrifttum für Veränderungen verwendet, die histologisch eine Art Zwischenstellung zwischen noch benignen und schon malignen melanozytischen Proliferationen einnehmen. Die Kriterien hierfür wechseln bei den Autoren allerdings beträchtlich (Übersicht bei Barnhill u. Mihm jr. 1992). Deshalb sollte diese Diagnose, obwohl in der neuen WHO-Klassifikation vorgesehen (Heenan et al. 1996), nach Möglichkeit nicht verwendet werden. – Bei Melanomen der Schleimhäute wird nur zwischen zwei Typen unterschieden, nämlich dem nodulären Melanom (ohne seitliche intraepidermale Komponente) und dem mukosal-lentiginösen Melanom (mit seitlicher intradermaler Komponente). Für beide ist nach der WHO-Klassifikation (Heenan et al. 1996) die gleiche Code-Nr. 8720/3 vorgesehen.

<Anm. 209>
Die meningeale Melanomatose weist eine ausgeprägte diffuse Infiltration der Leptomeningen durch maligne Melanozyten auf. Dabei kann ein umschriebener knotiger melanozytischer Tumor vorhanden sein oder auch fehlen. Die Veränderung kann in Verbindung mit einer neurokutanen Melanose vorkommen (Kleihues et al. 1993).

<Anm. 210>
Für das in der WHO-Klassifikation vorgesehene maligne Melanom de novo (malignes Melanom unbekannten Ursprungs) der Konjunktiva und des Augenlides (Zimmerman 1980) wird in der OTD (1995) die Code-Nr. 8721/3 vorgeschlagen, da die Struktur jener des nodulären Melanoms der Haut entspricht.

8711/0	**Glomustumor o.n.A.**
8711/3	*Maligner Glomustumor* <Anm. 205>
8712/0	**Glomangiom**
8713/0	**Glomangiomyom**

872–879 Nävi und Melanome
(Sofern nicht anders vermerkt, nur Haut, C44)

8720/0	**Nävuszellnävus o.n.A.** (auch Vulva, C51; Vagina, C52; Cervix uteri, C53; Uvea, C69.4; Tränenwege, C69.5) Pigmentnävus o.n.A. Pigmentierter Nävus Haarnävus **Melanozytennävus o.n.A.** (auch Vagina, C52; Cervix uteri, C53) **Kombinierter Nävus** <Anm. 206> **Tief penetrierender Nävus** <Anm. 206> **Rezidivierender Melanozytennävus** <Anm. 206> **Erworbener Melanozytennävus** (nur Vulva, C51) **Benignes Melanom** (nur Uvea, C69.4)
8720/2	[Melanoma in situ o.n.A.] <Anm. 207> [Atypische Melanozyten-Hyperplasie] [Schwere Melanozyten-Dysplasie]
8720/3	**Malignes Melanom o.n.A.** <Anm. 208> [Melanom o.n.A] [„Minimal-deviation"-Melanom] **Unklassifiziertes Melanom (UCM)** **Mukosal-lentiginöses Melanom** (nur Schleimhäute) **Malignes Melanom, Ursprung unbekannt** (nur Augenlid, C44.1) **Meningeale Melanomatose** (nur Meningen, C70) <Anm. 209>
8721/3	**Noduläres Melanom (NM)** <Anm. 208> **Malignes Melanom de novo** (nur Augenlid, C44.1; Konjunktiva, C69.0) <Anm. 210>

<Anm. 211>
Diese Begriffe werden nicht empfohlen, weil sie die inzwischen allgemein anerkannten Einteilungsprinzipien maligner Melanome (vgl. Anm. 208) nicht erfüllen und statt dessen von morphologischen Merkmalen ausgehen, die entweder ohne oder nur von sekundärer Bedeutung sind und keinen Rückschluß auf die wesentlichen Klassifikationskriterien erlauben (OTD 1995).

<Anm. 212>
Die fibröse Papel der Haut wird in der englischsprachigen Originalfassung der ICD-O als „Fibröse Nasenpapel" unter den Nävi und Melanomen mit der Nr. 8724/0 verschlüsselt. Da heute allgemein diese Veränderung als angiofibromatöse Proliferation angesehen wird, empfehlen wir, der WHO-Klassifikation der Hauttumoren (Heenan et al. 1996) zu folgen und hierfür die Code-Nr. 9160/0 zu verwenden.

<Anm. 213>
Es handelt sich um einen knotigen Tumor mit uniformen Melanozyten, die bläschenförmige Kerne und unterschiedlich dichtes Melanin im Zytoplasma besitzen. Der Tumor neigt zu Rezidiven, jedoch selten zur malignen Transformation. Kodierung nach der WHO-Klassifikation (Kleihues et al. 1993).

<Anm. 214>
Es handelt sich um eine Variante des erworbenen Junktions- und Compoundnävus mit klinischen Besonderheiten, die histologisch definiert ist durch die Kombination eines unreifen (lentiginösen) Wachstumsmusters in der Epidermis mit zytologischen Atypien. Diese Nävi sind größer und in ihrer Begrenzung, ihrem Profil und ihrer Pigmentierung unregelmäßiger als die üblichen erworbenen Nävi. Zu den histologischen Kriterien siehe die Empfehlungen des WHO-Melanom-Programms (Clemente et al. 1991). Das familiäre dysplastische Nävus-Syndrom ist durch multiple dysplastische Nävi gekennzeichnet. Es ist mit erhöhtem Risiko einer Entwicklung maligner Melanome verbunden (Lever u. Schaumburg-Lever 1989).

<Anm. 215>
Diese Bezeichnung sollte nur für maligne Melanome der Augenlider und der Konjunktiva verwendet werden. Für die malignen Melanome der Haut anderer Lokalisationen wird dieser Begriff nicht empfohlen, da er die allgemein akzeptierten Einteilungskriterien für maligne Melanome nicht erfüllt (vgl. Anm. 208). In der WHO-Klassifikation für Augentumoren (Zimmerman 1980) ist die Bezeichnung „Malignes Melanom in Junktions- oder Compoundnävus", in der englischsprachigen Originalausgabe der ICD-O „Malignes Melanom in Junktionsnävus" vorgesehen. Der Überbegriff „Malignes Melanom in Nävuszellnävus" deckt beide Bezeichnungen ab, weswegen er hier empfohlen wird (OTD 1995).

<Anm. 216>
Für die Augenlider gilt, im Gegensatz zu allen anderen Hautlokalisationen, ein anderes Einteilungsprinzip (Zimmerman 1980):
- Malignes Melanom in Junktions- oder Compoundnävus (= 8740/3),
- Malignes Melanom in blauem Nävus (= 8780/3),
- Malignes Melanom in primärer erworbener Melanose (= 8741/3),
- Malignes Melanom, Ursprung unbekannt (= 8720/3).

<Anm. 217>
In der englischsprachigen Originalfassung der ICD-O wird unter dieser Code-Nr. das „Maligne Melanom in präkanzeröser Melanose" aufgeführt. Da aber heute allgemein das maligne Melanom, das sich auf dem Boden einer prämalignen Melanose entwickelt, als oberflächlich spreitendes Melanom (Superficial Spreading Melanoma, SSM, = 8743/3) bezeichnet wird, soll die Code-Nr. 8741/3 nur für das am Augenlid und in der Konjunktiva beschriebene Melanom in primärer erworbener Melanose verwendet werden (Zimmerman 1980; vgl. auch OTD 1995).

8722/0	**Ballonzellnävus**
8722/3	[Ballonzellmelanom] <Anm. 211>
8723/0	**Halonävus** Regressiver Nävus
8723/3	[Malignes Melanom in Regression] <Anm. 211>
8724/0	[Fibröse Nasenpapel] <Anm. 212> [Involutierter Nävus] [Fibrosierter Nasenpapel-Nävus]
8725/0	**Neuronävus**
8726/0	**Melanozytom der Sehnervenpapille** (C69.2) Großzelliger Nävus der Sehnervenpapille Melanozytom des Augapfels (C69.4)
8726/1	*Melanozytom* (nur Gehirn, C71) <Anm. 213>
8727/0	**Dysplastischer Melanozytennävus** (auch Vulva, C51) <Anm. 214> Dysplastischer Nävus Atypischer Nävus
8730/0	**Nichtpigmentierter Nävus** (auch Mundhöhle, C01-06; Oropharynx, C10) [Achromer Nävus]
8730/3	[Amelanotisches Melanom] <Anm. 211>
8740/0	**Junktionaler Melanozytennävus** Junktionsnävus Intraepidermaler Nävus **Junktionaler Nävus** (nur Konjunktiva, C69.0)
8740/3	**Malignes Melanom in Nävuszellnävus** (nur Augenlid, C44.1; Konjunktiva, C69.0) <Anm. 215> Malignes Melanom in Junktions- oder Compoundnävus <Anm. 216>
8741/2	**Prämaligne Melanose** **Primäre erworbene Melanose** (nur Augenlid, C44.1; Konjunktiva, C69.0) Pagetoide prämaligne Melanose Pagetoides Melanoma in situ
8741/3	**Malignes Melanom in primärer erworbener Melanose** (nur Augenlid, C44.1: Konjunktiva, C69) <Anm. 217> [Malignes Melanom in prämaligner Melanose]
8742/2	**Lentigo maligna** Hutchinson-Melanose Hutchinson-Pigmentfleck Melanosis circumscripta praeblastomatosa (Dubreuilh)
8742/3	**Lentigo-maligna-Melanom (LMM)** Malignes Melanom in Hutchinson-Melanose

<Anm. 218>
In der englischsprachigen Originalfassung der ICD-O ist diese Code-Nr. nur für pigmentierte Riesennävi vorgesehen. In der neuen WHO-Klassifikation der Hauttumoren (Heenan et al. 1996) werden jedoch unter dieser Notation alle kongenitalen Melanozytennävi verschlüsselt. Diese werden nach Elder u. Murphy (1991) unterteilt in:
- kleine ($\leq$1,5 cm),
- intermediäre (>1,5 cm, aber nicht flächenhaft),
- Riesennävi (flächenhaft, entfernbar nur durch größere, oft mehrzeitige Operation).

Nach neueren Untersuchungen (Swerdlow et al. 1995) ist das Risiko für die Entwicklung eines Melanoms in kongenitalen Melanozytennävi vor allem dann erhöht, wenn diese mehr als 5% der Körperoberfläche einnehmen oder einen Durchmesser von 20 cm oder mehr aufweisen.

<Anm. 219>
Diese malignen Melanome treten vorwiegend in Riesennävi auf und entwickeln sich meist in der dermalen Komponente (Elder u. Murphy 1991).

<Anm. 220>
Diese Bezeichnungen sind nur für das maligne Melanom der Uvea anzuwenden (Zimmerman 1980; vgl. auch OTD 1995).

8743/3	**Oberflächlich spreitendes Melanom (SSM)** **Superficial spreading melanoma (SSM)**
8744/3	**Akral-lentiginöses Melanom (ALM)**
8745/3	[Malignes desmoplastisches Melanom] <Anm. 211> [Malignes neurotropes Melanom] <Anm. 211>
8750/0	**Dermaler Melanozytennävus** Intradermaler Nävus (auch Konjunktiva, C69.0) Dermaler Nävus (auch Konjunktiva, C69.0) **Subepithelialer Nävus** (nur Konjunktiva, C69.0)
8760/0	**Melanozytennävus vom Compoundtyp** **Compoundnävus** (auch Konjunktiva, C69.0) Dermaler und epidermaler Nävus
8761/1	**Kongenitaler Melanozytennävus** <Anm. 218> Pigmentierter Riesennävus
8761/3	**Malignes Melanom in kongenitalem Melanozytennävus** <Anm. 219> Malignes Melanom in pigmentiertem Riesennävus
8770/0	**Epitheloid- und Spindelzellnävus** (auch Konjunktiva, C69.0) **Spitz-Nävus** **Pigmentierter Spindelzellnävus (Reed)** Juveniler Nävus Juveniles Melanom
8770/3	**Epitheloid- und Spindelzellmelanom, gemischt** (nur Uvea, C69.4) <Anm. 220>
8771/0	**Epitheloidzellnävus**
8771/3	**Epitheloidzellmelanom** (nur Uvea, C69.4) <Anm. 220>
8772/0	**Spindelzellnävus o.n.A.**
8772/3	**Spindelzellmelanom o.n.A.** (nur Uvea, C69.4) <Anm. 220>
8773/3	**Spindelzellmelanom Typ A** (nur Uvea, C69.4) <Anm. 220>
8774/3	**Spindelzellmelanom Typ B** (nur Uvea, C69.4) <Anm. 220>
8780/0	**Blauer Nävus o.n.A.** (auch Vulva, C51; Vagina, C52; Cervix uteri, C53; Konjunktiva, C69.0) **Typischer blauer Nävus** Blauer Nävus (Jadassohn)
8780/3	**Malignes Melanom in blauem Nävus** (auch Augenlid, C44.1; Konjunktiva, C69.0; Orbita, C69.6) Maligner blauer Nävus
8790/0	**Zellreicher blauer Nävus** (auch Orbita, C69.6)

<Anm. 221>
Auch bei Anwendung immunhistologischer Methoden gibt es einen kleinen Teil von Weichteilsarkomen, die sich in keine der kodierten Kategorien einordnen lassen.

<Anm. 222>
Das epitheloidzellige Sarkom (Epitheloidsarkom) besteht aus Knötchen und Girlanden runder, glasiger, eosinophiler Zellen mit umschriebenen Arealen zentraler Hyalinisierung und Nekrose. Die Zellen enthalten Zytokeratine (OTD 1995).

<Anm. 223>
Diese Bezeichnung gilt für maligne Tumoren mit pleomorpher spindelzelliger Struktur, die histologisch keine Zeichen irgendeiner Differenzierung aufweisen. Im Bewegungsapparat, insbesondere im Knochen, sollte diese Diagnose an Biopsien nur mit großer Vorsicht gestellt werden, da bei einem Teil der Fälle im Resektat z. B. ein schlecht differenziertes Fibrosarkom oder ein Osteosarkom mit geringer Osteoidbildung oder auch ein Lymphom oder die Metastase eines undifferenzierten Karzinoms erkennbar wird (Schajowicz 1993). – Auch im Zentralnervensystem gilt die Bezeichnung für spindelzellige Tumoren, die weder lichtmikroskopisch noch ultrastrukturell oder immunhistochemisch Zeichen einer Differenzierung aufweisen (Kleihues et al. 1993). Die Verschlüsselung dieser Tumoren unter der Code-Nr. 8805/3 wurde in der Organspezifischen Tumordokumentation vorgeschlagen (OTD 1995).

<Anm. 224>
Tumor der Weichteile, der aus epithelähnlichen Nestern kleiner runder Zellen mit umgebendem, reichlich desmoplastischem Stroma besteht (Weiss 1994). Er kommt bevorzugt beim männlichen Geschlecht und dort in Abdomen, Becken, Omentum und Skrotum vor (Enzinger u. Weiss 1995). Die Tumorzellen sind positiv für Keratin, NSE und Desmin. In der Organspezifischen Tumordokumentation (OTD 1995) wird Zuordnung zu der freien Code-Nr. 8806/3 vorgeschlagen.

<Anm. 225>
In der WHO-Klassifikation (Weiss 1994) beschriebener, durch Lokalisation an den Fingern und Zehen und klinisches Verhalten charakterisierter Subtyp des Fibroms.

<Anm. 226>
In der WHO-Klassifikation (Weiss 1994) und von Enzinger u, Weiss (1995) beschriebener Subtyp eines Fibroms; wächst bei Erwachsenen in der Mittellinie, vorwiegend interskapulär und paraspinal als kollagenreicher Tumor mit nur wenig Fibrozyten.

<Anm. 227>
Lokalisierte oder solitäre fibröse Tumoren der Pleura, des Perikards, des Peritoneums und der Leber wurden in die WHO-Klassifikationen (Ishak et al. 1994; Weiss 1994) und in die AFIP-Reihe (Battifora u. McCaughey 1995; Burke u. Virmani 1996) neu aufgenommen und mit der Code-Nr. 8810/0 bzw. 8810/3 versehen. Diese Tumoren werden auch als benigne oder maligne lokalisierte fibröse Mesotheliome oder als submesotheliale Fibrome bzw. Fibrosarkome bezeichnet. Alle anderen mesothelialen Neoplasien werden unter den Code-Nummern 9050/0 bis 9057/3 geführt.

<Anm. 228>
Das digitale Fibrokeratom ist in der englischsprachigen Originalfassung der ICD-O nicht angeführt. In der neuen WHO-Klassifikation der Hauttumoren (Heenan et al. 1996) wird es unter den digitalen mesenchymalen Tumoren geführt und mit 8810/0 kodiert. Wir folgen dem.

880 Weichteilneoplasien und Sarkome o.n.A.

8800/0 [Benigner Weichteiltumor]

8800/3 **Sarkom o.n.A.**
Unklassifiziertes Sarkom <Anm. 221>
Weichteilsarkom
Maligner Weichteiltumor
Maligner mesenchymaler Tumor

8800/9 [Sarkomatose]

8801/3 [Spindelzellsarkom]

8802/3 **Riesenzellsarkom** (ausgenommen Knochen, = 9250/3)
Pleomorphzelliges Sarkom

8803/3 **Kleinzelliges Sarkom**
Rundzellsarkom
Askin-Tumor

8804/3 **Epitheloidzelliges Sarkom** <Anm. 222>
Epitheloidsarkom
Epitheloides Sarkom

8805/3 *Undifferenziertes Sarkom* (Knochen, C 40, C 41; Gehirn, C71) <Anm. 223>

8806/3 *Desmoplastischer kleinzelliger Tumor der Kinder und jungen Erwachsenen* (Mediastinum, C38.1,2; periphere Nerven, C47, 48; Weichteile, C49) <Anm. 224>

881–883 Fibromatöse Neoplasien

8810/0 Fibrom o.n.A.
Fibroma durum
Sehnenscheidenfibrom (C49.93) <Anm. 225>
Nackenfibrom (C49.06) <Anm. 226>
Lokalisierter fibröser Tumor (Pleura, C38.4; Peritoneum, C48.1; Leber, C22; Perikard, C38.0) <Anm. 227>
Solitärer fibröser Tumor
Lokalisiertes fibröses Mesotheliom <Anm. 227>
Submesotheliales Fibrom (Pleura, C38.4; Peritoneum, C48.1)
Digitales Fibrokeratom (Haut von Fingern, C44.68; Handfläche, C44.67; Zehen, C44.78; Fußsohle, C44.76) <Anm. 228>

<Anm. 229>
Die Diagnose „Fibrosarkom" darf nur dann gestellt werden, wenn weder bei konventioneller Histologie noch bei Immunhistochemie andere spezifische Formen der zellulären Differenzierung nachweisbar sind.

<Anm. 230>
Im AFIP-Atlas (Burke u. Virmani 1996) als Tumor unsicherer Histogenese beschriebene Veränderung des Endokards, zu 90% der Herzklappen, und zwar als häufigste Tumorbildung der Herzklappen. Wir schlagen Verschlüsselung unter der Code-Nr. 8820/0 vor.

<Anm. 231>
isch zeigt die Myofibromatose eine periphere Zone mit Knötchen und Zügen von Zellen, die glatter Muskulatur ähneln. Zentral liegen primitive mesenchymale Zellen, die perizytomähnlich angeordnet sind. Die Veränderung kann solitär und multifokal auftreten, und zwar in den Weichteilen, in den Knochen, in den Lungen und im Gastrointestinaltrakt. Multifokale Läsionen finden sich vorwiegend bei Kindern. – Das in der englischsprachigen Originalfassung der ICD-O angegebene Synonym „Congenital generalized fibromatosis" wird nicht empfohlen, weil dann eine Verwechslung mit der infantilen Fibromatose möglich ist (Enzinger u. Weiss 1995). Letztere ist eine tiefe extraabdominale Fibromatose (Weiss 1994), weshalb wir die Kodierung 8821/1 vorschlagen.

<Anm. 232>
In der 2. Auflage der WHO-Klassifikation der Hauttumoren (Heenan et al. 1996) werden alle benignen fibrösen histiozytären Tumoren (Dermatofibrom, Histiozytom, sklerosierendes Hämangiom, Dermatomyofibrom) einschließlich des atypischen fibrösen Histiozytoms unter der Code-Nr. 8830/0 verschlüsselt. Das atypische Fibroxanthom wird dagegen abgetrennt und als eigener Tumor mit der Code-Nr. 8830/1 klassifiziert. Abweichend davon empfehlen wir entsprechend der englischsprachigen Originalfassung der ICD-O die Notation 8832/0 für das Dermatofibrom (einschließlich Histiozytom, sklerosierendes Hämangiom und Dermatomyofibrom der Haut) und die Code-Nr. 8830/1 für das atypische fibröse Histiozytom und das atypische Fibroxanthom der Haut (vgl. Anm. 233).

<Anm. 233>
Das atypische Fibroxanthom wird in der WHO-Klassifikation der Weichteiltumoren (Weiss 1994) als „intermediärer" fibrohistiozytärer Tumor geführt. Es handelt sich um einen kleinen (gewöhnlich <1,5 cm) pleomorphen, spindelzelligen Tumor, der auf die Dermis begrenzt ist oder sich nur minimal in die Subkutis ausbreitet. Nach der WHO-Klassifikation wird dieser Tumor mit der Code-Nr. 8831/1 verschlüsselt. Da aber seit der 2.Auflage der ICD-O die Notationen für das benigne und das maligne Fibroxanthom von früher 8831/0 bzw. /3 auf 8830/0 bzw. /3 geändert wurden, empfehlen wir auch für das atypische Fibroxanthom die Kodierung 8830/1. Wir folgen also nicht der Unterscheidung zwischen atypischem Fibroxanthom (= 8830/1) und atypischem fibrösen Histiozytom (= 8830/0) wie sie in der neuen WHO-Klassifikation der Hauttumoren (Heenan et al. 1996) angegeben wird (vgl. Anm. 232).

8810/3	**Fibrosarkom o.n.A.** <Anm. 229> Erwachsenen-Fibrosarkom **Maligner solitärer fibröser Tumor** (Pleura, C38.4; Peritoneum, C48.1; Perikard, C38.0) <Anm. 227> Malignes lokalisiertes fibröses Mesotheliom <Anm. 227> Submesotheliales Fibrosarkom (Pleura. C38.4; Peritoneum, C48.1) Maligner submesothelialer fibröser Tumor
8811/0	**Fibromyxom** Myxoides Fibrom Myxofibrom
8811/3	**Myxofibrosarkom** Fibromyxosarkom
8812/0	**Periostales Fibrom** (Knochen, C40, C41)
8812/3	**Periostales Fibrosarkom** (Knochen, C40, C41) [Periostales Sarkom o.n.A.]
8813/0	**Faszienfibrom**
8813/3	**Faszienfibrosarkom**
8814/3	**Infantiles Fibrosarkom** Kongenitales Fibrosarkom
8820/0	**Elastofibrom** **Papilläres Fibroelastom** (Herz, C38.0) <Anm. 230>
8821/1	**Extraabdominale Fibromatose** Aggressive Fibromatose Desmoid o.n.A. Extraabdominaler Desmoidtumor Invasives Fibrom Pseudosarkomatöse Fibromatose Muskuloaponeurosen-Fibromatose **Infantile Fibromatose** <Anm. 231>
8822/1	**Abdominale Fibromatose** (C76.2) Abdominaler Desmoidtumor Mesenteriale Fibromatose (C48.16) Retroperitoneale Fibromatose (C48.0)
8823/1	**Desmoplastisches Fibrom**
8824/1	**Myofibromatose o.n.A.** <Anm. 231> **Infantile Myofibromatose** (Haut, C44) [Kongenitale generalisierte Fibromatose]
8830/0	**Fibröses Histiozytom o.n.A.** (ausgenommen Haut, = 8832/0) <Anm. 232> Fibroxanthom o.n.A. Xanthofibrom
8830/1	**Atypisches Fibroxanthom** <Anm. 233> Atypisches fibröses Histiozytom

<Anm. 234>
Bei diesem Tumor werden nach der WHO-Klassifikation (Weiss 1994) 4 histologische Subtypen unterschieden:
- Storiform pleomorpher Typ,
- Myxoider Typ,
- Riesenzelliger Typ,
- Xanthomatöser (entzündlicher) Typ.

Für diese Subtypen sind keine eigenen Code-Nummern vorgesehen.

<Anm. 235>
Es handelt sich um einen in den tiefen Weichteilen der Haut gelegenen Tumor, der in manchen Arealen dem Hämangioperizytom ähnelt (Weiss 1994). Der Tumor ist in der englischsprachigen Originalfassung der ICD-O nicht erwähnt. Ihm wird von uns die Code-Nr. 8832/0 zugeordnet.

<Anm. 236>
Dieser stets oberflächlich gelegene Tumor besteht aus Spindelzellen, einem fibromyxoiden Stroma und vielkernigen Riesenzellen, die spaltförmige Räume auskleiden. Herdförmig ähnelt der Tumor einem Dermatofibrosarkom. Wahrscheinlich handelt es sich um eine juvenile Form des letzteren. Er kommt nur in der Kindheit vor (Weiss 1994; Enzinger u. Weiss 1995).

<Anm. 237>
Diese Myxome sind nach Enzinger u. Weiss (1995) häufig kombiniert mit einer fibrösen Dysplasie in der gleichen anatomischen Region.

<Anm. 238>
Erstbeschreibung von Steeper u. Rosai (1983). Es handelt sich um einen langsam wachsenden, aggressiven Tumor vorwiegend im genitalen, perinealen oder Beckenbereich von Frauen zwischen 25 und 60 Jahren. Als Sonderform des Angiomyxoms beschrieben von Enzinger u. Weiss (1995).

<Anm. 239>
Erstbeschreibung von Enzinger et al. (1989). Diskutiert wird auch, daß es sich um einen Tumor der Nerven oder Nervenscheiden handelt (Orosz et al. 1993). Dieser in die WHO-Klassifikation der Weichteiltumoren (Weiss 1994) aufgenommene Tumor ist in der englischsprachigen Originalfassung der ICD-O nicht erfaßt; wir schlagen die Verwendung der freien Code-Nr. 8842/0 vor.

<Anm. 240>
Als gesonderte Entitäten beschrieben bei Enzinger u. Weiss (1995).

<Anm. 241>
In der WHO-Klassifikation (Jass u. Sobin 1989) als seltene Erkrankung, die in eine diffuse lipomatöse Polyposis übergehen kann, unter dieser Notation erfaßt. Die multiplen submukösen Lipome treten dabei in Dünn- und Dickdarm auf.

8830/3 **Malignes fibröses Histiozytom** <Anm. 234>
Malignes Fibroxanthom

8832/0 **Dermatofibrom o.n.A.** (Haut, C44) <Anm. 232>
Histiozytom o.n.A.
Sklerosierendes Hämangiom
Dermatomyofibrom
Noduläre Unterhautfibrose
Fibröses Histiozytom
Dermatofibroma lenticulare
Kutanes Histiozytom
Tiefes Histiozytom (Subkutis, C49) <Anm. 235>

8832/3 **Dermatofibrosarcoma protuberans o.n.A.** (Haut, C44; Subkutis, C49)
Dermatofibrosarkom o.n.A.
Riesenzellfibroblastom <Anm. 236>

8833/3 **Pigmentiertes Dermatofibrosarcoma protuberans** (Haut, C44; Subkutis, C49)
Bednar-Tumor

884 Myxomatöse Neoplasien

8840/0 **Myxom o.n.A.**
Intramuskuläres Myxom
Multiple intramuskuläre Myxome <Anm. 237>
Kutanes Myxom
Digitale Schleimzyste (Haut der Finger, C44.68)

8840/3 **Myxosarkom**

8841/1 **Angiomyxom o.n.A.**
Aggressives Angiomyxom <Anm. 238>

8842/0 *Ossifizierender fibromyxoider Weichteiltumor* (C49) <Anm. 239>

885–888 Lipomatöse Neoplasien

8850/0 **Lipom o.n.A.**
Kutanes Lipom
Tiefes Lipom
Sehnenscheidenlipom (C49.93)
Lumbosakrales Lipom (C49.61) <Anm. 240>
Intra-/perineurales Lipom (C47)
Multiple Lipome <Anm. 240>
Lipomatose des Darms (C17; C18; C20) <Anm. 241>

<Anm. 242>
Diese auf die Subkutis begrenzten Tumoren wurden in die WHO-Klassifikation aufgenommen und mit der freien Code-Nr. 8850/1 versehen (Weiss 1994). Sie bestehen aus relativ reifen, gut differenzierten Lipomzellen, vereinzelten atypischen, hyperchromatischen Zellen und Lipoblasten (vgl. Anm. 244).

<Anm. 243>
Die langsam wachsende tumorähnliche Proliferation umgibt und infiltriert größere periphere Nerven (meist den N. medianus) und ihre Äste. Wir empfehlen Verschlüsselung mit der Code-Nr. 8851/0.

<Anm. 244>
Die Diagnose „Gut differenziertes Liposarkom" sollte nur bei tiefer gelegenen peripheren Tumoren oder bei zentralen Weichteiltumoren gestellt werden. Gleich aussehende Tumoren der Subkutis werden als atypische Lipome bezeichnet und unter der Code-Nr. 8850/1 erfaßt (vgl. Anm. 242). Das gut differenzierte Liposarkom läßt sich nach der WHO-Klassifikation (Weiss 1994) in 3 Subtypen unterteilen:
- Lipomartiger Subtyp: der Tumor enthält viele reife Fettzellen und viele Lipoblasten;
- Sklerosierender Subtyp: zwischen relativ reifen Fettzellen findet sich viel Bindegewebe;
- Entzündlicher Subtyp: Zusätzlich viele lymphoplasmozytische Infiltrate.

Alle diese Subtypen werden unter der Code-Nr. 8851/3 verschlüsselt.

<Anm. 245>
Das myxoide Liposarkom ist durch runde bis fusiforme Zellen in einer stark vaskularisierten myxoiden Matrix mit Lipoblasten charakterisiert. Vereinzelt können auch primitive Rundzellen vorhanden sein. Stellen diese jedoch einen deutlichen Tumoranteil, so soll ein rundzelliges Liposarkom (= 8853/3) diagnostiziert werden (OTD 1995).

<Anm. 246>
Ein rundzelliges Liposarkom wird dann diagnostiziert, wenn sich das Bild eines myxoiden Liposarkoms zeigt, in dem sich auch auffallende Areale primitiver Rundzellen mit geringer lipoblastischer Differenzierung und geringem Gefäßgehalt finden (OTD 1995).

<Anm. 247>
Diese Bezeichnung wurde in der WHO-Klassifikation (Weiss 1994) als Synonym für das rundzellige Liposarkom eingeführt, daher hier eingeordnet und nicht – wie in der englischsprachigen Originalfassung der ICD-O – unter 8852/3.

<Anm. 248>
Das pleomorphe Liposarkom enthält neben pleomorphen Lipoblasten auch unterschiedlich große spindelige und runde Zellen (OTD 1995).

<Anm. 249>
Entdifferenzierte Liposarkome enthalten zwei getrennte, unterschiedliche Komponenten, und zwar eine vom Typ des gut differenzierten Liposarkoms und eine vom Aussehen eines anderen malignen Weichteilsarkoms (malignes fibröses Histiozytom oder pleomorphes Fibrosarkom) (OTD 1995).

<Anm. 250>
Dieser gemischtzellige Tumor besteht aus Zellen, die teils Knorpelzellen, teils Lipoblasten ähneln (Enzinger u. Weiss 1995). Wir schlagen hierfür die freie Code-Nr. 8859/0 vor.

8850/1	*Atypisches Lipom* <Anm. 242>
8850/3	**Liposarkom o.n.A.** [Fibroliposarkom]
8851/0	**Fibrolipom** Fibroma molle Weiches Fibrom **Neurales Lipofibrom** (Nerven, C47) <Anm. 240> **Lipofibromatöses Hamartom** (Nerven, C47) <Anm. 243>
8851/3	**Liposarkom, gut differenziertes** <Anm. 244> [Differenziertes Liposarkom]
8852/0	[Fibromyxolipom] [Myxolipom]
8852/3	**Myxoides Liposarkom** <Anm. 245> [Myxoliposarkom]
8853/3	**Rundzelliges Liposarkom** <Anm. 246> **Schlecht differenziertes myxoides Liposarkom** <Anm. 247>
8854/0	**Pleomorphes Lipom**
8854/3	**Pleomorphes Liposarkom** <Anm. 248>
8855/3	**Gemischtzelliges Liposarkom**
8856/0	**Intramuskuläres Lipom** Intermuskuläres Lipom Infiltrierendes Lipom
8857/0	**Spindelzell-Lipom**
8858/3	**Entdifferenziertes Liposarkom** <Anm. 249>
8859/0	*Chondroides Lipom* <Anm. 250>
8860/0	**Angiomyolipom** Myolipom
8861/0	**Angiolipom**
8870/0	**Myelolipom**
8880/0	**Hibernom** Fetales Fettzellenlipom Brauner Fettzelltumor
8881/0	**Lipoblastom** Fetales Lipom Lipoblastomatose Fetale Lipomatose

<Anm. 251>
Von Enzinger u. Weiss (1995) sind mehrere Subtypen des Leiomyosarkoms beschrieben worden, z. B. das granularzellige Leiomyosarkom, das Leiomyosarkom mit osteoblastischen Riesenzellen, das dermale Leiomyosarkom und das myxoide Leiomyosarkom. Letzteres wird in der englischsprachigen Originalfassung der ICD-O unter der Code-Nr. 8896/3 kodiert. Wir schließen uns dem an. Das Leiomyosarkom der Dermis wird nach der WHO-Klassifikation (Heenan et al. 1996) als „Oberflächliches Leiomyosarkom" bezeichnet.

<Anm. 252>
Das epitheloidzellige (epitheloide) Leiomyosarkom ist durch runde oder polygonale Zellen mit amphophilem oder klarem Zytoplasma und gelegentlicher perinukleärer Aufhellungszone gekennzeichnet. Es unterscheidet sich von den epitheloidzelligen (epitheloiden) Leiomyomen durch Atypien und mitotische Aktivität und ist durchweg größer als die benigne Variante (OTD 1995).

<Anm. 253>
Enzinger u. Weiss (1995) führen 3 Formen an:
- Myofibroblastom der Lymphknoten,
- Myofibroblastom der Brust,
- Angiomyofibroblastom der Vulva.

Das Myofibroblastom der Lymphknoten wird auch als „Hämorrhagischer Spindelzelltumor mit amianthoiden Fasern" oder als „Palisaden-Myofibroblastom" bezeichnet. Amianthoide Fasern sind sternförmige, eosinophile Areale aus Kollagen, die verkalken können (Warnke et al. 1995). Wir schlagen die Kodierung mit 8898/0 vor.

<Anm. 254>
Der Tumor enthält Zellen mit unterschiedlicher Differenzierung in Richtung quergestreifter Muskulatur. Dies ist durch Immunhistologie (muskelspezifische Proteine, z. B. Desmin) oder durch Elektronenmikroskopie nachweisbar. Die Rhabdomyosarkome haben ein sehr unterschiedliches biologisches und klinisches Verhalten, weswegen die Diagnose „Rhabdomyosarkom" ohne weitere Klassifizierungsangabe möglichst nicht verwendet werden sollte.

<Anm. 255>
Dieser Tumor kommt bevorzugt bei Erwachsenen vor und besteht fast ausschließlich aus großen pleomorphen Rhabdomyoblasten. Einzelne dieser Zellen kommen auch in anderen Formen des Rhabdomyosarkoms vor und berechtigen nicht zur Diagnose eines pleomorphen Rhabdomyosarkoms und zur Einordnung unter die Code-Nr. 8901/3 (OTD 1995).

889–892 Myomatöse Neoplasien

8890/0	**Leiomyom o.n.A.** **Piloleiomyom** (Haut, C44) Fibroid-Uterus (C54) Fibromyom Leiomyofibrom Myofibrom
8890/1	**Leiomyomatose o.n.A.** Intravaskuläre Leiomyomatose Leiomyomatosis peritonealis disseminata (C48.1)
8890/3	**Leiomyosarkom o.n.A.** <Anm. 251> Oberflächliches Leiomyosarkom (Haut, C44)
8891/0	**Epitheloidzelliges Leiomyom** Epitheloides Leiomyom Leiomyoblastom
8891/3	**Epitheloidzelliges Leiomyosarkom** <Anm. 252> Epitheloides Leiomyosarkom Malignes Leiomyoblastom
8892/0	**Zellreiches Leiomyom**
8893/0	**Bizarres Leiomyom**
8894/0	**Angiomyom** **Angioleiomyom** (Haut, C44) Vaskuläres Leiomyom
8894/3	**Angiomyosarkom**
8895/0	[Myom]
8895/3	[Myosarkom]
8896/3	**Myxoides Leiomyosarkom** <Anm. 251>
8897/1	**Tumor der glatten Muskulatur** (Orbita, C69.6)
8898/0	*Myofibroblastom* (Lymphknoten, C77; Brust, C50; Vulva, C51) <Anm. 253>
8900/0	**Rhabdomyom o.n.A.**
8900/3	[Rhabdomyosarkom o.n.A.] <Anm. 254> [Rhabdosarkom]
8901/3	**Pleomorphes Rhabdomyosarkom** <Anm. 255>
8902/3	**Rhabdomyosarkom, Mischtyp**
8903/0	**Fetales Rhabdomyom**
8904/0	**Adultes Rhabdomyom** [Glykogenreiches Rhabdomyom]

<Anm. 256>
Dieser in erster Linie bei Kindern vorkommende Tumor besteht aus Rhabdomyoblasten, reifen Ganglienzellen und neuromähnlichen Strukturen. Der Tumor ist als eine Sonderform der malignen Tumoren der quergestreiften Muskulatur in der WHO-Klassifikation (Weiss 1994) angeführt. Wir schlagen vor, die freie Code-Nr. 8911/3 zu verwenden.

<Anm. 257>
Es handelt sich um einen in die WHO-Klassifikation (Weiss 1994) aufgenommenen Typ, für den wir die Code-Nr. 8912/3 vorschlagen.

<Anm. 258>
Dieser Tumor kommt vorwiegend zwischen dem 10. und 25. Lebensjahr vor. Er ist durch alveoläre Räume gekennzeichnet, die von primitiven Rundzellen und vereinzelten eosinophilen Rundzellen ausgekleidet werden. Dieses Bild entsteht durch zelluläre Degeneration solider Tumorzellnester. Zum Teil überwiegen aber nicht degenerierte solide Formationen (OTD 1995).

<Anm. 259>
Dieser Tumor enthält meist sehr polymorphe Rundzellen, die keinen morphologischen Bezug zum Endometrium aufweisen (Scully et al. 1994). Nach Silverberg u. Kurman (1992) kommen bei diesem als „Undifferenziertes Endometriumsarkom" bezeichneten Tumor auch undifferenzierte Spindelzellen und pleomorphe Riesenzellen vor. Viele Formen ähneln dem Karzinosarkom (= 8980/3).

<Anm. 260>
Das niedrigmaligne Stromasarkom des Endometriums enthält ähnlich dem Stromaknoten des Endometriums (= 8930/0) Zellen, die normalen Endometrium-Stromazellen ähneln. Auch finden sich bei beiden Hyalinisierungen, Schaumzellen und keimstrangähnliche Anteile. Die Differentialdiagnose zwischen beiden Tumoren kann nur durch Untersuchung des Tumorrandes und damit der Tiefeninfiltration getroffen werden (Scully et al. 1994). Einzelheiten zur Differenzierung der Stromasarkome bei Silverberg u. Kurman (1992).

<Anm. 261>
Vier Formen werden unterschieden:
1) „Nichtinvasives Karzinom" (früher: intrakapsuläres Karzinom oder Carcinoma in situ). Hierbei finden sich innerhalb umschriebener maligner Areale solche ohne Infiltration inmitten eines pleomorphen Adenoms. Die Prognose nach kompletter Entfernung ist gut.
2) „Invasives Karzinom". Die Prognose ist abhängig vom Ausmaß der Invasion. Bei Invasion von ≤8mm besteht eine Fünfjahresüberlebensrate von nahezu 100%, bei mehr als 8 mm von 50%.
3) „Karzinosarkom", meist mit chondromatösen Anteilen, hochmaligne, relativ selten.
4) „Metastasierendes pleomorphes Adenom", ebenfalls selten. Es handelt sich um einen histologisch gutartig erscheinenden Tumor mit Metastasen (Seifert 1991).

8910/3	**Embryonales Rhabdomyosarkom** Sarcoma botryoides Botryoides Sarkom
8911/3	*Rhabdomyosarkom mit ganglionärer Differenzierung* <Anm. 256> Ektomesenchymom
8912/3	*Spindelzelliges Rhabdomyosarkom* <Anm. 257>
8920/3	**Alveoläres Rhabdomyosarkom** <Anm. 258>

893–899 Komplexe Misch- und Stromaneoplasien

8930/0	**Stromaknoten des Endometriums** (C54)
8930/3	**Hochmalignes Stromasarkom des Endometriums** (C54) <Anm. 259> Undifferenziertes Endometriumsarkom Stromasarkom o.n.A.
8931/1	**Niedrigmalignes Stromasarkom des Endometriums** (C54) <Anm. 260> Endolymphatische Stromamyose Endometrium-Stromatose Stroma-Endometriose
8932/0	**Adenomyom**
8933/3	**Adenosarkom o.n.A** Embryonales Adenosarkom **Renales Adenosarkom** (C64)
8940/0	**Pleomorphes Adenom** Mischtumor o.n.A. Mischtumor vom Speicheldrüsentyp **Chondroides Syringom** (Haut, C44)
8940/3	**Maligner Mischtumor** (ausgenommen alle Lokalisationen von 8941/3) **Malignes chondroides Syringom** (Haut, C44)
8941/3	**Karzinom in pleomorphem Adenom** (Parotis, C07; andere große Speicheldrüsen, C08; Nasen- und Nasennebenhöhlen, C30.0, C31; Larynx, C32; Hypopharynx, C13; Trachea, C33; Tränenwege, C69.5) <Anm. 261> **Maligner Mischtumor**

<Anm. 262>
Maligne epithelial-nichtepitheliale Mischtumoren bestehen aus einer Mischung von karzinomatösen und sarkomatösen Anteilen. Bei homologen derartigen Tumoren zeigt die sarkomatöse Komponente spindel-, rund- oder riesenzellige Strukturen hohen Malignitätsgrades, gelegentlich auch niedrigmaligne fibro- und leiomyomatöse Areale. Heterologe Tumoren weisen wenigstens herdförmig eine Differenzierung in Richtung Rhabdomyo-, Chondro-, Osteo- oder Liposarkom auf.
In der älteren Literatur wurde die Bezeichnung Karzinosarkom für homologe epithelial-nichtepitheliale Mischtumoren verwendet, während heterologe Geschwülste dieser Art als maligne mesodermale Mischtumoren oder maligne Müller-Mischtumoren bezeichnet wurden. Heute wird der Ausdruck „Karzinosarkom" als Sammelbegriff für homologe wie heterologe maligne Mischtumoren verwendet (Scully et al. 1994). Diese Zusammenfassung ist deshalb gerechtfertigt, weil zwischen homologen und heterologen Formen (wenn überhaupt) nur unbedeutende prognostische Unterschiede bestehen (Silverberg u. Kurman 1992).
In der WHO-Klassifikation der Ovarialtumoren (Serov u. Scully 1973) wird für beide Tumorformen die Bezeichnung „Maligner mesodermaler Mischtumor" (= 8951/3), aber auch der Ausdruck „Maligner Müller-Mischtumor" (= 8950/3) angegeben. In der WHO-Klassifikation für Uterus und Vagina (Scully et al. 1994) erfolgt eine unterschiedliche Kodierung je nach Lokalisation: Bei Tumoren des Corpus uteri wird das „Karzinosarkom (maligner mesodermaler Mischtumor, Müller-Mischtumor)" unter 8980/3, bei Tumoren der Zervix und Vagina der „Maligne mesodermale Mischtumor (maligner Müller-Mischtumor, Karzinosarkom)" unter 8951/3 verschlüsselt. In der englischsprachigen Originalfassung der ICD-O schließlich ist unter 8950/3 der Müller-Mischtumor des Corpus uteri, unter 8951/3 der maligne mesodermale Mischtumor ohne Lokalisationsangabe, und unter 8980/3 das Karzinosarkom, ebenfalls ohne Lokalisationsangabe, angeführt. Wir folgen hier der WHO-Klassifikation (Scully et al. 1994).

<Anm. 263>
Das multilokuläre zystische Nephrom ist in der WHO-Klassifikatiom der Nierentumoren (Mostofi 1981) als solitärer, meist unilateraler, gutartiger Tumor beschrieben. Wir empfehlen, hierfür die Code-Nr. 8960/0 zu verwenden. Der Tumor besitzt ein mesenchymales Stroma, das bei Erwachsenen meist zellreicher ist als bei Kindern und dem Ovarialstroma ähnelt. Zu beachten ist, daß er sarkomatöse Stromaanteile enthalten kann und dann unter der Code-Nr. 8960/3 einzuordnen ist.

<Anm. 264>
Es handelt sich um einen monomorphen, meist spindel- oder rundzelligen Nierentumor, der vorwiegend im ersten Lebensjahr auftritt (Murphy et al. 1994). Er ist abzugrenzen vom Nephroblastom.

<Anm. 265>
Der maligne extrarenale Rhabdoidtumor zeigt Züge und Stränge uniformer polygonaler Zellen mit bläschenförmigen Kernen, deutlichen Nukleolen und reichlich Zytoplasma (sog. rhabdoide Zellen). Letzteres enthält PAS-positives hyalines Material. Immunhistologisch lassen sich Keratin und Vimentin, nicht aber Desmin nachweisen, was die Abgrenzung dieses Tumors gegenüber dem Rhabdomyosarkom erlaubt. Rhabdoide Zellen finden sich gelegentlich in anderen Sarkomen. Ein Rhabdoidtumor darf nur dann diagnostiziert werden, wenn überwiegend rhabdoide Zellen erkennbar sind (OTD 1995).

<Anm. 266>
Das Pankreatoblastom kommt ausschließlich bei Kindern unter 10 Jahren vor. Der Tumor besteht aus azinären, plattenepithelial differenzierten sowie undifferenzierten epithelialen Anteilen sowie mesenchymalen Strukturen (OTD 1995).

<Anm. 267>
Das Lungenblastom enthält inmitten eines lockeren mesenchymalen Stromas tubulo-azinäre, seltener solide epitheliale Zellstränge. Im Gegensatz zum Karzinosarkom (= 8980/3) wächst der Tumor typischerweise in der Lungenperipherie. Seine Prognose ist in der Regel günstig (Müller 1983).

<Anm. 268>
In der englischsprachigen Originalfassung der ICD-O ist dieser Tumor nicht erwähnt. Er wird jedoch in der WHO-Klassifikation für die Speicheldrüsen (Seifert 1991) beschrieben und mit der Code-Nr. 8982/3 verschlüsselt. Der Tumor ist charakterisiert durch infiltratives Wachstum, zytologische Atypien, erhöhte Mitoserate und Tendenz zur Metastasierung. Wenn Klarzellen im Vordergrund stehen, wird auch die Bezeichnung „Malignes klarzelliges Myoepitheliom" verwendet, wobei differentialdiagnostisch das Klarzellkarzinom in Betracht zu ziehen ist.

8950/3	**Maligner Müller-Mischtumor** (ausgenommen Cervix uteri und Vagina, = 8951/3, und Corpus uteri, = 8980/3) <Anm. 262>
8951/3	**Maligner mesodermaler Mischtumor** (ausgenommen Corpus uteri, = 8980/3) <Anm. 262> 　　**Maligner Müller-Mischtumor** (Cervix uteri, C53; Vagina, C52) 　　Karzinosarkom
8960/0	*Multilokuläres zystisches Nephrom* (C64) <Anm. 263>
8960/1	**Mesoblastisches Nephrom** (C64) <Anm. 264> 　　Leiomyomatöses Hamartom der Niere
8960/3	**Nephroblastom** (C64) 　　Wilms-Tumor
8963/3	**Maligner Rhabdoidtumor o.n.A.** 　　Rhabdoid-Sarkom 　　**Maligner extrarenaler Rhabdoidtumor** (Weichteile, C49; Gehirn, C71) 　　<Anm. 265> 　　**Rhabdoidtumor o.n.A.** (Leber, C22)
8964/3	**Klarzelliges Nierensarkom** (C64)
8970/3	**Hepatoblastom** (C22) 　　[Embryonales Hepatom]
8971/3	**Pankreatoblastom** (C25) <Anm. 266>
8972/3	**Lungenblastom** (C34) <Anm. 267> 　　Pneumoblastom
8980/3	**Karzinosarkom** (ausgenommen Cervix uteri und Vagina, = 8951/3) 　　<Anm. 262> 　　Maligner mesodermaler Mischtumor (Corpus uteri, C54) 　　Maligner Müller-Mischtumor (Corpus uteri, C54) 　　**Odontogenes Karzinosarkom** (Kieferhöhle, C31.0)
8981/3	**Embryonales Karzinosarkom**
8982/0	**Benignes Myoepitheliom** 　　Benigner myoepithelialer Tumor 　　Myoepitheliales Adenom
8982/3	*Malignes Myoepitheliom o.n.A.* (Parotis, C07; andere große Speicheldrüsen, C08; Nasen- und Nasennebenhöhlen, C30.0, C31) <Anm. 268> 　　*Myoepitheliales Karzinom*
8990/0	**Benignes Mesenchymom**
8990/1	[Mesenchymom o.n.A.] 　　[Mesenchymaler Mischtumor o.n.A.]

<Anm. 269>
Das maligne Mesenchymom enthält zwei oder mehrere Differenzierungsrichtungen, wobei die fibroblastische Differenzierung nicht berücksichtigt wird, und auch der maligne periphere Nervenscheidentumor mit Rhabdomyosarkom (malignes Schwannom mit rhabdomyoblastischer Differenzierung) (=9561/3) ausgenommen bleibt (OTD 1995).

<Anm. 270>
Diese Tumoren wurden in der WHO-Klassifikation (Serov u. Scully 1973) beschrieben und von Sobin et al. (1978) mit diesen Code-Nummern versehen.

<Anm. 271>
In Analogie zum serösen Adenofibrom (=9014/0) und zum gleichen Tumor von Borderline-Malignität (=9014/1) wurde für das maligne seröse Adenofibrom die Code-Nr. 9014/3 vorgeschlagen (Sobin et al. 1978).

<Anm. 272>
Beim Phyllodes-Tumor der Brust, dem Cystosarcoma phyllodes, sollte in jedem Fall zwischen benigne und maligne unterschieden werden. Die früher diagnostizierten „Borderline-Fälle" werden als Sarkome niedriger Malignität klassifiziert (Rosen u. Oberman 1993).

8990/3	**Malignes Mesenchymom** <Anm. 269>
	Maligner gemischtzelliger mesenchymaler Tumor
8991/3	**Embryonalsarkom**
	Undifferenziertes Sarkom (Leber, C22)

900–903 Fibroepitheliale Neoplasien

9000/0	**Benigner Brenner-Tumor** (Ovar, C56; Hodenanhänge, C63)
9000/1	**Brenner-Tumor von Borderline-Malignität** (Ovar, C56)
	Proliferierender Brenner-Tumor
9000/3	**Maligner Brenner-Tumor** (Ovar, C56)
9010/0	**Fibroadenom o.n.A.** (Brust, C50)
9011/0	**Intrakanalikuläres Fibroadenom** (Brust, C50)
9012/0	**Perikanalikuläres Fibroadenom** (Brust, C50)
9013/0	**Adenofibrom o.n.A.** (Ovar, C56)
	Zystadenofibrom o.n.A.
	Papilläres Adenofibrom
9014/0	**Seröses Adenofibrom** (Ovar, C56)
	Seröses Zystadenofibrom
9014/1	*Seröses Adenofibrom von Borderline-Malignität* <Anm. 270>
	Seröses Zystadenofibrom von Borderline-Malignität
9014/3	*Malignes seröses Adenofibrom* (Ovar, C56) <Anm. 271>
	Malignes seröses Zystadenofibrom
9015/0	**Muzinöses Adenofibrom** (Ovar, C56)
	Muzinöses Zystadenofibrom
9015/1	*Muzinöses Adenofibrom von Borderline-Malignität* <Anm. 270>
	Muzinöses Zystadenofibrom von Borderline-Malignität
9015/3	*Malignes muzinöses Adenofibrom* <Anm. 270>
	Malignes muzinöses Zystadenofibrom
9016/0	[Riesenfibroadenom (Brust, C50)]
9020/0	**Benigner Phyllodes-Tumor** (Brust, C50)
	Cystosarcoma phyllodes benignum
9020/1	[Phyllodes-Tumor o.n.A. (Brust, C50)] <Anm. 272>
9020/3	**Maligner Phyllodes-Tumor** (Brust, C50)
	Cystosarcoma phyllodes malignum
9030/0	**Juveniles Fibroadenom** (Brust, C50; Ovar, C56)

<Anm. 273>
Ob es ein benignes Synoviom gibt, ist derzeit noch offen. Wir empfehlen daher, diese Bezeichnung nicht zu verwenden. Als benigne Veränderung der Synovia ist der benigne Riesenzelltumor der Sehnenscheide (= 9252/0) aufzufassen (s. Anm. 344).

<Anm. 274>
Die herkömmlicherweise als Synovialsarkome bezeichneten malignen Tumoren werden nach Enzinger u. Weiss (1995) in 4 Typen unterteilt:
1) Biphasischer (klassischer) Typ: Er zeigt lichtmikroskopisch epitheliale und spindelzellige Areale in verschiedener Verteilung;
2) Monophasisch-fibröser Typ: Er ist lichtmikroskopisch spindelzellig strukturiert, die epitheliale Komponente kann nur durch Immunhistologie erkannt werden (Zytokeratine, epitheliales Membranantigen);
3) Monophasisch-epithelialer Typ: Er bietet ganz überwiegend das histologische Bild eines Karzinoms, gelegentlich kleine und kleinste Herde von fibrosarkomähnlichen Zellen. Die sichere Diagnose ist extrem schwierig;
4) Schlecht differenzierter (kleinzelliger) Typ, bei dem die Diagnose ebenfalls größte Probleme bietet.

Wegen der Schwierigkeiten in der Diagnose und Differentialdiagnose der Typen 3) und 4) und wegen der nach wie vor großen Unsicherheiten bezüglich der Differenzierungsrichtung (ausführliche Diskussion bei Enzinger u. Weiss 1995) wurden in der WHO-Klassifikation (Weiss 1994) nur das „Synovial"-Sarkom (= 9040/3) und dessen monophasisch-fibröser Typ (= 9041/3) angeführt. Diesem Vorschlag folgt auch die Organspezifische Tumordokumentation (OTD 1995). Zusätzlich sind dort aber auch die Begriffe und Bezeichnungen von Enzinger u. Weiss (1995) zur wahlweisen Benutzung aufgeführt.

<Anm. 275>
Das Klarzellsarkom besteht aus spindeligen Zellen mit klarem oder amphophilem Zytoplasma und deutlichen Nukleolen. Diese Zellen sind in Zügen oder Haufen angeordnet. In der Regel sind auch vielkernige Riesenzellen und Melanin nachweisbar. Für diesen Tumor wird heute eine neurale Genese angenommen (Weiss 1994; Enzinger u. Weiss 1995).

<Anm. 276>
Wichtig ist die Unterscheidung zwischen lokalisierten und diffusen Mesotheliomen der Pleura und des Peritoneums. Die lokalisierten Mesotheliome werden mit den Code-Nummern 8810/0 und 8810/3 verschlüsselt. Zur Gliederung, histologischen Klassifizierung und Differentialdiagnose s. Müller (1983) sowie Battifora und McCaughey (1995). Nach den letztgenannten Autoren werden die diffusen Mesotheliome wie folgt unterteilt:
1) Diffuses malignes Mesotheliom (= 9050/3):
   – Epithelial (= 9052/3),
   – Sarkomatös (= 9051/3),
   – Biphasisch (= 9053/3),
   – Undifferenziert (schlecht differenziert) (= 9057/3);
2) Seröses papilläres Karzinom des Peritoneums (= 8461/3),
3) Seröses papilläres Karzinom des Peritoneums von Borderline-Malignität (= 8463/3),
4) Gut differenziertes papilläres Mesotheliom des Peritoneums (= 9056/3),
5) Zystisches malignes Mesotheliom (= 9055/3).

<Anm. 277>
Diese Bezeichnungen sind weder in den WHO-Klassifikationen der Weichteiltumoren (Weiss 1994) und der Lunge (WHO 1981a) noch bei Enzinger u. Weiss (1995) und bei Battifora u. McCaughey (1995) vorgesehen und werden daher nicht empfohlen.

<Anm. 278>
Das Mesothelioma in situ wurde an der Pleura von Whitaker et al. (1992) beschrieben. Die Diagnose sollte an Biopsien immer als provisorisch angesehen werden, da vielfach bei Untersuchung weiteren Materials auch invasive Tumoranteile nachzuweisen sind (Battifora u. McCaughey 1995). Für diesen Tumor, der in der englischsprachigen Originalfassung der ICD-O nicht angeführt ist, wird von uns die Code-Nr. 9050/2 vorgeschlagen.

<Anm. 279>
Für einige ungewöhnliche histologische Varianten des diffusen malignen Mesothelioms sind keine eigenen Code-Nummern vergeben worden. Dies gilt für das desmoplastische, das lymphohistiozytoide, das kleinzellige und das deziduoide peritoneale Mesotheliom.

904 **Synoviaähnliche Neoplasien**

9040/0 [Benignes Synoviom] <Anm. 273>

9040/3 „Synovial"-Sarkom <Anm. 274>
Synovialsarkom o.n.A.
[Malignes Synoviom]

9041/3 **Synovialsarkom vom monophasisch-fibrösen Typ** <Anm. 274>
Spindelzelliges Synovialsarkom

9042/3 **Synovialsarkom vom monophasisch-epithelialen Typ** <Anm. 274>
Epitheliales Synovialsarkom

9043/3 **Biphasisches Synovialsarkom** <Anm. 274>

9044/3 **Klarzellsarkom** (ausgenommen Nieren, = 8964/3) <Anm. 275>
Malignes Weichteilmelanom (C49)
Klarzellsarkom der Sehnen und Aponeurosen
Weichteil-Klarzelltumor, maligne

9045/3 *Schlecht differenziertes Synovialsarkom* <Anm. 274>
Kleinzelliges Synovialsarkom

905 **Mesotheliale Neoplasien** <Anm. 276>
(sofern nicht anders vermerkt, nur Pleura, C38.4; Peritoneum, C48.1; Perikard, C38.0)

9050/0 [Benignes Mesotheliom o.n.A.] <Anm. 277>

9050/2 *Mesothelioma in situ* <Anm. 278>

9050/3 **Diffuses malignes Mesotheliom (DMM)** <Anm. 279>
Diffuses Mesotheliom o.n.A.
Malignes Mesotheliom o.n.A.

9051/0 [Fibröses benignes Mesotheliom] <Anm. 277>

9051/3 **Spindelzelliges malignes Mesotheliom**
Sarkomatöses malignes Mesotheliom
Fibröses malignes Mesotheliom

9052/0 [Epitheliales benignes Mesotheliom] <Anm. 277>

9052/3 **Epitheliales malignes Mesotheliom**

9053/0 [Biphasisches benignes Mesotheliom] <Anm. 277>

9053/3 **Biphasisches malignes Mesotheliom**
Biphasisches Mesotheliom o.n.A.

<Anm. 280>
In der englischsprachigen Originalfassung der ICD-O ist nur eine Code-Nr. für das „Multizystische (zystische) Mesotheliom des Peritoneums" vorgesehen (= 9055/1). Demgegenüber wird von Battifora u. McCaughey (1995) diese Diagnose nicht geführt, vielmehr zwischen dem benignen multizystischen (zystischen) Mesotheliom und dem malignen zystischen Mesotheliom unterschieden. Für diese Tumoren wird von uns die Verschlüsselung mit 9055/0 bzw. 9055/3 vorgeschlagen. Charakteristisch ist jeweils die makroskopische Ausbildung multipler Zysten. Atypien und Zellreichtum sind für die Diagnose der sehr seltenen malignen Form entscheidend.

<Anm. 281>
Das gut differenzierte papilläre Mesotheliom des Peritoneums ist eine Variante des diffusen malignen Mesothelioms. Sie wird vorwiegend bei jungen Frauen beobachtet. Die Prognose ist erheblich besser als beim üblichen diffusen malignen Mesotheliom (Battifora u. McCaughey 1995).
Für diesen in der englischsprachigen Originalfassung der ICD-O nicht angeführten Tumor wird von uns die Code-Nr. 9056/3 vorgeschlagen.

<Anm. 282>
Das seltene undifferenzierte maligne Mesotheliom besteht aus Zügen plumper oder polygonaler Zellen mit oft starker Kernpolymorphie. Nur sehr vereinzelt sind Strukturen ähnlich einem epithelialen Mesotheliom erkennbar, gelegentlich finden sich helle Zellen. Zur sicheren Diagnose ist Untersuchung von reichlich Tumorgewebe, Immunhistologie und z.T. auch Elektronenmikroskopie erforderlich (Battifora u. McCaughey 1995). Der Tumor ist in der englischsprachigen Originalfassung der ICD-O nicht angeführt. Wir schlagen Verschlüsselung mit 9057/3 vor.

<Anm. 283>
Der Tumor ist histologisch identisch mit dem Seminom des Hodens (vgl. Anm. 284). Die Bezeichnung Dysgerminom wird aber nur für Ovarialtumoren verwendet.

<Anm. 284>
Das typische Seminom ist ein Tumor, der aus ziemlich uniformen Zellen besteht, die durch ihren hohen Glykogengehalt ein hell (klar) erscheinendes Zytoplasma und gut erkennbare Zellgrenzen aufweisen und primitiven Keimzellen ähneln. Häufig findet sich eine beträchtliche lymphozytäre Infiltration des Stromas, oft auch eine stärkere Desmoplasie sowie granulomatöse Stromareaktionen (OTD 1995).

<Anm. 285>
Es handelt sich um eine Wucherung atypischer Keimzellen innerhalb der Tubuli (Dieckmann et al. 1989)

<Anm. 286>
Die Bezeichnung „Germinom" oder „Keimzelltumor o.n.A." ist in Ovar und Hoden ein unspezifischer Oberbegriff, der nur ausnahmsweise verwendet werden sollte, und zwar dann, wenn aufgrund besonderer Umstände (z.B. weitgehende Vernarbung oder Regression nach Vorbehandlung oder auch aus technischen Gründen) eine nähere Klassifikation nicht möglich ist (OTD 1995). Die Bezeichnung „Germinom" ist aber für seminomähnliche Tumoren im Thymus, im Mediastinum und im Retroperitoneum üblich und wird auch für derartige Tumoren im Gehirn empfohlen (Kleihues et al. 1993).

<Anm. 287>
Der Tumor besteht aus anaplastischen Embryonalzellen von epithelialem Charakter und kann azinär, tubulär, papillär oder auch solide angeordnet sein. Das Stroma kann primitive Mesenchymzellen sowie Lymphozyten und granulomatöse Reaktionen aufweisen. Im Ovar wird dieser Tumor nur selten diagnostiziert.

9054/0	**Adenomatoidtumor** (Männliche Genitalorgane, C63.9; Weibliche Genitalorgane, C57.9)
Benignes Mesotheliom des männlichen Genitale (C63.9)
9055/0	*Multizystisches benignes Mesotheliom* <Anm. 280>
Zystisches benignes Mesotheliom
Multilokuläre peritoneale Einschlußzyste (C48.1)
9055/1	[Multizystisches Mesotheliom o.n.A. (Peritoneum, C48.1)] <Anm. 280>
[Zystisches Mesotheliom o.n.A]
9055/3	*Zystisches malignes Mesotheliom* (Peritoneum, C48.1) <Anm. 280>
9056/3	*Gut differenziertes papilläres Mesotheliom* (Peritoneum, C48.1) <Anm. 281>
9057/3	*Undifferenziertes diffuses malignes Mesotheliom* <Anm. 282>
Schlecht differenziertes diffuses malignes Mesotheliom

906–909 Keimzellneoplasien
(sofern nicht anders vermerkt, nur in Ovar, C56, und Hoden, C62)

9060/3	**Dysgerminom** (Ovar, C56) <Anm. 283>
9061/3	**Seminom o.n.A.** (Hoden, C62; auch Thymus, C37; Mediastinum, C38.3; Retroperitoneum, C48.0) <Anm. 284>
Typisches Seminom
Klassisches Seminom
9062/3	**Anaplastisches Seminom** (Hoden, C62)
9063/3	**Spermatozytisches Seminom** (Hoden, C62)
Spermatozytom
9064/2	*Carcinoma in situ des Hodens* (C62) <Anm. 285>
Germinales Carcinoma in situ
Intratubulärer Tumor
Testikuläre intraepitheliale Neoplasie (TIN)
9064/3	**Germinom** (auch Thymus, C37; Mediastinum, C38.3; Retroperitoneum, C48.0; Gehirn, C71) <Anm. 286>
Keimzelltumor o.n.A.
9070/3	**Embryonalkarzinom o.n.A.** (auch Mediastinum, C38.3; Retroperitoneum, C48.0; Gehirn, C71; Orbita, C69.6; Magen, C16) <Anm. 287>
Embryonales Adenokarzinom

<Anm. 288>
Bevorzugte Bezeichnung für diesen Tumor ist im Hoden und Gehirn „Dottersacktumor" (Mostofi 1981; Kleihues et al. 1993), im Ovar jedoch „Endodermaler Sinustumor" (Serov u. Scully 1973). Die Bezeichnung „Infantiles Embryonalkarzinom" ist wegen der Möglichkeit einer Verwechslung mit dem biologisch unterschiedlichen Embryonalkarzinom (= 9070/3) nicht zu empfehlen (Talerman 1994). Histologisch besteht der Tumor aus einem Netzwerk vakuolisierter embryonaler Zellen und charakteristischen perivaskulären endodermalen Sinuszellen. In manchen dieser Tumoren finden sich reichlich zystische Bildungen; solche Tumoren wurden z. T. als „Polyvesikuläre Vitellintumoren" bezeichnet. Es handelt sich jedoch um eine histologische Variante (Serov u. Scully 1973), weshalb diese Bezeichnung nicht empfohlen wird. Die Bezeichnung „Orchioblastom" ist heute obsolet.

<Anm. 289>
Dieser extrem seltene Tumor besteht aus zahlreichen Embryonalkörperchen, die etwa einem Embryo der zweiten Gestationswoche entsprechen. Abzutrennen sind die embryonalen Karzinome (= 9070/3) und Teratome (= 9080/3), in denen ebenfalls gelegentlich embryonale Körperchen gefunden werden (Mostofi 1977).

<Anm. 290>
Der Tumor besteht aus zwei verschiedenen Zelltypen: großen Keimzellen, ähnlich denen des Dysgerminoms und Seminoms, sowie kleineren Zellen, die unreifen Granulosazellen oder Sertoli-Zellen entsprechen. Im Stroma können auch luteinhaltige Zellen und Leydig-Zellen vorkommen. Typisch sind auch hyaline Körperchen, die Call-Exner-Körperchen ähneln, sowie Verkalkungsherde. Der Tumor tritt praktisch ausschließlich in dysgenetischen Gonaden auf, und zwar sowohl im Hoden (Mostofi 1977; Hedinger 1991) als auch im Ovar (Talerman 1994). Im Ovar wird er auch als „Dysgenetisches Gonadom" bezeichnet (Serov u. Scully 1973).

<Anm. 291>
Die Gonadoblastome, die nur aus Keimzellen und Keimstrangelementen bestehen, werden als Gonadozytome II klassifiziert. Wenn die Tumoren zusätzlich luteinzellähnliche Elemente und Leydig-Zellen enthalten, werden sie als Gonadozytome III klassifiziert (Serov u. Scully 1973).

<Anm. 292>
Als Teratome werden im *Hoden* bezeichnet:

- Tumoren mit verschiedenen Gewebetypen unterschiedlicher Keimblätter (Endo-, Meso-Ektoderm),
- Tumoren mit verschiedenen Gewebetypen eines Keimblattes (z. B. Haut und Hirngewebe),
- Tumoren aus einem einzelnen differenzierten Gewebe und Anteilen eines Seminoms oder Embryonalkarzinoms.

Nach dem Reifegrad wird zwischen reifen und unreifen Teratomen unterschieden:
Reife Teratome bestehen ausschließlich aus gut differenzierten Geweben. Mitosen fehlen oder sind sehr selten. Ihre Prognose ist bei Kindern unter 12 Jahren immer gut, bei Jugendlichen gewöhnlich gut, bei Erwachsenen aber nicht voraussehbar, da bei diesen Metastasen vorkommen können. Diese reifen Teratome sind trotz der Verschlüsselung mit der Code-Nr. 9080/1 bei Erwachsenen als maligne Tumoren anzusehen. Dermoidzysten gehören zu den reifen Teratomen, nicht aber Epidermoidzysten, die von Plattenepithel ohne Hautanhangsdrüsen ausgekleidet werden.
Unreife Teratome bestehen wenigstens teilweise aus inkomplett differenzierten Geweben (z. B. unreifem Stroma oder neuroblastomähnlichem Gewebe) und zeigen in der Regel Mitosen.
Im *Ovar* ist die Dermoidzyste mit 99% die häufigste Form des Teratoms. Sie entspricht einem zystischen reifen Teratom, wird aber unter einer eigenen Code-Nr. (= 9084/0) verschlüsselt. Das solide reife Teratom wird unter der Nr. 9080/1 verschlüsselt; beim Auftreten unreifer Strukturen, auch wenn nur stellenweise im Tumor, wird die Diagnose „Unreifes Teratom" (= 9080/3) gestellt. Im Ovar kommen auch monodermale hochdifferenzierte Teratome vor, die gesondert verschlüsselt werden:

- Struma ovarii (= 9090/0),
- Karzinoid (= 8240/1),
- Struma ovarii kombiniert mit Karzinoid (= 9091/1).

In *anderen Organen* wird das reife Teratom nach den WHO-Klassifikationen z. T. mit der Nr. 9080/0 (Nasen- und Nasennebenhöhlen, Nasopharynx, Larynx, Mittel- und Innenohr: Shanmugaratnam 1991; Pankreas: Klöppel et al. 1996; Haut: Heenan et al. 1996), teils auch mit 9080/1 (Gehirn: Kleihues et al. 1993) verschlüsselt. In der WHO-Klassifikation der Cornea (Zimmerman 1980) werden Tumoren mit dem typischen Bild eines reifen Teratoms als „Dermoidtumor" (ohne Angabe einer Code-Nr.) bezeichnet. Wegen des gutartigen Verhaltens empfehlen wir die Verschlüsselung mit 9080/0.

9071/3	**Dottersacktumor** (auch Mediastinum, C38.3; Retroperitoneum, C48.0; Corpus uteri, C54; Cervix uteri, C53; Vagina, C52; Vulva, C51; Gehirn, C71) <Anm. 288>
	Endodermaler Sinustumor (auch Mediastinum, C38.3; Retroperitoneum, C48.0; Gehirn, C71)
	[Infantiles Embryonalkarzimom]
	[Polyvesikulärer Vitellintumor]
	[Orchioblastom (Hoden, C62)]
9072/3	**Polyembryom** <Anm. 289>
	Embryonalkarzinom vom polyembryonalen Typ
9073/1	**Gonadoblastom** <Anm. 290>
	Gonadozytom <Anm. 291>
	Dysgenetisches Gonadom <Anm. 290>
9080/0	**Reifes Teratom** (nur Nasopharynx, C11; Nasen- und Nasennebenhöhlen, C30.0, C31; Mittel- und Innenohr, C30.1; Larynx, C32; Pankreas, C25; Haut, C44) <Anm. 292>
	Dermoidtumor (nur Cornea, C69.1)
	[Zystisches Teratom des Erwachsenen]
	[Teratom des Erwachsenen o.n.A.]
	[Zystisches Teratom o.n.A.]
	[Differenziertes Teratom (Hoden, C62)] <Anm. 293>
9080/1	**Reifes Teratom o.n.A.** (Hoden, C62; Gehirn, C71) <Anm. 292>
	Solides reifes Teratom (Ovar, C56)
	Teratom o.n.A. (nur Mediastinum, C38.3; Retroperitoneum, C48.0; Orbita, C69.6; Leber, C22)
	Dermoidzyste (Hoden, C62) <Anm. 296>
9080/3	**Unreifes Teratom** (auch Gehirn, C71) <Anm. 292>
	Malignes Teratom
	[Embryonales Teratom] <Anm. 294>
	[Malignes Teratoblastom] <Anm. 294>
9081/3	**Teratokarzinom** (Hoden, C62; Mediastinum, C38.3; Retroperitoneum, C48.0) <Anm. 295>
	Embryonalkarzinom und Teratom, kombiniert

<Anm. 293>
Bezeichnungen der heute nicht mehr zu empfehlenden Klassifikation des British Testicular Tumor Panel (Pugh 1976).

<Anm. 294>
Diese Bezeichnungen sind heute obsolet. Unter diesen Begriffen wurden unreife Teratome, aber auch Teratokarzinome und sonstige germinale Mischtumoren beschrieben.

<Anm. 295>
Als Teratokarzinome werden Teratome zusammengefaßt, die aus Strukturen eines Embryonalkarzinoms und eines Teratoms bestehen (Mostofi 1981). Sie sind die häufigsten pluriform strukturierten Keimzelltumoren.

<Anm. 296>
Sehr selten kommen auch im Hoden Dermoidzysten vor. Nach der WHO-Klassifikation (Mostofi 1977) sollen sie als reifes Teratom unter der Code-Nr. 9080/1 verschlüsselt werden.

<Anm. 297>
In etwa 2% der Dermoidzysten des Ovars entwickeln sich typische maligne Tumoren, meist Plattenepithelkarzinome, selten auch Schweißdrüsen- oder Schilddrüsenkarzinome oder maligne Melanome. Im Hoden und im Gehirn sind Teratome mit maligner Transformation extrem selten. Sie zeigen teils Strukturen eines reifen oder unreifen Teratoms, teils solche eines typischen malignen Tumors (z.B. Adenokarzinom, Plattenepithelkarzinom oder Sarkom). – Zu den Dermoidzysten bzw. Teratomen mit maligner Transformation werden auch Fälle mit Entwicklung eines Karzinoidtumors gerechnet.

<Anm. 298>
Germinale Tumoren sind vielfach pluriform strukturiert. So kommen Kombinationen zwischen Embryonalkarzinom, Teratom, Chorionkarzinom und auch Seminom vor, insbesondere im Hoden. Zwei dieser möglichen Kombinationen sind relativ häufig und werden daher mit eigenen Code-Nummern verschlüsselt:
- Teratokarzinom = Embryonalkarzinom, kombiniert mit Teratom = 9081/3,
- Chorionkarzinom kombiniert mit anderen Keimzellelementen = 9101/3.
Alle anderen Kombinationen werden mit der Code-Nr. 9085/3 verschlüsselt.

<Anm. 299>
Hierunter versteht man Ovarialtumoren vom Typ des Teratoms, die ausschließlich oder fast ausschließlich Schilddrüsengewebe enthalten. Die Diagnose sollte nicht gestellt werden, wenn in Teratomen nur kleine Nester von Schilddrüsengewebe vorkommen (Talerman 1994).

<Anm. 300>
Die maligne Variante der Struma ovarii ist selten. Die Kriterien der Malignität entsprechen denen der Schilddrüsentumoren.

<Anm. 301>
Gelegentlich werden Karzinoidinseln in der Struma ovarii gefunden. Die Tumoren können dann nicht als maligne eingestuft werden.

<Anm. 302>
Die Diagnose „Blasenmole" sollte heute ohne weitere Differenzierung nicht mehr verwendet werden. In jedem Falle muß unterschieden werden zwischen der vollständigen (= 9100/0) und der partiellen Blasenmole (= 9103/0). Dabei entspricht der jetzige Begriff der „Vollständigen Blasenmole" der früher einfach mit „Blasenmole" bezeichneten Veränderung (Scully et al. 1994). Bei dieser sind nahezu alle Zotten stark ödematös verbreitert mit einem großen azellulären Zentrum. Die Zotten sind meistens gefäßlos bzw. enthalten nur wenige Kapillaren. Stets findet sich eine Trophoblasten-Proliferation mit allen drei trophoblastischen Zelltypen: Zytotrophoblasten, Synzytiotrophoblasten und intermediären Trophoblasten (Mazur u. Kurman 1994). Die Trophoblastenzellen zeigen Atypien mit Kernvergrößerung, Pleomorphien und Hyperchromasie unterschiedlichen Ausmaßes. Ein histologisches Grading wird nicht empfohlen, da alle Patienten, unabhängig vom histologischen Bild, in gleicher Weise überwacht werden müssen. Der Karyotyp ist gelegentlich 46XX, vereinzelt auch 46XY.

<Anm. 303>
Bei dieser Form der Blasenmole finden sich Chorionzotten im Myometrium oder in dessen Blutgefäßen. Die Unterscheidung vom Chorionkarzinom ist an der Abrasio im allgemeinen nicht möglich (Scully et al. 1994).

<Anm. 304>
Das Chorionkarzinom besteht in der Regel aus Proliferationen von Zytotrophoblasten und Synzytiotrophoblasten. Chorionzotten sind meistens nicht ausgebildet. Diese Neoplasie muß von dem (selteneren) epitheloiden Trophoblasttumor (= 9105/3) abgegrenzt werden.

<Anm. 305>
Chorionkarzinome außerhalb der Schwangerschaft zeigen oft zusätzlich Strukturen anderer germinaler Tumoren, z.B. solche eines Teratoms und/oder eines Embryonalkarzinoms.

<Anm. 306>
Die „Partielle Blasenmole" enthält zwei Typen von Chorionzotten: Solche von normaler Größe und hydropische Formen wie bei der vollständigen Blasenmole (vgl. Anm. 302). Im Gegensatz zur letzteren ist diese Blasenmole vom triploiden Karyotyp, und zwar meist 69XXY, gelegentlich auch 69XXX und sehr selten 69XYY. Übergänge in ein Chorionkarzinom sind bei diesem Tumor selten.

9082/3	[Undifferenziertes malignes Teratom (Hoden, C62)] <Anm. 293>
	[Malignes anaplastisches Teratom] <Anm. 293>
9083/3	[Malignes Intermediär-Teratom (Hoden, C62)] <Anm. 293>
9084/0	**Dermoidzyste o.n.A.** (Ovar, C56; Haut, C44; Corpus uteri, C54; Cervix uteri, C53; Vagina, C52; Orbita, C69.6; Augenlid, C44.1; Konjunktiva, C69.0; Cornea, C69.1; Gehirn, C71) <Anm. 296>
	Reifes zystisches Teratom
9084/3	**Dermoidzyste mit maligner Transformation** (Ovar, C56) <Anm. 297>
	Teratom in maligner Transformation (Hoden, C62; Gehirn, C71) <Anm. 297>
9085/3	**Germinaler Mischtumor** (auch Gehirn, C71) <Anm. 298>
9090/0	**Struma ovarii o.n.A.** (C56) <Anm. 299>
9090/3	**Maligne Struma ovarii** (C56) <Anm. 300>
9091/1	**Struma ovarii und Karzinoid** (Ovar, C56) <Anm. 301>
	Struma-Karzinoid

910 Trophoblastische Neoplasien
(sofern nicht anders vermerkt, Plazenta, C58)

9100/0	**Vollständige Blasenmole o.n.A.** <Anm. 302>
	Komplette Blasenmole
	Klassische Blasenmole
	[Blasenmole o.n.A.]
9100/1	**Invasive Blasenmole** (auch extraplazentar) <Anm. 303>
	Invasive Mole
	Chorioadenoma destruens
9100/3	**Chorionkarzinom** (auch extraplazentar, bes. Hoden, C62) <Anm. 304>
	Chorionepitheliom
9101/3	**Chorionkarzinom kombiniert mit anderen Keimzellelementen** (auch extraplazentar, bes. Hoden, C62) <Anm. 305>
	Chorionkarzinom kombiniert mit Teratom
	Chorionkarzinom kombiniert mit Embryonalkarzinom
9102/3	[Trophoblastisches malignes Teratom (Hoden, C62)] <Anm. 293>
9103/0	**Partielle Blasenmole** <Anm. 306>

<Anm. 307>
Der trophoblastische Plazentatumor entspricht in seiner zellulären Zusammensetzung der nichtneoplastischen Trophoblasten-Infiltration im normalen Implantationsareal. Im Gegensatz zum Chorionkarzinom findet sich der normale Zottentyp; dabei kommen durchaus trophoblastische Riesenzellen mit Atypien und mit Infiltrationen des Myometriums vor. Die meisten trophoblastischen Plazentatumoren sind gutartig, aber die gelegentlich vorkommende bösartige Form hat einen höheren Malignitätsgrad als das Chorionkarzinom, spricht nicht auf Chemotherapie an und erfordert in jedem Falle die Hysterektomie (Mazur u. Kurman 1994). Eine eindeutige histologische Differenzierung zwischen benigne und maligne ist nicht möglich (Scully et al. 1994).

<Anm. 308>
Die Bezeichnung „Epitheloider Trophoblasttumor" wurde von Mazur u. Kurman (1994) für einen sehr seltenen, sich vom Chorionkarzinom histologisch unterscheidenden Tumor vorläufig vorgeschlagen. Er geht wie das Chorionkarzinom mit einem erhöhten Serumspiegel von HCG einher und besteht vorwiegend aus atypischen mononukleären Trophoblastzellen und dazwischen liegenden Synzytiotrophoblasten. Die für das Chorionkarzinom charakteristische Dimorphie fehlt, und der Tumor hat einen bevorzugt epitheloiden Charakter. Der Tumor invadiert wie das Chorionkarzinom, läßt aber die bei diesem häufigen Blutungen und Nekrosen vermissen. Die Prognose scheint etwas günstiger zu sein als die des Chorionkarzinoms (Mazur u. Kurmann 1994). Wir empfehlen die Kodierung mit der freien Nr. 9105/3.

<Anm. 309>
Als „Mesonephrom" wurden früher die Dottersacktumoren bezeichnet, welche Strukturen ähnlich den Nieren-Glomeruli enthalten. Diese Bezeichnung gilt heute als obsolet und sollte nicht mehr verwendet werden (Talerman 1994). Das Gleiche gilt für die Bezeichnung „Mesonephrischer Tumor" (= 9110/1).

<Anm. 310>
Die mesonephrischen Adenokarzinome sind seltene Tumoren, die aus Resten des mesonephrischen Gewebes entstehen sollen. Sie unterscheiden sich vom Klarzelladenokarzinom (das z.T. auch als mesonephroides Klarzellkarzinom bezeichnet wird) dadurch, daß sie keine hellen (klaren) Zellen aufweisen. – In der Zervix liegen diese Tumoren tief in der Seitenwand und sind tubulär strukturiert (OTD 1995).

<Anm. 311>
Die traditionelle Unterscheidung zwischen Hämangiosarkom (= 9120/3) und Lymphangiosarkom (= 9170/3) kann nicht immer verläßlich getroffen werden; daher wird in der WHO-Klassifikation der Weichteiltumoren (Weiss 1994) die zusammenfassende Bezeichnung „Angiosarkom" als Vorzugsbezeichnung empfohlen. Gemeinsam ist die Bildung irregulärer anastomosierender Gefäßräume, die von atypischen Endothelzellen ausgekleidet sind.

<Anm. 312>
Diese Bezeichnung sollte entsprechend der WHO-Klassifikation (Ishak et al. 1994) nicht mehr verwendet werden, weil der Ursprung von Kupffer-Zellen ungeklärt ist. Es wird empfohlen, diese Tumoren als „Angiosarkome" zu bezeichnen und unter der Code-Nr. 9120/3 zu verschlüsseln.

<Anm. 313>
Nach Weiss (1994) und Enzinger u. Weiss (1995) ist das epitheloide Hämangiom – zuerst beschrieben als „Angiolymphoide Hyperplasie mit Eosinophilie" – identisch mit dem sog. histiozytoiden Hämangiom, weswegen beide Formen hier zusammengefaßt werden. Die in der englischsprachigen Originalfassung der ICD-O vorgesehene Code-Nr. 9126/0 wird nicht mehr empfohlen. In der WHO-Klassifikation der Weichteiltumoren (Weiss 1994) werden epitheloides und histiozytoides Hämangiom als „neoplastic or quasi neoplastic lesion" bezeichnet und unter der alten SNOMED-Nr. M-72260 kodiert. In SNOMED 1993 wird der Begriff nicht mehr aufgeführt.

<Anm. 314>
In der englischsprachigen Originalfassung der ICD-O wird unter der Code-Nr. 9130/0 das „Benigne Hämangioendotheliom" angeführt. In der WHO-Klassifikation der Weichteiltumoren (Weiss 1994) wird jedoch das Hämangioendotheliom als „intermediärer Tumor", also als nicht eindeutig benigner Tumor geführt und unter der Code-Nr. 9130/1 verschlüsselt. Das histologisch ähnliche „Infantile Hämangioendotheliom der Leber" verhält sich hingegen eindeutig benigne. Daher wurde für diesen Tumor die Code-Nr. 9130/0 vorgeschlagen (Ishak et al. 1994).

9104/1	Trophoblastischer Plazentatumor <Anm. 307>
9105/3	*Epitheloider Trophoblasttumor* <Anm. 308>

911 Mesonephrome

9110/0	[Mesonephrom o.n.A.] <Anm. 309>
9110/1	[Mesonephrischer Tumor] <Anm. 309>
9110/3	**Mesonephrisches Adenokarzinom** <Anm. 310> Malignes Mesonephrom Karzinom des Wolff-Ganges (C57.7)

912–916 Neoplasien der Blutgefäße

9120/0	**Hämangiom o.n.A.** Angiom o.n.A. Chorioangiom (Plazenta, C58)
9120/3	**Angiosarkom** <Anm. 311> Hämangiosarkom
9121/0	**Kavernöses Hämangiom**
9122/0	**Venöses Hämangiom**
9123/0	**Haemangioma racemosum** Arteriovenöses Hämangiom
9124/3	[Kupfferzellsarkom (Leber, C22)] <Anm. 312>
9125/0	**Epitheloides Hämangiom** <Anm. 313> Epitheloidzelliges Hämangiom Angiolymphoide Hyperplasie mit Eosinophilie
9126/0	[Histiozytoides Hämangiom] <Anm. 313>
9130/0	**Infantiles Hämangioendotheliom der Leber** (C22) <Anm. 314>

<Anm. 315>
Das spindelzellige Hämangioendotheliom wird in der WHO-Klassifikation (Weiss, 1994) als Subtyp des Hämangioendothelioms beschrieben.

<Anm. 316>
Enzinger u. Weiss (1995) bezeichnen diesen Tumor als Subtyp des Hämangioendothelioms.

<Anm. 317>
Die englischsprachige Originalfassung der ICD-O führt unter der Code-Nr. 9132/0 nur das „Intramuskuläre Hämangiom". Dieser Typ ist nach Enzinger u. Weiss (1995) ein Subtyp des „Tiefen Hämangioms". Zu diesem gehören weiter das „Synoviale Hämangiom" und das „Perineurale Hämangiom". Obwohl in der WHO-Klassifikation (Weiss 1994) das tiefe Hämangiom und seine Subtypen nicht aufgeführt sind, wird vorgeschlagen, alle diese Formen unter der Code-Nr. 9132/0 zu verschlüsseln.

<Anm. 318>
Für diesen seltenen, vorwiegend kindlichen Tumor von Haut und Subkutis ist in der WHO-Klassifikation (Weiss 1994) die Code-Nr. 9134/0 angegeben. Da bei diesem Tumor aber auch regionäre Lymphknotenmetastasen vorkommen können und er einen Subtyp des „Intermediären Hämangioendothelioms" darstellt (Enzinger u. Weiss 1995), wird, abweichend von der WHO-Klassifikation, die Verschlüsselung mit der Code-Nr. 9134/1 empfohlen. Der in der englischsprachigen Originalfassung der ICD-O unter dieser Notation erwähnte „Intravaskuläre alveoläre Bronchialtumor" wird unter der gleichen Code-Nr. beibehalten.

<Anm. 319>
Beim malignen Hämangioperizytom findet sich die Struktur eines benignen Hämangioperizytoms ohne weitere Differenzierung. Zusätzlich sind aber auch Atypien, hoher Mitosegehalt, Blutungen und Nekrosen nachweisbar (OTD 1995).

<Anm. 320>
Diese in der englischsprachigen Originalfassung der ICD-O nicht erwähnten Tumoren der Haut zeigen ein „büscheliges" („tufted") Wachstum von Kapillaren. Sie sind in der WHO-Klassifikation (Weiss 1994) unter der Code-Nr. 9161/0 aufgeführt. Wir folgen dem und nicht der neuen WHO-Klassifikation der Hauttumoren (Heenan et al. 1996), in der die Code-Nr. 9120/0 vorgeschlagen wird.

9130/1	**Hämangioendotheliom o.n.A.** \<Anm. 314\>
	Angioendotheliom o.n.A.
	Spindelzelliges Angioendotheliom (Haut, C44)
	Spindelzelliges Hämangioendotheliom (Weichteile, C49) \<Anm. 315\>
	Kaposiformes Hämangioendotheliom (Weichteile, C49) \<Anm. 316\>
9130/3	**Malignes Hämangioendotheliom**
	Hämangioendotheliales Sarkom
9131/0	**Kapilläres Hämangiom**
	Haemangioma simplex
	Infantiles Hämangiom
	Plexiformes Hämangiom
	Juveniles Hämangiom
9132/0	**Tiefes Hämangiom** \<Anm. 317\>
	Intramuskuläres Hämangiom
	Synoviales Hämangiom
	Perineurales Hämangiom (C47)
9133/1	**Epitheloidzelliges Hämangioendotheliom o.n.A.**
	Epitheloides Hämangioendotheliom o.n.A
9133/3	**Malignes epitheloidzelliges Hämangioendotheliom**
	Malignes epitheloides Hämangioendotheliom
9134/1	**Endovaskuläres papilläres Angioendotheliom** (Haut, C44; Subkutis, C49) \<Anm. 318\>
	Dabska-Tumor
	Endovaskuläres papilläres Hämangioendotheliom
	Intravaskulärer alveolärer Bronchialtumor (C34)
9140/3	**Kaposi-Sarkom**
	Multiples hämorrhagisches Sarkom
9141/0	**Angiokeratom** (Haut, C44; Vulva, C51)
9142/0	**Verruköses keratotisches Hämangiom** (Haut, C44)
9150/0	**Benignes Hämangioperizytom**
9150/1	**Hämangioperizytom o.n.A.**
9150/3	**Malignes Hämangioperizytom** \<Anm. 319\>
9160/0	**Angiofibrom o.n.A.**
	Fibröse Papel (Haut, C44) \<Anm. 212\>
	Juveniles Angiofibrom (Nasopharynx, C11)
	Nasopharyngeales Angiofibrom (C11)
	Fibröse Nasenpapel \<Anm. 212\>
	Fibrosierter Nasenpapel-Nävus \<Anm. 212\>
9161/0	*Erworbenes büscheliges Angioblastom* (Haut, C44) \<Anm. 320\>
	Erworbenes büscheliges Hämangioblastom
	Büscheliges („tufted") Hämangiom

<Anm. 321>
Das „Kapilläre Hämangioblastom" des Gehirns betrifft meist das Kleinhirn und tritt oft multipel auf. Histologisch besteht es aus reichlichen kapillären Gefäßen mit einem Stroma, dessen Zellen eosinophiles und wechselnd lipidreiches Zytoplasma aufweisen. Damit ähnelt das histologische Bild weitgehend dem der Angiomatosis retinae (Haemangioblastoma retinae). Beide Tumoren kommen entweder sporadisch oder im Rahmen des Hippel-Lindau-Syndroms vor (Kleihues et al. 1993; McLean et al. 1994).

<Anm. 322>
Als „Angiomatose" bezeichnen Enzinger und Weiss (1995) eine benigne, fast nur in der Kindheit auftretende Veränderung vom Typ eines diffusen Hämangioms. Sie kommt in den Weichteilen vor und neigt hier stark zu Lokalrezidiven. Die früher manchmal verwendete Bezeichnung „Infiltrierendes Angiolipom" wird nicht mehr empfohlen, weil sie zu Verwechslung mit dem hiervon abzugrenzenden Angiolipom (= 8861/0) Anlaß geben kann. In der englischsprachigen Originalfassung der ICD-O ist die neoplastische Angiomatose nicht aufgeführt. In der WHO-Klassifikation (Weiss 1994) wird sie mit der SNOMED-Nr. M-76310, in SNOMED 1993 mit M-76100 kodiert. Wegen ihres neoplastischen Charakters schlagen wir vor, hierfür die freie Code-Nr. 9162/1 zu verwenden. – Von der neoplastischen Angiomatose sind reaktive angiomatöse Veränderungen abzugrenzen, wie z.B. die vorwiegend durch Rickettsien verursachte „Epitheloidzellige Angiomatose" oder die sog. „Nodale Angiomatose", die vaskuläre Transformation des Lymphknotens (Enzinger u. Weiss 1995).

<Anm. 323>
Ein Teil dieser Tumoren kommt an Extremitäten mit lange bestehendem Lymphödem vor. Am Arm wird die Kombination als „Stewart-Trewes-Syndrom" bezeichnet (vgl. Anm. 311).

<Anm. 324>
Nach der WHO-Klassifikation (Schajowicz 1993) werden 3 Typen des Osteoms unterschieden:
- Konventionelles Osteom („Elfenbeinexostose"),
- Parossales (juxtakortikales) Osteom,
- Medulläres Osteom (Enostose, Enosteom, Knocheninsel).

Alle diese Typen werden unter 9180/0 erfaßt.

9161/1 Kapilläres Hämangioblastom (Gehirn, C71) <Anm. 321>
Hämangioblastom o.n.A.
Angiomatosis retinae (C69.2)
Haemangioblastoma retinae
Angioblastom o.n.A.

9162/1 *Angiomatose* (ausgenommen Angiomatosis retinae, = 9161/1) <Anm. 322>
Diffuses Hämangiom

917 **Neoplasien der Lymphgefäße**

9170/0 Lymphangiom o.n.A.
Lymphangioendotheliom o.n.A.
Lymphangiomatose (Leber, C22)

9170/3 Lymphangiosarkom <Anm. 311, 323>
Lymphangioendotheliales Sarkom
Malignes Lymphangioendotheliom

9171/0 Kapilläres Lymphangiom

9172/0 Kavernöses Lymphangiom

9173/0 Zystisches Lymphangiom
Zystisches Hygrom
Hygrom o.n.A.

9174/0 Lymphangiomyom

9174/1 Lymphangiomyomatose

9175/0 Hämolymphangiom

918–924 **Neoplasien der Knochen- und Knorpelgewebe**
(sofern nicht anders vermerkt, Skelett, C40, C41)

9180/0 Osteom o.n.A. (auch Weichteile, C49; Gehirn, C71) <Anm. 324>
Konventionelles Osteom
Elfenbeinexostose
Parossales Osteom
Juxtakortikales Osteom
Medulläres Osteom
Enosteom
Enostose
Extraskelettales Osteom

<Anm. 325>
„Osteosarkom" ist eine Sammelbezeichnung für alle malignen Tumoren mit direkter Neubildung von Knochen bzw. Osteoid durch die Tumorzellen. Damit umfaßt diese Gruppe ein weites Spektrum histologischer Typen mit unterschiedlichem biologischem und klinischem Verhalten. Daher sollte, wann immer möglich, eine Differenzierung erfolgen, und die Diagnose „Osteosarkom o.n.A." sollte vermieden werden. Gleiches gilt für die Bezeichnungen „Osteogenes Sarkom" und „Osteoblastisches Sarkom". – Nach der WHO-Klassifikation (Schajowicz 1993) werden die im Skelettsystem vorkommenden Osteosarkome wie folgt unterteilt:

Osteosarkom o.n.A.:
1) Zentrales (medulläres) Osteosarkom o.n.A.
   1.1 Konventionelles zentrales Osteosarkom
   1.2 Teleangiektatisches Osteosarkom
   1.3 Intraossäres gut differenziertes (Low-grade-)Osteosarkom
   1.4 Rundzell-Osteosarkom
2) Oberflächen-Osteosarkom
   2.1 Parossales (juxtakortikales) Osteosarkom
   2.2 Periossales Osteosarkom
   2.3 High-grade-Oberflächenosteosarkom

Dazu kommt noch das in der WHO-Klassifikation zwar nicht gesondert aufgelistete, aber im Text erwähnte, extrem seltene „Intrakortikale Osteosarkom".
Dem Vorschlag von Schajowicz (1993), die Subtypen des Oberflächen-Osteosarkoms sowie das intraossäre gut differenzierte (Low-grade-)Osteosarkom durch eine zweistellige Anhängezahl zu differenzieren, können wir aus dokumentationstechnischen Gründen nicht zustimmen; vielmehr folgen wir hier den Vorschlägen der OTD (1995) und vergeben bisher freie Code-Nummern.

<Anm. 326>
Die Unterteilung von Osteosarkomen in vorwiegend osteoblastische, chondroblastische oder fibroblastische hat hinsichtlich Prognose und Behandlung keine Bedeutung und ist daher nicht zu empfehlen.

<Anm. 327>
Dieser Tumor ist gekennzeichnet durch zahlreiche große, blutgefüllte Hohlräume, die von fibrösen Septen getrennt sind. Die zellreichen Areale zeigen starke Anaplasie, Riesenzellen vom Osteoklastentyp und nur geringe oder schwer aufzufindende Osteoid- oder Knochenbildungen. Zu diesem Tumortyp gehören etwa 1% aller Osteosarkome (OTD 1995).

<Anm. 328>
Die meisten Osteosarkome auf dem Boden eines Morbus Paget sind konventionelle, zentrale Osteosarkome. Aber es kommen auch andere Formen vor. Bei der Verwendung dieses Begriffes wird der für Therapie und Prognose bestimmende Tumortyp nicht erkennbar. Daher wird dieser Begriff nicht mehr empfohlen.

<Anm. 329>
Histologisch enthält dieser seltene Tumor sowohl die Merkmale des Ewing-Sarkoms als auch diejenigen des Osteosarkoms.

<Anm. 330>
Das konventionelle zentrale Osteosarkom wird in der englischsprachigen Originalfassung der ICD-O nicht erwähnt, ist aber in der WHO-Klassifikation (Schajowicz 1993) als Subtyp des zentralen (medullären) Osteosarkoms o.n.A. beschrieben (vgl. Anm. 325). Dort ist für diesen Subtyp die Verschlüsselung mit der Code-Nr. des Oberbegriffs (Zentrales Osteosarkom o.n.A. = 9180/3) angegeben. Davon abweichend empfehlen wir entsprechend dem Vorschlag der OTD (1995) die Kodierung mit der bisher freien Code-Nr. 9186/3, um eine klare Abgrenzung zu ermöglichen.
Zum Typ des konventionellen zentralen Osteosarkom gehören etwa 90% aller Osteosarkome. Die Diagnose erfolgt per exclusionem, d.h. dann, wenn ein zentrales Osteosarkom weder die Charakteristika des teleangiektatischen (= 9183/3) oder des Rundzell-Osteosarkoms (= 9185/3) noch jene des „Intraossären gut differenzierten (Low-grade-)Osteosarkoms" (= 9187/3) aufweist. Das konventionelle zentrale Osteosarkom kann unterschiedliche Anteile von Knochen- und Knorpelbildung und eine unterschiedliche Beschaffenheit des nichtknöchernen und nichtknorpelbildenden Anteils (fibrös, fibrozytär) aufweisen. Frühere Bezeichnungen, wie etwa „Vorwiegend osteoblastisches Osteosarkom", „Vorwiegend chondroblastisches Osteosarkom", „Vorwiegend fibroblastisches Osteosarkom", die in der englischsprachigen Originalfassung der ICD-O noch eigene Code-Nummern haben, sind in der WHO-Klassifikation (Schajowicz 1993) nicht mehr vorgesehen. Auch wir verzichten auf eine differenzierte Kodierung.

<Anm. 331>
Das „Intraossäre gut differenzierte (Low-grade-)Osteosarkom" zeigt vorwiegend fibröses und ossäres Gewebe, wenig Zellanaplasie und nur spärlich Mitosen. Dieser Subtyp zeichnet sich

9180/3	**Zentrales Osteosarkom o.n.A.** <Anm. 325>
	Medulläres Osteosarkom o.n.A.
	Osteosarkom der Weichteile (C49)
	[Osteosarkom o.n.A.]
	[Osteogenes Sarkom o.n.A.]
	[Osteoblastisches Osteosarkom] <Anm. 326>
	[Osteoblastisches Sarkom]
9181/3	[Chondroblastisches Osteosarkom] <Anm. 326>
9182/3	[Fibroblastisches Osteosarkom] <Anm. 326>
	[Osteofibrosarkom]
9183/3	**Teleangiektatisches Osteosarkom** <Anm. 327>
9184/3	[Osteosarkom in Paget-Knochenkrankheit] <Anm. 328>
9185/3	**Rundzell-Osteosarkom** <Anm. 329>
	Kleinzelliges Osteosarkom
9186/3	*Konventionelles zentrales Osteosarkom* <Anm. 330>
9187/3	*Intraossäres gut differenziertes (Low-grade-)Osteosarkom* <Anm. 331>
9190/3	**Oberflächen-Osteosarkom o.n.A.** <Anm. 332>
	[Peripheres Osteosarkom]
9191/0	**Osteoid-Osteom o.n.A**
9192/3	*Parossales Osteosarkom* <Anm. 333>
	[Juxtakortikales Osteosarkom]
9193/3	*Periossales Osteosarkom* <Anm. 333>

durch eine im Vergleich zu allen anderen Subtypen geringere Aggressivität aus. Er findet sich bei nur etwa 1% aller Osteosarkome.

<Anm. 332>
In der WHO-Klassifikation (Schajowicz 1993) werden Osteosarkome, die an der Oberfläche des Knochens entstehen, als Oberflächen-Osteosarkome zusammengefaßt. Die Bezeichnung „Oberflächen-Osteosarkom o.n.A." sollte aber nur dann verwendet werden, wenn eine Unterteilung in die drei Typen mit den Code-Nummern 9192/3, 9193/3 und 9194/3 nicht möglich ist. Zwischen diesen bestehen nicht nur histologische, sondern auch biologische und klinisch-prognostische Unterschiede.

<Anm. 333>
Das parossale Osteosarkom hat nur eine schmale Verbindung mit dem Knochen (aus dem es seinen Ursprung nimmt), das periossale Osteosarkom dagegen einen breitbasigen Kontakt mit der Kortikalis. Es geht auch vom Knochen aus und nicht vom Periost, weswegen die aus dem Englischen übernommene Bezeichnung „Periostales Osteosarkom" irreführend ist und nicht verwendet werden sollte. – Histologisch zeigt das parossale Osteosarkom hoch differenziertes Knochengewebe, welches oft lamellär ist und nur minimale Polymorphien und spärliche Mitosen aufweist. Das periossale Osteosarkom enthält vorwiegend niedrig oder mittelgradig differenzierten Knorpel, oft mit enchondraler Ossifikation, und nur herdförmig Osteoid. Dadurch sind die beiden Formen, das parossale und das periossale Osteosarkom, klar zu unterscheiden. Sie sollten nach dem Vorschlag der OTD (1995) mit der Code-Nr. 9192/3 bzw. 9193/3 verschlüsselt werden. Die Bezeichnung „Juxtakortikales Osteosarkom" wird hier noch aufgeführt, sollte aber möglichst nicht mehr verwendet werden (Schajowicz 1993).

<Anm. 334>
Dieser in der WHO-Klassifikation als „High-grade surface osteosarcoma" (Schajowicz 1993) neu aufgeführte Tumor, der bevorzugt in Femur und Humerus vorkommt, hat eine deutlich schlechtere Prognose als das konventionelle (zentrale) Osteosarkom. Die Kodierung erfolgt nach dem Vorschlag der OTD (1995).

<Anm. 335>
Es handelt sich um eine sehr seltene Variante eines Osteosarkoms, die sich in der Kortikalis entwickelt und üblicherweise auf diese beschränkt ist. Der Tumor darf nur diagnostiziert werden, wenn keine wesentliche Ausdehnung in den Markraum oder in das periossale Gewebe vorliegt (Fechner u. Mills 1993).

<Anm. 336>
Der Morbus Ollier ist eine Erkrankung mit multiplen Enchondromen unter Bevorzugung einer Körperseite (sog. Hemichondrodysplasie). Die Erkrankung ist rezessiv erblich. Beim Maffucci-Syndrom sind multiple Enchondrome mit multiplen Hämangionen der Weichteile kombiniert. Bei beiden Erkrankungen besteht das Risiko zur Entwicklung von Chondrosarkomen auf dem Boden der Enchondrome (Schajowicz 1993).

<Anm. 337>
Es handelt sich um einen knorpelbildenden malignen Tumor, der an der Knochenoberfläche entsteht und gewöhnlich aus gut differenziertem, knorpeligem Gewebe besteht. In diesem finden sich vielfach fleckige Verkalkungen und enchondrale Ossifikationen, aber weder Osteoid noch Knochen. Ähnlich wie das periossale Osteosarkom tritt dieser Tumor an langen Knochen, meist am Femur, auf (OTD 1995).

<Anm. 338>
In den Weichteilen vorkommendes, hochdifferenziertes Chondrosarkom mit unterschiedlichen Anteilen hyalinen Knorpels, nur geringem Zellreichtum und meist nur geringer mitotischer Aktivität (Weiss 1994). Dieser Tumor ist in der englischsprachigen Originalfassung der ICD-O nicht aufgeführt. Wir empfehlen die Zuordnung zur Code-Nr. 9222/3 nach dem Vorschlag der OTD (1995).

<Anm. 339>
Ein Tumor im Epiphysenbereich, der histologisch aus relativ unreifen, runden oder polygonalen, chondroblastenähnlichen Zellen besteht (Schajowicz 1993).

<Anm. 340>
In der WHO-Klassifikation (Schajowicz 1993) beschriebener Tumor, bei dem sich neben Strukturen eines gut differenzierten Chondrosarkoms auch stark anaplastische Sarkomanteile finden. Dieser Tumortyp kommt auch extraskeletal vor (Weiss 1994). Entsprechend dem Vorschlag der Organspezifischen Tumordokumentation (OTD 1995) soll er mit der Code-Nr. 9242/3 verschlüsselt werden.

<Anm. 341>
In der WHO-Klassifikation (Schajowicz 1993) beschriebener Tumor, der neben mehr oder weniger reichlicher chondroider Matrix auffällige runde Zellen mit klarem oder vakuolisiertem Zytoplasma zeigt. Der Tumor wird bisweilen auch als „Atypisches aggressives Chondroblastom" oder „Malignes Chondroblastom" bezeichnet. Da er in der englischsprachigen Originalfassung der ICD-O nicht aufgeführt ist, soll er mit der Code-Nr. 9243/3 verschlüsselt werden (OTD 1995).

9194/3	*Hochmalignes (High-grade-)Oberflächen-Osteosarkom* <Anm. 334>
9195/3	*Intrakortikales Osteosarkom* <Anm. 335>
9200/0	**Osteoblastom o.n.A.** Riesen-Osteoidosteom
9200/1	**Aggressives Osteoblastom**
9210/0	**Osteochondrom o.n.A.** (auch Weichteile, C49; Gehirn, C71) Osteokartilaginäre Exostose Solitäres Osteochondrom Knorpelige Exostose Ekchondrom
9210/1	**Multiple hereditäre Osteochondrome** (auch Synovia, C49.93) Osteochondromatose Ekchondromatose
9220/0	**Chondrom o.n.A.** (auch Weichteile, C49; Gehirn, C71) Enchondrom
9220/1	**Chondromatose o.n.A.** (auch Synovia, C49.93) Enchondromatose Morbus Ollier <Anm. 336> Maffucci-Syndrom <Anm. 336>
9220/3	**Chondrosarkom o.n.A.** (auch Weichteile, C49; Gehirn, C71) [Fibrochondrosarkom]
9221/0	**Periossales Chondrom** Juxtakortikales Chondrom
9221/3	*Juxtakortikales (periossales) Chondrosarkom* <Anm. 337>
9222/3	*Extraskelettales Chondrosarkom, gut differenziertes* (nur Weichteile, C49) <Anm. 338>
9230/0	**Chondroblastom o.n.A.** Chondromatöser Riesenzelltumor Codman-Tumor **Epiphysäres Chondroblastom** <Anm. 339>
9230/3	**Malignes Chondroblastom**
9231/3	**Myxoides Chondrosarkom** (auch Weichteile, C49; Gehirn, C71)
9240/3	**Mesenchymales Chondrosarkom** (auch Weichteile, C49; Gehirn, C71)
9241/0	**Chondromyxoid-Fibrom**
9242/3	*Entdifferenziertes Chondrosarkom* (auch Weichteile, C49) <Anm. 340>
9243/3	*Klarzell-Chondrosarkom* <Anm. 341>

<Anm. 342>
Diese Bezeichnung ist in der WHO-Klassifikation (Schajowicz 1993) nicht vorgesehen. Die meisten malignen Tumoren nach Therapie eines Riesenzelltumors (sog. sekundäre maligne Riesenzelltumoren, fast immer nach Kurettage und Radiotherapie) sind als Fibro- oder Osteosarkome zu klassifizieren. Die sog. primären malignen Riesenzelltumoren sind fast immer teleangiektatische oder riesenzellreiche Osteo- oder Fibrosarkome oder maligne fibröse Histiozytome (Schajowicz 1993).

<Anm. 343>
Auch in den Weichteilen sind die meisten sog. primären Riesenzelltumoren riesenzellhaltige Fibrosarkome (= 8810/3) oder maligne fibröse Histiozytome (= 8830/3) mit Riesenzellreaktion. Daher ist dieser Begriff obsolet. Nur der maligne Riesenzelltumor der Sehnenscheide (= 9252/3) ist in der WHO-Klassifikation (Weiss 1994) gesondert aufgeführt (vgl. Anm. 345).

<Anm. 344>
Der benigne Riesenzelltumor der Sehnenscheiden kann in lokalisierter Form (Synonym: Noduläre Tendosynovitis) oder als diffuse Form (Synonym: Extraartikuläre pigmentierte villonoduläre Synovitis) auftreten. Die Veränderungen werden im Schrifttum oft als reaktiv angesehen, weswegen in der WHO-Klassifikation (Weiss 1994) die alte SNOMED-Nr. M-47830 vorgesehen ist. Heute spricht die Mehrzahl der Argumente für einen neoplastischen Charakter der Erkrankung (Enzinger u. Weiss 1995), weswegen wir die Verschlüsselung mit der Code-Nr. 9252/0 vorschlagen.

<Anm. 345>
Dieser Tumor ist in der englischsprachigen Originalfassung der ICD-O nicht vorgesehen, aber in der WHO-Klassifikation (Weiss 1994) beschrieben. Er weist neben den Strukturen eines benignen Riesenzelltumors auch sarkomatöse Anteile auf, die oft einem riesenzelligen, malignen fibrösen Histiozytom ähneln. Hier wird er nach dem Vorschlag der OTD (1995) mit der Code-Nr. 9252/3 verschlüsselt.

<Anm. 346>
Nach der WHO-Klassifikation der odontogenen Tumoren (Kramer et al. 1992) ist diese Neoplasie histologisch der fibrösen Dysplasie ähnlich, aber gegen das angrenzende Knochengewebe scharf abgegrenzt oder auch abgekapselt. Dort wird auch die Code-Nr. 9262/0 empfohlen.

<Anm. 347>
Der odontogene Klarzelltumor besteht aus Zügen oder Inseln vakuolisierter, klarer oder auch feingranulierter Zellen ohne Drüsen-Differenzierung. Manche Zellen enthalten viel Glykogen. Der Tumor ist in der WHO-Klassifikation (Kramer et al. 1992) definiert und unter 9270/0 kodiert.

<Anm. 348>
Bei odontogenen Tumoren sollte nach der WHO-Klassifikation (Kramer et al. 1992) eine Differenzierung in benigne oder maligne Formen erfolgen, weswegen die Diagnose „Odontogener Tumor o.n.A." nicht empfohlen wird.

925 **Riesenzellneoplasien**

9250/1 **Riesenzelltumor des Knochens o.n.A.** (C40, C41)
Osteoklastom o.n.A.

9250/3 [Maligner Riesenzelltumor des Knochens (C40, C41)] <Anm. 342>
[Malignes Osteoklastom]
[Riesenzellsarkom des Knochens]

9251/1 [Riesenzelltumor der Weichteile o.n.A.(C49)] <Anm. 343>

9251/3 [Maligner Riesenzelltumor der Weichteile (C49)] <Anm. 343>

9252/0 *Benigner Riesenzelltumor der Sehnenscheide* (C49) <Anm. 344>
Extraartikuläre pigmentierte villonoduläre Synovitis
Benigner tendosynovialer Riesenzelltumor
Noduläre Tendosynovitis (lokalisierter Typ)
Pigmentierte villonoduläre Synovitis
Proliferative Tendosynovitis (diffuser Typ)

9252/3 *Maligner Riesenzelltumor der Sehnenscheide* (C49) <Anm. 345>
Maligner tendosynovialer Riesenzelltumor

926 **Sonstige Neoplasien des Knochens** (C40, C41)

9260/3 **Ewing-Sarkom** (auch Weichteile, C49; Gehirn, C71)
[Ewing-Tumor]

9261/3 **Adamantinom der langen Röhrenknochen**
Adamantinom der Tibia (C40.22)

9262/0 **Ossifizierendes Fibrom**
Fibro-Osteom
Osteofibrom
Zemento-ossifizierendes odontogenes Fibrom (C03.9) <Anm. 346>

927–934 **Odontogene Neoplasien** (C03.9)

9270/0 **Odontogener Klarzelltumor** <Anm. 347>
[Benigner odontogener Tumor]

9270/1 [Odontogener Tumor o.n.A.] <Anm. 348>

<Anm. 349>
Die in der englischsprachigen Originalfassung der ICD-O verwendete Bezeichnung „Odontogenic tumor, malignant" wird hier als Synonym angeführt, da die Bezeichnung „Primäres intraossäres odontogenes Karzinom" sachlich richtiger ist und häufiger benutzt wird. Der in der englischsprachigen Originalfassung der ICD-O angeführte Begriff „Intraosseous carcinoma" ist irreführend. In der Regel handelt es sich um einen Tumor, der aus Zahnanlageanteilen entsteht.

<Anm. 350>
Nach der WHO-Klassifikation (Kramer et al. 1992) kommen maligne Veränderungen sowohl in verhornenden als auch in nichtverhornenden odontogenen Zysten vor, allerdings selten.

<Anm. 351>
Die Bezeichnung „Dentinom" wird in der WHO-Klassifikation (Kramer et al. 1992) als Synonym für das ameloblastische Fibrodentinom erwähnt und dort unter der Notation 9290/0 verschlüsselt. Wir folgen dem (vgl. Anm. 355).

<Anm. 352>
Die periapikale zementale Dysplasie ist nichtneoplastischer Natur, wird aber entsprechend der WHO-Klassifikation (Kramer et al. 1992) mit 9272/0 verschlüsselt. Die in der englischsprachigen Originalfassung der ICD-O an erster Stelle stehende Bezeichnung „Zementom o.n.A." wird in der WHO-Klassifikation nicht mehr aufgeführt.

<Anm. 353>
Das zementbildende Fibrom unterscheidet sich vom ossifizierenden Fibrom und vom zementossifizierenden Fibrom im Bereich der Kieferknochen (= 9262/0) dadurch, daß es neben dem fibrösen Gewebe nur zementähnliches Material enthält, während bei den anderen Formen daneben auch knöchernes Gewebe vorhanden ist.

<Anm. 354>
Odontome sollten genauer klassifiziert werden. Die Bezeichnung „Odontom o.n.A." aus der englischsprachigen Originalfassung der ICD-O wird in der WHO-Klassifikation (Kramer et al. 1992) nicht geführt und ist nicht zu empfehlen.

<Anm. 355>
Beim ameloblastischen Fibrodentinom (Dentinom) wird Dentin, beim Fibro-Odontom zusätzlich auch Schmelz gebildet. Das gleiche gilt für die analogen Sarkomformen der Code-Nr. 9290/3 (Kramer et al. 1992).

<Anm. 356>
Diese Veränderung wird in der WHO-Klassifikation (Kramer et al. 1992) als Sonderform der kalzifizierenden odontogenen Zyste angeführt. Im Gegensatz zur letzteren handelt es sich um eine überwiegend solide Veränderung mit den Charakteristika des Ameloblastoms, mit Schattenzellen und mit Dentinoid.

<Anm. 357>
Der Tumor wird in der WHO-Klassifikation (Kramer et al. 1992) beschrieben. Er enthält neben Veränderungen des Schattenzelltumors maligne Areale mit Kernatypien und Mitosen und zeigt auch infiltratives Wachstum. Wir schlagen hierfür die Code-Nr. 9302/3 vor.

9270/3	**Primäres intraossäres odontogenes Karzinom** <Anm. 349>
	Maligner odontogener Tumor
	Maligne Veränderungen einer odontogenen Zyste <Anm. 350>
	Odontogenes Karzinom
	Odontogenes Sarkom
	Ameloblastisches Karzinom
9271/0	[Dentinom] <Anm. 351>
9272/0	**Periapikale zementale Dysplasie** <Anm. 352>
	Periapikale zemento-ossäre Dysplasie
	Periapikale fibröse Dysplasie
	[Zementom o.n.A.]
9273/0	**Benignes Zementoblastom**
	Echtes Zementom
9274/0	**Zementbildendes Fibrom** <Anm. 353>
9275/0	**Floride zemento-ossäre Dysplasie**
	Riesenzementom
	Cementoma gigantiforme
	Floride ossäre Dysplasie
	Familiäre multiple Zementome
9280/0	[Odontom o.n.A.] <Anm. 354>
9281/0	**Compound-Odontom**
9282/0	**Komplexes Odontom**
9290/0	**Ameloblastisches Fibrodentinom** <Anm. 355>
	Ameloblastisches Dentinom
	Ameloblastisches Fibro-Odontom
	Fibro-ameloblastisches Odontom
	Dentinom o.n.A.
9290/3	*Ameloblastisches Fibrodentinosarkom* <Anm. 355>
	Ameloblastisches Fibro-Odontosarkom
	Ameloblastisches Odontosarkom
9300/0	**Adenomatoider odontogener Tumor**
	Adenoameloblastom
9301/0	**Kalzifizierende odontogene Zyste**
9302/0	**Benigner dentinogener Schattenzelltumor** <Anm. 356>
	Odontogener Schattenzelltumor
9302/3	*Odontogenes Schattenzellkarzinom* <Anm. 357>
9310/0	**Ameloblastom o.n.A.**
	[Adamantinom o.n.A.] (ausgenommen in Tibia und langen Röhrenknochen, = 9261/3)

<Anm. 358>
In der WHO-Klassifikation (Kleihues et al. 1993) wird zwischen dem Pineozytom und dem Pineoblastom unterschieden. Die Sammelbezeichnung „Pinealom" wird daher nicht empfohlen.

<Anm. 359>
Der Tumortyp wurde von Laskowski (1955) erstmals beschrieben und später von Dabska (1977) als neue Krankheitseinheit herausgestellt. Es handelt sich um Nester von chordomartigen Zellen, die von einer myxoiden, manchmal auch eosinophil-hyalinen Matrix umgeben bzw. durchsetzt sind. Die englischsprachige Originalfassung der ICD-O enthält diesen Tumor nicht. Nach dem Vorschlag der OTD (1995) verwenden wir die Code-Nr. 9370/0.

<Anm. 360>
Von Fechner u. Mills (1993) beschriebener Subtyp eines Chordoms, der neben Strukturen des konventionellen Chordoms in wechselndem Ausmaß typisch chondroid differenzierte Areale zeigt. Dieser Tumortyp wurde in der WHO-Klassifikation (Schajowicz 1993) erwähnt, aber nicht kodiert. Er soll unter der Code-Nr. 9371/3 verschlüsselt werden (OTD 1995).

<Anm. 361>
Von Fechner und Mills (1993) beschriebener biphasischer Tumor, der aus einem konventionellen oder – seltener – einem chondroiden Chordom und einem High-grade-Sarkom, meist vom Aussehen eines malignen fibrösen Histiozytoms, besteht. Er soll unter der Code-Nr. 9372/3 verschlüsselt werden (OTD 1995).

9310/3	**Malignes Ameloblastom** [Malignes Adamantinom] (ausgenommen in Tibia und langen Röhrenknochen, = 9261/3)
9311/0	**Odontoameloblastom**
9312/0	**Odontogener Plattenepitheltumor**
9320/0	**Odontogenes Myxom** Odontogenes Myxofibrom
9321/0	**Zentrales odontogenes Fibrom** Odontogenes Fibrom o.n.A.
9322/0	**Peripheres odontogenes Fibrom**
9330/0	**Ameloblastisches Fibrom**
9330/3	**Ameloblastisches Fibrosarkom** Ameloblastisches Sarkom Odontogenes Fibrosarkom
9340/0	**Kalzifizierender epithelialer odontogener Tumor** Pindborg-Tumor

935–937 Sonstige Neoplasien

9350/1	**Kraniopharyngeom** (Hypophyse, C75.1) Rathke-Taschen-Tumor
9360/1	[Pinealom (Zirbeldrüse, C75.3)] <Anm. 358>
9361/1	**Pineozytom** (Zirbeldrüse, C75.3)
9362/3	**Pineoblastom** (Zirbeldrüse, C75.3)
9363/0	**Pigmentierter neuroektodermaler Tumor des Kindes** Retinalanlage-Tumor [Melanoameloblastom (Knochen, Gelenke, C40, C41)] Melanotisches Progonom
9364/3	[Peripherer neuroektodermaler Tumor] <Anm. 383> [Neuroektodermaler Tumor o.n.A.]
9370/0	*Parachordom* (Weichteile, C49) <Anm. 359>
9370/3	**Chordom o.n.A.** (Knochen, C41)
9371/3	*Chondroides Chordom* (Knochen, C41) <Anm. 360>
9372/3	*Entdifferenziertes Chordom* (Knochen, C41) <Anm. 361>

<Anm. 362>
Von Burger und Scheithauer (1994) als Sonderform der Gliomatosis cerebri beschrieben.

<Anm. 363>
Das Oligoastrozytom ist ein typisches Mischgliom. Es besteht aus neoplastischen Oligodendrozyten und Astrozyten, wobei beide Zelltypen entweder diffus durchmischt oder in voneinander getrennten Arealen nebeneinander vorkommen können (Kleihues et al. 1993). Weitere Formen des Oligoastrozytoms sind inzwischen beschrieben worden (vgl. Code-Nummern 9386/3 und 9387/3). Die ungenaue Bezeichnung „Mischgliom", die einen Oberbegriff für verschiedene Tumorentitäten darstellt, sollte nicht mehr verwendet werden.

<Anm. 364>
Diese Bezeichnung wird für Tumoren verwendet, welche die Zeichen des Subependymoms und jene des Ependymoms zeigen. Sie verhalten sich ähnlich den Ependymomen und entsprechen dem WHO-Malignitätsgrad II (Kleihues et al. 1993). Die Verschlüsselung unter Code-Nr. 9385/3 wurde in der OTD (1995) vorgeschlagen.

<Anm. 365>
Oligoastrozytome werden als anaplastisch (maligne) bezeichnet, wenn sie histologisch deutliche Zeichen der Anaplasie (erhöhter Zellgehalt, Kernatypien, reichlich Mitosen) zeigen. Auch Gefäßproliferationen und herdförmige Nekrosen können gesehen werden. Nach dem Vorschlag der OTD (1995) erfolgt die Verschlüsselung unter der Code-Nr. 9386/3.

<Anm. 366>
Gemischte Gliome, die nicht die Kriterien eines Oligoastrozytoms und nicht jene des anaplastischen (malignen) Oligoastrozytoms erfüllen, sollen nach Kleihues et al. (1993) abgegrenzt werden. Wir empfehlen ihre Verschlüsselung unter der freien Code-Nr. 9387/3 nach dem Vorschlag der OTD (1995).

<Anm. 367>
Das ektopische Ependymom wurde in der WHO-Klassifikation (Weiss 1994) beschrieben und mit der hier angegebenen Code-Nr. bezeichnet. Der Tumor liegt meist in der Subkutis über dem unteren Kreuzbein oder Steißbein und ähnelt einem myxopapillären Ependymom (Enzinger u. Weiss 1995).

<Anm. 368>
Dieser Tumor ist in der WHO-Klassifikation (Kleihues et al. 1993) als Subtyp des Ependymoms aufgeführt, aber nicht kodiert. Wir empfehlen nach dem Vorschlag der OTD (1995) die Verschlüsselung mit der freien Code-Nr. 9395/3.

<Anm. 369>
Bei den klaren Zellen dieses Tumors, die den Zellen des Oligodendroglioms ähnlich sind, handelt es sich ultrastrukturell um ependymale Zellen (Burger u. Scheithauer 1994). Die Verschlüsselung erfolgt nach dem Vorschlag der OTD (1995) unter der Code-Nr. 9396/3.

<Anm. 370>
Eine detaillierte Differentialdiagnose und Klassifikation der verschiedenen Astrozytomtypen findet sich bei Mennel (1988). Ergänzend dazu ist die spezielle Immunmorphologie der Astrozytome von Schwechheimer (1990) beschrieben worden.

938–948 Gliome
(sofern nicht anders vermerkt, Gehirn, C71, Rückenmark, C72.0)

9380/3 **Malignes Gliom**
Gliom o.n.A. (ausgenommen nichtneoplastisches Nasengliom, SNOMED 1984 = M-26160; SNOMED 1993 = D4-91710)

9381/3 **Gliomatosis cerebri**
Meningeale Gliomatose <Anm. 362>

9382/3 **Oligoastrozytom o.n.A.** <Anm. 363>
[Mischgliom] <Anm. 363>

9383/1 **Subependymom**
[Subependymales Gliom]
[Subependymales Astrozytom]

9384/1 **Subependymales Riesenzell-Astrozytom**

9385/3 *Gemischtes Subependymom-Ependymom* <Anm. 364>

9386/3 *Anaplastisches Oligoastrozytom* <Anm. 365>
Malignes Oligoastrozytom

9387/3 *Andere gemischte Gliome* <Anm. 366>

9390/0 **Choroid-Plexus-Papillom** (nur Hirnventrikel, C71.5)

9390/3 **Choroid-Plexus-Karzinom** (nur Hirnventrikel, C71.5)
Anaplastisches Choroid-Plexus-Papillom (nur Hirnventrikel, C71.5)

9391/0 *Ektopisches Ependymom* (Weichteile, C49) <Anm. 367>

9391/3 **Ependymom o.n.A.**
Epitheliales Ependymom

9392/3 **Anaplastisches Ependymom**
Malignes Ependymom
Ependymoblastom

9393/1 **Papilläres Ependymom**

9394/1 **Myxopapilläres Ependymom**

9395/3 *Zellreiches Ependymom* <Anm. 368>

9396/3 *Klarzelliges Ependymom* <Anm. 369>

9400/3 **Astrozytom o.n.A.** (auch Retina, Sehnervenpapille, C69.2) <Anm. 370>
Astrogliom
Astrozytisches Gliom
Zystisches Astrozytom

9401/3 **Anaplastisches Astrozytom**
Malignes Astrozytom

9410/3 **Protoplasmatisches Astrozytom**

<Anm. 371>
Es handelt sich um einen stark desmoplastischen, supratentoriellen Tumor, der nur aus gut differenzierten Astrozyten besteht, nicht – wie das „Desmoplastische infantile Gangliogliom" (= 9505/0) – auch aus Ganglienzellen. Ob dieser Tumor tatsächlich eine eigene Entität darstellt oder mit dem desmoplastischen infantilen Gangliogliom zu einer Einheit „Infantiler desmoplastischer Tumor" zusammengefaßt werden kann, ist noch unklar (Burger u. Scheithauer 1994). Der Tumor ist in der englischsprachigen Originalfassung der ICD-O nicht erwähnt. Wir schlagen die Code-Nr. 9412/1 vor.

<Anm. 372>
Als Sonderform des fibrillären Astrozytoms in der Neuausgabe des AFIP-Atlas beschrieben (Burger u. Scheithauer 1994).

<Anm. 373>
In der englischsprachigen Originalfassung der ICD-O werden für die Bezeichnungen „Spongioblastom o.n.A.", „Spongioblastoma polare" und „Primitives polares Spongioblastom" 3 verschiedene Code-Nummern angegeben (9422/3, 9423/3 und 9443/3). Nach der WHO-Klassifikation (Kleihues et al. 1993) wird nur mehr ein Tumortyp dieser Art geführt, der als „Polares Spongioblastom" bezeichnet und mit 9443/3 kodiert wird. Wir folgen dem und schlagen vor, die Code-Nummern 9422/3 und 9423/3 nicht mehr zu verwenden.

<Anm. 374>
In der WHO-Klassifikation (Kleihues et al. 1993) wurde dieser Tumor als Variante des Glioblastoms mit Überwiegen von bizarren, vielkernigen Riesenzellen beschrieben. In einer früheren WHO-Klassifikation (Zülch 1979) wurde dieser Tumor als „Monstrozelluläres Sarkom" (= 9481/3) geführt. Diese Diagnose wird heute nicht mehr verwendet.

<Anm. 375>
Es handelt sich um einen in der englischsprachigen Originalfassung der ICD-O nicht erwähnten Tumor mit Zellen, die ein lysosomenreiches, granuläres Zytoplasma haben. Der Tumor entwickelt sich im Infundibulum oder in der Neurohypophyse (Burger u. Scheithauer 1994). Die früher verwendete Bezeichnung „Pituizytom" ist obsolet. Im Gegensatz zum Granularzelltumor der peripheren Nerven handelt es sich wahrscheinlich um einen Tumor der regionalen Glia. Wir schlagen daher vor, die freie Code-Nr. 9444/0 zu verwenden.

<Anm. 376>
Das Gliofibrom enthält inmitten von Bindegewebe Gruppen neoplastischer Gliazellen. Die prognostische Bedeutung verschiedener histologischer Varianten wird unterschiedlich beurteilt (Burger u. Scheithauer 1994). In der englischsprachigen Originalfassung der ICD-O ist dieser Tumor nicht vorgesehen. Wir schlagen vor, ihm die freie Code-Nr. 9444/1 zuzuordnen.

<Anm. 377>
Dieser hochmaligne Tumor ähnelt dem Neuroepitheliom der Weichteile (= 9503/3). Die Abgrenzung gegenüber dem Ewing-Sarkom, insbesondere seinen atypischen Formen, ist schwierig. Entscheidend ist der Nachweis einer eindeutigen neuroektodermalen Differenzierung, insbesondere von Rosetten oder Pseudorosetten, sowie von neuralen Markern wie neuronspezifische Enolase (NSE), Synaptophysin, Chromogranin, HNK-1, HBA-71 u.a. (OTD 1995).

<Anm. 378>
Dieser Tumortyp ist in der WHO-Klassifikation (Kleihues et al. 1993) als Subtyp eingeführt, aber nicht kodiert. Nach dem Vorschlag der OTD (1995) empfehlen wir Verschlüsselung unter der freien Code-Nr. 9474/3.

9411/3	**Gemistozytisches Astrozytom**	
	Gemistozytom	
9412/1	*Infantiles desmoplastisches Astrozytom* <Anm. 371>	
9420/3	**Fibrilläres Astrozytom**	
	Fibröses Astrozytom	
	Granularzelliges Astrozytom <Anm. 372>	
9421/3	**Pilozytisches Astrozytom**	
	Piloides Astrozytom	
	Juveniles Astrozytom	
9422/3	[Spongioblastom o.n.A.] <Anm. 373>	
9423/3	[Spongioblastoma polare] <Anm. 373>	
9424/3	**Pleomorphes Xanthoastrozytom**	
9430/3	**Astroblastom**	
9440/3	**Glioblastom o.n.A.**	
	Glioblastoma multiforme	
	[Spongioblastoma multiforme]	
9441/3	**Riesenzell-Glioblastom** <Anm. 374>	
9442/3	**Gliosarkom**	
	Glioblastom mit Sarkomanteilen	
9443/3	**Polares Spongioblastom** <Anm. 373>	
9444/0	*Granularzelltumor des Infundibulums* (C75.1) <Anm. 375>	
9444/1	*Gliofibrom* <Anm. 376>	
9450/3	**Oligodendrogliom o.n.A.**	
9451/3	**Anaplastisches Oligodendrogliom**	
	Malignes Oligodendrogliom	
9460/3	**Oligodendroblastom**	
9470/3	**Medulloblastom o.n.A.** (nur Kleinhirn, C71.6)	
9471/3	**Desmoplastisches Medulloblastom** (nur Kleinhirn, C71.6)	
	Arachnoidales Kleinhirnsarkom	
9472/3	**Medullomyoblastom** (nur Kleinhirn, C71.6)	
9473/3	**Primitiver neuroektodermaler Tumor (PNET)** (auch Knochen, C40, C41) <Anm. 377>	
9474/3	*Melanotisches Medulloblastom* <Anm. 378>	
9480/3	[Kleinhirnsarkom o.n.A. (C71.6)]	
9481/3	[Monstrozelluläres Sarkom] <Anm. 374>	

<Anm. 379>
Diese tumorähnliche Kleinhirn-Fehlbildung, die sich meist im frühen Erwachsenenalter manifestiert, besteht histologisch aus unterschiedlich großen Nervenzellen und Gliazellen (Kleihues et al. 1993; Burger u. Scheithauer 1994).

<Anm. 380>
In der WHO-Klassifikation der intestinalen Tumoren (Jass u. Sobin 1989) wird für die Ganglioneuromatose von Dünn- und Dickdarm die Code-Nr. 9490/0 vorgeschlagen. Wir folgen der englischsprachigen Originalfassung der ICD-O und empfehlen, die Code-Nr. 9491/0 zu verwenden.

<Anm. 381>
Dieser benigne, in der englischsprachigen Originalfassung der ICD-O nicht aufgeführte Tumor ist in der WHO-Klassifikation der Augentumoren (Zimmerman 1980) beschrieben worden. Wir schlagen vor, ihn mit der freien Code-Nr. 9501/0 zu verschlüsseln.

<Anm. 382>
Dieser Tumor wurde in der WHO-Klassifkation der Augentumoren (Zimmerman 1980) beschrieben. Er ist in der englischsprachigen Originalfassung der ICD-O nicht erwähnt. Wir schlagen die Verschlüsselung mit der freien Code-Nr. 9502/0 vor.

<Anm. 383>
Als Neuroepitheliom o.n.A. werden in der WHO-Klassifikation der Weichteiltumoren (Weiss 1994) Tumoren der peripheren (nichtautonomen) Nerven beschrieben, die aus primitiven, in Zügen, Strängen und gelegentlich Rosetten angeordneten neuroektodermalen Zellen bestehen. Für das Synonym „Peripherer neuroektodermaler Tumor" ist in der englischsprachigen Originalfassung der ICD-O eine eigene Code-Nummer (9364/3) vorgesehen. Wir empfehlen entsprechend der WHO-Klassifikation diese nicht zu verwenden, sondern den Tumor stets mit 9503/3 zu kodieren. Im Gegensatz zum Neuroblastom zeigen diese Tumoren keine Differenzierung in Richtung Ganglienzellen, produzieren nur selten vermehrt Katecholamine und treten bevorzugt bei älteren Patienten auf. Olfaktorius-Neuroepitheliome sind unter 9523/3 zu verschlüsseln.

<Anm. 384>
Es handelt sich um einen gemischt neuronal-glialen Tumor des Kindes mit deutlicher desmoplastischer Komponente und dichtem fibrösem Stroma. Die Prognose dieses Tumors ist relativ gut (Van den Berg et al. 1987). Die Verschlüsselung erfolgt nach den Empfehlungen der WHO-Klassifikation (Kleihues et al. 1993).

<Anm. 385>
Nach der WHO-Klassifikation (Kleihues et al. 1993) handelt es sich um einen gutartigen, gemischt glial-neuronalen, meistens supratentorialen Tumor. Histologisch besteht er aus neoplastischen Oligodendrozyten, Nervenzellen und Astrozyten. Er kann Zysten und Verkalkungen enthalten.

<Anm. 386>
Nach der WHO-Klassifikation (Kleihues et al. 1993) zeigt vor allem die Gliakomponente starke Anaplasie mit Atypien und vielen Mitosen. Dazwischen Gefäßproliferationen und viele Nekrosen. Die Verschlüsselung erfolgt nach Kleihues et al. (1993).

<Anm. 387>
Als intraventrikulärer Tumor in der WHO-Klassifikation (Kleihues et al. 1993) mit dieser Code-Nr. versehen.

<Anm. 388>
Zur Unterscheidung der verschiedenen Retinoblastomtypen wird auf die WHO-Klassifikation (Zimmerman 1980) verwiesen.

949-952 Neuroepitheliomatöse Neoplasien

9490/0	**Ganglioneurom** **Gangliozytom o.n.A.** (Gehirn, C71, Rückenmark, C72.0) **Dysplastisches Gangliozytom des Kleinhirns** (C71.6) <Anm. 379> **Morbus Lhermitte-Duclos** (Kleinhirn, C71.6)
9490/3	**Ganglioneuroblastom**
9491/0	**Ganglioneuromatose** <Anm. 380> **Ganglioneurofibromatose** (Gallenblase, C23)
9500/3	**Neuroblastom o.n.A.** (ausgenommen Olfaktorius-Neuroblastom, = 9522/3, und peripheres Neuroblastom, = 9503/3) Sympathikoblastom
9501/0	*Benignes Medulloepitheliom* (Retina, C69.2) <Anm. 381> *Benignes Diktyom*
9501/3	**Medulloepitheliom o.n.A.** **Malignes Medulloepitheliom** Malignes Diktyom
9502/0	*Benignes teratoides Medulloepitheliom* (Retina, C69.2) <Anm. 382>
9502/3	**Malignes teratoides Medulloepitheliom** (Retina, C69.2) Teratoides Medulloepitheliom o.n.A.
9503/3	**Neuroepitheliom o.n.A.** (ausgenommen Olfaktorius-Neuroepitheliom, = 9523/3) <Anm. 383> Peripherer neuroektodermaler Tumor Peripheres Neuroblastom
9504/3	**Spongioneuroblastom**
9505/0	*Desmoplastisches infantiles Gangliogliom (DIG)* <Anm. 384> *Dysembryoblastischer neuroepithelialer Tumor* <Anm. 385>
9505/1	**Gangliogliom o.n.A.** Glioneurom Neuroastrozytom
9505/3	*Anaplastisches Gangliogliom* <Anm. 386> *Malignes Gangliogliom*
9506/0	**Zentrales Neurozytom** <Anm. 387> Neurozytom
9507/0	**Pacini-Tumor** **Pacini-Neurofibrom** (Haut, C44; Weichteile, C49) Paciniom
9510/3	**Retinoblastom o.n.A.** (C69.2) <Anm. 388>
9511/3	**Retinoblastom, differenziert** (C69.2) <Anm. 388>
9512/3	**Retinoblastom, undifferenziert** (C69.2) <Anm. 388>

<Anm. 389>
In der WHO-Klassifikation (Kleihues et al. 1993) sind weitere Meningeom-Formen aufgeführt, die in der englischsprachigen Originalfassung der ICD-O fehlen. Sie werden unter der Code-Nr. 9530/0 erfaßt. Bezüglich ektopischer Meningeome s. Moran et al. (1996).

<Anm. 390>
Nach der WHO-Klassifikation (Kleihues et al. 1993) enthält dieser Tumor im Vergleich zum klassischen Meningeom viele Mitosen, eine erhöhte Kern/Plasma-Relation und prominente Nukleolen sowie Nekroseareale. Der Tumor neigt zu Rezidiven (Burger u. Scheithauer 1994).

<Anm. 391>
Nach der WHO-Klassifikation (Kleihues et al. 1993) enthält der Tumor sowohl meningotheliale Zellen als auch Fibroblasten und Übergangsformen zwischen beiden. Die Bindegewebsfasern sind oft konzentrisch um Kapillaren angeordnet. Gelegentlich entstehen auch Psammomkörperchen. Nur wenn letztere reichlich vorhanden sind, wird ein psammöses Meningeom (= 9533/0) diagnostiziert.

9520/3	**Neurogener Olfaktoriustumor** (C72.2)
9521/3	**Ästhesioneurozytom** (Nasen-und Nasennebenhöhlen, C30.0, C31)
9522/3	**Olfaktorius-Neuroblastom** (Nasen- und Nasennebenhöhlen, C30.0, C31) Ästhesioneuroblastom
9523/3	**Olfaktorius-Neuroepitheliom** (Nasen- und Nasennebenhöhlen, C30.0, C31) Ästhesioneuroepitheliom

953 Meningeome (Hirnhäute, C70)

9530/0	**Meningeom o.n.A.** <Anm. 389> **Mikrozystisches Meningeom** **Sekretorisches Meningeom** **Klarzell-Meningeom** **Chordoides Meningeom** **Lymphoplasmozytenreiches Meningeom** **Metaplastisches Meningeom** **Ektopisches Meningeom** (Weichteile, C49; Nasen- und Nasennebenhöhlen, C30.0, C31; Nasopharynx, C11; Orbita, C69.6; Lunge, C34) **Kutanes Meningeom** (Haut, C44)
9530/1	**Atypisches Meningeom** <Anm. 390> Meningeomatose o.n.A. Diffuse Meningeomatose Multiple Meningeome
9530/3	**Anaplastisches Meningeom** Malignes Meningeom Leptomeningeales Sarkom Meningeales Sarkom Meningotheliales Sarkom
9531/0	**Meningotheliales Meningeom** Endotheliales Meningeom Synzytiales Meningeom
9532/0	**Fibröses Meningeom** Fibroblastisches Meningeom
9533/0	**Psammöses Meningeom**
9534/0	**Angiomatöses Meningeom**
9535/0	**Hämangioblastisches Meningeom** Angioblastisches Meningeom
9536/0	**Hämangioperizytisches Meningeom**
9537/0	**Übergangsmeningeom** <Anm. 391> Mischmeningeom

<Anm. 392>
Der maligne periphere Nervenscheidentumor (MPNST) ähnelt gewöhnlich einem Neurofibrom und besteht aus in Bündeln angeordneten Spindelzellen. Diese zeigen in wechselndem Ausmaß Differenzierung in Richtung von Schwann-Zellen, d.h. asymmetrische Zellgestalt, unregelmäßig gekrümmte Kerne, Palisadenstellung oder tastkörperähnliche Strukturen. Auch Tumoren, die wie Fibrosarkome oder maligne fibröse Histiozytome aussehen, aber von einem Nerven oder einem Neurofibrom ausgehen, werden als MPNST klassifiziert, ebenso Tumoren, die S100-Protein oder andere neurale Marker exprimieren (OTD 1995).

<Anm. 393>
Die Bezeichnung malignes Schwannom wird in der WHO-Klassifikation der Tumoren des ZNS (Kleihues et al. 1993) als Synonym für den malignen peripheren Nervenscheidentumor (MPNST) angeführt und ist in gleicher Weise auch bei Weiss (1994) eingeordnet. Im Gegensatz zur englischsprachigen Originalfassung der ICD-O wird dafür die Code-Nr. 9540/3 verwendet. In anderen WHO-Klassifikationen (Watanabe et al. 1990; Shanmugaratnam 1991; Heenan et al. 1996) sowie in der englischsprachigen Originalfassung der ICD-O wird das maligne Schwannom mit 9560/3 verschlüsselt. Im Gegensatz hierzu folgen wir Kleihues et al. (1993) und Weiss (1994) und empfehlen Verschlüsselung unter 9540/3 (vgl. auch Anm. 399).

<Anm. 394>
Es handelt sich um eine in der WHO-Klassifikation (Kleihues et al. 1993) beschriebene Variante des MPNST mit Melanin-produzierenden Tumorzellen. Wir empfehlen die Verwendung der freien Code-Nr. 9541/3 nach dem Vorschlag der OTD (1995).

<Anm. 395>
Ein epitheloider maligner peripherer Nervenscheidentumor (MPNST) wird diagnostiziert, wenn zusätzlich zu den Kriterien des MPNST schlecht begrenzte Knötchen aus dicht liegenden Nestern von runden oder polygonalen Schwann-Zellen mit deutlichen Kernen und Nukleolen im Vordergrund stehen. Verschlüsselung nach OTD (1995).

<Anm. 396>
Dieser MPNST enthält nach der WHO-Klassifikation (Kleihues et al. 1993) in den meisten Fällen nur wenige Schwannomzellen. Für diesen Tumortyp, bei dem die mesenchymale und epitheliale Differenzierung divergiert bzw. nicht eindeutig festzulegen ist, wurde die Code-Nr. 9543/3 neu eingeführt (OTD 1995).

<Anm. 397>
Bei diesem Subtyp des MPNST finden sich zusätzlich benigne oder maligne drüsige Strukturen. Verschlüsselung nach OTD (1995).

<Anm. 398>
Die hier aufgeführten verschiedenen Schwannom-Untertypen werden in der WHO-Klassifikation (Kleihues et al. 1993) differenziert.

<Anm. 399>
In der englischsprachigen Originalfassung der ICD-O sind unter dieser Code-Nr. angeführt: Malignes Neurilemmom, Neurilemmosarkom und malignes Schwannom o.n.A. Die beiden ersten Begriffe werden heute in den WHO-Klassifikationen für Tumoren des ZNS und der Weichteile (Kleihues et al. 1993; Weiss 1994) nicht mehr verwendet. Das „Maligne Schwannom" ist als Synonym für den „Malignen peripheren Nervenscheidentumor" (MPNST) angegeben und als solches mit 9540/3 kodiert, Die Code-Nr. 9560/3 sollte aber entsprechend dem Vorschlag von Weiss (1994) für das „Maligne melanozytische Schwannom" verwendet werden. (vgl. auch Anm. 393).

9538/1	Papilläres Meningeom
9539/3	Meningealsarkomatose

954–957 Neoplasien der Nervenscheiden (C47; C72.1-5)

9540/0 **Neurofibrom o.n.A.**
 Umschriebenes Neurofibrom
 Solitäres Neurofibrom

9540/1 **Neurofibromatose**
 Multiple Neurofibrome
 Morbus Recklinghausen (ausgenommen Knochen, SNOMED 1984 = M-74840; SNOMED 1993 = DB-90340)

9540/3 **Maligner peripherer Nervenscheidentumor (MPNST)** <Anm. 392>
 Neurofibrosarkom
 Neurogenes Sarkom
 Neurosarkom
 Anaplastisches Neurofibrom
 Malignes Schwannom o.n.A. <Anm. 393>

9541/0 **Melanotisches Neurofibrom**

9541/3 *Melanotischer maligner peripherer Nervenscheidentumor (MPNST)* <Anm. 394>

9542/3 *Epitheloider maligner peripherer Nervenscheidentumor (MPNST)* (auch Weichteile, C49) <Anm. 395>

9543/3 *Maligner peripherer Nervenscheidentumor (MPNST) mit divergierender mesenchymaler und/oder epithelialer Differenzierung* <Anm. 396>

9544/3 *Maligner peripherer Nervenscheidentumor (MPNST) mit glandulärer Differenzierung* <Anm. 397>

9550/0 **Plexiformes Neurofibrom**
 Plexiformes Neurom

9560/0 **Schwannom o.n.A.** <Anm. 398>
 Neurilemmom
 Akustikusneurinom (C72.4)
 Pigmentiertes Schwannom (auch Haut, C44)
 Melanozytisches Schwannom
 Plexiformes Schwannom
 Zellreiches Schwannom

9560/1 [Neurinomatose]

9560/3 **Malignes melanozytisches Schwannom** (auch Weichteile, C49) <Anm. 399>
 [Malignes Neurilemmom]
 [Neurilemmosarkom]

<Anm. 400>
Dieser Tumor enthält neben neuralen Elementen auch Rhabdomyoblasten. Er kommt vorwiegend bei über 30 Jahre alten Patienten mit Neurofibromatosis Recklinghausen vor (Enzinger u. Weiss 1995).

<Anm. 401>
Das Neurothekeom ist ein benignes Neoplasma der Nervenscheiden mit läppchenartigem Aufbau. Es besteht aus spindeligen und epitheloiden Zellen in einem myxoiden Stroma. Das Nervenscheidenmyxom ist eine Variante mit erhöhtem Schleimgehalt, die meist in höherem Lebensalter vorkommt (Heenan et al. 1996).

<Anm. 402>
In der WHO-Klassifikation der Hauttumoren (Heenan et al. 1996) wird das solitäre Neurom der Haut mit der Vorzugsbezeichnung „Abgekapseltes Palisadennneurom" als benigne neurale Neoplasie unter der Code-Nr. 9570/0 verschlüsselt. Bei allen übrigen Tumorlokalisationen wird diese Code-Nr. für Neoplasien nicht mehr verwendet (vgl. Anm. 403).

<Anm. 403>
Die ungenaue Bezeichnung „Neurom o.n.A." sollte nicht mehr verwendet werden. In jedem Falle ist eine Einordnung als gutartige Neoplasie (Schwannom = 9560/0, Neurofibrom = 9540/0) oder als nichtneoplastische Veränderung, z.B. traumatisches Neurom, Amputationsneurom (SNOMED M-78770), Morton-Neurom (SNOMED DA-43096) erforderlich.

<Anm. 404>
Das alveoläre Weichteilsarkom ist durch Nester großer polygonaler eosinophiler Zellen charakterisiert, zwischen denen sich ein kapillares Netzwerk findet. Die Tumorzellen enthalten im Zytoplasma PAS-positives, Diastase-resistentes, kristallines Material (OTD 1995).

<Anm. 405>
Da die Lymphome durchweg maligne sind – wenn auch unterschiedlichen Grades –, wird nachfolgend im Gegensatz zur englischsprachigen Originalfassung der ICD-O das Adjektiv „maligne" nicht ausdrücklich angegeben.

<Anm. 406>
Als „Nicht klassifizierbares Lymphom" werden Fälle bezeichnet, die weder eine B- noch T-Zell-Zuordnung noch eine Feststellung des Malignitätsgrades erlauben. Wenn nur letzteres möglich ist, wird vorgeschlagen, die Code-Nummern 9596/3 und 9597/3 zu verwenden (vgl. Anm. 408).

<Anm. 407>
Die Bezeichnung „Mikrogliom" wird in der Neuropathologie gelegentlich für primäre Lymphome des Zentralnervensystems verwendet (Schwechheimer 1990). Kleihues et al. (1993) empfehlen, auch die Lymphome des Zentralnervensystems wie jene anderer Lokalisationen zu klassifizieren.

<Anm. 408>
In der REAL-Klassifikation (Harris et al. 1994) wird gefordert, bei nicht klassifizierbaren Lymphomen zumindest eine Unterteilung in solche mit niedrigem bzw. hohem Malignitätsgrad vorzunehmen. Hierfür schlagen wir die freien Code-Nummern 9596/3 und 9597/3 vor.

9561/3	**Maligner peripherer Nervenscheidentumor (MPNST) mit Rhabdomyosarkom** <Anm. 400>
	Maligner Tritontumor
	Malignes Schwannom mit rhabdomyoblastischer Differenzierung
9562/0	**Neurothekeom** <Anm. 401>
	Nervenscheidenmyxom
9570/0	**Abgekapseltes Palisadenneurom** (Haut, C44) <Anm. 402>
	Solitäres Neurom (Haut, C44)
	[Neurom o.n.A.] <Anm. 403>

958 Granularzellneoplasien und alveoläres Weichteilsarkom

9580/0	Granularzelltumor o.n.A. (ausgenommen Infundibulum, = 9444/0)
	Granularzellmyoblastom o.n.A.
	Kongenitaler Granularzelltumor (Gaumen C05; Orpharynx, C10; Weichteile, C49)
	Kongenitales „Myoblastom"
9580/3	Maligner Granularzelltumor
	Malignes Granularzellmyoblastom
	Malignes nicht-organoides Granularzellmyoblastom (Weichteile, C49; Mundhöhle, C01-06; Oropharynx, C10)
9581/3	Alveoläres Weichteilsarkom (C49) <Anm. 404>
	Malignes organoides Granularzellmyoblastom (Mundhöhle, C01-06; Oropharynx, C10)

959-972 Hodgkin- und Non-Hodgkin-Lymphome

959 Lymphome o.n.A. <Anm. 405>

9590/3	**Lymphom o.n.A.**
	Lymphom, nicht klassifizierbares <Anm. 406>
9591/3	**Non-Hodgkin-Lymphom o.n.A**
9592/3	[Lymphosarkom]
9593/3	[Retikulosarkom]
	[Retikulumzellsarkom]
9594/3	**Mikrogliom** (Gehirn, C71) <Anm. 407>
9595/3	[Lymphom, diffuses o.n.A.]
9596/3	*Niedrigmalignes Lymphom, nicht klassifizierbares* <Anm. 408>
9597/3	*Hochmalignes Lymphom, nicht klassifizierbares* <Anm. 408>

<Anm. 409>
Um die Benutzung der Revised European-American Classification of Lymphoid Neoplasms (REAL-Klassifikation) (Harris et al. 1994) zu ermöglichen, haben wir dafür die in der englischsprachigen Originalfassung der ICD-O freien Code-Nummern 9600 bis 9638 reserviert. Dabei wurde die von Harris et al. (1994) veröffentlichte Fassung nach Vorschlag von Stein, Müller-Hermelink und Hiddemann (1996) verändert bzw. ergänzt, wobei insbesondere verschiedene Varianten und Subtypen als gesonderte Tumorbegriffe eingeführt wurden. Diese sind durch den Zusatz (SMH) gekennzeichnet. Die provisorischen Entitäten von Harris et al. (1994) sind mit einem Sternchen (*) versehen. – Trotz der von Harris et al. (1994) veröffentlichten Vergleichstabelle und der in allen Fällen angegebenen Synonyme der Kiel-, der Rappaport-, der Lukes-Collins-Klassifikation sowie der Working Formulation ist der unmittelbare Bezug vielfach nicht sicher möglich, um so mehr als einige Begriffe in der REAL-Klassifikation ausdrücklich als provisorisch bezeichnet werden. Wir versuchen trotzdem, jeweils die Bezüge zu den Code-Nummern der englischsprachigen Originalfassung der ICD-O bzw. der darin eingearbeiteten Kiel-Klassifikation (vgl. Code-Nr. 9670 ff.) herzustellen. – In den Fällen, in denen die Bezeichnung der REAL-Klassifikation in Formulierung und Inhalt mit der englischsprachigen Originalfassung der ICD-O identisch ist, wird unter Kennzeichnung im Text auf die Code-Nummern der ICD-O verwiesen; es werden also keine neuen Code-Nummern empfohlen. – Mit den im folgenden angeführten fünfstelligen Code-Nummern ist bereits der immunologische Typ (z.B. B-Zell- oder T-Zell-Lymphom bzw. NK-Zell-Lymphom) gekennzeichnet, wie sich dies auch aus der REAL-Klassifikation (Harris et al. 1994) ergibt. Diese Abweichung von der englischsprachigen Originalfassung der ICD-O ermöglicht die Benutzung der 6. Stelle des Histologiecodes für das Grading auch bei den Lymphomen. Dabei können die Ziffern „/1" (niedrigmalignes Lymphom), „/2" (Lymphom von intermediärer Malignität – betrifft nur die Working Formulation und die follikulären Follikelzentrums-Lymphome der REAL-Klassifikation –) und „/3" (hochmaligne Lymphome) verwendet werden; nach der Basis-Dokumentation für Tumorkranke (Dudeck et al. 1994) ist auch die Verwendung der Buchstaben „L" (niedrigmalignes bzw. Low-grade-Lymphom) und „H" (hochmalignes bzw. High-grade-Lymphom) möglich. – Die Plasmozytomformen werden aus Gründen der Vergleichbarkeit mit der englischsprachigen Originalfassung der ICD-O unter dem gesonderten Kapitel der Plasmazell-Neoplasien mit den Code-Nummern 9731/3 ff. versehen, die Haarzell-Leukämie mit der Code-Nr. 9940/3. Diese Krankheiten sind deshalb in diesem Kapitel nicht gesondert kodiert.

<Anm. 410>
Die Bezeichnung „nicht klassifizierbar" soll nur dann angewandt werden, wenn – etwa durch technische Probleme bei der Aufarbeitung des Untersuchungsgutes – zwar die Zuordnung zum B-Zell-Typ möglich ist, darüber hinaus aber keine der nachfolgenden Diagnosen mit Sicherheit gestellt werden kann.

<Anm. 411>
In der Originalfassung der REAL-Klassifikation (Harris et al. 1994) werden die chronische lymphatische B-Zell-Leukämie, die Prolymphozytenleukämie vom B-Zell-Typ und das kleinzellige lymphozytische B-Zell-Lymphom als eine Entität geführt. Entsprechend dem Vorschlag von Stein, Müller-Hermelink und Hiddemann (1996) haben wir für die angeführten Bezeichnungen jeweils eine eigene Code-Nr. vergeben.

<Anm. 412>
Das Mantelzell-Lymphom entspricht im wesentlichen dem zentrozytischen Lymphom der Kiel-Klassifikation (vgl. 9673/3 und 9674/3 bzw. Anm. 442 und 443). Es wurde vorgeschlagen (Harris et al. 1994), das „typische Mantelzell-Lymphom" von einem „blastischen Mantelzell-Lymphom" zu unterscheiden. Bei letzterem ähneln die Zellen Lymphoblasten.

<Anm. 413>
Die follikulären Follikelzentrums-Lymphome entsprechen weitgehend den zentroblastisch-zentrozytischen Lymphomen der Kiel-Klassifikation (Lennert u. Feller 1990) bzw. dem follikulären kleinzellig-gekerbtkernigen, dem follikulären gemischt kleinzellig-gekerbtkernigen und großzelligen Lymphom und dem follikulären großzelligen Lymphom der Working Formulation. Bei follikulären Follikelzentrums-Lymphomen (= 9608/3 bis 9611/3) finden sich wenigstens teilweise follikuläre Strukturen, während bei dem seltenen diffusen, überwiegend kleinzelligen Follikelzentrums-Lymphom (provisorische Einheit, = 9612/3) follikuläre Strukturen völlig fehlen. Innerhalb der follikulären Follikelzentrums-Lymphome werden in der REAL-Klassifikation 3 Grade unterschieden: Bei Grad I (= 9609/3) überwiegen die Zentrozyten

960-964 Non-Hodgkin-Lymphome nach der REAL-Klassifikation
<Anm. 409>

9600/3	*B-Zell-Lymphom, nicht klassifizierbares* <Anm. 410>
9601/3	*B-lymphoblastische(s) Lymphom/Leukämie vom Vorläuferzell-Typ* (vgl. Leukämien 9831/3) *Vorläufer-B-Zell-Neoplasie*
9602/3	*Periphere B-Zell-Neoplasie, nicht spezifiziertes* *B-Zell-Neoplasie reifer Zellen, nicht spezifizierte*
9603/3	*Kleinzelliges lymphozytisches B-Zell-Lymphom (SLL)* (vgl. 9678/3) <Anm. 411>
9604/3	*Chronische lymphatische B-Zell-Leukämie (B-CLL)* (vgl. 9678/3 und Leukämien 9851/3) <Anm. 411>
9605/3	*Kleinzelliges lymphozytisches B-Zell-Lymphom (SLL) mit plasmazellulärer Differenzierung (SMH)* <Anm. 411> *Chronische lymphatische B-Zell-Leukämie (B-CLL) mit plasmazellulärer Differenzierung (SMH)* <Anm. 411>
9606/3	*Prolymphozytenleukämie vom B-Zelltyp* (vgl. Leukämien 9833/3) <Anm. 411>
9671/3	(ICD-O) *Lymphoplasmozytisches Lymphom (Immunozytom)* <Anm.409>
9607/3	*Mantelzell-Lymphom* (vgl. 9673/3 und 9674/3) <Anm. 412>
9608/3	*Folliculäres Follikelzentrums-Lymphom o.n.A.* <Anm. 413>
9609/3	*Folliculäres Follikelzentrums-Lymphom, Grad I (überwiegend kleinzellig)* (SMH*) <Anm. 413>
9610/3	*Folliculäres Follikelzentrums-Lymphom, Grad II (gemischt klein- und großzellig)es* (SMH*) <Anm. 413>
9611/3	*Folliculäres Follikelzentrums-Lymphom, Grad III (großzellig)* (SMH*) <Anm. 413>
9612/3	*Diffuses Follikelzentrums-Lymphom, überwiegend kleinzelliges* (*) <Anm. 413>

gegenüber den Zentroblasten. Bei Grad II (=9610/3) hält sich die Zahl der Zentrozyten und Zentroblasten in etwa die Waage. Bei Grad III (=9611/3) überwiegen weitgehend die großzelligen Zentroblasten. Dieser Typ entspricht dem follikulären zentroblastischen Lymphom der Kiel-Klassifikation.

<Anm. 414>
Die Bezeichnung Marginalzonen-B-Lymphom wurde in der REAL-Klassifikation (Harris et al. 1994) neu eingeführt, und zwar zunächst für extranodale Lymphome vom MALT-Typ („Mucosa-Associated-Lymphoid-Tissue"-Typ; =9613/3) und als provisorische Entität auch für nodale Lymphome (=9614/3) und für solche der Milz (=9615/3). Marginalzonen-B-Zell-Lymphome sind durch eine auffallende zelluläre Heterogenität gekennzeichnet. Neben zentrozytenähnlichen Zellen liegen monozytoide B-Zellen, kleine Lymphozyten und Plasmazellen vor. In den meisten Fällen finden sich auch einige große Zellen vom Typ der Zentroblasten oder Immunoblasten. Im epithelialen Gewebe, etwa des Magen-Darm-Kanals, infiltrieren diese Zellen das Epithel und bilden damit die sog. lymphoepitheliale Läsion. In den Lymphknoten haben sie eine perisinusoidale, parafollikuläre oder Marginalzonen-Verteilung (Harris et al. 1994). Nach Lennert (1995) sollte die nodale Form besser als monozytoides B-Zell-Lymphom bezeichnet werden, um die Unterschiede gegenüber dem extranodalen Marginalzonen-B-Lymphom deutlich zu machen.

<Anm. 415>
Mit dieser Variante des diffusen großzelligen B-Zell-Lymphoms wird der polymorphe Subtyp des zentroblastischen Lymphoms der aktualisierten Kiel-Klassifikation (Lennert u. Feller 1990) neu bezeichnet (vgl. Anm. 448). Dabei liegen zwischen den Zentroblasten verschiedener Ausprägung mehr oder weniger reichlich Immunoblasten.

<Anm. 416>
Die multilobierte Variante des diffusen großzelligen B-Zell-Lymphoms ist identisch mit dem gelapptkernigen Subtyp des zentroblastischen Lymphoms der Kiel-Klassifikation (Lennert u. Feller 1990; vgl. auch 9683/3 und Anm. 448).

<Anm. 417>
Während die meisten großzelligen anaplastischen Lymphome, die durch die Anwendung des gegen CD30 gerichteten Antikörpers Ki-1 identifiziert werden können, sich von den T-Zellen ableiten (vgl. 9637/3, 9714/3, und 9725/3), werden unter dieser Gruppe die selteneren Fälle des großzelligen anaplastischen Lymphoms vom B-Zell-Typ der Kiel-Klassifikation (Lennert u. Feller 1990) erfaßt (vgl. 9699/3 und Anm. 465).

<Anm. 418>
Die T-Zell-reiche Variante des diffusen großzelligen B-Zell-Lymphoms enthält zwischen den neoplastischen großzelligen B-Zell-Blasten reichlich T-Zellen.

<Anm. 419>
Dieses primäre mediastinale großzellige B-Zell-Lymphom ist eine eigene klinisch-pathologische Einheit. Es handelt sich um einen lokal invasiv wachsenden Tumor des vorderen Mediastinums, der vom Thymus ausgeht und häufig die Luftwege und die V. cava superior einengt. Die Erkrankung tritt vorwiegend im 4. Lebensjahrzehnt, bei Frauen häufiger als bei Männern auf (Harris et al. 1994).

<Anm. 420>
Wie beim nicht klassifizierbaren B-Zell-Lymphom (vgl. 9600/3) soll auch die Diagnose des nicht klassifizierbaren T-Zell-Lymphoms nur dann gestellt werden, wenn die Zuordnung aus technischen Gründen zu einer der nachfolgend genannten Krankheiten nicht möglich ist.

<Anm. 421>
T-lymphoblastische(s) Lymphom/Leukämie vom Vorläuferzell-Typ und Prolymphozytenleukämie vom T-Zell-Typ werden in der Originalfassung der REAL-Klassifikation (Harris et al. 1994) als eine Entität zusammengefaßt. Entsprechend dem Vorschlag von Stein, Müller-Hermelink und Hiddemann (1996) haben wir jedoch für diese Bezeichnungen jeweils eine eigene Code-Nr. vergeben.

<Anm. 422>
In der Originalfassung der REAL-Klassifikation wird diese Sonderform der chronischen lymphatischen Leukämie als „Large Granular Lymphocytic Leukemia" (LGLL) bezeichnet. Um das morphologische Kriterium (auffallende azurophile Granula im Zytoplasma) besser hervorzuheben, haben Stein, Müller-Hermelink und Hiddemann (1996) die Bezeichnung „Chronische lymphatische Leukämie vom azurgranulierten Typ" vorgeschlagen. Diese Leukämien können zum T-Zell-Typ gehören, können aber auch dem Natural-Killerzell-Typ zuzuordnen sein. Sie werden alle aus Gründen der praktischen Handhabung hier unter den T-Lymphomen geführt.

9613/3	*Marginalzonen-B-Zell-Lymphom, extranodaler MALT-Typ* <Anm. 414>
9614/3	*Marginalzonen-B-Zell-Lymphom, nodaler Typ* (*; vgl. 9711/3) <Anm. 414>
9615/3	*Marginalzonen-B-Zell-Lymphom der Milz* (*) <Anm. 414>
9616/3	*Diffuses großzelliges B-Zell-Lymphom o.n.A.*
9617/3	*Diffuses großzelliges B-Zell-Lymphom, zentroblastische Variante* (SMH; vgl. 9683/3)
9618/3	*Diffuses großzelliges B-Zell-Lymphom, immunoblastische Variante* (SMH; vgl. 9679/3)
9619/3	*Diffuses großzelliges B-Zell-Lymphom, zentroblastisch-immunoblastische Variante* (SMH; vgl. 9683/3) <Anm. 415>
9620/3	*Diffuses großzelliges B-Zell-Lymphom, multilobierte Variante* (SMH; vgl.9683/3) <Anm. 416>
9621/3	*Diffuses großzelliges B-Zell-Lymphom, zentroblastisch-zentrozytoide Variante* (SMH; vgl. 9676/3)
9622/3	*Diffuses großzelliges B-Zell-Lymphom, anaplastische Variante, CD30-positiv* (SMH: vgl. 9699/3) <Anm. 417>
9623/3	*Diffuses großzelliges B-Zell-Lymphom, T-Zell-reiche Variante* (SMH) <Anm. 418>
9624/3	*Primäres mediastinales (thymisches) großzelliges B-Zell-Lymphom* <Anm. 419>
9687/3	(ICD-O)**Burkitt-Lymphom** <Anm.409>
9625/3	*Hochmalignes B-Zell-Lymphom, Burkitt-ähnliches* (*; vgl. 9688/3)
9626/3	*T-Zell-Lymphom, nicht klassifizierbares* <Anm. 420>
9627/3	*T-lymphoblastische(s) Lymphom/Leukämie vom Vorläuferzell-Typ* vgl. 9708/3 und Leukämien 9832/3) <Anm. 421>
9628/3	*Prolymphozytenleukämie vom T-Zelltyp (T-PLL)* (vgl. Leukämien 9834/3) <Anm. 421>
9629/3	*Chronische lymphatische T-Zell-Leukämie (T-CLL)* (vgl. 9710/3 und Leukämien 9852/3)
9630/3	*Chronische lymphatische Leukämie vom azurgranulierten Typ* (SMH; vgl. Leukämien 9853/3 bis 9855/3) <Anm. 422>

<Anm. 423>
In der REAL-Klassifikation werden Mycosis fungoides und Sézary-Syndrom zusammengefaßt, da die Histologie beider Veränderungen identisch ist. Aus klinischer, insbesondere dermatologischer Sicht, ist aber an einer Trennung der Krankheitsbilder festzuhalten. Daher sollte – wann immer möglich – eine gesonderte Verschlüsselung mit 9700/3 (Mycosis fungoides) bzw. 9701/3 (Sézary-Syndrom) erfolgen.

<Anm. 424>
Das lymphoepitheloidzellige periphere T-Zell-Lymphom ist identisch mit dem lymphoepitheloiden Lymphom der aktualisierten Kiel-Klassifikation, dem sog. Lennert-Lymphom (Lennert u. Feller 1990; vgl. 9704/3 und Anm. 457).

<Anm. 425>
Hierunter wird die subkutane Form des T-Zell-Lymphoms verstanden, wobei verschieden große Lymphomzellen im Unterhautgewebe proliferieren und eine Entzündung des Unterhautfettgewebes (Pannikulitis) phänokopieren.

<Anm. 426>
Hierunter wird die T-Zell-Lymphomform verstanden, die sich bevorzugt in Milz und Leber ausbreitet und immunologisch charakteristische Gammadelta-T-Zellen enthält.

<Anm. 427>
Bei dieser Form des T-Zell-Lymphoms wuchern verschieden große T-Lymphozyten bevorzugt im Nasen-Rachenbereich. Die Form gehört zur Gruppe der peripheren T-Zell-Neoplasien.

<Anm. 428>
Diese Krankheit wurde ursprünglich als „Maligne Histiozytose des Intestinums" bezeichnet, ist aber jetzt als T-Zell-Lymphom gesichert. Charakteristisch sind vor allem Geschwüre im Jejunum, die perforieren können. Die Zytologie der Tumorzellen variiert von kleinen bis großen anaplastischen Tumorzellen. In der angrenzenden Schleimhaut sind die intraepithelialen T-Zellen vermehrt. Klinisch kommt die Krankheit oft bei Erwachsenen vor, bei denen eine Gluten-sensitive Enteropathie bestand (Harris et al. 1994).

<Anm. 429>
Das anaplastische großzellige Lymphom exprimiert in der Mehrzahl der Fälle T-Zell-Antigene (vgl. 9725/3). Fehlen T- und B-Zell-Antigene, wird es als anaplastisches großzelliges Lymphom vom Null-Zell-Typ bezeichnet (vgl. 9726/3).

<Anm. 430>
Dieser als provisorische Entität der REAL-Klassifikation (Harris et al. 1994) eingeführte Tumor zeigt neben den typischen Charakteristika eines anaplastischen großzelligen Lymphoms auch histologische Merkmale, die dem M. Hodgkin vom nodulär-sklerosierenden Typ ähneln, insbesondere noduläres Wachstum und bindegewebige Sklerosierung.

<Anm. 431>
Herkömmlicherweise wird zwischen M. Hodgkin und Non-Hodgkin-Lymphomen unterschieden. Logischer ist es, von Hodgkin- und Non-Hodgkin-Lymphomen zu sprechen (Ioachim 1996). In praxi wird häufig die verkürzte Form „HD" (Hodgkin Disease) verwendet. Im deutschsprachigen Raum war früher auch die Bezeichnung „Lymphogranulomatose" gebräuchlich. In der Kodierung folgen wir – wann immer möglich – der englischsprachigen Originalfassung der ICD-O.

<Anm. 432>
Die Bezeichnung „Nicht klassifizierbarer M. Hodgkin" sollte nur dann angewandt werden, wenn eine Subklassifikation zweifelhaft ist, z.B. wegen zu kleiner Biopsie (Warnke et al. 1995).

<Anm. 433>
Diese Form wurde als provisorische Entität in der REAL-Klassifikation (Harris et al. 1994) neu eingeführt (LRC-HD = Lymphocytic-Rich Classical Hodgkin Disease). Mikroskopisch finden sich typische Hodgkin- und Reed-Sternberg-Zellen vom klassischen Typ, vereinzelt aber auch lakunäre Zellen, und dazwischen liegen in dichter Anordnung Lymphozyten. Im Gegensatz zur lymphozytenprädominanten Form (= 9657/3–9659/3) haben die Sternberg-Zellen den klassischen Immunphänotyp (CD15 und CD30 positiv, EMA- und J-Ketten negativ sowie meist CD20 negativ). Bei Warnke (1995) ist dieser Typ nicht aufgeführt. Er fehlt auch in der englischsprachigen Originalfassung der ICD-O. Da mit ihm die klassische Form des M. Hodgkin gekennzeichnet ist, schlagen wir vor, ihn den anderen Subtypen voranzustellen und unter der freien Code-Nr. 9651/3 zu kodieren.

9631/3	*Mycosis fungoides / Sézary-Syndrom* (vgl. 9700/3 und 9701/3) <Anm. 423>
9702/3	(ICD-O) **Peripheres T-Zell-Lymphom, unspezifiziertes** <Anm. 409>
9632/3	*Peripheres T-Zell-Lymphom, lymphoepitheloidzellige Form* (SMH*); (vgl. 9704/3) <Anm. 424>
9633/3	*Subkutanes pannikulitisches T-Zell-Lymphom* (*) <Anm. 425>
9634/3	*Hepatosplenisches Gamma-delta-T-Zell-Lymphom* (*) <Anm. 426>
9705/3	(ICD-O) **Angioimmunoblastisches T-Zell-Lymphom (AILD)** <Anm. 409>
9713/3	(ICD-O) **Angiozentrisches T-Zell-Lymphom** <Anm. 409, 427>
9635/3	*Intestinales T-Zell-Lymphom (mit oder ohne Enteropathie)* <Anm. 428>
9636/3	*Adulte(s) T-Zell-Lymphom/Leukämie (ATL/L), HTLV1-positives* (vgl. 9707/3 und Leukämien 9827/3)
9637/3	*Anaplastisches großzelliges Lymphom (ALCL), CD30-positives* (vgl. 9714/3, 9725/3 und 9726/3) <Anm. 429>
9638/3	*Anaplastisches großzelliges Lymphom, Hodgkin-ähnliches*(*) <Anm. 430>

965–966 Hodgkin-Lymphome (Morbus Hodgkin, HD) <Anm. 431>

9650/3	M. Hodgkin, nicht klassifizierbarer <Anm. 432> [M. Hodgkin o.n.A.] [Hodgkin-Krankheit o.n.A.] [Hodgkin-Lymphom o.n.A.] [Lymphogranulomatose o.n.A.]
9651/3	*M. Hodgkin, lymphozytenreicher klassischer Typ (LRC-HD)* <Anm. 433>
9652/3	*M. Hodgkin, Mischtyp (MC-HD)* <Anm. 434> M. Hodgkin, gemischtzellige Form
9653/3	*M. Hodgkin, lymphozytenarmer Typ (LD-HD) o.n.A.* <Anm. 435>
9654/3	*M. Hodgkin, lymphozytenarmer Typ (LD-HD), diffuse Fibrose* <Anm. 435>

<Anm. 434>
Dieser Typ steht histologisch zwischen dem lymphozytenarmen und dem lymphozytenprädominanten Typ. Die Struktur ist entweder diffus oder angedeutet nodulär, ohne breite Sklerose, wobei jedoch eine feine interstitielle Fibrose möglich sein kann. Das Infiltrat enthält Lymphozyten, Histiozyten, eosinophile und neutrophile Granulozyten sowie Plasmazellen (Harris et al. 1994; Warnke et al. 1995).

<Anm. 435>
Der lymphozytenarme Typ des M. Hodgkin wird in allen Klassifikationen etwa gleich eingeordnet. Nach Warnke et al. (1995) können 2 Typen unterschieden werden: Solche mit einer diffusen Fibrose (= 9654/3) und solche mit retikulärer Feinstruktur (= 9655/3). Die letztgenannte Form, in welcher die sog. Hodgkin-Zellen dicht nebeneinander liegen, wurde früher als „Hodgkin-Sarkom" bezeichnet (vgl. 9662/3).

<Anm. 436>
Der lymphozytenprädominante Typ des Morbus Hodgkin muß von der lymphozytenreichen klassischen Form des M. Hodgkin (= 9668/3) unterschieden werden, und zwar aus Gründen der Immunphänomenologie und der histologischen Struktur. Der lymphozytenprädominante Typ ist gewöhnlich nodulär mit diffusen Arealen, wobei auch vielfach keimzentrenähnliche Strukturen gesehen werden. Die atypischen Zellen sind vesikulär, grob gelappt und haben kleine Nukleolen (sog. L+H-Zellen = lymphozytische und/oder histiozytische Zellen oder sog. „Popcornzellen"). Sie unterscheiden sich dadurch von den typischen Sternberg-Riesenzellen mit großen Nukleolen (Harris et al. 1994). – Für den lymphozytenprädominanten Typ des M. Hodgkin wird heute als Synonym die Bezeichnung „Paragranulom" verwendet (Harris et al. 1994). Die in der englischsprachigen Originalfassung der ICD-O vorgesehene eigene Code-Nr. 9660/3 sollte hierfür nicht mehr benutzt werden. Der lymphozytenprädominante Typ kann in einen nodulären und einen diffusen Typ unterteilt werden (= 9659/3 und 9658/3). Dabei wird der noduläre Typ auch dann diagnostiziert, wenn neben nodulären Strukturen auch diffuse Anteile vorhanden sind.

<Anm. 437>
Die Bezeichnung „Hodgkin-Granulom" wird heute nicht mehr verwendet.

<Anm. 438>
Die früher als „Hodgkin-Sarkom" bezeichnete Veränderung wird heute zur retikulären Form des lymphozytenarmen Typs des M. Hodgkin (= 9655/3) gerechnet (vgl. Anm. 435). Die Bezeichnung Hodgkin-Sarkom ist obsolet.

<Anm. 439>
Der nodulär-sklerosierende Typ (NS-HD = Nodular Sclerosing Hodgkin Disease) betrifft 40–70% aller Fälle von M. Hodgkin (Warnke et al. 1995). Außer der massiven Fibrose, die dem Typ seinen Namen gibt, sind charakteristisch die lakunären Sternberg-Zellen. Dazwischen liegen Lymphozyten, Histiozyten, Plasmazellen sowie eosinophile und neutrophile Granulozyten. Die Zahl atypischer Zellen dürfte klinisch relevant sein. Deshalb wurden verschiedene Subklassifikationen vorgeschlagen (s. bei Harris et al. 1994). Die in der englischsprachigen Originalfassung der ICD-O aufgeführten Untergruppen 9664/3 bis 9667/3 werden dagegen heute nicht mehr empfohlen.

<Anm. 440>
In der englischsprachigen Originalfassung der ICD-O werden die malignen Lymphome und die Leukämien vom lymphatischen Typ getrennt aufgeführt. Dies ist nach dem heutigen Kenntnisstand nicht möglich. Es wird daher vorgeschlagen, die Leukämien vom lymphatischen Typ weitgehend in die Lymphom-Klassifikation aufzunehmen und hier auch zu kodieren. Aus Gründen der internationalen Vergleichbarkeit werden aber die in der englischsprachigen Originalfassung der ICD-O vorgesehenen Code-Nummern für die lymphatischen Leukämien (982) beibehalten. Zusätzliche lymphatische Leukämieformen sind unter 983 gemeinsam mit der Plasmazell-Leukämie eingeordnet. Dort wird auf die Code-Nummern der Lymphomklassifikationen, bei den Lymphomen auf die Leukämieklassifikationen verwiesen. Auch aus Gründen der internationalen Vergleichbarkeit wird das Plasmozytom (plasmozytisches Lymphom, PC-L) unter dem gesonderten Kapitel der Plasmazell-Neoplasien aufgeführt; die Haarzell-Leukämie (H-L) behält die Code-Nr. 9940/3. – Da im deutschsprachigen Raum vorwiegend die aktualisierte Kiel-Klassifikation (Lennert u. Feller 1990) verwendet wird, wurden die dort gebrauchten Bezeichnungen übernommen und z. T. als Hauptnomenklatur für die Kodierung vorgeschlagen. Ein Bezug auf die Working Formulation (The Non-Hodgkin Lymphoma Pathologic Classification Project 1982), welche in modifizierter Form die Basis der neuen Ausgabe des AFIP-Atlasses (Warnke et al. 1995) ist, wird dort hergestellt, wo er leicht möglich und sinnvoll erscheint. Auch hier ist aus Gründen der Vergleichbarkeit die Kodierung der englischsprachigen Originalfassung der ICD-O beibehalten worden.
Für die REAL-Klassifikation werden die Code-Nummern 9600/3 bis 9638/3 vorgeschlagen (vgl. Anm. 409). Dort wird auf Identitäten mit den Notationen 9670 ff. verwiesen, die aus der englischsprachigen Originalfassung der ICD-O entnommen und durch die aktualisierte Kiel-Klassifikation ergänzt wurden. Für Lymphome, die in der englischsprachigen Originalfassung der ICD-O angeführt sind und bei denen sowohl B- als auch T-Zell-Formen vorkommen (z. B. lymphoblastisches oder immunoblastisches Lymphom), sollte die Code-Nr. der englischsprachigen Originalfassung der ICD-O nur in Ausnahmefällen verwendet werden, und zwar dann, wenn eine Unterscheidung in B- und T-Zell-Lymphome nicht vorgenommen wurde.
Für die jeweiligen B- und T-Zell-Formen solcher Lymphome wurden neue, bisher freie Nummern

9655/3	**M. Hodgkin, lymphozytenarmer Typ (LD-HD), retikuläre Form** <Anm. 435>
9657/3	**M. Hodgkin, lymphozytenprädominanter Typ (LP-HD) o.n.A.** <Anm. 436> M. Hodgkin, Paragranulom [M. Hodgkin mit Lymphozyten-Histiozyten-Prädominanz]
9658/3	**M. Hodgkin, diffuser lymphozytenprädominanter Typ (LP-HD)** <Anm. 436> Diffuses Paragranulom
9659/3	**M. Hodgkin, nodulärer lymphozytenprädominanter Typ (LP-HD)** <Anm. 436> Noduläres Paragranulom
9660/3	[M. Hodgkin, Paragranulom] <Anm. 436>
9661/3	[M. Hodgkin-Granulom] <Anm. 437>
9662/3	[Hodgkin-Sarkom] <Anm. 438>
9663/3	**M. Hodgkin, nodulär-sklerosierender Typ (NS-HD) o.n.A.** <Anm. 439> M. Hodgkin, noduläre Sklerose
9664/3	[M. Hodgkin, nodulär-sklerosierender Typ, zelluläre Phase] <Anm. 439>
9665/3	[M. Hodgkin, nodulär-sklerosierender Typ, lymphozytenreicher] <Anm. 439>
9666/3	[M. Hodgkin, nodulär-sklerosierender Typ, gemischtzelliger] <Anm. 439>
9667/3	[M. Hodgkin, nodulär-sklerosierender Typ, lymphozytenarmer] <Anm. 439>

967–969 Diffuse und follikuläre (noduläre) Lymphome <Anm. 440>

9670/3	**Kleinzelliges lymphozytisches Lymphom o.n.A.** (vgl. Leukämien 9823/3) [Kleinzelliges Lymphom o.n.A.] [Kleinzelliges diffuses Lymphom o.n.A.] [Diffuses lymphozytisches Lymphom o.n.A.] [Diffuses gut differenziertes Lymphom]

vergeben (vgl. Anm. 446). Damit ist in den im folgenden angeführten fünfstelligen Code-Nummern bereits der immunologische Typ gekennzeichnet und die Benützung der 6. Stelle ausschließlich für das Grading möglich (vgl. auch Anm. 409). – Die Begriffe der aktualisierten Kiel-Klassifikation sind durch (K) und jene der Working Formulation durch (W) gekennzeichnet. Begriffe, die weder in der REAL-Klassifikation noch in der aktualisierten Kiel-Klassifikation vorgesehen sind, wurden in eckige Klammern gesetzt.

<Anm. 441>
Die neoplastische Zelle dieses Lymphoms ist ein kleiner B-Lymphozyt mit Tendenz zur plasmazellulären Differenzierung. IgM ist in den Zellen mit plasmazellulärer Differenzierung entweder im Zytoplasma oder in intranukleären Einschlüssen, den sog. Dutcher bodies, nachweisbar. (Manifestiert sich diese Krankheit als Makroglobulinämie Waldenström, kann IgM auch im Serum als Paraprotein nachweisbar sein.) Zur Abgrenzung vom kleinzelligen lymphozytischen B-Zell-Lymphom hilft die starke zytoplasmische IgM-Positivität. Lennert und Feller (1990) unterscheiden bei diesem Lymphom einen polymorphen, lymphoplasmozytischen und lymphoplasmozytoiden Subtyp. Zusammenfassend wird vom „Lymphoplasmozytisch/lymphoplasmozytoiden Lymphom (Immunozytom)" gesprochen.

<Anm. 442>
Das Mantelzell-Lymphom ist identisch mit der auch als „zentrozytisches Lymphom" bezeichneten Neoplasie (= 9674/3). Die erstgenannte Bezeichnung wird sowohl in der REAL-Klassifikation als auch im AFIP-Atlas (Warnke et al. 1995) verwendet. Dieser Wandel in der Nomenklatur spiegelt wider, daß der Ursprung der Tumorzellen aus den Keimzentren, wie es die Bezeichnung „zentrozytisch" nahelegt, nicht gesichert ist, und daß die Zellen zahlreiche Merkmale von Mantelzonen-Lymphozyten aufweisen. Es handelt sich um kleine bis mittelgroße B-Lymphozyten mit mäßig kondensiertem Kernchromatin, schmalem Zytoplasma und wenig prominenten Nukleolen; die Kernform ist meist unregelmäßig. Der Tumor wächst bevorzugt in den Mantelzonen der Follikel, daher auch die Bezeichnung „Mantelzonen-Lymphom" (Warnke et al. 1995). Häufig findet man in der Umgebung kleiner Blutgefäße Hyalin. Die Gitterfasern sind meist dick und bilden ein grobalveoläres Netz. Die Krankheit geht gewöhnlich mit einer Lymphadenopathie einher, manifestiert sich jedoch auch extranodal, vorwiegend im Gastrointestinaltrakt, hier in Form der „Malignen lymphomatösen Polypose". Häufig findet sich auch eine leukämische Ausschwemmung dieser Zellen. Trotz der kleinzelligen Morphologie weist dieses Lymphom eine relativ schlechte Prognose auf mit kürzerer Überlebensdauer als die chronische lymphatische B-Zell-Leukämie.

<Anm. 443>
Das in der aktualisierten Kiel-Klassifikation angeführte und in der englischsprachigen Originalfassung der ICD-O unter 9674/3 kodierte zentrozytische maligne Lymphom ist identisch mit dem Mantelzell-Lymphom, welches unter den Code-Nummern 9607/3 bzw. 9673/3 geführt wird (vgl. Anm. 442).

<Anm. 444>
Die Wucherung der Keimzentrumszellen (Zentrozyten und Zentroblasten) kann diffus oder follikulär (nodulär) erfolgen, wobei die rein follikuläre Variante mit 50-70% die häufigste ist (Lennert u. Feller 1990). Bei der diffusen Variante tritt fast immer eine auffallende Sklerosierung auf. Die neoplastischen Keimzentren enthalten kleine oder mittelgroße Zentrozyten, stets aber auch Zentroblasten. Von reaktiven Keimzentren unterscheiden sich diese neoplastischen Keimzentren u.a. durch die gleichmäßige, dichte Anordnung der Zellen ohne zonale Schichtung sowie durch das Fehlen von sog. Sternhimmelzellen. Gelegentlich findet sich eine Totalnekrose von tumorinfiltrierten Lymphknoten. Beim Übergang in die diffuse Form erscheinen die neoplastischen Keimzentren aufgesplittert (Lennert u. Feller 1990).

<Anm. 445>
Die maligne lymphomatöse Polypose gehört nach heutiger Kenntnis zu den Mantelzell-Lymphomen, weshalb wir vorschlagen, sie unter der Code-Nr. 9673/3 zu verschlüsseln (vgl. Anm. 442).

<Anm. 446>
In der englischsprachigen Originalfassung der ICD-O wird im Kapitel 967 - 969 keine Differenzierung in B- und T-Zell-Lymphome vorgenommen. Bei der von uns vorgeschlagenen Kodierung der Lymphome müssen die synonymen Lymphome der B-Zell- und der T-Zell-Typen gesondert erfaßt werden. Wir schlagen für die spezifischen B-Zell-Lymphome die freien Code-Nummern 9678/3, 9679/3, 9689/3, 9699/3 und 9727/3, für die spezifischen T-Zell-Lymphome 9710/3, 9724/3 und 9725/3, und für das großzellige anaplastische Lymphom vom Null-Zell-Typ die Code-Nr. 9726/3 vor.

<Anm. 447>
Bei diesem Lymphom unterscheiden Lennert und Feller (1990) 3 Typen:
1) das B-immunoblastische Lymphom ohne plasmozytische Differenzierung. Hier sind die Immunoblasten am größten. Zwischen den Tumorzellen liegen zahlreiche nichtneoplastische Histiozyten;
2) das B-immunoblastische Lymphom mit plasmozytischer Differenzierung. Die Immunobla-

9671/3 **Lymphoplasmozytoides Lymphom** (K) <Anm. 441>
Lymphoplasmozytisches Lymphom (K)
Immunozytom (K)
Immunozytisches Lymphom
[Plasmozytoides Lymphom (W)]

9672/3 [Diffuses kleinzelliges gekerbtkerniges Lymphom o.n.A. (W)]
[Gekerbtkerniges Lymphom o.n.A.]
[Diffuses schlecht differenziertes lymphozytisches Lymphom]

9673/3 **Mantelzell-Lymphom** <Anm. 442>
Mantelzonen-Lymphom
Maligne lymphomatöse Polypose <Anm. 442>
[Diffuses mittelgradig differenziertes lymphozytisches Lymphom]

9674/3 **Zentrozytisches Lymphom** (K) <Anm. 443>

9675/3 [Diffuses gemischt klein- und großzelliges Lymphom (W)]
[Diffuses lymphozytisch-histiozytisches Lymphom]
[Diffuses Lymphom vom Mischzelltyp]

9676/3 **Zentroblastisch-zentrozytisches Lymphom** (K) <Anm. 444>

9677/3 [Maligne lymphomatöse Polypose] <Anm. 445>

9678/3 *Lymphozytisches B-Zell-Lymphom* (K) (vgl. Leukämien 9851/3)
<Anm. 446>

9679/3 *Immunoblastisches B-Zell-Lymphom* <Anm. 447>
Immunoblastisches Lymphom vom B-Zell-Typ (K)

9680/3 **Diffuses großzelliges Lymphom o.n.A.** (W)
[Diffuses histiozytisches Lymphom]
[Großzelliges Lymphom o.n.A.]
[Histiozytäres Lymphom o.n.A.]
[Großzelliges Lymphom vom gekerbtkernigen und nichtgekerbtkernigen Typ]

9681/3 [Diffuses großzelliges gekerbtkerniges Lymphom (W)]
[Großzelliges gekerbtkerniges Lymhom o.n.A.]

9682/3 [Diffuses großzelliges nichtgekerbtkerniges Lymphom o.n.A. (W)]
[Großzelliges nichtgekerbtkerniges Lymphom o.n.A.]

sten sind etwas kleiner, und dazwischen liegen plasmazellähnliche kleinere Zellen;
3) das B-immunoblastische Lymphom mit hohem Lymphozytengehalt. Hier liegen zwischen den großen Immunoblasten massenhaft Lymphozyten, auch Plasmazellen. Zumeist handelt es sich um ein sekundäres immunoblastisches Lymphom nach einem Immunozytom.
Für alle 3 Typen wird die freie Code-Nr. 9679/3 vorgeschlagen.

<Anm. 448>
Das zentroblastische Lymphom ist ein hochmalignes Lymphom vom B-Zell-Typ. Es kann primär hochmaligne sein, kann aber auch sekundär auf dem Boden eines niedrigmalignen zentroblastisch-zentrozytischen Lymphoms oder eines Immunozytoms entstehen. Nach Lennert und Feller (1990) ist das zentroblastische Lymphom das häufigste hochmaligne Lymphom. Es können 4 Subtypen unterschieden werden:
- Monomorpher Subtyp: mehr als 60% der Tumorzellen typische Zentroblasten;
- Polymorpher Subtyp: mehr oder weniger reichlich Immunoblasten beigemengt;
- Gelapptkerniger („multilobated") Subtyp: mehr als 10–20% der Tumorzellen mit gelappten Kernen;
- Zentrozytoider Subtyp: bevorzugt Tumorzellen, die morphologisch zwischen Zentrozyten und Zentroblasten stehen.

Der Wachstumstyp ist meist diffus; in etwa 10% der Fälle besteht stellenweise zusätzlich auch ein follikuläres Bild. Das zentroblastische Lymphom gehört mit dem immunoblastischen Lymphom zu den häufigsten großzelligen B-Zell-Lymphomen. Gelegentlich ist es schwierig, zwischen diesen beiden Typen zu unterscheiden (s. Lennert und Feller 1990). Das zentroblastische Lymphom ist auch abzugrenzen vom „großzelligen anaplastischen Lymphom", das Ki-1-positiv ist und unter der Code-Nr. 9714/3 eingeordnet wird.

<Anm. 449>
Das immunoblastische Lymphom, welches stets diffus wächst, besteht zumeist aus Immunoblasten vom B-Zell-Typ (= 9679/3), selten vom T-Zell-Typ (= 9724/3).

<Anm. 450>
Das Burkitt-Lymphom (BL), ursprünglich in Afrika beschrieben, besteht aus mittelgroßen Zellen mit hoher Proliferationsrate und eingestreuten Makrophagen. Diese enthalten Zelltrümmer, wodurch das charakteristische „Sternhimmelbild" entsteht. Die Tumorzellen haben meist einen runden Kern mit multiplen Nukleolen. Die Zellen sind dicht gepackt, bieten also ein kohäsives Erscheinungsbild. Bei den meisten der endemischen Formen wurde in den malignen Zellen Epstein-Barr-Virus gefunden, in Europa und Nordamerika bei Aids-Fällen in 25–40%, sonst seltener (Harris et al. 1994). Beim endemischen Burkitt-Lymphom (z. B. Zentralafrika, Neuguinea) sind meist die Unterkiefer und andere Gesichtsschädelknochen befallen, beim sporadischen BL hauptsächlich der Abdominalbereich. Die endemischen Burkitt-Lymphome kommen zumeist, die sporadischen bevorzugt bei Kindern und bei Aids-Patienten vor.

<Anm. 451>
Das Burkitt-Lymphom mit zytoplasmatischem Immunglobulin ist nach Lennert u. Feller (1990) eine Variante mit einer CI-g-Expression. Dabei ist das Immunglobulin auch im formalinfixierten Gewebe nachweisbar, was beim Burkitt-Lymphom nur ausnahmsweise der Fall ist. Auch wird gelegentlich eine CD23-Expression gefunden. Von Lennert und Feller (1990) wurde diese Variante als ebenso häufig wie das typische Burkitt-Lymphom gefunden. Wir empfehlen hierfür die freie Code-Nr. 9688/3.

<Anm. 452>
Es handelt sich um ein Ansammlung mittelgroßer B-Lymphozyten mit teils runden, teils ovalen oder gekerbten Kernen. Ihr Chromatin ist locker und fein; Nukleolen fehlen ganz oder sind wenig prominent. Das Zytoplasma ist schmal und wenig basophil. Die Krankheit kann sich auch als akute Leukämie vom B-Zell-Typ manifestieren (B-ALL) (vgl. 9835/3 und Anm. 496).

<Anm. 453>
Follikuläre Lymphome sind die häufigsten malignen Lymphome. In den USA betreffen diese Formen 20 bis 40% aller malignen Lymphome (Warnke et al. 1995), in Europa etwa 20% (Lennert u. Feller 1990). Auf die in der englischsprachigen Originalfassung der ICD-O vorgenommene Untergliederung in diffuse und follikuläre bzw. noduläre maligne Lymphome verzichten wir unter Hinweis auf die aktualisierte Kiel-Klassifikation (Lennert u. Feller 1990) sowie auf die REAL-Klassifikation (Harris et al. 1994).

9683/3   **Zentroblastisches Lymphom** (K) <Anm. 448>
         [Diffuses zentroblastisches Lymphom o.n.A.]
         Diffuses großzelliges B-Zell-Lymphom, zentroblastischer Typ

9684/3   **Immunoblastisches Lymphom o.n.A.** (K, W) <Anm. 449>
         [Großzelliges immunoblastisches Lymphom]
         [Immunoblastisches Sarkom]

9685/3   **Lymphoblastisches Lymphom, unklassifiziertes** (K)
         Lymphoblastisches Lymphom o.n.A. (W)
         [„Convoluted-cell"-Lymphom]
         [Lymphoblastom]

9686/3   [Diffuses kleinzelliges nichtgekerbtkerniges Lymphom]
         [Kleinzelliges nichtgekerbtkerniges Lymphom (W)]
         [Lymphom vom undifferenzierten Zelltyp o.n.A.]

9687/3   **Burkitt-Lymphom (BL)** (K, W) <Anm. 450, 491>
         [Burkitt-Tumor]
         [Undifferenziertes Lymphom vom Burkitt-Typ]
         [Diffuses nichtgekerbtkerniges Burkitt-Lymphom]

9688/3   *Burkitt-Lymphom mit zytoplasmatischem Immunglobulin* (K) <Anm. 451>

9689/3   *Lymphoblastisches B-Zell-Lymphom* (K) <Anm. 452>

9690/3   **Follikuläres Lymphom o.n.A.** <Anm. 453>
         Noduläres Lymphom o.n.A.
         Lymphozytisch-noduläres Lymphom o.n.A.

9691/3   [Follikuläres gemischt kleinzellig-gekerbtkerniges und großzelliges Lymphom (W)]
         [Noduläres gemischt lymphozytisch-histiozytisches Lymphom]
         [Follikuläres Lymphom vom Mischzelltyp]
         [Noduläres Lymphom vom Mischzelltyp]

9692/3   **Follikuläres zentroblastisch-zentrozytisches Lymphom** (K) <Anm. 444>

9693/3   [Noduläres gut differenziertes lymphozytisches Lymphom]

9694/3   [Noduläres lymphozytisches Lymphom von intermediärer Differenzierung]

9695/3   [Follikuläres kleinzelliges gekerbtkerniges Lymphom (W)]

9696/3   [Noduläres schlecht differenziertes lymphozytisches Lymphom]

9697/3   [Follikuläres zentroblastisches Lymphom]

9698/3   [Follikuläres großzelliges Lymphom o.n.A. (W)]
         [Follikuläres großzelliges nichtgekerbtkerniges Lymphom]
         [Noduläres histiozytisches Lymphom]
         [Follikuläres nichtgekerbtkerniges Lymphom o.n.A.]
         [Follikuläres großzelliges gekerbtkerniges Lymphom]

9699/3   *Großzelliges anaplastisches B-Zell-Lymphom* (K) <Anm. 446, 465>

<Anm. 454>
Die Mycosis fungoides ist ein niedrigmalignes T-Zell-Lymphom. Es befällt primär die Haut und erst später die Lymphknoten sowie die inneren Organe. Die Zellen besitzen typische „zerebriforme" Kerne (Lutzner-Zellen), worunter man Kerne mit tiefen Einsenkungen versteht. Sie haben den typischen Phänotyp reifer T-Zellen (CD2+, CD3+, CD5+) und exprimieren meist CD4. Zwischen den T-Zellen finden sich Rasen interdigitierender Retikulumzellen. – Bei der pagetoiden Retikulose (Woringer-Kolopp 1939) ist die Infiltration der atypischen T-Lymphozyten auf die Epidermis und das Epithel der Hautanhangsgebilde beschränkt (Heenan et al. 1996). Die Krankheit kommt fast ausschließlich bei Männern und am häufigsten zwischen dem 50. und 70. Lebensjahr vor. In der Regel finden sich solitäre Plaques an Händen und Füßen, die sich nur selten weiter ausbreiten.

<Anm. 455>
Das Sézary-Syndrom ist eine Variante der Mycosis fungoides, gekennzeichnet durch die Trias Erythrodermie, Lymphknotenschwellung und leukämische Ausschwemmung von lymphoiden Zellen vom Lutzner-Typ.

<Anm. 456>
Das T-Zonen-Lymphom wächst im Bereich der T-Zonen der Lymphknoten. Die Zellen besitzen den Phänotyp reifer T-Zellen (vgl. Anm. 454). Histologisch ist die Wucherung der T-Lymphozyten untermischt mit T-Immunoblasten in wechselnder Zahl. Manchmal sieht man Herde oder größere Areale von Lymphozyten, die ein breites, wasserklares Zytoplasma aufweisen (Lennert u. Feller 1990).

<Anm. 457>
Das lymphoepitheloide (Lennert-) Lymphom ist ein T-Zell-Lymphom mit CD5-Expression, das durch kleinherdige Epitheloidzellreaktionen charakterisiert ist. Es besteht vorwiegend aus T-Lymphozyten, enthält aber auch einige T-Immunoblasten und vereinzelt Sternberg-Riesenzellen (Lennert u. Feller 1990). Der Tumor kann in ein großzelliges Lymphom übergehen.

<Anm. 458>
Bei diesem Tumor überwiegen T-Zellen vom reifen Typ, wobei fast ausschließlich die CD4-positiven Zellen proliferieren (Lennert u. Feller 1990). Dazwischen findet sich meist eine Proliferation von epitheloiden Venolen und follikulären dendritischen Retikulumzellen. Auch werden Plasmazellen und Plasmazellvorläufer sowie Makrophagen gefunden. Der Tumor kann in ein hochmalignes T-Zell-Lymphom übergehen.

<Anm. 459>
Das kleinzellige pleomorphe T-Zell-Lymphom besteht aus einer relativ monotonen Proliferation von kleinen, pleomorphkernigen T-Zellen. Der Tumor kann HTLV-1-positiv sein und zeigt dann das klinische Bild der chronischen ATL/L (= Adult T-cell Lymphoma/Leukemia) (Lennert u. Feller 1990; vgl. auch Anm. 460).

<Anm. 460>
Der Tumor besteht vorwiegend aus mittelgroßen oder auch großen Zellen mit erheblicher Kernpleomorphie. Er kann HTLV-1-positiv sein (Lennert u. Feller 1990). Als besondere Form wurde diese Erkrankung in Südwest-Japan als „Adult T-cell Lymphoma/Leukemia (ATL/L)" in den 1970er Jahren beschrieben. Später fand man endemische Fälle in der Karibik sowie bei Auswanderern aus der Karibik. Die Leukämie wird hervorgerufen durch das Retrovirus HTLV-1. Die Erkrankung betrifft vorwiegend Erwachsene (Lennert u. Feller 1990; vgl. 9827/3 und Anm. 492).

<Anm. 461>
Die T-Lymphozyten dieses Lymphoms leiten sich von den Vorläuferzellen der peripheren T-Lymphozyten ab, weswegen es in der REAL-Klassifikation (Harris et al. 1994) als T-lymphoblastisches Lymphom vom Vorläuferzell-Typ (= 9627/3) bezeichnet wird. Die Kerne dieser Zellen sind meist gyriform („convoluted") und weisen alle immunologischen Charakteristika der T-Zellen auf. Der Tumor beginnt zu etwa 80% im vorderen Mediastinum und geht wohl vom Thymus aus (Lennert u. Feller 1990). Bei diesem Tumor infiltrieren monozytoide B-Zellen als „zentrozytoide" Zellen Sinus und Follikel der Lymphknoten. Für dieses Lymphom schlagen wir die freie Code-Nr. 9708/3 vor.

970-972 T-Zell-Lymphome und sonstige spezielle lymphoretikuläre Neoplasien <Anm. 440>

9700/3	**Mycosis fungoides** (K, W) (vgl. 9631/3) <Anm. 454> [Pagetoide Retikulose] [Morbus Woringer-Kolopp]
9701/3	**Sézary-Syndrom** (K) <Anm. 455> Morbus Sézary
9702/3	**Peripheres T-Zell-Lymphom o.n.A.**
9703/3	**T-Zonen-Lymphom** (K) <Anm. 456>
9704/3	**Lymphoepitheloides Lymphom** (K) <Anm. 457> Lennert-Lymphom
9705/3	**Peripheres T-Zell-Lymphom vom AILD-(LgrX-)Typ** <Anm. 458> **Angioimmunoblastisches T-Zell-Lymphom (AILD, LgrX)(K)** [Angioimmunoblastische Lymphadenopathie mit Dysproteinämie (AILD)] [Immunoblastische Lymphadenopathie (IBL)] [Lymphogranulomatosis X] <Anm. 458, 484>
9706/3	**Kleinzelliges pleomorphes T-Zell-Lymphom** (K) <Anm. 459> [Peripheres T-Zell-Lymphom vom pleomorph-kleinzelligen Typ]
9707/3	**Mittelgroß- und großzelliges pleomorphes T-Zell-Lymphom** (K) <Anm. 460> Adulte(s) T-Zell-Lymphom/Leukämie (ATL/L) (K; vgl. Leukämien 9827/3) [Peripheres T-Zell-Lymphom vom pleomorphen mittelgroß- und großzelligen Typ]
9708/3	*Lymphoblastisches T-Zell-Lymphom* (K; vgl. Leukämien 9836/3) <Anm. 461>
9709/3	[Hautlymphome (C44)] <Anm. 462>
9710/3	*Lymphozytisches T-Zell-Lymphom* (vgl. Leukämien 9852/3) <Anm. 446>
9711/3	**Monozytoides B-Zell-Lymphom** (K) <Anm. 463>
9712/3	[Angioendotheliomatose]

<Anm. 462>
Diese Diagnose sollte vermieden werden, da auch kutane Lymphome entsprechend den allgemeinen Klassifikationsprinzipien für Lymphome näher zu klassifizieren sind (Heenan et al. 1996).

<Anm. 463>
Der Tumor ist nahe verwandt mit dem niedrigmalignen B-Zell-Lymphom des „mukosa-assoziierten lymphatischen Gewebes" (MALT). Diese Tumoren können in ein großzelliges hochmalignes Lymphom übergehen (Lennert u. Feller 1990).

<Anm. 464>
Hierbei handelt es sich um ein peripheres T-Zell-Lymphom von pleomorphzelligem Charakter. Morphologisch entscheidend ist ein angiozentrisches und oft angiodestruktives Wachstum der Tumorzellen, wodurch größere Nekrosen entstehen können. Bei der lymphomatoiden Granulomatose Liebow und dem „Midline granuloma" kann eine starke entzündliche Begleitreaktion bestehen, welche die zugrundeliegende T-Zell-Proliferation verdeckt (Lennert u. Feller 1990).

<Anm. 465>
Die großzelligen Ki-1-positiven Lymphome bestehen aus großen, meist nur gering basophilen Zellen, die große solide oder in Strängen formierte Zellkomplexe bilden, welche an die Metastasen eines Karzinoms erinnern. Diese Tumorzellen wachsen in die Lymphknotensinus ein. Sie sind mit unterschiedlich vielen reaktiven Histiozyten untermischt. Wenn dazwischen auch viele Erythrozyten liegen, kann eine Erythrophagie in den reaktiven Histiozyten erkennbar werden. Die Lymphomzellen können riesengroß sein, unterschiedlich geformte Nukleolen und ein feines bis mäßig grobes Chromatin besitzen. Manche Zellen erinnern an Sternberg-Riesenzellen. Charakteristisch ist allen diesen Tumoren die positive Reaktion auf den Proliferationsantikörper Ki-1 (CD30). Das großzellige anaplastische Lymphom vom T-Zell-Typ (= 9725/3) macht mindestens zwei Drittel dieser Lymphomform aus. Diese kann primär oder auch sekundär aus anderen Lymphomen entstehen. Das großzellige anaplastische Lymphom vom B-Zell-Typ (= 9699/3) ist dagegen relativ selten. Immunhistochemisch erkennt man CD19 und CD22. Das großzellige anaplastische Lymphom vom Null-Zell-Typ (= 9726/3) hat neben dem CD30 auch andere Antigene, die einen Aktivierungsgrad der Zellen beschreiben, wie etwa CD25 (Lennert u. Feller 1990).

<Anm. 466>
Dieses Lymphom besteht aus großen Zellen mit viellappigen („multilobated") Kernen, die oft Rosetten bilden. Die Kerne haben ein relativ feines Chromatin und kleine, unauffällige Nukleolen. Das Zytoplasma ist breit und blaß. Die meisten der seltenen Lymphome dieses Typs gehören zur B-Zell-Gruppe und stehen den zentroblastischen Lymphomen nahe (Lennert u. Feller 1990). Wir schlagen für dieses Lymphom die freie Code-Nr. 9715/3 vor.

<Anm. 467>
Diese sehr seltene Lymphomform besteht aus mittelgroßen bis großen Blasten, die als Besonderheit eine Phagozytose von Erythrozyten aufweisen. Die bisher beschriebenen Fälle gehören zum T-Zell-Typ (Lennert u. Feller 1990). Wir schlagen hierfür die freie Code-Nr. 9716/3 vor.

<Anm. 468>
Die Zuordnung dieses sehr seltenen malignen Lymphoms ist offen. Die Lymphomzellen haben mittelgroße, plump-ovale Kerne mit feinem Chromatin und kleinem, nichtbasophilem Nukleolus. Da die Zellen CD4-positiv sind, wurden sie als plasmozytoide T-Zellen eingeordnet. Diese Zuordnung ist aber noch nicht gesichert (Lennert u. Feller 1990). Wir schlagen hierfür die freie Code-Nr. 9717/3 vor.

<Anm. 469>
Der Tumor besteht aus CD4-positiven Lymphozyten und einigen, manchmal auch zahlreichen CD30-positiven großen Blasten, sowie zahlreichen Histiozyten. Ob hier ein wirkliches malignes Lymphom oder eine virusbedingte Reaktion vorliegt, ist noch offen (Lennert u. Feller 1990). Wir empfehlen, hierfür die freie Code-Nr. 9718/3 zu verwenden.

<Anm. 470>
Das Zytoplasma dieser Lymphomzellen enthält große, PAS-negative Vakuolen, welche die Kerne nach Art von Siegelringzellen deformieren. Zumeist handelt es sich primär um Haut-Lymphome.
Dieser seltene T-Zell-Tumor ist abzutrennen von dem B-Zell-Siegelringzell-Lymphom, das zur Gruppe der zentroblastisch-zentrozytischen Lymphome gehört. In den kugeligen oder diffusen Ablagerungen der Zentrozyten oder Plasmazellen dieser Form liegen PAS-positive Ablagerungen, die IgM darstellen. In einer anderen Gruppe sind die großen Vakuolen, welche die Kerne siegelringartig an den Rand drängen, PAS-negativ oder nur schwach positiv (Lennert u. Feller 1990). Für dieses Lymphom schlagen wir die freie Code-Nr. 9719/3 vor.

<Anm. 471>
Die maligne Histiozytose (MH) ist eine bösartige Neubildung von terminal differenzierten Zellen des Monozyten-Makrophagensystems. Sie ist extrem selten. Die meisten Fälle werden heute den malignen Lymphomen zugeordnet.

9713/3 **Angiozentrisches T-Zell-Lymphom** (K) <Anm. 464>
Lymphomatoide Granulomatose Liebow (K)
„Midline granuloma" (K)
[Maligne „midline" Retikulose]

9714/3 **Großzelliges Ki-1-positives anaplastisches Lymphom o.n.A.** (K) <Anm. 465>
Großzelliges (Ki-1-positives) Lymphom

9715/3 *Großzelliges Lymphom vom „multilobated" Typ (Pinkus)* (K) <Anm. 466>

9716/3 *Erythrophagozytisches T-gamma-Lymphom (Kadin)* (K) <Anm. 467>

9717/3 *Malignes Lymphom der plasmozytoiden T-Zellen* (K) <Anm. 468>

9718/3 *Lymphohistiozytisches Lymphom* (K) <Anm. 469>

9719/3 *Siegelringzell-Lymphom vom T-Zell-Typ* (K) <Anm. 470>

9720/3 **Maligne Histiozytose (MH)** <Anm. 471>
[Histiozytäre medulläre Retikulose]

9721/1 *Langerhans-Zell-Histiozytose (LHCH)* <Anm. 472>
Histiozytose X o.n.A.
Eosinophiles Granulom
Hand-Schüller-Christian-Krankheit

9722/3 **Letterer-Siwe-Krankheit** <Anm. 473>
[Akute differenzierte progressive Histiozytose]
[Akute progressive Histiozytose X]
[Nichtlipidhaltige Retikuloendotheliose]

9723/3 [Echtes histiozytisches Lymphom] <Anm. 474>

9724/3 *Immunoblastisches T-Zell-Lymphom* (K) <Anm. 446>

9725/3 *Großzelliges anaplastisches T-Zell-Lymphom* (K) <Anm. 446, 465>

9726/3 *Großzelliges anaplastisches Null-Zell-Lymphom* <Anm. 446, 465>

9727/3 *Großzelliges sklerosierendes B-Zell-Lymphom des Mediastinums* (K) (C38,1-3) <Anm. 446>

<Anm. 472>
Die Langerhans-Zell-Histiozytose (LHCH) (frühere Synonyme: Histiozytose X, Eosinophiles Granulom, Hand-Schüller-Christian-Krankheit) ist durch eine Proliferation histiozytärer Zellen gekennzeichnet, die immunphänotypisch CD1-Protein und S100 aufweisen. Ultrastrukturell haben sie die typischen Langerhans- bzw. Bierbeck-Granula und damit Beziehung zu den Langerhanszellen der Haut und den interdigitierenden Retikulumzellen der lymphatischen Organe. Die Veränderungen werden in der englischsprachigen Originalfassung der ICD-O als tumorähnliche Läsionen mit den früheren SNOMED-Nummern von 1984 kodiert (Histiozytose X = M-77800, Eosinophiles Granulom = M-44050 bzw. bei Lokalisation im Knochen = M-77860, Hand-Schüller-Christian-Krankheit = M-77920)). Wir empfehlen die Verwendung der freien Code-Nr. 9721/1.

<Anm. 473>
Die Letterer-Siwe-Krankheit (auch Abt-Letterer-Siwe-Krankheit) ist eine disseminierte Form der Langerhans-Zell-Histiozytose mit Beteiligung von Leber, Lungen oder Knochenmark.

<Anm. 474>
Diese Bezeichnung ist heute obsolet. Verwiesen sei auf das lymphohistiozytische Lymphom der Code-Nr. 9718/3.

<Anm. 475>
In der englischsprachigen Originalfassung der ICD-O wurden die Plasmozytome in solitäre und multiple Formen unterteilt. Wir behalten dies im Prinzip bei, schlagen aber eine Präzisierung durch Hinweis auf die Lokalisationen vor und unterscheiden zwischen medullären und extramedullären Plasmozytomen. Die Code-Nr. 9731/3 (Plasmozytom o.n.A.) sollte lediglich für die seltenen Fälle eingesetzt werden, bei denen eine Unterscheidung nach der Lokalisation nicht vorgenommen werden kann. Die in der aktualisierten Kiel-Klassifikation (Lennert und Feller 1990) verwendete Bezeichnung „Plasmozytisches Lymphom" ist für die nodale wie auch für andere extramedulläre Plasmazellneoplasien anwendbar. Plasmazell-Leukämien werden unter 9830/3 verschlüsselt (vgl. Anm. 493).

<Anm. 476>
Extramedulläre (auch extranodale) Plasmozytome kommen z. B. im oberen Respirationstrakt und im Magen-Darm-Kanal vor. Sie sind histologisch isomorph mit den medullären Plasmozytomen. Für diese Tumoren schlagen wir die freie Code-Nr. 9733/3 vor.

<Anm. 477>
Dieser seltene Tumor wird dann diagnostiziert, wenn die proliferierenden atypischen Mastozyten nur an einer Stelle, z. B. in der Unterhaut, in der Milz oder im Lymphknoten, vorkommen.

<Anm. 478>
Die systemische Mastozytose, früher auch als Mastzellretikulose bezeichnet, ist eine bösartige Mastzellneoplasie mit Befall des Knochenmarks, der Milz, der Leber und der Lymphknoten, aber auch der Haut, u. U. unter dem klinischen Erscheinungsbild einer Urticaria pigmentosa (wobei aber nicht 9740/1 zu kodieren ist). Im Knochenmark wuchern atypische Mastzellen disseminiert, aber betont fokal. In den Lymphknoten ist durch die Wucherungen atypischer Mastozyten und durch die begleitende Fibrose die lymphatische Grundstruktur weitgehend aufgehoben. – Zu unterscheiden ist die maligne Mastzellretikulose von der gutartigen Urticaria pigmentosa und von reaktiven Mastzellproliferationen.

<Anm. 479>
Der Morbus Waldenström (= 9761/3) ist eine klinische Bezeichnung. Morphologisch handelt es sich dabei meist um eine neoplastische B-Zell-Krankheit vom Typ des lymphoplasmozytoiden Lymphoms (= 9671/3) mit einer starken Paraproteinämie, oft IgM. Die Immunglobuline werden sowohl im Serum als auch im Gewebshomogenat nachgewiesen.

<Anm. 480>
Auch hierbei handelt es sich um klinische Bezeichnungen, und zwar von seltenen Paraproteinämien, bei denen z. T. pathologisch veränderte schwere Ketten einer Klasse im Blut vermehrt sind. Die Alpha-Schwerketten-Krankheit ist eine Untergruppe der immunproliferativen Krankheiten des Dünndarms (= 9764/3). Histologisch liegen unterschiedliche Formen von Lymphomen vor. Die Aufführung unter den sog. Immunproliferativen Krankheiten der englischsprachigen Originalfassung der ICD-O wird aus internationalen Vergleichsgründen beibehalten, und die Kodierung unter den Nummern 9762/3 oder 9763/3 sollte immer dann vorgenommen werden, wenn die Diagnose „Alpha-Schwerketten-Krankheit" bzw. „Gamma-Schwerketten-Krankheit" klinisch gestellt worden ist.

<Anm. 481>
Unter diesem Begriff ist im wesentlichen das klinische Bild der Alpha-Schwerketten-Krankheit (= 9762/3) zu verstehen, die morphologisch als lymphoplasmozytoides Lymphom (= 9671/3) zu kodieren ist. Die Sonderbezeichnung „Immunoproliferative Krankheit des Dünndarmes" der englischsprachigen Originalfassung sollte nicht mehr gebraucht werden.

<Anm. 482>
Hierbei handelt es sich um einen Sammelbegriff, worunter alle Erkrankungen verstanden werden, bei denen einzelne Plasmazellklone im Sinne einer Neoplasie proliferieren und vermehrt Immunglobuline einer Klasse produzieren. Die Diagnose sollte nur dann gestellt werden, wenn keine Biopsie vorliegt, die eine Zuordnung zu einem bestimmten malignen Lymphom gestattet.

973 Plasmazellneoplasien (vgl. Leukämien 9830/3) <Anm. 475>

9731/3 **Plasmozytom o.n.A.** <Anm. 475>
Unklassifiziertes Plasmozytom
[Solitäres Myelom]
[Solitäres Plasmozytom]

9732/3 **Medulläres Plasmozytom** <Anm. 475>
Plasmazellmyelom
Multiples Myelom
Mylom o.n.A.
[Myelomatose]

9733/3 *Extramedulläres Plasmozytom* <Anm. 476>

974 Mastzellneoplasien (vgl. Leukämien 9900/3)

9740/1 **Mastzelltumor o.n.A.**
Mastzellneoplasie, unklassifiziert
Mastozytom o.n.A.
Mastozytose (Haut, C44)
Urticaria pigmentosa

9740/3 **Lokalisiertes Mastzellsarkom** <Anm. 477>
Mastzellsarkom o.n.A.
Maligner Mastzelltumor
Malignes Mastozytom

9741/3 **Systemische Mastozytose** <Anm. 478>
Maligne Mastozytose
[Mastzellretikulose]

976 Immunoproliferative Krankheiten

9760/3 [Immunoproliferative Krankheit o.n.A.]

9761/3 **Waldenström-Makroglobulinämie** <Anm. 479>

9762/3 **Alpha-Schwerketten-Krankheit** <Anm. 480>

9763/3 **Gamma-Schwerketten-Krankheit** <Anm. 480>
Franklin-Krankheit

9764/3 [Immunoproliferative Krankheit des Dünndarms] (C17) <Anm. 481>
[Mittelmeer-Lymphom]

9765/1 **Monoklonale Gammopathie** <Anm. 482>

<Anm. 483>
Die „Angiozentrische immunoproliferative Veränderung" der englischsprachigen Originalfassung der ICD-O sollte heute als „Angiozentrisches T-Zell-Lymphom" (= 9713/3) bezeichnet und kodiert werden. Entsprechendes gilt für die lymphoide Granulomatose und die damit identische lymphomatoide Granulomatose (Liebow).

<Anm. 484>
Die angioimmunoblastische Lymphadenopathie der englischsprachigen Originalfassung der ICD-O entspricht dem angioimmunoblastischen T-Zell-Lymphom der Code-Nr. 9705/3 und ist als solche zu kodieren. Hierbei sind neben den Lymphknoten fast immer Leber und Milz und in etwa einem Drittel der Fälle auch die Haut befallen (Heenan et al. 1996).

<Anm. 485>
Als „T-gamma-lymphoproliferative Krankheit" sind nur diejenigen Fälle zu kodieren, bei denen eine histologische Differenzierung entsprechend den T-Zell-Lymphomen nicht möglich ist.

<Anm. 486>
Aus Gründen der internationalen Vergleichbarkeit wird die Grobeinteilung der englischsprachigen Originalfassung der ICD-O beibehalten, obwohl die lymphatischen Leukämien heute bevorzugt unter die malignen B- und T-Zell-Lymphome eingeordnet und dort kodiert werden (vgl. Anm. 440). Aus den gleichen Gründen werden die in der englischen Fassung vorgesehenen Code-Nummern für die lymphatischen Leukämien beibehalten, dabei aber auf die Notationen der Lymphomklassifikationen verwiesen. – Bei den akuten Leukämien sind die abgekürzten Bezeichnungen der FAB- (French-American-British-) Klassifikation (Bennett et al. 1976) in der aktualisierten Fassung (Bennett et al. 1980, 1985a, 1985b; Cheson et al. 1990) jeweils beigefügt. – Soweit in den einzelnen FAB-Kategorien aufgeführte Begriffe bisher in der englischsprachigen Originalfassung der ICD-O nicht gesondert genannt sind, wurden hierfür freie Code-Nummern vergeben (9828/3, 9829/3, 9871/3 bis 9876/3, 9895/3 und 9896/3). Gleiches gilt für die „Akute undifferenzierte Leukämie" (= 9805/3), die „Akute gemischtzellige Leukämie" (= 9806/3), einige in der REAL-Klassifikation (Harris et al. 1994) beschriebene Leukämieformen und für die Unterteilung der lymphatischen Leukämien nach ihrem immunologischen Zelltyp (9831/3 bis 9836/3, 9851/3 bis 9855/3) sowie die lymphoproliferativen Erkrankungen nach Transplantation (9971/1 und 9972/1). – In eckige Klammern gesetzt wurden nicht mehr empfehlenswerte Begriffe, insbesondere solche, die sich auf klinische Manifestationen beziehen, aber keine Krankheits-Entitäten beschreiben, wie z.B. subakute oder aleukämische Leukämien.

<Anm. 487>
Der Begriff „Akute undifferenzierte Leukämie" sollte der zunehmend kleiner werdenden Gruppe von Krankheiten vorbehalten werden, in der die Blasten mittels der zur Verfügung stehenden diagnostischen Verfahren der Zytochemie und Immunphänotypisierung nicht der myeloischen oder lymphatischen Leukämie-Zellreihe zugeordnet werden können (Cheson et al. 1990).

<Anm. 488>
Akute Leukämien, bei denen Merkmale der akuten lymphatischen Leukämie vorliegen und gleichzeitig myeloische Marker exprimiert sind, werden als „gemischtzellig" bezeichnet. Dabei kann es sich entweder um das gleichzeitige Vorkommen einer neoplastischen myeloischen wie einer lymphatischen Zellreihe handeln (gemischte Linienzugehörigkeit, „bilineage") oder um das Vorkommen beider Typen von Markern in einer Zelle („Akute biphänotypische Leukämie"; Cheson et al. 1990).

<Anm. 489>
In der englischsprachigen Originalfassung der ICD-O wird bei den lymphatischen Leukämien (einschl. Prolymphozytenleukämien) (= 9820/3 bis 9825/3) nicht nach dem immunologischen Zelltyp unterschieden. Entsprechend dem im Tumorhistologieschlüssel eingehaltenen Prinzip, die immunologische Charakterisierung stets in den fünfstelligen Code einzuschließen (vgl. Anm. 409), sind daher die Code-Nummern 9820/3 bis 9825/3 nur jenen Fälle vorbehalten, in denen eine immunologische Typisierung unterblieben ist. Für die immunologisch klassifizierten entsprechenden Krankheitsbilder wurden die bisher freien Code-Nummern 9831/3 bis 9836/3 sowie 9851/3, 9852/3, 9854/3 und 9855/3 vergeben.

<Anm. 490>
Nach der FAB-Klassifikation (Bennett et al. 1976) werden die akuten lymphatischen Leukämien in L1 bis L3 unterteilt:
L1 = Vorwiegend kleinzellige akute lymphatische Leukämie (= 9828/3);
L2 = Großzellig-heterogene akute lymphatische Leukämie (= 9829/3);

9766/1   [Angiozentrische immunproliferative Veränderung] <Anm. 483>
         [Lymphoide Granulomatose]
         [Lymphomatoide Granulomatose]

9767/1   [Angioimmunoblastische Lymphadenopathie o.n.A.] <Anm. 484>

9768/1   **T-gamma-lymphoproliferative Krankheit** <Anm. 485>

980–994 Leukämien <Anm. 486>

980 Leukämien o.n.A.

9800/3   [Leukämie o.n.A.]

9801/3   **Akute Leukämie o.n.A.**

9802/3   [Subakute Leukämie o.n.A.]

9803/3   **Chronische Leukämie o.n.A.**

9804/3   [Aleukämische Leukämie o.n.A.]

9805/3   *Akute undifferenzierte Leukämie o.n.A.* <Anm. 487>

9806/3   *Akute gemischtzellige Leukämie* <Anm. 488>
         Akute biphänotypische Leukämie

982–983 Lymphatische Leukämien und Plasmazell-Leukämien

9820/3   [Lymphatische Leukämie o.n.A.]
         [Lymphozytische Leukämie o.n.A.]
         [Lymphadenose o.n.A.]

9821/3   **Akute lymphatische Leukämie (ALL) o.n.A.** (vgl. Lymphome 9685/3)
         <Anm. 489, 490>
         Akute lymphoblastische Leukämie o.n.A.

9822/3   [Subakute lymphatische Leukämie]

L3 = Akute lymphatische Leukämie vom Burkitt-Zelltyp (= 9826/3).
In der englischsprachigen Originalfassung der ICD-O sind L1 und L2 nicht angeführt. Wir empfehlen hierfür die freien Code-Nummern 9828/3 und 9829/3. – Die morphologische Differenzierung zwischen L1, L2 und L3 ist im Vergleich zur immunologischen Diagnostik von nachgeordneter klinischer Bedeutung (Hossfeld 1994). Auch die morphologische Diagnose einer L3-Leukämie bedarf der immunphänotypischen Bestätigung.

<Anm. 491>
Die Trennung zwischen Burkitt-Lymphom und akuter lymphatischer Leukämie vom Burkitt-Zell-Typ ist weitgehend artifiziell. Es ist davon auszugehen, daß beide Krankheiten eine pathogenetische Entität darstellen und morphologisch sowie immunphänotypisch identisch sind.

<Anm. 492>
Bei der „Adulten T-Zell-Leukämie" ist die akute leukämische Form mit Hepatosplenomegalie und Knochenbefall die häufigste Manifestation. Aleukämische Verlaufsformen mit isolierten Lymphknotenvergrößerungen oder chronische Formen mit nur leicht erhöhtem Zellgehalt im Blut sind seltener.

<Anm. 493>
Die meisten Formen der Plasmazell-Leukämie entsprechen histologisch den Plasmozytomen und sind entsprechend dem klinischen Bild unter den Code-Nummern 9731/3 bis 9733/3 zu erfassen. Die Code-Nr. 9830/3 ist für diejenigen Fälle vorgesehen, bei denen eine bioptische Diagnose nicht möglich ist. Auch wird vorgeschlagen, die Nr. 9830/3 für diejenigen Sonderformen zu verwenden, bei denen sekundäre Plasmazell-Leukämien aus undifferenzierten Plasmazellen mit und ohne Paraproteinbildung vorliegen. Diese Erkrankungen haben eine ausgesprochen schlechte Prognose (Hoeffken 1993).

<Anm. 494>
Die Vorläufer-B-lymphoblastische Leukämie tritt häufiger bei Kindern als bei Erwachsenen auf, die Vorläufer-T-lymphoblastische Leukämie meist bei älteren Erwachsenen. Extramedulläre Organe sind beim B-Typ relativ selten, beim T-Typ häufiger befallen. Wir schlagen hierfür die freien Code-Nummern 9831/3 und 9832/3 vor.

<Anm. 495>
Prolymphozytenleukämien zeigen im Vergleich zur konventionellen chronischen lymphatischen Leukämie höhere Zellzahlen und einen ungünstigeren klinischen Verlauf. Obgleich die meisten CLL-Formen solche vom B-Zell-Typ sind, ist der Anteil der Prolymphozytenleukämien der T-Zellreihe vergleichsweise größer. Die letzteren sind im allgemeinen prognostisch ungünstiger als jene vom B-Zell-Typ (Harris et al. 1994). Für die Prolymphozytenleukämien schlagen wir die freien Code-Nummern 9833/3 und 9834/3 vor.

<Anm. 496>
Unter den reifzelligen akuten lymphatischen Leukämien ist die T-ALL wesentlich häufiger als die B-ALL (in den deutschen Therapiestudien etwa 6:1, Ludwig et al. 1994). Wegen der unterschiedlichen Therapie ist die Differenzierung zwischen T- und B-Formen von klinischer Bedeutung. Für beide Formen schlagen wir die freien Code-Nummern 9835/3 und 9836/3 vor.

<Anm. 497>
Die akute Erythroblastenleukämie ist durch die maligne Proliferation erythropoetischer und myeloischer Vorläuferzellen gekennzeichnet. Dementsprechend finden sich im Knochenmark mehr als 30–50% atypische Erythroblasten neben einem in der Regel kleineren Anteil an Myeloblasten, z.T. mit Auerstäbchen. In der Regel nimmt im Krankheitsverlauf der Anteil von Myeloblasten zu, so daß das morphologische Bild sich dem einer akuten myeloischen Leukämie annähert.

9823/3	**Chronische lymphatische Leukämie (CLL) o.n.A.** (vgl. Lymphome 9670/3) <Anm. 489>
9824/3	[Aleukämische lymphatische Leukämie]
9825/3	**Prolymphozytenleukämie o.n.A.** <Anm. 489>
9826/3	**Akute lymphatische Leukämie vom Burkitt-Zell-Typ** (FAB: L3) (vgl. Lymphome 9687/3) <Anm. 490, 491> Akute lymphoblastische Leukämie vom Burkitt-Typ Burkitt-Zell-Leukämie
9827/3	**Adulte T-Zell-Leukämie (ATL)** (vgl. Lymphome 9636/3, 9706/3 und 9707/3) <Anm. 492>
9828/3	*Vorwiegend kleinzellige akute lymphatische Leukämie* (FAB: L1) <Anm. 490> *Vorwiegend kleinzellige akute Lymphoblastenleukämie*
9829/3	*Großzellig-heterogene akute lymphatische Leukämie* (FAB: L2) <Anm. 490> *Großzellige heterogene akute Lymphoblastenleukämie*
9830/3	Plasmazell-Leukämie <Anm. 493> Plasmozytäre Leukämie
9831/3	*B-lymphoblastische Leukämie vom Vorläuferzell-Typ* (vgl. Lymphome 9601/3) <Anm. 494>
9832/3	*T-lymphoblastische Leukämie vom Vorläuferzell-Typ* (vgl. Lymphome 9627/3) <Anm. 494>
9833/3	*Prolymphozytenleukämie vom B-Zell-Typ* (vgl. Lymphome 9606/3) <Anm. 495>
9834/3	*Prolymphozytenleukämie vom T-Zell-Typ* (vgl. Lymphome 9628/3) <Anm. 495>
9835/3	*Akute lymphatische Leukämie vom B-Zell-Typ (B-ALL)* (vgl. Lymphome 9689/3) <Anm. 496>
9836/3	*Akute lymphatische Leukämie vom T-Zell-Typ (T-ALL)* (vgl. Lymphome 9708/3) <Anm. 496>

984 Erythroleukämien

9840/3	**Akute Erythroblastenleukämie** (FAB: M6) <Anm. 497, 501> Akute Erythroleukämie Akute erythromyeloblastäre Leukämie Erythroleukämie o.n.A. Eythrämische Myelose o.n.A.

<Anm. 498>
Die chronische Erythrämie vom Typ Heilmeyer-Schöner unterscheidet sich von der akuten Erythrämie im wesentlichen nur durch den langsameren Verlauf.

<Anm. 499>
Etwa 95% der chronischen lymphatischen Leukämien sind Neoplasien vom B-Zell-Typ. Diese weisen meist höhere Zellzahlen und eine ungünstigere Prognose auf als solche des T-Zell-Typs. Zur getrennten Kodierung beider Formen schlagen wir statt der einen Code-Nr. 9823/3 der englischsprachigen Originalfassung der ICD-O die beiden freien Code-Nummern 9851/3 und 9852/3 vor.

<Anm. 500>
Die chronische lymphatische Leukämie vom azurgranulierten Typ ist immunologisch der T-Zell- bzw. der NK-Zell-Linie zugehörig. In der REAL-Klassifikation (Harris et al. 1994) wird diese Form als „Grobgranuläre chronische lymphatische Leukämie" bezeichnet; wir empfehlen jedoch die von Stein, Müller-Hermelink und Hiddemann (1996) vorgeschlagene Bezeichnung „Chronische lymphatische Leukämie vom azurgranulierten Typ". Hierdurch wird die morphologische Besonderheit der azurophilen Granula im blaßbläulichen Zytoplasma besser charakterisiert. Zwischen den beiden immunologischen Typen T-Zell- und NK-Zell-Typ sind klinisch relevante Unterschiede bislang nicht bekannt. Zur Differenzierung der verschiedenen Typen schlagen wir die freien Code-Nummern 9854/3 und 9855/3 vor.

<Anm. 501>
Akute myeloische Leukämien kommen überwiegend im Erwachsenenalter vor, und zwar etwas häufiger bei Männern. Aufgrund morphologischer und zytochemischer Kriterien ist eine Unterteilung nach dem Reifungsgrad der Zellen und der Differenzierungsrichtung möglich. Nach der aktualisierten FAB-Klassifikation (Bennett et al. 1976, 1985a, 1985b; Cheson et al. 1990) wird dabei zwischen M0 bis M7 unterschieden:

M0 = Akute undifferenzierte myeloische Leukämie (= 9871/3)
M1 = Akute myeloische Leukämie ohne Ausreifung (= 9872/3)
M2 = Akute myeloische Leukämie mit Ausreifung (= 9873/3)

M3 = Akute Promyelozytenleukämie (= 9866/3)
M3-variant = Akute Promyelozytenleukämie, hypogranuläre Variante (= 9875/3)
M4 = Akute myelomonozytäre Leukämie (= 9867/3)
M4 Eo = Akute myelomonozytäre Leukämie mit Eosinophilie (= 9876/3)
M5 = Akute Monozytenleukämie (= 9891/3)
M5a = Akute Monoblastenleukämie (= 9895/3)
M5b = Akute promonozytär-monozytäre Leukämie (= 9896/3)
M6 = Akute Erythroblastenleukämie (= 9840/3)
M7 = Akute Megakaryoblastenleukämie (= 9910/3).

Von Stein, Müller-Hermelink und Hiddemann (1996) wird zusätzlich „M2 Baso" = Akute myeloblastische Leukämie mit Ausreifung und basophilen Blasten (= 9874/3) abgegrenzt. Die bisher freien Code-Nummern wurden von uns vergeben, da in der englischsprachigen Originalfassung der ICD-O für die meisten M-Kategorien keine eigene Notation vorgesehen ist. – Die Code-Nr. 9861/3 ist nur dann anzuwenden, wenn eine Differenzierung in die M-Kategorien der FAB-Klassifikation nicht möglich ist.

<Anm. 502>
Die chronische myeloische Leukämie ist etwas häufiger als die akute myeloische Leukämie und kommt vor allem bei Erwachsenen im mittleren Lebensalter (20. bis 50. Lebensjahr) vor. Sie wird zu den chronischen myeloproliferativen Krankheiten gerechnet (vgl. Anm. 515). Zur Unterscheidung von einer reaktiven Steigerung der Granulopoese ist bei dieser Leukämie das völlige Fehlen der alkalischen Leukozytenphosphatase charakteristisch. In 95% der Fälle läßt sich zytogenetisch das sog. Philadelphia-Chromosom, eine balancierte Translokation zwischen den Chromosomen t(9,22) nachweisen. Diese Translokation ist mit der Anlagerung des abl-Onkogens von Chromosom 9 auf das Gen der Bruchpunkte (Break point cluster region) auf Chromosom 22 (bcr) und der Bildung des neuen Fusionsgens bcr-abl assoziiert. Diese kann mittels molekularbiologischer Untersuchungen in Ergänzung zur Zytodiagnostik ebenfalls zur Diagnostik verwendet weden. – Myeloische Infiltrationen finden sich auch immer in Leber und Milz, im weiteren Verlauf auch in fast allen anderen Organen.

9841/3 **Akute Erythrämie**
　　　　　Di-Guglielmo-Krankheit
　　　　　Akute erythrämische Myelose

9842/3 **Chronische Erythrämie** <Anm. 498>
　　　　　Chronische Erythrämie Typ Heilmeyer-Schöner

985　Sonstige lymphatische Leukämien

9850/3 [Lymphosarkomzell-Leukämie]

9851/3 *Chronische lymphatische B-Zell-Leukämie (B-CLL)* (vgl. Lymphome 9604/3 und 9678/3) <Anm. 499>

9852/3 *Chronische lymphatische T-Zell-Leukämie (T-CLL)* (vgl. Lymphome 9629/3 und 9710/3) <Anm. 499>

9853/3 *Chronische lymphatische Leukämie vom azurgranulierten Typ o.n.A.* (vgl. Lymphome 9630/3) <Anm. 500>

9854/3 *Chronische lymphatische T-Zell-Leukämie vom azurgranulierten Typ* (vgl. Lymphome 9630/3) <Anm. 500>

9855/3 *Chronische lymphatische NK-Zell-Leukämie vom azurganulierten Typ* (vgl. Lymphome 9630/3) <Anm. 500>

986–988　Myeloische Leukämien einschließlich Basophilen- und Eosinophilenleukämien

9860/3 [Myeloische Leukämie o.n.A.]
　　　　　[Granulozytäre Leukämie o.n.A.]
　　　　　[Neutrophilenleukämie o.n.A.]
　　　　　[Myelomonozytäre Leukämie o.n.A.]
　　　　　[Myelozytäre Leukämie o.n.A.]

9861/3 **Akute myeloische Leukämie (AML) o.n.A.** <Anm. 501>
　　　　　Akute myeloische Leukämie, unklassifiziert

9862/3 [Subakute myeloische Leukämie]

9863/3 **Chronische myeloische Leukämie (CML)** <Anm. 502>
　　　　　Chronische granulozytäre Leukämie
　　　　　Chronische Neutrophilenleukämie
　　　　　Chronische myelogene Leukämie
　　　　　Chronische myelozytäre Leukämie

9864/3 [Aleukämische myeloische Leukämie]
　　　　　[Aleukämische granulozytäre Leukämie]
　　　　　[Aleukämische myelogene Leukämie]

<Anm. 503>
In der ersten Fassung der FAB-Klassifikation (Bennett et al. 1976) wurde nur die Kategorie M3 = „Hypergranuläre akute Promyelozytenleukämie" beschrieben, später dann als Variante (M3-variant) die „Hypogranuläre akute Promyelozytenleukämie" abgegrenzt (Bennett et al. 1985a). Diese ist in der englischsprachigen Originalfassung der ICD-O nicht angeführt; wir schlagen Verschlüsselung mit der bisher freien Code-Nr. 9875/3 vor. Bei der „Hypergranulären akuten Promyelozytenleukämie" (M3, = 9866/3) entspricht der Großteil der Zellen abnormen Promyelozyten mit charakteristischer grober Granulierung des Zytoplasmas und gebündelten Auer-Stäbchen. Bei der Variante M3-variant (= 9875/3), die nach Stein, Müller-Hermelink und Hiddemann (1996) „Mikrogranuläre akute Promyelozytenleukämie" genannt wird, zeigt die Mehrzahl der peripheren Zellen keine oder nur einige kleine azurophile Granula, und nur einige Zellen bieten das typische Bild der hypergranulären akuten Promyelozytenleukämie. Werden diese übersehen, kann diese Leukämieform im peripheren Blutausstrich als „Atypische Monozytenleukämie" fehlinterpretiert werden. Im Knochenmark zeigt sich jedoch das typische Bild der M3-Leukämie (Bennett et al. 1980, 1985a, 1985b).

<Anm. 504>
Bei der akuten myelomonozytären Leukämie sind mehr als 20%, aber nicht über 80% der nicht-erythroiden Zellen im Blut und im Knochenmark monozytär (Bennett et al. 1985b). Finden sich vermehrt Eosinophile und sind diese, im Gegensatz zu den normalen Eosinophilen, Chlorazetatesterase- und PAS-positiv, wird die Diagnose „Akute myelomonozytäre Leukämie mit Eosinophilie" gestellt, wofür wir Verschlüsselung mit der Code-Nr. 9876/3 vorschlagen. Diese Leukämie ist mit einer spezifischen chromosomalen Translokation in Form der Inversion 16 assoziiert.

<Anm. 505>
Die chronische myelomonozytäre Leukämie (CMML) unterscheidet sich von der CML dadurch, daß im Blut und in den leukämischen Infiltraten neben Zellen der Granulopoese auch Monozyten und deren Vorstufen reichlich vertreten sind (fast immer mehr als 10% aller Leukozyten). In der englischsprachigen Originalfassung der ICD-O wird diese Krankheit unter die myeloischen Leukämien eingeordnet, weil die in der Originalfassung der FAB-Klassifikation vorgesehene Zuordnung zu den myelodysplastischen Syndromen umstritten ist (vgl. Anm. 521). – Im Kindesalter präsentiert sich die CMML häufig schon bei Kleinkindern mit Hepatosplenomegalie, Hautinfiltraten und pulmonalen Symptomen. Etwa 30% der Patienten haben eine Monosomie 7; ein Philadelphia-Chromosom ist nicht nachzuweisen. Die CMML ist mit der Neurofibromatose Typ 1 assoziiert. Sie spricht schlecht auf Chemotherapie an und stellt eine Indikation zur primären Knochenmarkstransplantation dar (Niemeyer et al. 1992).

<Anm. 506>
Hierbei handelt es um eine sehr seltene Form der chronischen oder auch der akuten myeloproliferativen Krankheiten, bei der sowohl im Knochenmark als auch im peripheren Blut eine starke Vermehrung der basophilen Granulozyten und ihrer Vorformen auffällt. In den meisten neueren Übersichten wird eine primäre Basophilenleukämie nicht mehr geführt (Hossfeld 1994; Singer u. Goldstone 1995; Hoelzer 1995; Chessels 1995).

<Anm. 507>
Bei der „Akuten undifferenzierten myeloischen Leukämie" (M0) zeigt sich bei konventioneller Morphologie und Zytochemie keine myeloische Differenzierung, jedoch ist diese bei Elektronenmikroskopie (peroxydasepositive Granula) und/oder Immunphänotypisierung nachweisbar (Cheson et al. 1990). – „Akute myeloische Leukämie ohne Ausreifung" (M1, = 9872/3) und „Akute myeloische Leukämie mit Ausreifung" (M2, = 9873/3) unterscheiden sich durch den Anteil an Blasten im Knochenmark: Wenn dieser (bezogen auf nicht-erythroide Zellen) mindestens 90% beträgt, wird M1 diagnostiziert, sonst M2 (Bennett et al. 1985b). – Von Stein, Müller-Hermelink und Hiddemann (1996) wird als Sonderform eine „Akute myeloblastische Leukämie mit Ausreifung und basophilen Blasten" (M2-Baso, = 9874/3) abgegrenzt (vgl. auch Anmerkung 501).

<Anm. 508>
Die Eosinophilenleukämie verläuft meist akut und zeigt im Knochenmark die Vorstufen der eosinophilen Granulozyten stark vermehrt, vorwiegend eosinophile Promyelozyten mit unreifen, bläschenförmigen, eosinophilen Granula. Die Erkrankung ist entweder myeloblastisch oder myelomonozytär, also eher als Sonderform der akuten myeloischen oder der akuten monozytären Leukämie aufzufassen. Wir folgen bei der Auflistung an dieser Stelle der englischsprachigen Originalfassung der ICD-O.

9866/3	**Akute Promyelozytenleukämie o.n.A.** (FAB: M3) <Anm. 503>
	Akute hypergranuläre Promyelozytenleukämie
9867/3	**Akute myelomonozytäre Leukämie o.n.A.** (FAB: M4) <Anm. 504>
9868/3	**Chronische myelomonozytäre Leukämie (CMML)** <Anm. 505>
9870/3	**Basophilenleukämie** <Anm. 506>
9871/3	*Akute undifferenzierte myeloische Leukämie* (FAB: M0) <Anm. 507>
	Akute blastär-undifferenzierte myeloische Leukämie
	Akute myeloische Leukämie mit minimaler Ausreifung
9872/3	*Akute myeloische Leukämie ohne Ausreifung* (FAB: M1) <Anm. 507>
	Akute myeloblastische Leukämie ohne Ausreifung
9873/3	*Akute myeloische Leukämie mit Ausreifung* (FAB: M2) <Anm. 507>
	Akute myeloblastische Leukämie mit Ausreifung
	Akute differenzierte myeloblastische Leukämie
9874/3	*Akute myeloblastische Leukämie mit Ausreifung und basophilen Blasten* (FAB: M2-Baso) <Anm. 507>
9875/3	*Akute Promyelozytenleukämie, hypogranuläre Variante* (FAB: M3-variant oder M3-hypogranulär) <Anm. 503>
	Akute mikrogranuläre Promyelozytenleukämie
	Akute hypogranuläre Promyelozytenleukämie
9876/3	*Akute myelomonozytäre Leukämie mit Eosinophilie* (FAB: M4-Eo) <Anm. 504>
9880/3	**Eosinophilenleukämie** <Anm. 508>

<Anm. 509>
In der englischsprachigen Originalfassung der ICD-O ist nur eine Code-Nr. für die akute Monozytenleukämie angeführt. Diese wird nach Bennett et al. (1985b) diagnostiziert, wenn 80% oder mehr aller nicht-erythroiden Knochenmarkszellen Monoblasten, Promonozyten oder Monozyten sind. Nach der aktualisierten FAB-Klassifikation (Bennett et al. 1985b) ist eine Unterteilung in M5a und M5b vorgesehen. Hierfür schlagen wir die freien Code-Nummern 9895/3 und 9896/3 vor. Bei M5a sind 80% aller monozytären Zellen Monoblasten, bei M5b finden sich unter den monozytären Zellen weniger als 80% Monoblasten, ansonsten Promonozyten und Monozyten. Bei beiden Formen ist die Zahl der Leukozyten im peripheren Blut überwiegend erhöht. Besonders häufig sind extramedulläre Manifestationen in der Haut, der Gingiva, den Lymphknoten sowie in Leber und Milz (Hoeffken 1993).

<Anm. 510>
Die sehr seltene „Akute Megakaryoblastenleukämie" ist morphologisch in der Regel nicht sicher erkennbar, sondern entspricht phänotypisch meist einer undifferenzierten akuten Leukämie. Gelegentlich finden sich jedoch morphologische Anzeichen der Thrombozytenabschnürung oder blastennahe Thrombozytenaggregationen. Die Diagnose und Zuordnung zur megakaryozytären Zellreihe erfolgt mittels immunzytochemischer Untersuchungen mit dem Nachweis thrombozytärer Oberflächenantigene.

<Anm. 511>
Die veralteten Begriffe „Myelosarkom" und „Chlorom" werden nur unter Berücksichtigung der englischsprachigen Originalfassung der ICD-O aufgeführt. Chlorome sind tumoröse Infiltratbildungen bei CML, z.B. in der Haut. Es handelt sich nicht um eigenständige Leukämieformen.

<Anm. 512>
Die in der englischsprachigen Originalfassung der ICD-O aufgeführte „Akute Myelofibrose" ist als eigenständige Krankheitseinheit umstritten. Sie gehört am ehesten zur „Akuten Megakaryoblastenleukämie" (= 9910/3).

<Anm. 513>
Die Haarzell-Leukämie gehört zu den niedrigmalignen B-Zell-Lymphomen. Es handelt sich um eine monoklonale Wucherung kleiner lymphoider Zellen, die im Blutausstrich haarartige lange Zellausläufer aufweisen. Charakteristisch ist die positive Reaktion auf tartratresistente saure Phosphatase. Da das Knochenmark immer, die Lymphknoten aber nicht immer betroffen sind, wurde die Veränderung, wie auch in der englischsprachigen Originalfassung der ICD-O, den Leukämien zugeordnet (vgl. Anm. 440).

989 Monozytenleukämien

9890/3	[Monozytenleukämie o.n.A.] [Monozytäre Leukämie o.n.A.]
9891/3	**Akute Monozytenleukämie** (FAB: M5) <Anm. 509> *Akute monozytäre Leukämie*
9892/3	[Subakute Monozytenleukämie]
9893/3	[Chronische Monozytenleukämie]
9894/3	[Aleukämische Monozyenleukämie]
9895/3	*Akute Monoblastenleukämie o.n.A.* (FAB: M5a) <Anm. 509> *Akute schlecht differenzierte Monozytenleukämie* *Akute undifferenzierte Monozytenleukämie*
9896/3	*Akute promonozytär-monozytäre Leukämie* (FAB: M5b) <Anm. 509> *Akute promonozytäre Leukämie* *Akute Monoblastenleukämie mit Differenzierung* *Akute Monoblastenleukämie mit Ausreifung* *Akute differenzierte Monozytenleukämie*

990-994 Sonstige Leukämien

9900/3	**Mastzell-Leukämie**
9910/3	**Akute Megakaryoblastenleukämie** (FAB: M7) <Anm. 510> Akute Megakaryozytenleukämie Akute megakaryozytäre Leukämie Megakaryozytäre Myelose
9930/3	[Myelosarkom] <Anm. 511> [Chlorom] [Granulozytäres Sarkom]
9931/3	[Akute Panmyelose]
9932/3	[Akute Myelofibrose] <Anm. 512>
9940/3	**Haarzell-Leukämie** <Anm. 513>
9941/3	[Leukämische Retikuloendotheliose]

<Anm. 514>
Bei der Polycythaemia vera sind, neben der massiven Hyperplasie der Erythropoese, im Knochenmark auch die Granulozytopoese und die Megakaryozytopoese gesteigert. Klinisch steht die Vermehrung der Erythrozyten und des Blutvolumens im Vordergrund.

<Anm. 515>
Das „Myeloproliferative Syndrom (MPS)" ist ein Sammelbegriff für:
– Chronische myeloische Leukämie
  (CML, = 9863/3),
– Polycythaemia vera (= 9950/1),
– Idiopathische Osteomyelosklerose (OMS)
  (Myelofibrose, = 9961/1),
– Essentielle Thrombozythämie (= 9962/1).
Wann immer möglich, sollte eine Differenzierung in die einzelnen Entitäten vorgenommen werden.

<Anm. 516>
Die idiopathische Osteomyelosklerose (Myelofibrose) ist eine neoplastische Stammzellstörung mit Beteiligung aller drei Zell-Linien. Sekundär entsteht, wahrscheinlich durch Vermittlung des Plättchenwachstumsfaktors (PDGF), eine abnorme Stimulation faserbildender Retikulumzellen mit konsekutiver Markfibrose und Osteosklerose. Dabei ist die Knochenmarksfibrose – wenngleich sekundär entstanden – das dominante Geschehen. Die idiopathische Osteomyelosklerose ist abzugrenzen von der sekundären Osteomyelosklerose, die unter zahlreichen Bedingungen auftreten kann, z.B. in fortgeschrittenen Stadien anderer myeloproliferativer Krankheiten, bei akuter Leukämie, M. Hodgkin, Myelom, Karzinom, renaler Osteodystrophie, Hyperparathyreoidismus, Hypothyreose, Lupus erythematodes u.a. – Die früher übliche Unterscheidung zwischen idiopathischen Myelofibrosen mit und ohne myeloider Metaplasie ist überholt.

<Anm. 517>
Die essentielle Thrombozythämie ist eine proliferative Erkrankung der megakaryozytären Zellreihe. Dabei kommt es meist zu einer deutlichen Erhöhung der Thrombozytenzahlen im peripheren Blut, die jedoch durch Funktionsstörungen und funktionelle Minderwertigkeit der Thrombozyten charakterisiert sind.

<Anm. 518>
Die Bezeichnung „Lymphoproliferative Krankheit" ist ein Sammelbegriff für chronische Leukämie, Haarzell-Leukämie, Sézary-Syndrom und andere Non-Hodgkin-Lymphome. Wann immer möglich, sollten die einzelnen Entitäten identifiziert werden. Auch die immunoproliferativen Krankheiten (976) sind hier zuzuordnen.

<Anm. 519>
Als „Posttransplantations-Lymphoproliferative Erkrankungen (PTLE)" werden Krankheiten bezeichnet, die nach Organtransplantation und/oder Immundefekterkrankungen auftreten. Meist läßt sich Epstein-Barr-Virus (EBV) nachweisen. Die polymorphe PTLE ist gemischt klein- und großzellig, wobei B- und T-Lymphozyten vorkommen, gelegentlich mit plasmazellulärer Differenzierung. Die Erkrankung ist in der Regel reversibel, kann aber in ein polymorphes B-Zell-Lymphom übergehen (Frizzera et al. 1981).

<Anm. 520>
Die monomorphe Posttransplantations-Lymphoproliferative Erkrankung bietet ein gleichmäßigeres Bild als die polymorphe Form. Sie kann klein-, mittelgroß- oder auch großzellig sein. Gelegentlich ist sie reversibel, in den meisten Fällen aber als Lymphom zu werten (Nalesnik et al. 1988).

995-997 Myeloproliferative Syndrome (MPS) und sonstige lymphoproliferative Krankheiten

9950/1 **Polycythaemia vera** <Anm. 514>
Polycythaemia vera rubra

9960/1 [Myeloproliferatives Syndrom (MPS) o.n.A.] <Anm. 515>
[Chronische myeloproliferative Erkrankung (CMPE) o.n.A.]
[Myeloproliferative Krankheit o.n.A.]

9961/1 **Idiopathische Osteomyelosklerose (OMS)** <Anm. 516>
Idiopathische Myelofibrose
Primäre Osteomyelosklerose
Megakaryozytäre Myelosklerose
[Myelofibrose mit myeloischer Metaplasie]

9962/1 **Essentielle Thrombozythämie** <Anm. 517>
Idiopathische Thrombozythämie
Essentielle hämorrhagische Thrombozythämie
Idiopathische hämorrhagische Thrombozythämie

9970/1 [Lymphoproliferative Krankheit o.n.A.] <Anm. 518>

9971/1 *Polymorphe Posttransplantations-Lymphoproliferative Erkrankung (PTLE)* <Anm. 519>

9972/1 *Monomorphe Posttransplantations-Lymphoproliferative Erkrankung (PTLE)* <Anm. 520>

<Anm. 521>

„Myelodysplastische Syndrome" (MDS), auch als „Dysmyelopoetische Syndrome" (DMPS) bezeichnet, sind vorwiegend im höheren Lebensalter auftretende klonale Krankheiten, die durch Veränderungen aller drei Zell-Linien der Hämatopoese gekennzeichnet sind. Leitbefund ist eine Mono-, Bi- oder Panzytopenie bei erhöhter oder normaler Zelldichte des Knochenmarks. Die Abgrenzung der myelosdysplastischen Syndrome von den akuten myeloischen Leukämien erfolgt nach der Zahl der Erythroblasten und der Blasten der myelomonozytären Zell-Linie (Bennett et al. 1985b). Ein myelodysplastisches Syndrom liegt vor, wenn
a) unter allen kernhaltigen Knochenmarkszellen <50% Erythroblasten und <30% Blasten der myelomonozytären Reihe sind, oder
b) unter allen kernhaltigen Knochenmarkzellen 50% und mehr Erythroblasten und unter den nicht-erythroiden Zellen <30% Blasten gefunden werden.

Die Unterteilung nach der aktualisierten FAB-Klassifikation (Bennett et al. 1982) unterscheidet 5 Gruppen:
- Refraktäre Anämie ohne Ringsideroblasten (RA) (= 9981/1),
- Refraktäre Anämie mit Ringsideroblasten (RARS) (= 9982/1),
- Refraktäre Anämie mit Blastenüberschuß (RAEB) (= 9983/1),
- Chronische myelomonozytäre Leukämie (CMML) (= 9868/3),
- Refraktäre Anämie mit Blastenüberschuß und Transformation (RAEBT) (= 9984/1).

Die Zugehörigkeit der CMML zum myelodysplastischen Syndrom ist strittig, der Verlauf entspricht eher dem der chronischen myeloischen Leukämie (Aul et al. 1995; Singer u. Goldstone 1995). Daher ist die chronische myelomonozytäre Leukämie in der englischsprachigen Originalfassung der ICD-O unter dem Abschnitt 986 eingeordnet. – Bei den meisten myelodysplastischen Syndromen bleiben die auslösenden Ursachen unbekannt (MDS de novo). Als sekundäre MDS werden die Krankheiten zusammengefaßt, die durch organische Lösungsmittel (Benzol), Zytostatika (alkalisierende Substanzen, Epipodophyllotoxin-Derivate, Cisplatin) oder ionisierende Strahlen ausgelöst werden. Sekundäre MDS zeigen im allgemeinen einen aggressiveren klinischen Verlauf mit häufigem Übergang in akute myeloische Leukämien.

998 **Myelodysplastische Syndrome** <Anm. 521>

9980/1	Refraktäre Anämie o.n.A.
9981/1	**Refraktäre Anämie ohne Ringsideroblasten (RA)** Refraktäre Anämie ohne Sideroblasten
9982/1	**Refraktäre Anämie mit Ringsideroblasten (RARS)** Refraktäre Anämie mit Sideroblasten
9983/1	**Refraktäre Anämie mit Blastenüberschuß (RAEB)**
9984/1	**Refraktäre Anämie mit Blastenüberschuß und Transformation (RAEBT)** Refraktäre Anämie in Transformation
9989/1	**Myelodysplastisches Syndrom o.n.A.** Myelodysplastisches Syndrom, unklassifiziertes Präleukämie Präleukämisches Syndrom

C. SNOMED-Code-Nummern wichtiger tumorähnlicher Veränderungen

Vorbemerkung

Tumorähnliche Veränderungen („tumorlike lesions") sind in der SNOMED-Ausgabe 1984 nahezu ausschließlich im Abschnitt M (Morphologie, „terms used to describe structural changes") eingeordnet. In der Auflage 1993 (Coté et al. 1993) sind jedoch etliche tumorähnliche Veränderungen nur im Abschnitt D (Diseases/Diagnoses, „names of diseases and diagnostic entities") angeführt. Die Begriffe im Abschnitt D sind im Vergleich zu jenen im Abschnitt M im allgemeinen differenzierter; häufig ist auch die Lokalisation miterfaßt.

In Zweifelsfällen wurde wie folgt verfahren:

1. Wichtige tumorähnliche Veränderungen, die in SNOMED 1993 nicht erwähnt sind

In solchen Fällen haben wir die Begriffe geeigneten, z. T. übergeordneten M-Kategorien zugeordnet und dies durch Beifügung eines Sternchens (*) gekennzeichnet.

Beispiel (a):
M-72042 Hyperplastischer Polyp
     * Hyperplastische Polypose
     * Fundusdrüsenpolyp (Magen, C16)
     * Fundusdrüsenpolypose (Magen, C16)

Beispiel(b):
M-75560 Vaskulärer Nävus
     * Naevus flammeus
     * Naevus sanguineus
     * Portweinnävus

2. Tumorähnliche Veränderungen, die sowohl im Abschnitt M als auch im Abschnitt D vorkommen

In diesen Fällen haben wir, sofern die Angaben im Abschnitt D lediglich die Lokalisation beschreiben, nur die M-Notation in die Liste aufgenommen.

Beispiel(c):
M-78720 Keloid
D0-80120 Keloid der Haut

Lediglich M-78720 wird aufgenommen

3. Tumorähnliche Läsionen, die in SNOMED 1993 nicht im Abschnitt M, wohl aber im Abschnitt D erfaßt werden

Hier haben wir die Begriffe – soweit möglich – den entsprechenden M-Kategorien zugeordnet und innerhalb dieser dann die D-Notationen zusätzlich angeführt.

Beispiel(d):
M-78800 Fibromatose o.n.A.
    Palmare Fibromatose
    (M. Dupuytren) D1-50430
    Plantare Fibromatose
    (M. Ledderhose) D1-50440

Somit ergibt sich z.B. für die Palmare Fibromatose (M. Dupuytren) die Möglichkeit, entweder die morphologische Diagnose Fibromatose (= M-78800) und die Lokalisation nach dem Tumorlokalisationsschlüssel (Mittelhand = C49.17) zu verschlüsseln oder zusammenfassend für Morphologie und Lokalisation die Notation nach der D-Kategorie (= D1-50430) zu verwenden.

Beispiel(e):

M-57210 Melanose o.n.A.
　　　　　Kongenitale Melanose D4-40351
　　　　　Ito-Nävus D4-40374
　　　　　Ota-Nävus D4-40376

In diesem Fall kann der Benutzer entweder die differenziertere Notation nach Abschnitt D oder die umfassendere M-Kategorie wählen.

In wenigen Fällen erschien eine Zuordnung zu einer M-Kategorie nicht zwanglos möglich; in diesen Fällen haben wir die Begriffe in der Liste in einem zweiten Abschnitt lediglich nach der D-Kategorie angeführt.

In der folgenden Liste sind die Bezeichnungen der tumorähnlichen Veränderungen, die in den WHO-Klassifikationen (Blue Books) verwendet werden, durch halbfetten Druck hervorgehoben. Häufiger gebrauchte Synonyme sind jeweils mit angeführt.

SNOMED 1993 – Abschnitt M (Morphology)

M-20020	Kongenitale Dysplasie
M-20680	Kongenitale Hyperplasie 　　Adenoma-sebaceum-Syndrom (Pringle) D4-01015
M-26000	Ektopie o.n.A. 　　Heterotopie o.n.A. 　　* Dystopie o.n.A. 　　Choristom o.n.A. 　　* **Phakomatöses Choristom** 　　Fordyce-Krankheit D4-42020 　　**Nasengliom** D4-91710 　　**Endometriose o.n.A.** D7-72000 　　Endometriom D7-72010 　　Endometriosis externa D7-72020
M-26400	Persistierende embryonale Strukturen 　　* **Persistierendes Nierenblastem**
M-26500	**Kongenitale Zyste o.n.A.** 　　Zyste des Ductus thyreoglossus D4-60334 　　Zyste der Rathke-Tasche D4-52650
M-26520	**Odontogene Zyste o.n.A.** 　　**Gingivazyste des Kindes** D4-51511 　　**Gingivazyste des Erwachsenen** D4-51512 　　* **Sialo-odontogene Zyste**

Halbfett gedruckt:　Begriffe, die in den WHO-Klassifikationen aufgeführt sind;
Eingerückt:　　　　Synonyme und zugeordnete Begriffe aus Abschnitt D von SNOMED 1993;
Eingerückt mit *:　nicht in SNOMED 1993 aufgeführte Begriffe.

	Dentigeröse Zyste D4-51520
	Eruptive odontogene Zyste D4-51524
	Follikuläre Kieferzyste D4-51524
	Laterale periodontale Zyste D4-51526
	* **Odontogene Keratozyste**
	Primordialzyste D4-51528
M-26600	Fissurale Zyste o.n.A.
	Zyste des Nasopalatinganges D4-51534
	Nasolabiale Zyste D4-51538
M-26630	**Neurogliazyste**
M-32000	Ektasie
	Milchgangektasie (Mamma, C50) D7-90370
M-33400	[Zyste o.n.A.]
	* **Einfache Knochenzyste**
	Periodontale Zyste D4-51525
	Radikuläre Zyste D5-10780
	Apikale Zyste D5-10780
M-33410	Epitheliale Einschlußzyste
	Epidermoidzyste o.n.A.
	* **Intraossäre Epidermoidzyste**
M-33430	Talgzyste
	* **Steatocystoma multiplex**
	Pilarzyste
	Tricholemmzyste
M-33440	Schleimzyste o.n.A. (ausgenommen Digitale Schleimzyste der Haut der Finger, = 8840/0)
	Mukozele
M-33600	Ganglionzyste
	* **Nervenscheidenganglion**
M-33630	Knochenzyste o.n.A.
M-33640	**Aneurysmatische Knochenzyste**
M-33650	**Einkammerige Knochenzyste**
	Solitäre Knochenzyste
M-33660	Subchondrale Knochenzyste
	* **Juxtakortikale Knochenzyste**
	* **Intraossäres Ganglion**
M-33790	Kolloidzyste o.n.A.
	Kolloidzyste des 3. Ventrikels D4-91410
M-37100	Peliosis o.n.A.
	Peliosis hepatis D5-81520
M-43061	**Plasmazellgranulom**

M-43800	Chronische hyperplastische Entzündung **M. Paget des Knochens** D1-61100 * Osteodystrophia deformans
M-44020	**Pyogenes Granulom** * **Lobuläres Hämangiom**
M-44040	**Lipogranulom o.n.A.** **Xanthogranulom o.n.A.** * **Juveniles Xanthogranulom**
M-44110	Riesenzellgranulom o.n.A. * **Reparatives Riesenzellgranulom o.n.A.** **Riesenzellepulis** D5-10850
M-44170	**Malakoplakie**
M-44200	Nichtnekrotisierende granulomatöse Entzündung **Chalazion** DA-76130
M-44700	Nekrotisierende granulomatöse Entzündung **Wegener-Granulomatose** D3-81690
M-45020	Granulationsgewebe o.n.A. * **Vault-Granulation** (Vagina, C52.9)
M-45100	Sklerosierende Entzündung * **Chronische sklerosierende Sialadenitis der Gl. submandibularis** (C08.0)
M-55050	Glykogenablagerung * **Glykogenakanthose**
M-55160	**Amyloidtumor**
M-55300	**Xanthom o.n.A.**
M-55400	Kalziumablagerung o.n.A. **Calcinosis cutis** D0-75610
M-57203	[Vermehrte Melaninpigmentierung] **Ephelis** D0-70030 **Lentigo simplex** D0-70119
M-57210	Melanose o.n.A. * **Genitale Lentiginose** * **Schleimhautmelanose** **Ito-Nävus** D4-40374 **Ota-Nävus** D4-40376 **(Kongenitale) okulo-dermale Melanozytose** D4-40376 **Melanosis coli** D5-44150
M-71000	Hypertrophie o.n.A. **Riesenfaltenhypertrophie** (Magen, C16) D5-32530 **M. Ménétrier** (Magen, C16) D5-32530

M-72000	Hyperplasie o.n.A. Lipohyperplasie der Ileozökalklappe (C18.0) D6-11170
M-72005	Atypische Hyperplasie * **Atypische adenomatöse (glanduläre) Hyperplasie** * **Atypische (komplexe) Endometriumhyperplasie (C54)** * Atypische duktale Hyperplasie (Anm. 161) * Atypische lobuläre Hyperplasie (Anm. 161) * **Atypische Plattenepithelhyperplasie**
M-72020	Kompensatorische Hyperplasie * **Kompensatorische lobäre Hyperplasie**
M-72030	Noduläre Hyperplasie * Fokale noduläre Hyperplasie (Leber, C22.0)
M-72042	Hyperplastischer Polyp * **Hyperplastische Polypose** * Fundusdrüsenpolyp (Magen, C16) * **Fundusdrüsenpolypose (Magen, C16)**
M-72050	Papilläre Hyperplasie * **Duktale papilläre Hyperplasie (Pankreas, C25)**
M-72090	**Pseudoepitheliomatöse Hyperplasie**
M-72100	Lobuläre Hyperplasie (ausgenommen atypische, = M-72005)
M-72150	Epithelhyperplasie * **Plattenepithelhyperplasie (ausgenommen atypische, = M-72005)**
M-72151	Fokale epitheliale Hyperplasie **Molluscum contagiosum** DE-31A10
M-72162	**Klarzellakanthom**
M-72170	Intraduktale Hyperplasie (ausgenommen atypische, = M-72005) * Duktale Hyperplasie * **Adenomatöse duktale Hyperplasie (Pankreas, C25)**
M-72200	Lymphoide Hyperplasie [Lymphocytoma benignum cutis (Bäfverstedt) D0-80300]
M-72420	Adenomatöse Hyperplasie (ausgenommen atypische, = M-72005) * Hyperplasie der Brunner-Drüsen (Duodenum, C17.0) * **Fundusdrüsenhyperplasie (C16.1,2)** Zollinger-Ellison-Syndrom DB-63410 * **Komplexe Endometriumhyperplasie (C54)**
M-72440	Adenomyomatöse Hyperplasie **Adenomyose** D7-72100 **Endometriosis interna** D7-72100
M-72450	Adenofibromyomatöse Hyperplasie
M-72480	Mikroglanduläre Hyperplasie

M-72600	Hyperkeratose o.n.A. **Keratose o.n.A.**
M-72610	Follikuläre Keratose
M-72750	**Seborrhoische Keratose** **Lentigo solaris** D0-70112 Lentigo senilis D0-70112
M-72760	Benigne Plattenepithelkeratose * **Benigne lichenoide Keratose**
M-72830	Leukoplakie o.n.A.
M-72832	Leukokeratose **Keratotische Plaque**
M-72840	**Cornu cutaneum**
M-72850	**Aktinische Keratose** **Solare Keratose**
M-72860	**Keratoakanthom o.n.A.**
M-72870	Multiple subepitheliale Epitheliome **Multiple Keratoakanthome**
M-72900	**Cholesteatom o.n.A.**
M-72920	**Invertierte follikuläre Keratose**
M-72960	**Keratosis obturans**
M-73000	Metaplasie o.n.A.
M-73040	**Hyperthekose**
M-73050	**Onkozytäre Metaplasie**
M-73220	**Plattenepithelmetaplasie**
M-73300	**Glanduläre Metaplasie**
M-73320	**Intestinale Metaplasie**
M-73330	Gastrische Metaplasie * **Pylorusdrüsenmetaplasie**
M-73380	Nephrogene Metaplasie * **„Nephrogenes Adenom"** (Harnblase, C67)
M-73400	Extraskelettale Verknöcherung o.n.A. * **Myositis ossificans o.n.A.**
M-73500	Myeloische Metaplasie

M-74000	Dysplasie o.n.A. (ausgenommen Mammadysplasie, = M-74320, Epitheliale Dysplasie, = M-74410 und Hochgradige Dysplasie, = 8140/2, 8211/2, 8220/2, 8261/2, 8263/2; s. auch Anm. 31)
	    * **Fibröse Dysplasie o.n.A.**
	    Monostotische fibröse Dysplasie D1-61628
	    Polyostotische fibröse Dysplasie D4-01020

M-74100	**Lipomatose o.n.A.** (ausgenommen Fetale Lipomatose, = 8881/0, Lipomatose des Darmes, = 8850/0 und Multiple Lipome, = 8850/0) * **Diffuse Lipomatose**
M-74200	**Adenose o.n.A.** * Mikroglanduläre Adenose

M-74220	Fibrosierende Adenose
	    Skleradenose
	    *(Komplexe) radiäre Narbe (Mamma, C50)

M-74230	Adenofibrose
M-74260	Floride Adenose

M-74320	**Fibrozystische Krankheit o.n.A.** (Mamma, C50)
	    * Fibrozystische Mastopathie o.n.A. (C50)
	    * **Mammadysplasie** (C50)

M-74322	**Fibrozystische Krankheit, proliferativer Typ** (Mamma, C50) * Fibrozystische Mastopathie, proliferativer Typ (C50)
M-74324	**Fibrozystische Krankheit, proliferativer Typ mit Atypien** (Mamma, C50) * Fibrozystische Mastopathie, proliferativer Typ mit Atypien (C50)

M-74410	Epitheliale Dysplasie o.n.A. (ausgenommen Dysplasie o.n.A., = M-74000, Mammadysplasie, = M-74320 und Hochgradige Dysplasie, = 8140/2, 8211/2, 8220/2, 8261/2, 8263/2; s. auch Anm. 31)
	    * **Geringgradige Dysplasie**
	    * **Mittelgradige Dysplasie**

M-74450	**Warziges Dyskeratom** **Dyskeratosis follicularis** D4-40240
M-74810	Fibröser Metaphysendefekt **Nichtossifizierendes Fibrom**

M-75500	**Hamartom o.n.A.**
	    * **Hypothalamisches neuronales Hamartom** (C71.04)
	    * **Neuromuskuläres Hamartom** (Weichteile, C49)

M-75530	**Epidermaler Nävus o.n.A.** * Naevus verrucosus
M-75540	Bindegewebsnävus o.n.A. Juveniles Elastom

M-75550	Adnexnävus o.n.A.
	    Naevus sebaceus D4-01012
	    * **Follikulärer Nävus**

M-75560	Vaskulärer Nävus
	Naevus araneus D3-85200
	Spidernävus D3-85200
	* **Naevus flammeus**
	Angioma serpiginosum D0-80210

M-75580 Fettgewebsnävus o.n.A.
    * **Naevus lipomatosus superficialis**

M-75620 Fibröses Hamartom o.n.A.
    * **Fibröses Hamartom der Kindheit**

M-75640 **Mesenchymales Hamartom**

M-75650 **Biliäres Hamartom**

M-75660 Hamartomatöser Polyp
    Juvenile Polypose D4-01034
    * **Juveniler Polyp**
    * **Peutz-Jeghers-Polyp**
    * **Peutz-Jeghers-Polypose**

M-76000 Proliferation o.n.A.
    Noduläre Fasziitis D1-50460
    * **Myositis proliferans**

M-76100 Reaktive Angiomatose
    * **Bazilläre Angiomatose der Haut** (C44) (Anm. 322)
    * **Epitheloidzellige Angiomatose** (Anm. 322)
    * **Nodale Angiomatose** (Lymphknoten, C77) (Anm. 322)

M-76600 Verruca o.n.A.

M-76620 **Verruca plana**

M-76630 **Verruca vulgaris**
    * **Verruca plantaris**

M-76700 Kondylom o.n.A.

M-76720 **Condyloma acuminatum**

M-76770 **Bowenoide Papulose**

M-76800 [Polyp o.n.A.]
    Cronkhite-Canada-Polypose D5-45500
    Stimmbandpolyp D2-04700
    * **Übergangspolyp** (Colon, C18, Rektum, C20)

M-76810 Fibroepithelialer Polyp
    Akrochordon
    * **Analzipfel** (C44.55)
    Analpolyp (C44.55)

M-76820 **Entzündlicher Polyp**
    * **Entzündlicher kloakogener Polyp** (Analkanal, C21.1)

M-76830	Eosinophiler granulomatöser Polyp **Entzündlicher fibroider Polyp**
M-76850	[Epulis o.n.A.]
M-76870	**Cholesterinpolyp**
M-76880	**Lymphoider Polyp** * Benigne lymphoide Polypose
M-76890	**Entzündlicher Pseudotumor**
M-77800	[Histiozytose o.n.A.] * **Regressierende atypische Histiozytose** (Haut, C44)
M-77810	Sinushistiozytose o.n.A. * **Sinushistiozytose mit massiver Lymphadenopathie (Rosai-Dorfman)**
M-77880	**Retikulohistiozytäres Granulom** **Retikulohistiozytom**
M-78000	[Fibrose o.n.A.] **Morton-Neurom** DA-43096 * **Follikuläres Fibrom** (Haut, C44) * **Perifollikuläres Fibrom** (Haut, C44) **Juveniles Aponeurosenfibrom** (Weichteile, C49)
M-78020	[Sklerose o.n.A.] Lichen sclerosus et atrophicus der Glans penis und des Präputiums (C60.0,1) D7-57130 **Lichen sclerosus vulvae** D7-75920
M-78720	**Keloid**
M-78770	**Traumatisches Neurom** * Amputationsneurom
M-78800	Fibromatose o.n.A. (ausgenommen tiefe Fibromatosen wie abdominale = 8822/1, mesenteriale = 8822/1 und extraabdominale = 8821/1) **Palmare Fibromatose (M. Dupuytren)** D1-50430 **Plantare Fibromatose (M. Ledderhose)** D1-50440 * Fibromatosis colli * Infantile digitale Fibromatose * Superfizielle Fibromatose
M-78810	Narbenfibromatose
M-79680	**Schwangerschaftsluteom** **Noduläre Thekaluteinhyperplasie**

SNOMED 1993 – Abschnitt D (Diseases/Diagnoses)

D0-22320 Acanthosis nigricans
D0-30120 **Lymphomatoide Papulose**
D1-10250 Sjögren-Syndrom
D5-14800 **Cherubismus**
  * **Familiäre multilokuläre Zystenkrankheit der Kiefer** (C41.05, C41.1)
D5-20350 **Benigne lymphoepitheliale Läsion der großen Speicheldrüsen** (C07, C08)
D6-44510 **Xeroderma pigmentosum o.n.A.**
DB-90340 M. Recklinghausen des Knochens (C40, C41)
  Brauner Tumor bei Hyperparathyreoidismus (C40, C41)
DC-38000 Sekundäre Polyzythämie
DC-41040 Leukämoide Knochenmarksreaktion
DC-47080 Reaktive Mastozytose (Anm. 378)
  * Reaktive Mastzellproliferation (Anm. 378)

D. Alphabetischer Index

Der nachfolgende alphabetische Index ist primär für die Suche nach der Code-Nummer eines bestimmten diagnostischen Begriffs gedacht. Bei etlichen Begriffen wird auf Anmerkungen verwiesen, die im systematischen Teil zu finden sind und die für die Verwendung des Begriffs wichtige Informationen enthalten. Die angeführten Lokalisationsangaben zeigen an, daß der diagnostische Begriff nur bei Veränderungen des oder der jeweiligen Organe verwendet wird. Für die genauere Einordnung des Begriffs in die nosologische Systematik ist ein Rückgriff auf den systematischen Teil empfehlenswert.

Bei den Lymphomen werden die Krankheitsbezeichnungen der verschiedenen Klassifikationen durch folgende Zusätze gekennzeichnet:

(K)	Aktualisierte Kiel-Klassifikation (Lennert u. Feller 1990)
(REAL)	Revised European-American Classification of Lymphoid Neoplasms (REAL-Klassification) (Harris et al. 1994)
(REAL*)	Provisorische Entität der REAL-Klassifikation
(SMH)	Modifikation und Ergänzung der REAL-Klassifikation nach Stein et al. 1996
(SMH*)	Modifikation und Ergänzung zu provisorischen Entitäten der REAL-Klassifikation nach Stein et al. 1996.
(W)	Working Formulation (The Non-Hodgkin's Lymphoma Pathologic Classification Project) (National Cancer Institute 1992)
ohne Zusatz	Begriffe aus anderen Klassifikationen und aus der englischsprachigen Originalfassung der ICD-O (1990)

Für die **Schreibweise der Krankheitsbegriffe** im systematischen und alphabetischen Teil gelten folgende Regeln:
- Vorzugsbezeichnungen sind halbfett gedruckt
- Synonyme in Normaltype
- Kursivschrift kennzeichnet Bezeichnungen, für die im Tumorhistologieschlüssel bisher freie Code-Nummern neu vergeben wurden
- In eckige Klammern gesetzte Begriffe sollten nicht mehr benutzt werden
- Code-Nummern mit „M-" wurden nur bei tumorähnlichen Läsionen (SNOMED 1993) verwendet

A

8822/1	**Abdominale Fibromatose** (C76.2)
8822/1	Abdominaler Desmoidtumor (C76.2)
9570/0	**Abgekapseltes Palisadenneurom** (Haut, C44) <Anm. 402>
9722/3	Abt-Letterer-Siwe-Krankheit <Anm. 473>
D0-22320	Acanthosis nigricans
8730/0	[Achromer Nävus]
8051/3	Ackerman-Tumor (Kehlkopf, C32) <Anm. 19>
9310/0	[Adamantinom o.n.A.] (ausgenommen in Tibia und langen Röhrenknochen, = 9261/3)
9261/3	**Adamantinom der langen Röhrenknochen** (C40.0, C40.2)
9261/3	Adamantinom der Tibia (C40.22)
9310/3	[Adamantinom, malignes (ausgenommen in Tibia und langen Röhrenknochen, = 9261/3)]
8570/3	**Adenoakanthom** <Anm. 170>
9300/0	Adenoameloblastom (C03.9)
8140/2	**Adenocarcinoma in situ (AIS)** (Cervix uteri, C53) <Anm. 58>
8220/2	[*Adenocarcinoma in situ bei familiärer adenomatöser Polypose*] <Anm. 83>
8210/2	[Adenocarcinoma in situ in adenomatösem Polypen] <Anm. 82, 83>
8210/2	[Adenocarcinoma in situ in einem Polypen o.n.A.] <Anm.82, 83>
8210/2	[Adenocarcinoma in situ in polypoidem Adenom] <Anm. 82, 83>
8210/2	[Adenocarcinoma in situ in tubulärem Adenom] <Anm. 82, 83>
8211/2	*Adenocarcinoma in situ in tubulärem Adenom* (ausgenommen Kolon und Rektum) <Anm. 82, 83>
8263/2	**Adenocarcinoma in situ in tubulovillösem Adenom** (ausgenommen Kolon und Rektum) <Anm. 82, 83>
8261/2	**Adenocarcinoma in situ in villösem Adenom** (ausgenommen Kolon und Rektum) <Anm. 82, 83>
8330/0	**Adenochondrom** (Schilddrüse, C73) <Anm. 108>
9013/0	**Adenofibrom o.n.A.** (Ovar, C56)
8381/1	Adenofibrom, atypisches endometriodes (Ovar, C56) <Anm. 120>
8381/0	**Adenofibrom, endometrioides** (Ovar, C56) <Anm. 119>
8381/1	**Adenofibrom, endometrioides von Borderline-Malignität** (Ovar, C56) <Anm. 120>
8381/3	**Adenofibrom, malignes endometrioides** (Ovar, C56) <Anm. 121>
9015/3	*Adenofibrom, malignes muzinöses* <Anm. 270>
9014/3	*Adenofibrom, malignes seröses* (Ovar, C56) <Anm. 271>
8313/0	**Adenofibrom, mesonephrisches** (Ovar, C56)
9015/0	**Adenofibrom, muzinöses** (Ovar, C56) <Anm. 270>
9015/1	*Adenofibrom, muzinöses von Borderline-Malignität* <Anm. 270>
9013/0	Adenofibrom, papilläres (Ovar, C56)
9014/0	**Adenofibrom, seröses** (Ovar, C56)
9014/1	*Adenofibrom, seröses von Borderline-Malignität* (Ovar, C56)
M-72450	Adenofibromyomatöse Hyperplasie
M-74230	Adenofibrose
8147/3	**Adenoides Basalzellkarzinom** (Cervix uteri, C53; Vagina, C52) <Anm. 65>
8075/3	**Adenoides Plattenepithelkarzinom** <Anm. 27>
8200/3	**Adenoid-zystisches Karzinom** <Anm. 79>

8200/3	**Adenoid-zystisches ekkrines Karzinom** (Haut, C44)
8245/3	[Adenokarzinoidtumor] <Anm. 91>
8140/3	**Adenokarzinom o.n.A.** <Anm. 61>
8251/3	**Adenokarzinom, alveoläres**
8401/3	**Adenokarzinom, apokrines** (Haut,C44)
8560/3	[Adenokarzinomatös-epidermoider Tumor]
8560/3	[Adenokarzinomatöser Plattenepitheltumor]
8280/3	Adenokarzinom, azidophiles (Hypophyse, C75.1)
8550/3	**Adenokarzinom, azinäres** (Prostata, C61; Lunge, C34) <Anm. 167>
8300/3	Adenokarzinom, basophiles (Schilddrüse, C75.1)
8250/3	Adenokarzinom, bronchioläres (C34) <Anm. 93>
8250/3	**Adenokarzinom, bronchiolo-alveoläres** (C34) <Anm. 93>
8270/3	Adenokarzinom, chromophobes (Hypophyse, C75.1)
8212/3	*Adenokarzinom der Analdrüsen* (C21.1) <Anm. 85>
8500/3	[Adenokarzinom des Utriculus prostaticus (C61)] <Anm. 150>
8145/3	Adenokarzinom, diffuses (Magen, C16)
8500/3	**Adenokarzinom, duktales** (Pankreas, C25 <Anm. 149>; Prostata, C61 <Anm. 150>)
8413/3	*Adenokarzinom, ekkrines* (Haut, C44) <Anm. 129>
9070/3	Adenokarzinom, embryonales (Ovar, C56; Hoden, C62; Mediastinum, C38.3; Retroperitoneum, C48.0; Gehirn, C71) <Anm. 287>
8380/3	Adenokarzinom, endometrioides (Corpus uteri, C54; Cervix uteri, C53; Ovar, C56; Vagina, C52) <Anm. 121>
8148/3	*Adenokarzinom, endozervikales muzinöses* (Cervix uteri, C53) <Anm. 66>
8530/3	[Adenokarzinom, entzündliches] <Anm. 165>
8280/3	Adenokarzinom, eosinophiles (Hypophyse, C75.1)
8330/3	Adenokarzinom, follikuläres o.n.A. (Schilddrüse, C73)
8331/3	Adenokarzinom, follikuläres grob-invasives (Schilddrüse, C73) <Anm. 112>
8331/3	Adenokarzinom, follikuläres gut differenziertes (Schilddrüse, C73)
8331/3	Adenokarzinom, follikuläres klarzelliges (Schilddrüse, C73) <Anm. 114>
8332/3	Adenokarzinom, follikuläres mäßig differenziertes (Schilddrüse, C73)
8331/3	Adenokarzinom, follikuläres mit minimaler Invasion (Schilddrüse, C73) <Anm. 111>
8331/3	Adenokarzinom, follikuläres, oxyphiler Zelltyp (Schilddrüse, C73) <Anm. 113>
8332/3	Adenokarzinom, follikuläres trabekuläres (Schilddrüse, C73)
8323/3	**Adenokarzinom, gemischtzelliges** <Anm. 105>
8210/3	[Adenokarzinom in adenomatösem Polypen] <Anm. 82>
8210/3	[Adenokarzinom in einem Polypen o.n.A.] <Anm. 82>
8220/3	**Adenokarzinom in familiärer adenomatöser Polypose (FAP)** (Kolon, C18; Rektum, C20)
8220/3	**Adenokarzinom in familiärer Adenomatosis coli** (C18)
8221/3	[Adenokarzinom in multiplen adenomatösen Polypen] <Anm. 82>
8210/3	[Adenokarzinom in polypoidem Adenom] <Anm. 82>
	Adenokarzinom in situ s. Adenocarcinoma in situ
8144/3	**Adenokarzinom, intestinales** (Magen, C16; Gallenblase, C23; extrahepatische Gallengänge, C24; Nasen- und Nasennebenhöhlen, C30.0, C31) <Anm. 64>

8144/3	**Adenokarzinom, intestinales muzinöses** (Cervix uteri, C53; Vagina, C52) <Anm. 64>
8503/2	[Adenokarzinom, intraduktales papilläres]
8503/3	Adenokarzinom, intraduktales papilläres mit Invasion (Brust, C50) <Anm. 153>
8504/3	Adenokarzinom, intrazystisches papilläres
8210/3	[Adenokarzinom in tubulärem Adenom] <Anm. 82>
8263/3	**Adenokarzinom in tubulovillösem Adenom**
8500/3	Adenokarzinom, invasives duktales (Brust, C50) <Anm. 147>
8261/3	**Adenokarzinom in villösem Adenom**
8520/3	Adenokarzinom, lobuläres (Brust, C50) <Anm. 162>
8510/3	Adenokarzinom, medulläres <Anm. 155>
9110/3	**Adenokarzinom, mesonephrisches** <Anm. 310>
8441/3	[Adenokarzinom, mikrozystisches seröses (Pankreas, C25)] <Anm. 131>
8149/3	*Adenokarzinom, „minimal-deviation-"* (Cervix uteri, C53; Vagina, C52) <Anm. 67>
8573/3	Adenokarzinom mit apokriner Metaplasie (Brust, C50) <Anm. 174>
8571/3	**Adenokarzinom mit heterologer Metaplasie** <Anm. 173>
8571/3	**Adenokarzinom mit Knorpel- und/oder Knochen-Metaplasie** <Anm. 173>
8570/3	**Adenokarzinom mit plattenepithelialer Differenzierung** <Anm. 170, 172>
8570/3 +8571/3	**Adenokarzinom mit plattenepithelialer Differenzierung und heterologer Metaplasie** <Anm. 173>
8570/3 +8572/3	**Adenokarzinom mit plattenepithelialer Differenzierung und spindelzelliger Metaplasie** <Anm. 173>
8570/3	Adenokarzinom mit Plattenepithel-Metaplasie <Anm. 170>
8572/3	**Adenokarzinom mit Spindelzellmetaplasie** <Anm. 173>
8480/3	**Adenokarzinom, muzinöses** <Anm. 141, 143>
8350/3	Adenokarzinom, nichtabgekapseltes sklerosierendes (Schilddrüse, C73)
8500/2	Adenokarzinom, nichtinvasives intraduktales <Anm. 145>
8503/2	[Adenokarzinom, nichtinvasives intraduktales papilläres]
8143/3	[Adenokarzinom, oberflächlich spreitendes] <Anm. 63>
8290/3	Adenokarzinom, onkozytäres
8290/3	Adenokarzinom, oxyphiles
8260/3	**Adenokarzinom, papilläres** (ausgenommen Prostata, C61, = 8500/3) <Anm. 150>
8500/3	[Adenokarzinom, papilläres (Prostata, C61)] <Anm. 150>
8450/3	Adenokarzinom, papillär-zystisches (Ovar, C56)
8507/3	*Adenokarzinom, polymorphes Low-grade-* (Parotis, C07; andere große Speicheldrüsen, C08) <Anm. 154>
8470/3	[Adenokarzinom, pseudomuzinöses] <Anm. 138>
8481/3	[Adenokarzinom, schleimbildendes] <Anm. 143>
8481/3	[Adenokarzinom, schleimsezernierendes] <Anm. 143>
8317/3	*Adenokarzinom, sekretorisches* (Corpus uteri, C54) <Anm. 100>
8441/3	**Adenokarzinom, seröses o.n.A.** (Ovar, C56; Corpus uteri, C54; Cervix uteri, C53) <Anm. 130>
8460/3	Adenokarzinom, serös-papilläres (Ovar, C56)
8141/3	[Adenokarzinom, szirrhöses] <Anm. 63>
8507/3	*Adenokarzinom, terminales duktales* (Parotis, C07; andere große Speicheldrüsen, C08) <Anm. 154>

8190/3	**Adenokarzinom, trabekuläres**
8211/3	**Adenokarzinom, tubuläres**
8262/3	[Adenokarzinom, villöses]
8260/3	**Adenokarzinom, villoglanduläres papilläres** (Cervix uteri, C53; Vagina, C52) <Anm. 96>
8140/3	**Adenokarzinom vom Rektumtyp** (Analkanal, C21.1) <Anm. 62>
8322/3	**Adenokarzinom, wasserklares**
8200/3	Adenokarzinom, zylindroides
8324/0	Adenolipom
8561/0	**Adenolymphom** (Parotis, C07; andere große Speicheldrüsen, C08)
8140/0	**Adenom o.n.A.**
8251/0	**Adenom, alveoläres** (Lunge, C34) <Anm. 94>
8401/0	**Adenom, apokrines** (Haut, C44)
8330/0	**Adenom, atypisches** (Schilddrüse, C73) <Anm. 109>
8280/0	**Adenom, azidophiles** (Hypophyse, C75.1)
8140/0	Adenom, basaloides (Hypophyse, C75.1; Larynx, C32; Trachea, C33)
8300/0	**Adenom, basophiles** (Hypophyse. C75.1)
8506/0	**Adenom, Brustwarzen-** (C50.0)
8270/0	**Adenom, chromophobes** (Hypophyse, C75.1)
8503/0	Adenom, duktales
8191/0	**Adenom, embryonales**
8380/0	**Adenom, endometrioides** (Ovar, C56) <Anm. 119>
8380/1	**Adenom, endometrioides von Borderline-Malignität** (Ovar, C56) <Anm. 120>
8280/0	Adenom, eosinophiles (Hypophyse, C75.1)
8333/0	Adenom, fetales (Schilddrüse, C73)
8330/0	**Adenom, follikuläres** (Schilddrüse, C73)
8323/0	**Adenom, gemischtzelliges o.n.A.**
8281/0	**Adenom, gemischtzelliges azidophil-basophiles** (Hypophyse, C75.1)
8170/0	**Adenom, hepatozelluläres** (C22) <Anm. 72>
8190/0	**Adenom, hyalinisiertes trabekuläres** (Schilddrüse, C73) <Anm. 78>
8503/0	**Adenom, intraduktales papillär-muzinöses** (Pankreas,C25)
8504/0	Adenom, intrazystisches papilläres
8280/0	Adenom, kortikotropes (Hypophyse, C75.1)
8334/0	**Adenom, makrofollikuläres** (Schilddrüse, C73)
8941/3	Adenom, metastasierendes pleomorphes (Parotis, C07; andere große Speicheldrüsen, C08) <Anm. 261>
8333/0	**Adenom, mikrofollikuläres** (Schilddrüse, C73)
8146/0	[Adenom, monomorphes]
8480/0	**Adenom, muzinöses** <Anm. 136>
8982/0	Adenom, myoepitheliales
M-73380	„Adenom, nephrogenes" (Harnblase, C67)
8290/0	Adenom, onkozytäres
8290/0	**Adenom, oxyphiles**
8260/0	**Adenom, papilläres** (ausgenommen Kolon, Rektum, = 8261/1)
8261/1	Adenom, papilläres (Kolon, C18; Rektum, C20)
8408/0	**Adenom, papilläres ekkrines** (Haut, C44)
8940/0	**Adenom, pleomorphes**
8210/0	[Adenom, polypoides] <Anm. 82>

8372/0	Adenom, schwarzes (Nebenniere, C74.0)
8202/0	**Adenom, seröses mikrozystisches** (Pankreas, C25) <Anm. 81>
8330/0	**Adenom, toxisches** (Schilddrüse, C73) <Anm. 110>
8190/0	**Adenom, trabekuläres**
8211/0	Adenom, tubuläres (ausgenommen Hoden, C62, = 8640/0)
8640/0	Adenom, tubuläres (Pick) (Hoden, C62) <Anm. 194>
8631/0	Adenom, tubuläres mit Leydig-Zellen (Ovar, C56; Hoden, C62) <Anm. 189>
8263/0	Adenom, tubulopapilläres (Gallenblase, C23; extrahepatische Gallengänge, C24)
8263/0	**Adenom, tubulovillöses**
8261/1	**Adenom, villöses**
8322/0	Adenom, wasserklares (Nebenschilddrüsen, C75.0)
8420/0	Adenom, Zeruminal- (äußerer Gehörgang, C44.2)
8408/3	*Adenom/Adenokarzinom, aggressives digitales papilläres* <Anm. 127>
8149/3	*Adenoma malignum* (Cervix uteri, C53; Vagina, C52) <Anm. 67>
8410/0	Adenoma sebaceum (Haut, C44)
M-20680	Adenoma-sebaceum-Syndrom (Pringle) D4-01015
M-72170	**Adenomatöse duktale Hyperplasie** (Pankreas, C25)
M-72420	**Adenomatöse Endometriumhyperplasie** D7-75620
M-72420	**Adenomatöse Hyperplasie** (ausgenommen atypische, = M-72005)
8210/0	[Adenomatöser Polyp o.n.A.] <Anm. 82>
M-72420	Adenomatoide Hyperplasie
9300/0	**Adenomatoider odontogener Tumor** (C03.9)
9054/0	**Adenomatoid-Tumor** (Männliche Genitalorgane, C63.9; weibliche Genitalorgane, C57.9)
8220/0	[Adenomatose o.n.A. (ausgenommen Gallenblase, C23, und extrahepatische Gallengänge, C24, = 8060/0)] <Anm. 21>
8060/0	Adenomatose o.n.A. (Gallenblase, C23; extrahepatische Gallengänge, C24) <Anm. 21>
8360/1	Adenomatose, endokrine
M-74220	Adenomatose, fibrosierende
8250/1	**Adenomatose, pulmonale** (C34)
8220/0	**Adenomatosis coli** (C18)
8360/1	**Adenome, multiple endokrine**
8932/0	**Adenomyom**
M-72440	Adenomyomatöse Hyperplasie
M-72440	Adenomyomatose
M-72440	**Adenomyose** D7-72100
8933/3	**Adenosarkom** o.n.A.
8933/3	Adenosarkom, embryonales
8933/3	**Adenosarkom, renales** (C64)
M-74200	**Adenose o.n.A.**
M-74220	Adenose, fibrosierende
M-74260	Adenose, floride
M-74200	Adenose, mikroglanduläre
M-74220	Adenose, sklerosierende
8560/3	**Adenosquamöses Karzinom** <Anm. 170>
8390/3	[Adnexkarzinom]

M-75550	Adnexnävus o.n.A.
8390/0	[Adnextumor]
9827/3	**Adulte T-Zell-Leukämie (ATL)** <Anm. 492>
9707/3	Adulte(s) T-Zell-Lymphom/Leukämie(ATL/L) (K) <Anm. 460>
9636/3	*Adulte(s) T-Zell-Lymphom/Leukämie (ATL/L), HTLV1-positiv* (REAL)
8620/1	**Adulter Granulosazelltumor** (Ovar, C56; Hoden, C62) <Anm. 182>
8904/0	**Adultes Rhabdomyom**
9522/3	Ästhesioneuroblastom (Nasen- und Nasennebenhöhlen, C30.0, C31)
9523/3	Ästhesioneuroepitheliom (Nasen- und Nasennebenhöhlen, C30.0, C31)
9521/3	**Ästhesioneurozytom** (Nasen-und Nasennebenhöhlen, C30.0, C31)
8821/1	Aggressive Fibromatose
8841/1	Aggressives Angiomyxom <Anm. 238>
8408/3	*Aggressives digitales papilläres Adenom/Adenokarzinom* (Haut, C44) <Anm. 127>
9200/1	**Aggressives Osteoblastom** (Knochen, C40, C41)
8075/3	**Akantholytisches Plattenepithelkarzinom** (Haut, C44; Vulva, C51) <Anm. 28>
8744/3	**Akral-lentiginöses Melanom (ALM)** (C44)
M-76810	**Akrochordon**
8402/0	Akrospirom, ekkrines (Haut C44) <Anm. 124>
M-72850	**Aktinische Keratose**
9560/0	Akustikusneurinom (C72.4) <Anm. 398>
9806/3	*Akute „bilineage" Leukämie* <Anm. 488>
9806/3	*Akute biphänotypische Leukämie* <Anm. 488>
9871/3	*Akute blastär-undifferenzierte myeloische Leukämie* <Anm. 507>
9896/3	*Akute differenzierte Monozytenleukämie* <Anm. 509>
9873/3	*Akute differenzierte myeloblastische Leukämie* <Anm. 507>
9722/3	[Akute differenzierte progressive Histiozytose]
9841/3	**Akute Erythrämie**
9841/3	Akute erythrämische Myelose
9840/3	**Akute Erythroblastenleukämie** (FAB: M6) <Anm. 497, 501>
9840/3	Akute Erythroleukämie <Anm. 497, 501>
9840/3	Akute erythromyeloblastäre Leukämie <Anm. 497, 501>
9806/3	*Akute gemischtzellige Leukämie* <Anm. 488>
9866/3	Akute hypergranuläre Promyelozytenleukämie <Anm. 503>
9875/3	*Akute hypogranuläre Promyelozytenleukämie* <Anm. 503>
9801/3	**Akute Leukämie o.n.A.**
9806/3	*Akute Leukämie gemischter Linienzugehörigkeit* <Anm. 488>
9821/3	**Akute lymphatische Leukämie (ALL) o.n.A.** <Anm. 489, 490>
9826/3	**Akute lymphatische Leukämie vom Burkitt-Zell-Typ** (FAB: L3) <Anm. 490, 491>
9835/3	*Akute lymphatische Leukämie vom B-Zell-Typ (B-ALL)* <Anm. 496>
9836/3	*Akute lymphatische Leukämie vom T-Zell-Typ (T-ALL)* <Anm. 496>
9821/3	Akute lymphoblastische Leukämie o.n.A. <Anm. 489, 490>
9826/3	Akute lymphoblastische Leukämie vom Burkitt-Typ <Anm. 490, 491>
9910/3	**Akute Megakaryoblastenleukämie** (FAB: M7) <Anm. 510>
9910/3	Akute megakaryozytäre Leukämie <Anm. 510>
9910/3	Akute Megakaryozytenleukämie <Anm. 510>
9875/3	*Akute mikrogranuläre Promyelozytenleukämie* <Anm. 503>

9895/3	*Akute Monoblastenleukämie o.n.A.* (FAB: M5a) <Anm. 509>
9896/3	*Akute Monoblastenleukämie mit Ausreifung* <Anm. 509>
9896/3	*Akute Monoblastenleukämie mit Differenzierung* <Anm. 509>
9891/3	Akute monozytäre Leukämie <Anm. 509>
9891/3	**Akute Monozytenleukämie** (FAB: M5) <Anm. 509>
9873/3	*Akute myeloblastische Leukämie mit Ausreifung* <Anm. 507>
9874/3	**Akute myeloblastische Leukämie mit Ausreifung und basophilen Blasten** (FAB: M2-Baso) <Anm. 507>
9872/3	*Akute myeloblastische Leukämie ohne Ausreifung* <Anm. 507>
9932/3	[Akute Myelofibrose] <Anm. 512>
9861/3	**Akute myeloische Leukämie (AML) o.n.A.** <Anm. 501>
9873/3	*Akute myeloische Leukämie mit Ausreifung* (FAB: M2) <Anm. 507>
9871/3	*Akute myeloische Leukämie mit minimaler Ausreifung* <Anm. 507>
9872/3	*Akute myeloische Leukämie ohne Ausreifung* (FAB: M1) <Anm. 507>
9861/3	Akute myeloische Leukämie, unklassifizierte <Anm. 501>
9867/3	**Akute myelomonozytäre Leukämie o.n.A.** (FAB: M4) <Anm. 504>
9876/3	*Akute myelomonozytäre Leukämie mit Eosinophilie* (FAB: M4-Eo) <Anm. 504>
9931/3	[Akute Panmyelose]
9722/3	[Akute progressive Histiozytose X]
9896/3	*Akute promonozytäre Leukämie* <Anm. 509>
9896/3	*Akute promonozytär-monozytäre Leukämie* (FAB: M5b) <Anm. 509>
9866/3	**Akute Promyelozytenleukämie o.n.A.** (FAB: M3) <Anm. 503>
9875/3	*Akute Promyelozytenleukämie, hypogranuläre Variante* (FAB: M3-variant oder M3-hypogranulär) <Anm. 503>
9805/3	*Akute undifferenzierte Leukämie o.n.A.* <Anm. 487>
9895/3	*Akute undifferenzierte Monozytenleukämie* <Anm. 509>
9871/3	*Akute undifferenzierte myeloische Leukämie* (FAB: M0) <Anm. 507>
M-74000	Albright-Syndrom D4-01021
9864/3	[Aleukämische granulozytäre Leukämie]
9804/3	[Aleukämische Leukämie o.n.A.]
9824/3	[Aleukämische lymphatische Leukämie]
9894/3	[Aleukämische Monozyenleukämie]
9864/3	[Aleukämische myelogene Leukämie]
9864/3	[Aleukämische myeloische Leukämie]
9762/3	**Alpha-Schwerketten-Krankheit** <Anm. 480>
8152/0	Alpha-Zell-Adenom, benignes (Pankreas, C25) <Anm. 68>
8152/3	[Alpha-Zell-Tumor, maligner] <Anm. 68>
8162/3	[Altemeier-Klatskin-Tumor (Extrahepatische Gallengänge, C24.0)] <Anm. 71>
M-72750	Alterswarze
8251/3	**Alveoläres Adenokarzinom**
8251/0	**Alveoläres Adenom** (Lunge, C34) <Anm. 94>
8251/3	[Alveoläres Karzinom]
8920/3	**Alveoläres Rhabdomyosarkom** <Anm. 258>
9581/3	**Alveoläres Weichteilsarkom** (C49) <Anm. 404>
8250/3	Alveolarzellkarzinom (Lunge, C34) <Anm. 93>
8730/3	[Amelanotisches Melanom] <Anm. 211>
9290/0	Ameloblastisches Dentinom (C03.9) <Anm. 355>

9290/0	**Ameloblastisches Fibrodentinom** (C03.9) <Anm. 355>
9290/3	**Ameloblastisches Fibrodentinosarkom** (C03.9) <Anm. 355>
9330/0	**Ameloblastisches Fibrom** (C03.9)
9290/0	Ameloblastisches Fibro-Odontom (C03.9) <Anm. 355>
9290/3	**Ameloblastisches Fibro-Odontosarkom** (C03.9) <Anm. 355>
9330/3	**Ameloblastisches Fibrosarkom** (C03.9)
9270/3	Ameloblastisches Karzinom (C03.9) <Anm. 349>
9290/3	Ameloblastisches Odontosarkom (C03.9)<Anm. 355>
9330/3	Ameloblastisches Sarkom (C03.9)
9310/0	**Ameloblastom o.n.A.** (C03.9)
9310/3	**Ameloblastom, malignes** (C03.9)
M-78770	**Amputationsneurom**
M-55160	**Amyloidtumor**
9980/1	**Anämie, refraktäre o.n.A.**
M-76810	Analpolyp (C44.55)
M-76810	**Analzipfel** (C44.55)
9401/3	**Anaplastisches Astrozytom** (Gehirn, C71; Rückenmark, C72.0)
9390/3	Anaplastisches Choroid-Plexus-Papillon (Hirnventrikel, C71.5)
9392/3	**Anaplastisches Ependymom** (Gehirn, C71; Rückenmark, C72.0)
9505/3	*Anaplastisches Gangliogliom* <Anm. 386>
9637/3	*Anaplastisches großzelliges Lymphom (ALCL), CD30-positiv* (REAL) <Anm. 429>
9638/3	*Anaplastisches großzelliges Lymphom, Hodgkin-ähnlich* (REAL*) <Anm. 430>
8021/3	**Anaplastisches Karzinom**
8021/0	Anaplastisches (undifferenziertes) Karzinom (Pankreas, C25) <Anm. 5>
8020/3	Anaplastisches (undifferenziertes) Karzinom (Schilddrüse, C73) <Anm. 4>
9530/3	**Anaplastisches Meningeom** (C70)
9540/3	Anaplastisches Neurofibrom (C47, C72.1–5) <Anm. 392>
9386/3	**Anaplastisches Oligoastrozytom** (Gehirn, C71; Rückenmark, C72.0) <Anm. 365>
9451/3	**Anaplastisches Oligodendrogliom** (Gehirn, C71; Rückenmark, C72.0)
9062/3	**Anaplastisches Seminom** (Hoden, C62)
8590/1	Androblastom (Hoden, C62)
8630/1	**Androblastom o.n.A.** (Ovar, C56) <Anm. 186, 187>
8630/1	**Androblastom, intermediär differenziertes** (Ovar, C56) <Anm. 186, 187>
8630/3	**Androblastom, malignes** (Ovar, C56) <Anm. 186, 188>
8634/1	*Androblastom, teratoides* (Ovar, C56) <Anm. 192>
8640/0	**Androblastom, tubuläres** (Ovar, C56) <Anm. 194>
8641/3	**Androblastom, tubuläres mit Lipidspeicherung** (Ovar, C56) <Anm. 196>
M-33640	**Aneurysmatische Knochenzyste**
9535/0	Angioblastisches Meningeom (C70)
9161/1	Angioblastom o.n.A. (Gehirn, C71) <Anm. 321>
9161/0	*Angioblastom, erworbenes büscheliges* (Haut, C44) <Anm. 320>
9130/1	Angioendotheliom o.n.A. <Anm. 314>
9134/1	**Angioendotheliom, endovaskuläres papilläres** (Haut, C44; Subkutis, C49) <Anm. 318>
9130/1	**Angioendotheliom, spindelzelliges** (Haut, C44) <Anm. 314>

9712/3	[Angioendotheliomatose]
9160/0	**Angiofibrom o.n.A.**
9160/0	**Angiofibrom, juveniles** (Nasopharynx, C11)
9160/0	Angiofibrom, nasopharyngeales (C11)
9767/1	[Angioimmunoblastische Lymphadenopathie o.n.A.] <Anm. 484>
9705/3	[Angioimmunoblastische Lymphadenopathie mit Dysproteinämie (AILD)] <Anm. 458>
9705/3	**Angioimmunoblastisches T-Zell-Lymphom (AILD) (REAL)** <Anm. 409>
9705/3	**Angioimmunoblastisches T-Zell-Lymphom (AILD, LgrX)(K)** <Anm. 458>
9141/0	**Angiokeratom** (Haut, C44; Vulva, C51)
8894/0	**Angioleiomyom** (Haut, C44)
8861/0	**Angiolipom**
9125/0	Angiolymphoide Hyperplasie mit Eosinophilie <Anm. 313>
9120/0	Angiom o.n.A.
M-75560	**Angioma serpiginosum** D0-80210
9534/0	**Angiomatöses Meningeom** (C70)
9162/1	*Angiomatose* (ausgenommen Angiomatosis retinae, = 9161/1) <Anm. 322>
M-76100	**Angiomatose, bazilläre der Haut** (C44) <Anm. 322>
M-76100	**Angiomatose, epitheloidzellige** <Anm. 322>
M-76100	**Angiomatose, nodale** (Lymphknoten, C77) <Anm. 322>
M-76100	Angiomatose, reaktive
9161/1	**Angiomatosis retinae** (C69.2) <Anm. 321>
8890/0	**Angiomyofibroblastom** (Vulva, C51) <Anm. 253>
8860/0	**Angiomyolipom**
8894/0	**Angiomyom**
8894/3	**Angiomyosarkom**
8841/1	**Angiomyxom o.n.A.**
8841/1	Angiomyxom, aggressives <Anm. 238>
9120/3	**Angiosarkom** <Anm. 311>
9766/1	[Angiozentrische immunproliferative Veränderung] <Anm. 483>
9713/3	**Angiozentrisches T-Zell-Lymphom (REAL)** <Anm. 409 und 427>
9713/3	**Angiozentrisches T-Zell-Lymphom** (K) <Anm. 464>
M-33400	**Apikale Zyste** D5-10780
8401/0	**Apokrines Adenom** (Haut, C44)
8401/3	**Apokrines Adenokarzinom** (Haut, C44)
8401/0	Apokrines Hidrokystom (Haut, C44)
8573/3	**Apokrines Karzinom** (Brust, C50) <Anm. 174>
8401/0	**Apokrines Zystadenom** (Haut, C44)
M-78000	**Aponeurosenfibrom, juveniles** (Weichteile, C49)
M-78000	**Aponeurosenfibrom, verkalkendes**
8248/1	**Apudom**
9471/3	**Arachnoidales Kleinhirnsarkom** (C71.6)
8241/1	[Argentaffinom o.n.A.]
8241/0	*Argentaffinom, benignes* <Anm. 68>
8241/3	[Argentaffinom, malignes]
8630/1	[Arrhenoblastom o.n.A.] <Anm. 186, 187>
8630/0	[Arrhenoblastom, benignes] <Anm. 186>
8630/3	[Arrhenoblastom, malignes] <Anm. 186, 188>
9123/0	**Arteriovenöses Hämangiom**

8803/3	Askin-Tumor
9430/3	**Astroblastom** (Gehirn, C71; Rückenmark, C72.0)
9400/3	Astrogliom (Gehirn, C71; Rückenmark, C72.0; Retina, Sehnervenpapille, C69.2) <Anm. 370>
9400/3	Astrozytisches Gliom (Gehirn, C71; Rückenmark, C72.0; Rückenmark, C72.0; Retina, Sehnervenpapille, C69.2) <Anm. 370>
9400/3	**Astrozytom o.n.A.** (Gehirn, C71; Rückenmark, C72.0; Retina, Sehnervenpapille, C69.2) <Anm. 370>
9401/3	**Astrozytom, anaplastisches** (Gehirn, C71; Rückenmark, C72.0)
9420/3	**Astrozytom, fibrilläres** (Gehirn, C71; Rückenmark, C72.0)
9420/3	Astrozytom, fibröses (Gehirn, C71, Rückenmark, C72.0)
9411/3	**Astrozytom, gemistozytisches** (Gehirn, C71; Rückenmark, C72.0)
9420/3	**Astrozytom, granularzelliges** (Gehirn, C71; Rückenmark, C72.0) <Anm. 372>
9412/1	*Astrozytom, infantiles desmoplastisches* (Gehirn, C71; Rückenmark, C72.0) <Anm. 371>
9421/3	Astrozytom, juveniles (Gehirn, C71; Rückenmark, C72.0)
9401/3	Astrozytom, malignes (Gehirn, C71; Rückenmark, C72.0)
9421/3	Astrozytom, piloides (Gehirn, C71; Rückenmark, C72.0)
9421/3	**Astrozytom, pilozytisches** (Gehirn, C71; Rückenmark, C72.0)
9410/3	**Astrozytom, protoplasmatisches** (Gehirn, C71; Rückenmark, C72.0)
9383/1	[Astrozytom, subependymales]
9400/3	Astrozytom, zystisches (Gehirn, C71; Rückenmark, C72.0; Retina, Sehnervenpapille, C69.2) <Anm. 370>
8472/3	Atypisch proliferierender muzinöser Tumor des Ovars (C56) <Anm. 139>
M-72005	**Atypische (komplexe) Endometriumhyperplasie** (C54)
M-72005	**Atypische adenomatöse (glanduläre) Hyperplasie**
M-72005	Atypische duktale Hyperplasie <Anm. 161>
M-72005	Atypische Hyperplasie
M-72005	Atypische intraduktale Hyperplasie <Anm. 161>
M-72005	Atypische lobuläre Epitheliose <Anm. 161>
M-72005	Atypische lobuläre Hyperplasie <Anm. 161>
8720/2	[Atypische Melanozyten-Hyperplasie] <Anm. 207>
M-72005	**Atypische Plattenepithelhyperplasie**
8246/3	**Atypischer Karzinoidtumor** (Lunge, C34; Nasen- und Nasennebenhöhlen, C30.0 C31; Larynx, C32; Hypopharynx, C13; Trachea, C33) <Anm. 88>
8727/0	Atypischer Nävus (Haut, C44; Vulva, C51) <Anm. 214>
8330/0	**Atypisches Adenom** (Schilddrüse, C73) <Anm. 109>
9243/3	*Atypisches aggressives Chondroblastom* (Knochen, C40, C41) <Anm. 341>
8381/1	Atypisches endometrioides Adenofibrom (Ovar, C56) <Anm. 120>
8830/1	Atypisches fibröses Histiozytom <Anm. 233>
8830/1	**Atypisches Fibroxanthom** <Anm. 233>
8850/1	*Atypisches Lipom* <Anm. 242>
8513/3	*Atypisches medulläres Karzinom* (Brust, C50) <Anm. 158>
9530/1	**Atypisches Meningeom** (C70) <Anm. 390>
8281/0	Azidophil-basophiles Adenom, gemischtzellig (Hypophyse, C75.1)
8281/3	Azidophil-basophiles Karzinom, gemischtzellig (Hypophyse, C75.1)
8280/3	Azidophiles Adenokarzinom (Hypophyse, C75.1)
8280/0	**Azidophiles Adenom** (Hypophyse, C75.1)

8280/3	**Azidophiles Karzinom** (Hypophyse, C75.1)
8552/3	*Azinär-endokrines Karzinom* (Pankreas, C25) <Anm. 169>
8550/3	**Azinäres Adenokarzinom** (Prostata, C61; Lunge, C34) <Anm. 167>
8551/3	*Azinäres Zystadenokarzinom* (Pankreas, C25) <Anm. 168>
8550/3	Azinarzell-Adenokarzinom
8550/0	Azinarzelladenom
8550/3	Azinuszell-Adenokarzinom
8550/0	**Azinuszelladenom**
8550/3	**Azinuszellkarzinom**
8550/1	[Azinuszelltumor]
8551/3	*Azinuszell-Zystadenokarzinom* (Pankreas, C25) <Anm. 168>

B

8722/3	[Ballonzellmelanom] <Anm. 211>
8722/0	**Ballonzellnävus** (C44)
8090/3	[Basaliom o.n.A.] <Anm. 39>
8091/3	Basaliom, superfizielles (Haut, C44) <Anm. 41>
8140/0	Basaloides Adenom (Hypophyse, C75.1; Larynx, C32; Trachea, C33)
M-75550	**Basaloides folliküläres Hamartom**
8123/3	**Basaloides Plattenepithelkarzinom** (Analkanal, C21.1; Vulva, C51) <Anm. 54>
8094/3	**Basaloides Plattenepithelkarzinom** (Mundschleimhaut, C00.3, 4, C03, C04, C05.0, C06; Larynx, C32; Hypopharynx, C13; Trachea, C33) <Anm. 44>
8123/3	Basaloidkarzinom (Analkanal, C21.1; Vulva, C51) <Anm. 54>
8147/3	**Basalzelladenokarzinom** (Parotis, C07; andere große Speicheldrüsen, C08)
8140/0	**Basalzelladenom** (Hypophyse, C75.1; Larynx, C32; Trachea, C33)
8147/0	**Basalzelladenom** (Parotis, C07; andere große Speicheldrüsen, C08; Nasen- und Nasennebenhöhlen, C30.0, C31; Nasopharynx, C11)
8090/3	Basalzellepitheliom (Haut, C44) <Anm. 40>
8090/3	**Basalzellkarzinom o.n.A.** (Haut, C44; Vulva, C51; Prostata, C61) <Anm. 40>
8147/3	**Basalzellkarzinom, adenoides** (Cervix uteri, C53; Vagina, C52) <Anm. 65>
8092/3	**Basalzellkarzinom, desmoplastisches** (Haut, C44) <Anm. 42>
8093/3	**Basalzellkarzinom, fibroepitheliales** (Haut, C44) <Anm. 43>
8090/3	Basalzellkarzinom, keratotisches (Haut, C44) <Anm. 40>
8090/3	Basalzellkarzinom, mikronoduläres (Haut, C44) <Anm. 40>
8092/3	Basalzellkarzinom, Morpheatyp (Haut, C44) <Anm. 42>
8091/3	**Basalzellkarzinom, multifokales oberflächliches** (Haut, C44) <Anm. 41>
8091/3	Basalzellkarzinom, multizentrisches (Haut, C44) <Anm. 41>
8091/3	Basalzellkarzinom, oberflächliches multizentrisches (Haut, C44) <Anm. 41>
8097/3	*Basalzellkarzinom, pigmentiertes* (Haut, C44) <Anm. 45>
8092/3	**Basalzellkarzinom, sklerosierendes** (Haut, C44) <Anm. 42>
8090/3	Basalzellkrebs, nodulärer (Haut, C44) <Anm. 40>
8090/3	Basalzellkrebs, nodulo-ulzerativer (Haut, C44) <Anm. 40>
M-72750	Basalzellpapillom
8090/1	[Basalzelltumor] <Anm. 39>
9870/3	**Basophilenleukämie** <Anm. 506>

8300/3	Basophiles Adenokarzinom (Hypophyse, C75.1)
8300/0	**Basophiles Adenom** (Hypophyse, C75.1)
8300/3	**Basophiles Karzinom** (Hypophyse, C75.1)
8094/3	[Basosquamöses Karzinom] <Anm. 44>
M-72750	Basosquamöses Papillom
M-76100	**Bazilläre Angiomatose der Haut** (C44) <Anm. 322>
8243/3	**Becherzellkarzinoid** (Appendix, C18.1)
M-75550	**Becker-Nävus**
8833/3	Bednar-Tumor (Haut, C44; Subkutis, C49)
8010/0	**Benigne epitheliale Neoplasie**
M-72760	**Benigne lichenoide Keratose**
D5-20350	**Benigne lymphoepitheliale Läsion der großen Speicheldrüsen** (C07, C08)
M-76880	**Benigne lymphoide Polypose**
8000/0	**Benigne Neoplasie o.n.A.**
M-72760	Benigne Plattenepithelkeratose
8001/0	**Benigne Tumorzellen**
8241/0	*Benigner argentaffiner Karzinoidtumor* <Anm. 68>
9000/0	**Benigner Brenner-Tumor** (Ovar, C56; Hodenanhänge, C63)
9302/0	**Benigner dentinogener Schattenzelltumor** (C03.9) <Anm. 356>
8241/0	*Benigner EC-Zell-Tumor* <Anm. 68>
8240/0	*Benigner ECL-Tumor* <Anm. 68>
8010/0	Benigner epithelialer Tumor o.n.A.
8691/0	*Benigner Glomus-aorticum-Tumor* (C75.51) <Anm. 201>
8692/0	*Benigner Glomus-caroticum-Tumor* (C75.4) <Anm. 201>
8690/0	*Benigner Glomus-jugulare-Tumor* (C75.53) <Anm. 201, 202>
8240/0	*Benigner Karzinoidtumor*
8650/0	**Benigner Leydig-Zell-Tumor** (Hoden, C62) <Anm. 198>
M-76880	**Benigner lymphoider Polyp**
8157/0	*Benigner L-Zell-Tumor* <Anm. 68>
8982/0	Benigner myoepithelialer Tumor
8370/0	Benigner Nebennierenrindentumor o.n.A. (C74.0)
8246/0	*Benigner neuroendokriner Tumor* <Anm. 68>
9270/0	[Benigner odontogener Tumor]
9020/0	**Benigner Phyllodes-Tumor** (Brust, C50)
9252/0	*Benigner Riesenzelltumor der Sehnenscheide* (C49) <Anm. 344>
8400/0	Benigner Schweißdrüsentumor (C44)
8640/0	**Benigner Sertoli-Zell-Tumor** (Ovar, C56; Hoden, C62) <Anm. 194>
9252/0	*Benigner tendosynovialer Riesenzelltumor* (C49) <Anm. 344>
8000/0	Benigner Tumor o.n.A.
8010/0	**Benigner unklassifizierter epithelialer Tumor** (Ovar, C56; Nasopharynx, C11) <Anm. 1>
8000/0	Benigner unklassifizierter Tumor o.n.A.
8800/0	[Benigner Weichteiltumor]
8650/0	[Benigner Zwischenzell-Tumor] <Anm. 198>
8152/0	Benignes Alpha-Zell-Adenom (Pankreas, C25) <Anm. 68>
8630/0	[Benignes Androblastom (Ovar, C56)] <Anm. 186>
8241/0	*Benignes Argentaffinom* <Anm. 68>
8630/0	[Benignes Arrhenoblastom] <Anm. 186>
8693/0	*Benignes Chemodektom* <Anm. 201>

9501/0	*Benignes Diktyom* (Retina, C69.2) <Anm. 381>
8403/0	**Benignes ekkrines Spiradenom** (Haut, C44)
8157/0	*Benignes Enteroglukagonom* <Anm. 68>
8011/0	[Benignes Epitheliom]
8693/0	*Benignes extraadrenales Paragangliom* <Anm. 201>
8153/0	*Benignes Gastrinom* <Anm. 68>
8152/0	*Benignes Glukagonom* (Pankreas, C25) <Anm. 68>
9150/0	**Benignes Hämangioperizytom**
8170/0	Benignes Hepatom (C22) <Anm. 72>
8151/0	**Benignes Insulinom** (Pankreas, C25) <Anm. 68>
9501/0	*Benignes Medulloepitheliom* (Retina, C69.2) <Anm. 381>
8720/0	**Benignes Melanom** (Uvea, C69.4)
8990/0	**Benignes Mesenchymom**
9050/0	[Benignes Mesotheliom o.n.A.] <Anm. 277>
9054/0	Benignes Mesotheliom des männlichen Genitale (C63.9)
8982/0	**Benignes Myoepitheliom**
8693/0	*Benignes nichtchromaffines Paragangliom* <Anm. 201>
8680/0	**Benignes Paragangliom o.n.A.** (einschl. Cauda equina, C72.1) <Anm. 201>
8691/0	*Benignes Paragangliom des Aortenglomus* (C75.51) <Anm. 201>
8692/0	*Benignes Paragangliom des Glomus caroticum* (C75.4) <Anm. 201>
8682/0	*Benignes parasympathisches Paragangliom* <Anm. 201>
8681/0	*Benignes sympathisches Paragangliom* <Anm. 201>
9040/0	[Benignes Synoviom] <Anm. 273>
9502/0	*Benignes teratoides Medulloepitheliom* (Retina, C69.2) <Anm. 382>
8580/0	**Benignes Thymom** (C37.9; Herz, C38.0) <Anm. 175>
8040/0	*Benignes Tumorlet* (Lunge, C34) <Anm. 10>
8690/0	*Benignes tympano-jugulares Paragangliom* (C75.53) <Anm. 201, 202>
8155/0	*Benignes Vipom* <Anm. 68>
9273/0	**Benignes Zementoblastom** (C03.9)
8151/0	Beta-Zell-Adenom (Pankreas, C25) <Anm. 68>
8151/3	[Beta-Zell-Tumor, maligner] <Anm. 68>
8060/0	**Biliäre Papillomatose** (Leber, C22) <Anm. 21>
M-75650	**Biliäres Hamartom**
M-75540	**Bindegewebsnävus o.n.A.**
9053/0	[Biphasisches benignes Mesotheliom (Pleura, C38.4; Peritoneum, C48.1; Perikard, C38.0)] <Anm. 277>
9053/3	**Biphasisches malignes Mesotheliom** (Pleura, C38.4; Peritoneum, C48.1; Perikard, C38.0)
9053/3	Biphasisches Mesotheliom o.n.A. (Pleura, C38.4; Peritoneum, C48.1; Perikard, C38.0)
9043/3	**Biphasisches Synovialsarkom** <Anm. 274>
8893/0	**Bizarres Leiomyom**
9100/0	[Blasenmole o.n.A. (Plazenta, C58)] <Anm. 302>
9100/1	**Blasenmole, invasive** (auch extraplazentar) <Anm. 303>
9100/0	Blasenmole, klassische (Plazenta, C58) <Anm. 302>
9100/0	Blasenmole, komplette (Plazenta, C58) <Anm. 302>
9103/0	**Blasenmole, partielle** (Plazenta, C58) <Anm. 306>
9100/0	**Blasenmole, vollständige o.n.A.** (Plazenta, C58) <Anm. 302>
9607/3	*Blastisches Mantelzell-Lymphom* <Anm. 412>

8780/0	**Blauer Nävus o.n.A.** (Haut, C44; Vulva, C51; Vagina, C52; Cervix uteri, C53; Konjunktiva, C69.0)
8780/0	Blauer Nävus (Jadassohn) (Haut, C44; Vulva, C51; Vagina, C52; Cervix uteri, C53, Konjunktiva, C69.0)
M-75560	Blutschwamm
9831/3	*B-lymphoblastische Leukämie vom Vorläuferzell-Typ* <Anm. 494>
9601/3	*B-lymphoblastische(s) Lymphom/Leukämie vom Vorläuferzell-Typ* (REAL)
8910/3	Botryoides Sarkom
M-76770	**Bowenoide Papulose**
8880/0	Brauner Fettzelltumor
DB-90340	**Brauner Tumor bei Hyperparathyreoidismus** (C40, C41)
9000/0	**Brenner-Tumor, benigner** (Ovar, C56; Hodenanhänge, C63)
9000/3	**Brenner-Tumor, maligner** (Ovar, C56)
9000/1	Brenner-Tumor, proliferierender (Ovar, C56)
9000/1	**Brenner-Tumor von Borderline-Malignität** (Ovar, C56)
8140/1	[Bronchialadenom o.n.A.] <Anm. 57>
8240/3	[Bronchialadenom vom Karzinoidtyp]
9134/1	**Bronchialtumor, intravaskulärer alveolärer** (C34) <Anm. 318>
8250/3	Bronchioläres Adenokarzinom (C34) <Anm. 93>
8250/3	Bronchioläres Karzinom (C34) <Anm. 93>
8250/3	**Bronchiolo-alveoläres Adenokarzinom** (C34) <Anm. 93>
8250/3	Bronchiolo-alveoläres Karzinom (C34) <Anm. 93>
8200/3	Bronchusadenom, zylindroides (C34)
8100/0	Brooke-Tumor (Haut, C44)
M-72420	**Brunner-Drüsen-Hyperplasie** (Duodenum, C17.0)
8506/0	**Brustwarzen-Adenom** (C50.0)
9161/0	*Büscheliges ("tufted") Hämangiom* (Haut, C44) <Anm. 320>
9687/3	**Burkitt-Lymphom (BL)** (REAL, K, W) <Anm. 409, 450, 491>
9687/3	[Burkitt-Lymphom, diffuses nichtgekerbtkerniges] <Anm. 450, 491>
9687/3	Burkitt-Lymphom, epidemisches <Anm. 450>
9688/3	*Burkitt-Lymphom mit zytoplasmatischem Immunglobulin* (K) <Anm. 451>
9687/3	Burkitt-Lymphom, sporadisches <Anm. 450>
9687/3	[Burkitt-Tumor] <Anm. 450, 491>
9826/3	Burkitt-Zell-Leukämie <Anm. 490, 491>
8051/3	Buschke-Löwenstein-Kondylom (Analrand, C44.55) <Anm. 18>
9604/3	*B-Zell-Leukämie, chronische lymphatische (B-CLL)* (REAL) <Anm. 411>
9851/3	*B-Zell-Leukämie, chronische lymphatische (B-CLL)* <Anm. 499>
9605/3	*B-Zell-Leukämie, chronische lymphatische (B-CLL) mit plasmazellulärer Differenzierung* (SMH)
9616/3	*B-Zell-Lymphom, diffuses großzelliges o.n.A.* (REAL)
9622/3	*B-Zell-Lymphom, diffuses großzelliges, anaplastische Variante, CD30-positiv* (SMH) <Anm. 417>
9618/3	*B-Zell-Lymphom, diffuses großzelliges, immunoblastische Variante* (SMH)
9620/3	*B-Zell-Lymphom, diffuses großzelliges, multilobierte Variante* (SMH) <Anm. 416>
9623/3	*B-Zell-Lymphom, diffuses großzelliges, T-Zell-reiche Variante* (SMH) <Anm. 418>

9683/3	B-Zell-Lymphom, diffuses großzelliges vom zentroblastischen Typ <Anm. 443>
9617/3	*B-Zell-Lymphom, diffuses großzelliges, zentroblastische Variante* (SMH)
9619/3	*B-Zell-Lymphom, diffuses großzelliges, zentroblastisch-immunoblastische Variante* (SMH) <Anm. 415>
9621/3	*B-Zell-Lymphom, diffuses großzelliges, zentroblastisch-zentrozytoide Variante* (SMH)
9699/3	*B-Zell-Lymphom, großzelliges anaplastisches* (K) <Anm. 446, 465>
9727/3	*B-Zell-Lymphom, großzelliges sklerosierendes des Mediastinums* <Anm. 446>
9625/3	*B-Zell-Lymphom, hochmalignes Burkitt-ähnliches* (REAL*)
9679/3	*B-Zell-Lymphom, immunoblastisches* (K) <Anm. 447>
9679/3	*B-Zell-Lymphom, immunoblastisches mit hohem Lymphozytengehalt* (K) <Anm. 447>
9679/3	*B-Zell-Lymphom, immunoblastisches mit plasmozytischer Differenzierung* (K) <Anm. 447>
9679/3	*B-Zell-Lymphom, immunoblastisches ohne plasmozytische Differenzierung* (K) <Anm. 447>
9603/3	*B-Zell-Lymphom, kleinzelliges lymphozytisches (SLL)* (REAL) <Anm. 411>
9605/3	*B-Zell-Lymphom, kleinzelliges lymphozytisches (SLL) mit plasmazellulärer Differenzierung* (SMH) <Anm. 411>
9689/3	*B-Zell-Lymphom, lymphoblastisches* (K) <Anm. 452>
9678/3	*B-Zell-Lymphom, lymphozytisches* (K) <Anm. 446>
9711/3	B-Zell-Lymphom, monozytoides (K) <Anm. 463>
9600/3	*B-Zell-Lymphom, nicht klassifizierbares* (REAL) <Anm. 410>
9624/3	*B-Zell-Lymphom, primäres mediastinales (thymisches) großzelliges* (REAL) <Anm. 419>
9602/3	*B-Zell-Neoplasie, periphere nicht spezifizierte* (REAL)
9602/3	*B-Zell-Neoplasie reifer Zellen, nicht spezifizierte* (REAL)

C

M-55400	Calcinosis o.n.A. D6-34730
M-55400	Calcinosis circumscripta D0-75655
M-55400	**Calcinosis cutis** D0-75610
8480/3	[Carcinoma gelatinosum] <Anm. 141>
8120/2	Carcinoma in situ (Harnblase, C67; Nierenbecken, C65; Ureter, C66; Harnröhre, C68) <Anm. 50>
8010/2	**Carcinoma in situ o.n.A.** (ausgenommen Cervix uteri, C53) <Anm. 2>
8070/2	**Carcinoma in situ** o.n.A. (Cervix uteri, C53) <Anm. 22>
8500/2	**Carcinoma in situ** (Pankreas, C25) <Anm. 146>
9064/2	*Carcinoma in situ des Hodens* (C62) <Anm. 285>
8500/2	**Carcinoma in situ, duktales (DCIS)** <Anm. 145>
9064/2	*Carcinoma in situ, germinales* (Hoden, C62) <Anm. 285>
8210/2	[Carcinoma in situ in adenomatösem Polypen] <Anm. 82, 83>
8520/2	**Carcinoma in situ, lobuläres (LCIS)** (Brust, C50) <Anm. 161>
8050/2	[Carcinoma in situ, papilläres] <Anm. 16>
8520/2	Carcinoma lobulare in situ (CLIS) (Brust, C50) <Anm. 161>
8231/3	[Carcinoma simplex o.n.A.]
8500/3	[Carcinoma simplex (Brust, C50)] <Anm. 147>

9275/0	Cementoma gigantiforme (C03.9)
M-44200	**Chalazion** DA-76130
8680/0	*Chemodektom o.n.A.* <Anm. 201>
8693/0	*Chemodektom, benignes* <Anm. 201>
8693/3	Chemodektom, malignes <Anm. 201>
D5-14800	**Cherubismus**
9930/3	[Chlorom] <Anm. 511>
8160/3	Cholangiokarzinom, intrahepatisches (Leber, C22) <Anm. 70>
8160/0	Cholangiom (Leber, C22) <Anm. 70>
M-72900	**Cholesteatom o.n.A.**
M-72900	**Cholesteatom, epidermales**
M-76870	**Cholesterinpolyp**
9181/3	[Chondroblastisches Osteosarkom] <Anm. 326>
9230/0	**Chondroblastom o.n.A.** (Knochen, C40, C41)
9243/3	*Chondroblastom, atypisches agressives* (Knochen, C40, C41) <Anm. 341>
9230/0	**Chondroblastom, epiphysäres** (Knochen, C40, C41) <Anm. 339>
9230/3	**Chondroblastom, malignes** (Knochen, C40, C41)
9371/3	*Chondroides Chordom* (Knochen, C41) <Anm. 360>
8859/0	*Chondroides Lipom* <Anm. 250>
8940/0	**Chondroides Syringom** (Haut, C44)
9220/0	**Chondrom o.n.A.** (Knochen, C40, C41; Weichteile, C49; Gehirn, C71)
9221/0	Chondrom, juxtakortikales (Knochen, C40, C41)
9221/0	**Chondrom, periossales** (Knochen, C40, C41)
9230/0	Chondromatöser Riesenzelltumor (Knochen, C40, C41)
9220/1	**Chondromatose o.n.A.** (Knochen, C40, C41; Synovia, C49.93)
9241/0	**Chondromyxoid-Fibrom** (Knochen, C40, C41)
9220/3	**Chondrosarkom o.n.A.** (Knochen, C40, C41; Weichteile, C49; Gehirn, C71)
9242/3	*Chondrosarkom, entdifferenziertes* (Knochen, C40, C41; Weichteile, C49) <Anm. 340>
9222/3	*Chondrosarkom, extraskelettales, gut differenziertes* (nur Weichteile, C49) <Anm. 338>
9221/3	**Chondrosarkom, juxtakortikales (periossales)** (Knochen, C40, C41) <Anm. 337>
9243/3	*Chondrosarkom, Klarzell-* <Anm. 341>
9240/3	**Chondrosarkom, mesenchymales** (Knochen, C40, C41; Weichteile, C49; Gehirn, C71)
9231/3	**Chondrosarkom, myxoides** (Knochen, C40, C41; Weichteile, C49; Gehirn, C71)
9530/0	**Chordoides Meningeom** (C70) <Anm. 389>
9370/3	**Chordom o.n.A.** (Knochen, C40, C41)
9371/3	*Chordom, chondroides* (Knochen, C40, C41) <Anm. 360>
9372/3	*Chordom, entdifferenziertes* (Knochen, C40, C41) <Anm. 361>
9100/1	Chorioadenoma destruens (Plazenta, C58; auch extraplazentar) <Anm. 303>
9120/0	Chorioangiom (Plazenta, C58)
9100/3	Chorionepitheliom (auch extraplazentar, bes. Hoden, C62) <Anm. 304>
9100/3	**Chorionkarzinom** (auch extraplazentar, bes. Hoden, C62) <Anm. 304>
9101/3	**Chorionkarzinom kombiniert mit anderen Keimzellelementen** (auch extraplazentar, bes. Hoden, C62) <Anm. 305>

9101/3	Chorionkarzinom kombiniert mit Embryonalkarzinom <Anm. 305>
9101/3	Chorionkarzinom kombiniert mit Teratom <Anm. 305>
M-26000	Choristom o.n.A.
M-26000	**Choristom, phakomatöses**
9390/3	**Choroid-Plexus-Karzinom** (Hirnventrikel, C71.5)
9390/0	**Choroid-Plexus-Papillom** (Hirnventrikel, C71.5)
9390/3	Choroid-Plexus-Papillom, anaplastisches (Hirnventrikel, C71.5)
8700/0	Chromaffiner Tumor (Nebennierenmark, C74.1; Harnblase, C67)
8700/0	Chromaffines Paragangliom (Nebennierenmark, C74.1; Harnblase, C67)
8700/0	Chromaffinom (Nebennierenmark, C74.1; Harnblase, C67)
8320/3	Chromophiles Nierenzellkarzinom (C64) <Anm. 103>
8270/3	Chromophobes Adenokarzinom (Hypophyse, C75.1)
8270/0	**Chromophobes Adenom** (Hypophyse, C75.1)
8270/3	**Chromophobes Karzinom** (Hypophyse, C75.1)
8310/3	Chromophobes Nierenzellkarzinom (C64) <Anm. 98>
9842/3	**Chronische Erythrämie** <Anm. 498>
9842/3	Chronische Erythrämie Typ Heilmeyer-Schöner <Anm. 498>
9863/3	Chronische granulozytäre Leukämie <Anm. 502>
M-43800	Chronische hyperplastische Entzündung
9803/3	**Chronische Leukämie o.n.A.**
9604/3	*Chronische lymphatische B-Zell-Leukämie (B-CLL) (REAL)* <Anm. 411>
9851/3	*Chronische lymphatische B-Zell-Leukämie (B-CLL)* <Anm. 499>
9823/3	*Chronische lymphatische Leukämie (CLL) o.n.A.* <Anm. 489>
9853/3	*Chronische lymphatische Leukämie vom azurgranulierten Typ o.n.A.* <Anm. 500>
9630/3	*Chronische lymphatische Leukämie vom azurgranulierten Typ (SMH *)* <Anm. 422>
9855/3	*Chronische lymphatische NK-Zell-Leukämie vom azurgranulierten Typ* <Anm. 500>
9629/3	*Chronische lymphatische T-Zell-Leukämie (T-CLL) (REAL)*
9852/3	*Chronische lymphatische T-Zell-Leukämie (T-CLL)* <Anm. 499>
9854/3	*Chronische lymphatische T-Zell-Leukämie vom azurgranulierten Typ* <Anm. 500>
9893/3	[Chronische Monozytenleukämie]
9863/3	Chronische myelogene Leukämie <Anm. 502>
9863/3	**Chronische myeloische Leukämie (CML)** <Anm. 502>
9868/3	**Chronische myelomonozytäre Leukämie (CMML)** <Anm. 505>
9960/1	[Chronische myeloproliferative Erkrankung (CMPE) o.n.A.] <Anm. 515>
9863/3	Chronische myelozytäre Leukämie <Anm. 502>
9863/3	Chronische Neutrophilenleukämie <Anm. 502>
M-45100	**Chronische sklerosierende Sialadenitis der Gl. submandibularis** (C08.0)
8318/3	„**Ciliated cell adenocarcinoma**" (Corpus uteri, C54) <Anm. 101>
8077/2	CIN 3 (Cervix uteri, C53) <Anm. 31>
9230/0	Codman-Tumor (Knochen, C40, C41)
8760/0	**Compoundnävus** (Haut, C44; Konjunktiva, C69.0)
9281/0	**Compound-Odontom** (C03.9)
M-76720	**Condyloma acuminatum**
9685/3	[„Convoluted-cell"-Lymphom]
M-72840	**Cornu cutaneum**

M-76800	**Cronkhite-Canada-Polypose** D5-45500
9020/0	Cystosarcoma phyllodes benignum (Brust, C50)
9020/3	Cystosarcoma phyllodes malignum (Brust, C50)
8510/3	**C-Zell-Karzinom** (Schilddrüse, C73) <Anm. 155>

D

9134/1	Dabska-Tumor (Haut, C44; Subkutis, C49) <Anm. 318>
M-26520	**Dentigeröse Zyste** D4-51520
9290/0	Dentinom o.n.A., (C03.9) <Anm. 351, 355>
9290/0	Dentinom, ameloblastisches (C03.9) <Anm. 355>
8750/0	**Dermaler Melanozytennävus** (C44)
8750/0	Dermaler Nävus (Haut, C44; Konjunktiva, C69.0)
8760/0	Dermaler und epidermaler Nävus (C44)
8890/3	Dermales Leiomyosarkom (Haut, C44) <Anm. 251>
8832/0	**Dermatofibrom o.n.A.** (Haut, C44) <Anm. 232>
8832/0	Dermatofibroma lenticulare (Haut, C44) <Anm. 232>
8832/3	**Dermatofibrosarcoma protuberans o.n.A.** (Haut, C44; Subkutis, C49)
8832/3	Dermatofibrosarcoma protuberans, juveniles (Haut, C44; Subkutis, C49) <Anm. 236>
8833/3	**Dermatofibrosarcoma protuberans, pigmentiertes** (Haut, C44; Subkutis, C49)
8832/3	Dermatofibrosarkom o.n.A. (Haut, C44; Subkutis, C49)
8832/0	Dermatomyofibrom (Haut, C44) <Anm. 232>
9080/0	**Dermoidtumor** (Cornea, C69.1) <Anm. 292>
9080/1	Dermoidzyste (Hoden, C62) <Anm. 296>
9084/0	**Dermoidzyste o.n.A.** (Ovar, C56; Haut, C44; Corpus uteri, C54; Cervix uteri, C53; Vagina, C52; Orbita, C69.6; Augenlid, C44.1; Konjunktiva, C69.0; Cornea, C69.1; Gehirn, C71) <Anm. 296>
9084/3	**Dermoidzyste mit maligner Transformation** (Ovar, C56) <Anm. 297>
8821/1	Desmoid o.n.A.
8822/1	Desmoidtumor, abdominaler (C76.2)
8821/1	Desmoidtumor, extraabdominaler
8806/3	*Desmoplastischer kleinzelliger Tumor der Kinder und jungen Erwachsenen* (Mediastinum, C38.1,2; periphere Nerven, C47, 48; Weichteile, C49) <Anm. 224>
8092/3	Desmoplastisches Basalzellkarzinom (Haut, C44) <Anm. 42>
9050/3	Desmoplastisches diffuses malignes Mesotheliom (DMM) (Peritoneum, C48.1; Pleura, C38.4; Perikard, C38.0) <Anm. 279>
8823/1	**Desmoplastisches Fibrom**
9505/0	*Desmoplastisches infantiles Gangliogliom (DIG)* <Anm. 384>
9471/3	*Desmoplastisches Medulloblastom* (Kleinhirn, C71.6)
8085/3	*Desmoplastisches Plattenepithelkarzinom* (Haut, C44; Lippen, C00) <Anm.38>
9050/3	Deziduoides peritoneales diffuses malignes Mesotheliom (DMM) (C48.1) <Anm. 279>
8851/3	[Differenziertes Liposarkom]
8073/3	**Differenziertes nichtverhornendes Karzinom** (Nasopharynx, C11)
9080/0	[Differenziertes Teratom (Hoden, C62)] <Anm. 293>
8505/0	Diffuse intraduktale Papillomatose

M-74100	**Diffuse Lipomatose**
8850/0	Diffuse lymphomatöse Polypose (Dünndarm, C17; Kolon, C18; Rektum, C20) <Anm. 241>
M-57210	**Diffuse Melanose**
9530/1	Diffuse Meningeomatose (C70)
8145/3	Diffuses Adenokarzinom (Magen, C16)
9612/3	*Diffuses Follikelzentrums-Lymphom, überwiegend kleinzellig* (REAL*) <Anm. 413>
9675/3	[Diffuses gemischt klein- und großzelliges Lymphom (W)]
9616/3	*Diffuses großzelliges B-Zell-Lymphom o.n.A.* (REAL)
9622/3	*Diffuses großzelliges B-Zell-Lymphom, anaplastische Variante, CD30-positiv* (SMH) <Anm. 417>
9618/3	*Diffuses großzelliges B-Zell-Lymphom, immunoblastische Variante* (SMH)
9620/3	*Diffuses großzelliges B-Zell-Lymphom, multilobierte Variante* (SMH) <Anm. 416>
9623/3	*Diffuses großzelliges B-Zell-Lymphom, T-Zell-reiche Variante* (SMH) <Anm. 418>
9617/3	*Diffuses großzelliges B-Zell-Lymphom, zentroblastische Variante* (SMH)
9619/3	*Diffuses großzelliges B-Zell-Lymphom, zentroblastisch-immunoblastische Variante* (SMH) <Anm. 415>
9683/3	Diffuses großzelliges B-Zell-Lymphom, zentroblastischer Typ <Anm. 448>
9621/3	*Diffuses großzelliges B-Zell-Lymphom, zentroblastisch-zentrozytoide Variante* (SMH)
9681/3	[Diffuses großzelliges gekerbtkerniges Lymphom (W)]
9680/3	**Diffuses großzelliges Lymphom o.n.A.** (W)
9682/3	[Diffuses großzelliges nichtgekerbtkerniges Lymphom o.n.A. (W)]
9670/3	[Diffuses gut differenziertes Lymphom]
9162/1	*Diffuses Hämangiom* <Anm. 332>
9680/3	[Diffuses histiozytisches Lymphom]
8145/3	**Diffuses Karzinom** (Magen, C16)
9672/3	[Diffuses kleinzelliges gekerbtkerniges Lymphom o.n.A. (W)]
9686/3	[Diffuses kleinzelliges nichtgekerbtkerniges Lymphom]
9675/3	[Diffuses Lymphom vom Mischzelltyp]
9670/3	[Diffuses lymphozytisches Lymphom o.n.A.]
9675/3	[Diffuses lymphozytisch-histiozytisches Lymphom]
9050/3	**Diffuses malignes Mesotheliom (DMM)** (Pleura, C38.4; Peritoneum, C48.1; Perikard, C38.0) <Anm. 279>
9050/3	Diffuses Mesotheliom o.n.A. (Pleura, C38.4; Peritoneum, C48.1; Perikard, C38.0) <Anm. 279>
9673/3	[Diffuses mittelgradig differenziertes lymphozytisches Lymphom]
9687/3	[Diffuses nichtgekerbtkerniges Burkitt-Lymphom] <Anm. 450, 491>
9658/3	Diffuses Paragranulom <Anm. 436>
9672/3	[Diffuses schlecht differenziertes lymphozytisches Lymphom]
9683/3	[Diffuses zentroblastisches Lymphom o.n.A.] <Anm. 448>
9676/3	Diffuses zentroblastisch-zentrozytisches Lymphom <Anm. 444>
8840/0	**Digitale Schleimzyste** (Haut der Finger, C44.68)
8810/0	**Digitales Fibrokeratom** (Haut von Fingern, C44.68; Handfläche, C44.67; Zehen, C44.78; Fußsohle, C44.76) <Anm. 228>

9841/3	Di-Guglielmo-Krankheit
9501/0	*Diktyom, benignes* (Retina, C69.2) <Anm. 381>
9501/3	Diktyom, malignes
9071/3	**Dottersacktumor** (Ovar, C56; Hoden, C62; Mediastinum, C38.3; Retroperitoneum, C48.0; Corpus uteri, C54; Cervix uteri, C53; Vagina, C52; Vulva, C51; Gehirn, C71) <Anm. 288>
M-72042	Drüsenkörperzysten (Magen, C16)
8319/3	*Duct-Bellini-Karzinom* (Niere, C64) <Anm. 102>
M-26500	Ductus-thyreoglossus-Zyste D4-60334
8154/3	Duktal-endokrines Karzinom (Pankreas, C25) <Anm. 69>
M-72170	Duktale Epitheliose (Mamma, C50)
M-72170	**Duktale Hyperplasie**
M-72050	**Duktale papilläre Hyperplasie** (Pankreas, C25)
8500/3	**Duktales Adenokarzinom** (Pankreas, C25) <Anm. 149>; (Prostata, C61) <Anm. 150>
8503/0	Duktales Adenom
8500/2	**Duktales Carcinoma in situ (DCIS)** <Anm. 145>
8500/3	[Duktales Karzinom o.n.A.] <Anm. 147>
8500/3	[Duktales Karzinom mit endometrioiden Zügen (Prostata, C61)] <Anm. 150>
8503/0	Duktales Papillom
9505/0	*Dysembryoblastischer neuroepithelialer Tumor* <Anm. 385>
9073/1	Dysgenetisches Gonadom (Ovar, C56; Hoden, C62) <Anm. 290>
9060/3	**Dysgerminom** (Ovar, C56) <Anm. 283>
M-74450	**Dyskeratom, warziges**
M-74450	Dyskeratose, warzige
M-74450	**Dyskeratosis follicularis** D4-40240
9989/1	Dysmyeloplastisches Syndrom (DMPS) o.n.A. <Anm. 521>
M-74000	Dysplasie o.n.A. (ausgenommen Mammadysplasie, = M-74320, Epitheliale Dysplasie, = M-74410 und Hochgradige Dysplasie, = 8140/2, 8211/2, 8220/2, 8261/2, 8263/2, siehe auch Anm. 31)
M-74410	Dysplasie, epitheliale o.n.A. (ausgenommen Dyplasie o.n.A., = M-74000, Mammadysplasie, = M-74320 und Hochgradige Dysplasie, = 8140/2, 8211/2, 8220/2, 8261/2, 8263/2, siehe auch Anm. 31)
M-74000	**Dysplasie, fibröse o.n.A.**
M-74000	**Dysplasie, fibröse des Kiefers** D5-14810
M-74000	**Dysplasie, fibrokartilaginäre**
M-74000	**Dysplasie, fibroossäre**
9275/0	Dysplasie, floride ossäre (C03.9)
9275/0	**Dysplasie, floride zemento-ossäre** (C03.9)
M-74410	**Dysplasie, geringgradige**
M-20020	Dysplasie, kongenitale
M-74000	**Dysplasie, kortikale fibröse**
M-74410	**Dysplasie, mittelgradige**
M-74000	**Dysplasie, monostotische fibröse** D1-61628
M-74000	**Dysplasie, osteofibröse**
9272/0	Dysplasie, periapikale fibröse (C03.9) <Anm. 352>
9272/0	**Dysplasie, periapikale zementale** (C03.9) <Anm. 352>
9272/0	Dysplasie, periapikale zemento-ossäre (C03.9) <Anm. 352>

M-74000	**Dysplasie, polyostotische fibröse** D4-01020
8500/2	**Dysplasie, schwere duktale** (Pankreas, C25) <Anm. 146>
8727/0	**Dysplastischer Melanozytennävus** (Haut, C44; Vulva, C51) <Anm. 214>
8727/0	**Dysplastischer Nävus** (Haut, C44; Vulva C51) <Anm. 214>
9490/0	**Dysplastisches Gangliozytom des Kleinhirns** (C71.6) <Anm. 379>
M-26000	**Dystopie o.n.A.**

E

9723/3	[Echtes histiozytisches Lymphom] <Anm. 474>
9273/0	Echtes Zementom (C03.9)
8241/1	**EC-Zell-Tumor, benigne oder von Low-grade-Malignität** <Anm. 68>
8241/0	*EC-Zell-Tumor, benigner* <Anm.68>
8241/3	**EC-Zell-Tumor von Low-grade-Malignität** <Anm. 68>
8240/1	**ECL-Tumor, benigne oder von Low-grade-Malignität** <Anm. 68>
8240/0	ECL-Tumor, benigner <Anm. 68>
8240/3	**ECL-Tumor von Low-grade-Malignität** <Anm. 68>
M-33400	**Einfache Knochenzyste**
M-33400	[Einfache Zyste o.n.A.]
M-33650	**Einkammerige Knochenzyste**
M-33410	Einschlußzyste, epitheliale
9055/0	*Einschlußzyste, multilokuläre peritoneale* (C48.1)
9210/0	Ekchondrom (Knochen, C40, C41; Weichteile, C49; Gehirn, C71)
9210/1	Ekchondromatose (Knochen, C40, C41)
8413/3	*Ekkrines Adenokarzinom* (Haut, C44) <Anm. 129>
8402/0	Ekkrines Akrospirom (Haut, C44) <Anm. 124>
8200/0	Ekkrines dermales Zylindrom (C44)
8404/0	Ekkrines Hidrokystom (Haut, C44)
8400/0	**Ekkrines Porom** (Haut, C44) <Anm.122>
8404/0	**Ekkrines Zystadenom** (Haut, C44)
M-32000	Ektasie
8911/3	*Ektomesenchymom* <Anm. 256>
M-26000	Ektopie o.n.A.
M-26000	Ektopische Talgdrüsen D4-42020
9391/0	*Ektopisches Ependymom* (Weichteile, C49) <Anm. 367>
9530/0	**Ektopisches Meningeom** (Weichteile, C49; Nasen- und Nasennebenhöhlen, C30.0, C31; Nasopharynx, C11; Orbita, C69.9; Lunge, C34) <Anm. 389>
8820/0	**Elastofibrom**
M-75540	Elastom, juveniles
9180/0	Elfenbeinexostose (Knochen, C40, C41) <Anm. 324>
M-26400	Embryonale Strukturen, persistierende
9070/3	Embryonales Adenokarzinom (Ovar, C56; Hoden, C62; Mediastinum, C38.3; Retroperitoneum, C48.0; Gehirn, C71; Orbita, C69.6; Magen, C16) <Anm. 287>
8191/0	**Embryonales Adenom**
8933/3	Embryonales Adenosarkom
8970/3	[Embryonales Hepatom]
8981/3	**Embryonales Karzinosarkom**
8910/3	**Embryonales Rhabdomyosarkom**
9080/3	[Embryonales Teratom] <Anm. 294>

9070/3	**Embryonalkarzinom o.n.A.** (Ovar, C56; Hoden, C62; Mediastinum, C38.3; Retroperitoneum, C48.0; Gehirn, C71; Orbita, C69.6; Magen, C16) <Anm. 287>
9071/3	[Embryonalkarzinom, infantiles] <Anm. 288>
9081//3	Embryonalkarzinom und Teratom, kombiniert (Hoden, C62; Mediastinum, C38.3; Retroperitoneum, C48.0) <Anm. 295>
9072/3	Embryonalkarzinom vom polyembryonalen Typ (Ovar, C56; Hoden, C62) <Anm. 289>
8991/3	**Embryonalsarkom**
9220/0	Enchondrom (Knochen, C40, C41; Weichteile, C49; Gehirn, C71)
9220/1	Enchondromatose (Knochen, C40, C41; Synovia, C49.93)
9071/3	**Endodermaler Sinustumor** (Ovar, C56; Hoden, C62; Mediastinum, C38.3; Retroperitoneum, C48.0; Gehirn, C71) <Anm. 288>
8360/1	Endokrine Adenomatose
8931/1	Endolymphatische Stromamyose (C54) <Anm. 260>
8380/1	Endometrioider Tumor mit niedrigem Malignitätspotential (Ovar, C56) <Anm. 120>
8381/0	**Endometrioides Adenofibrom** (Ovar, C56) <Anm. 119>
8381/1	**Endometrioides Adenofibrom von Borderline-Malignität** (Ovar, C56) <Anm. 120>
8380/3	Endometrioides Adenokarzinom (Corpus uteri, C54; Cervix uteri, C53; Ovar, C56; Vagina, C52) <Anm. 121>
8380/0	**Endometrioides Adenom** (Ovar, C56) <Anm. 119>
8380/1	**Endometrioides Adenom von Borderline-Malignität** (Ovar, C56) <Anm. 120>
8380/3	**Endometrioides Karzinom** (Corpus uteri, C54; Cervix uteri, C53; Ovar, C56; Vagina, C52) <Anm. 121>
8500/3	[Endometrioides Karzinom (Prostata, C61)] <Anm. 150>
8381/0	**Endometrioides Zystadenofibrom** (Ovar, C56) <Anm. 119>
8381/1	**Endometrioides Zystadenofibrom von Borderline-Malignität** (Ovar, C56) <Anm. 120>
8380/3	**Endometrioides Zystadenokarzinom** (Corpus uteri, C54; Cervix uteri, C53; Ovar, C56; Vagina, C52) <Anm. 121>
8380/0	**Endometrioides Zystadenom** (Ovar, C56) <Anm. 119>
8380/1	**Endometrioides Zystadenom von Borderline-Malignität** (Ovar, C56) <Anm. 120>
M-26000	Endometriom D7-72010
M-26000	**Endometriose o.n.A.** D7-72000
M-26000	**Endometriosezyste** D7-72010
M-26000	Endometriosis externa D7-72020
M-72440	**Endometriosis interna** D7-72100
M-72420	**Endometriumhyperplasie, adenomatöse** (C54) D7-75620
M-72005	**Endometriumhyperplasie, atypische (komplexe)** (C54)
M-72420	**Endometriumhyperplasie, glanduläre** D7-75620
M-72420	Endometriumhyperplasie, glandulär-zystische D7-75620
M-72420	**Endometriumhyperplasie, komplexe** (C54)
M-76800	**Endometriumpolyp** D7-75626
8930/3	Endometriumsarkom, undifferenziertes (C54) <Anm. 259>
8930/0	**Endometrium-Stromaknoten** (C54)

8931/1	Endometrium-Stromatose (C54) <Anm. 260>
9531/0	Endotheliales Meningeom (C70)
9134/1	**Endovaskuläres papilläres Angioendotheliom** (Haut, C44; Subkutis, C49) <Anm. 318>
9134/1	Endovaskuläres papilläres Hämangioendotheliom (Haut, C44; Subkutis, C49) <Anm. 318>
M-76800	**Endozervikaler Polyp** D7-75780
8148/3	*Endozervikales muzinöses Adenokarzinom* (Cervix uteri, C53) <Anm. 66>
9180/0	Enosteom (Knochen, C40, C41) <Anm. 324>
9180/0	Enostose (Knochen, C40, C41) <Anm. 324>
9242/3	*Entdifferenziertes Chondrosarkom* (Knochen, C40, C41; Weichteile, C49) <Anm. 340>
9372/3	*Entdifferenziertes Chordom* (Knochen, C41) <Anm. 361>
8858/3	Entdifferenziertes Liposarkom <Anm. 249>
8157/1	*Enteroglukagonom, benigne oder von Low-grade-Malignität* <Anm. 68>
8157/0	*Enteroglukagonom, benignes* <Anm. 68>
8157/3	*Enteroglukagonom von Low-grade-Malignität* <Anm. 68>
M-76830	**Entzündlicher fibroider Polyp**
M-76820	**Entzündlicher kloakogener Polyp** (Analkanal, C21.1)
M-78800	**Entzündlicher Myofibroblastentumor**
M-76820	**Entzündlicher Polyp**
M-76890	**Entzündlicher Pseudotumor**
8530/3	[Entzündliches Adenokarzinom] <Anm. 165>
M-78800	**Entzündliches Fibrosarkom**
8530/3	[Entzündliches Karzinom] <Anm. 165>
8830/3	Entzündliches malignes fibröses Histiozytom <Anm. 234>
M-43800	Entzündung, chronische hyperplastische
M-44700	Entzündung, nekrotisierende granulomatöse
M-44200	Entzündung, nichtnekrotisierende granulomatöse
M-45100	Entzündung, sklerosierende
9880/3	**Eosinophilenleukämie** <Anm. 508>
M-76830	Eosinophiler granulomatöser Polyp
8280/3	Eosinophiles Adenokarzinom (Hypophyse, C75.1)
8280/0	Eosinophiles Adenom (Hypophyse, C75.1)
9721/1	*Eosinophiles Granulom*
8280/3	Eosinophiles Karzinom (Hypophyse, C75.1)
9392/3	Ependymoblastom (Gehirn, C71; Rückenmark, C72.0)
9391/3	**Ependymom o.n.A.** (Gehirn, C71; Rückenmark, C72.0)
9392/3	**Ependymom, anaplastisches** (Gehirn, C71; Rückenmark, C72.0)
9391/0	*Ependymom, ektopisches* (Weichteile, C49) <Anm. 367>
9391/3	Ependymom, epitheliales (Gehirn, C71; Rückenmark, C72.0)
9396/3	*Ependymom, klarzelliges* (Gehirn, C71; Rückenmark, C72.0) <Anm. 369>
9392/3	Ependymom, malignes (Gehirn, C71; Rückenmark, C72.0)
9394/1	**Ependymom, myxopapilläres** (Gehirn, C71; Rückenmark, C72.0)
9393/1	**Ependymom, papilläres** (Gehirn, C71; Rückenmark, C72.0)
9395/3	*Ependymom, zellreiches* (Gehirn, C71; Rückenmark, C72.0) <Anm. 368>
M-57203	**Ephelis** D0-70030
9687/3	Epidemisches Burkitt-Lymphom <Anm. 450>

M-33410	Epidermale Zyste
M-75530	**Epidermaler Nävus o.n.A.**
M-72900	**Epidermales Cholesteatom**
8070/3	**Epidermoidkarzinom** <Anm. 23>
M-33410	**Epidermoidzyste o.n.A.**
M-33410	**Epidermoidzyste, intraossäre**
9230/0	**Epiphysäres Chondroblastom** (Knochen, C40, C41) <Anm. 339>
M-72150	Epithelhyperplasie
8562/3	**Epithelial-myoepitheliales Karzinom**
M-74410	Epitheliale Dysplasie o.n.A. (ausgenommen Dysplasie o.n.A., = M-74000, Mammadysplasie, = M-74320 und Hochgradige Dysplasie, = 8140/2, 8211/2, 8220/2, 8261/2, 8263/2, siehe auch Anm. 31)
M-33410	Epitheliale Einschlußzyste
9052/0	[Epitheliales benignes Mesotheliom (Pleura, C38.4; Peritoneum, C48.1; Perikard, C38.0)] <Anm. 277>
9391/3	Epitheliales Ependymom (Gehirn, C71; Rückenmark, C72.0)
9052/3	**Epitheliales malignes Mesotheliom** (Pleura, C38.4; Peritoneum, C48.1; Perikard, C38.0)
9042/3	Epitheliales Synovialsarkom <Anm. 274>
8011/3	[Epitheliom o.n.A.]
8011/0	[Epitheliom, benignes]
8096/0	**Epitheliom, intraepitheliales, Jadassohn** (C44)
8011/3	[Epitheliom, malignes]
8100/0	Epithelioma adenoides cysticum (Haut, C44)
8110/0	Epithelioma Malherbe, verkalkendes (Haut, C44)
M-72870	Epitheliome, multiple subepitheliale
M-72005	Epitheliose, atypische lobuläre <Anm. 161>
M-72170	Epitheliose, duktale (Mamma, C50)
8770/3	**Epitheloid- und Spindelzellmelanom, gemischt** (Uvea, C69.4) <Anm. 220>
8770/0	**Epitheloid- und Spindelzellnävus** (Haut, C44; Konjunktiva, C69.0)
9542/3	*Epitheloider maligner peripherer Nervenscheidentumor (MPNST)* (Nervenscheiden C47, C72.1-5; Weichteile, C49) <Anm. 395>
9105/3	*Epitheloider Trophoblasttumor* (Plazenta, C58) <Anm. 308>
9133/1	Epitheloides Hämangioendotheliom o.n.A
9125/0	**Epitheloides Hämangiom** <Anm. 313>
8891/0	Epitheloides Leiomyom
8891/3	Epitheloides Leiomyosarkom <Anm. 252>
8804/3	Epitheloides Sarkom <Anm. 222>
8804/3	Epitheloidsarkom <Anm. 222>
M-76100	**Epitheloidzellige Angiomatose** <Anm. 322>
9133/1	**Epitheloidzelliges Hämangioendotheliom o.n.A.**
9125/0	Epitheloidzelliges Hämangiom <Anm. 313>
8891/0	**Epitheloidzelliges Leiomyom**
8891/3	**Epitheloidzelliges Leiomyosarkom** <Anm. 252>
8804/3	**Epitheloidzelliges Sarkom** <Anm. 222>
8771/3	**Epitheloidzellmelanom** (Uvea, C69.4) <Anm. 220>
8771/0	Epitheloidzellnävus (C44)
M-26520	**Epstein-Perle**

M-76850	[Epulis o.n.A.]
M-44110	**Epulis, Riesenzell-**
M-75560	**Erdbeernävus** D4-40303
9960/1	[Erkrankung, chronische myeloproliferative (CMPE) o.n.A.] <Anm. 515>
M-26520	**Eruptionszyste** D4-51524
M-26520	**Eruptive odontogene Zyste** D4-51524
8810/3	Erwachsenen-Fibrosarkom <Anm. 229>
8720/0	**Erworbener Melanozytennävus** (Vulva, C51)
9161/0	*Erworbenes büscheliges Angioblastom* (Haut, C44) <Anm.320>
9161/0	*Erworbenes büscheliges Hämangioblastom* (Haut, C44) <Anm. 320>
9841/3	**Erythrämie, akute**
9842/3	**Erythrämie, chronische** <Anm. 498>
9842/3	Erythrämie, chronische, Typ Heilmeyer-Schöner <Anm. 498>
9840/3	Erythrämische Myelose o.n.A. <Anm. 497, 501>
9840/3	**Erythroblastenleukämie, akute** (FAB: M6) <Anm. 497, 501>
9840/3	Erythroleukämie o.n.A. <Anm. 497, 501>
9840/3	Erythroleukämie, akute <Anm. 497, 501>
9716/3	*Erythrophagozytisches T-gamma-Lymphom (Kadin)* (K) <Anm. 467>
8080/2	**Erythroplasie Queyrat** (Haut, C44; Penis, C60) <Anm. 36>
9962/1	Essentielle hämorrhagische Thrombozythämie <Anm. 517>
9962/1	**Essentielle Thrombozythämie** <Anm. 517>
9260/3	**Ewing-Sarkom** (Knochen, C40, C41; Weichteile, C49; Gehirn, C71)
9260/3	[Ewing-Tumor]
8121/0	**Exophytisches Papillom** (Nasen- und Nasennebenhöhlen C30.0, C31) <Anm. 52>
9210/0	Exostose, knorpelige (Knochen, C40, C41; Weichteile, C49; Gehirn, C71)
9210/0	Exostose, osteokartilaginäre (Knochen, C40, C41; Weichteile, C49; Gehirn, C71)
8821/1	**Extraabdominale Fibromatose**
8821/1	Extraabdominaler Desmoidtumor
8693/1	[Extraadrenales Paragangliom o.n.A.] <Anm. 201>
9252/0	*Extraartikuläre pigmentierte villonoduläre Synovitis* (C49) <Anm. 344>
8542/3	**Extramammärer M. Paget** (ausgenommen M. Paget des Knochens, SNOMED 1984 = M-74970; SNOMED 1993 = D1-61100) <Anm. 166>
9733/3	*Extramedulläres Plasmozytom* <Anm. 476>
M-73400	Extraskelettale Verknöcherung o.n.A.
9222/3	*Extraskelettales Chondrosarkom, gut differenziert* (Weichteile, C49) <Anm. 338>
9180/0	**Extraskelettales Osteom** (Weichteile, C49; Gehirn, C71)

F

8220/0	**Familiäre adenomatöse Polypose (FAP)** (Kolon, C18; Rektum, C20)
D5-14800	**Familiäre multilokuläre Zystenkrankheit der Kiefer** (C41.05, C41.1)
9275/0	Familiäre multiple Zementome (C03.9)
8220/0	Familiäre Polyposis coli (C18)
8813/0	**Faszienfibrom**
8813/3	**Faszienfibrosarkom**
M-76000	Fasziitis, infiltrative
M-76000	**Fasziitis, noduläre** D1-50460

M-76000	**Fasziitis, proliferative** D1-50460
M-76000	Fasziitis, pseudosarkomatöse D1-50460
8881/0	Fetale Lipomatose
8333/0	Fetales Adenom (Schilddrüse, C73)
8880/0	Fetales Fettzellenlipom
8881/0	Fetales Lipom
8903/0	**Fetales Rhabdomyom**
M-75580	Fettgewebsnävus o.n.A.
8880/0	Fettzellenlipom, fetales
8880/0	Fettzelltumor, brauner
9420/3	**Fibrilläres Astrozytom** (Gehirn, C71; Rückenmark, C72.0)
9010/0	**Fibroadenom o.n.A.** (Brust, C50)
9011/0	**Fibroadenom, intrakanalikuläres** (Brust, C50)
9030/0	**Fibroadenom, juveniles** (Brust, C50; Ovar, C56)
9012/0	**Fibroadenom, perikanalikuläres** (Brust, C50)
9290/0	Fibro-ameloblastisches Odontom (C03.9) <Anm. 355>
9532/0	Fibroblastisches Meningeom (C70)
9182/3	[Fibroblastisches Osteosarkom] <Anm. 326>
9220/3	[Fibrochondrosarkom]
9290/0	**Fibrodentinom, ameloblastisches** (C03.9) <Anm. 355>
9290/3	**Fibrodentinosarkom, ameloblastisches** (C 03.9) <Anm. 355>
8820/0	**Fibroelastom, papilläres** (Herz, C38.0) <Anm. 230>
M-76810	**Fibroepithelialer Polyp**
8093/3	**Fibroepitheliales Basalzellkarzinom** (Haut, C44) <Anm. 43>
M-76810	Fibroepitheliales Papillom
8093/3	Fibroepitheliom Pinkus (Haut, C44) <Anm. 43>
M-76890	**Fibrös-entzündlicher Pseudotumor**
M-74000	**Fibröse Dysplasie o.n.A.**
M-74000	**Fibröse Dysplasie des Kiefers** D5-14810
9160/0	[Fibröse Nasenpapel] <Anm. 212>
9160/0	**Fibröse Papel** (Haut, C44) <Anm. 212>
M-74810	**Fibröser Metaphysendefekt**
M-76810	**Fibröser Polyp**
9420/3	Fibröses Astrozytom (Gehirn, C71; Rückenmark, C72.0)
9051/0	[Fibröses benignes Mesotheliom] <Anm. 277>
M-75620	Fibröses Hamartom o.n.A.
M-75620	**Fibröses Hamartom der Kindheit**
8830/0	**Fibröses Histiozytom** (ausgenommen Haut, = 8832/0) <Anm. 232>
8832/0	Fibröses Histiozytom (Haut, C44) <Anm. 232>
9051/3	Fibröses malignes Mesotheliom (Pleura, C38.4; Peritoneum, C48.1; Perikard, C38.0)
9532/0	**Fibröses Meningeom** (C70)
8600/0	Fibröses Thekom (Ovar, C56) <Anm. 177, 180>
M-78000	**Fibrofollikulom** (Haut, C44)
8890/0	Fibroid-Uterus (C54)
M-74000	**Fibrokartilaginäre Dysplasie**
8810/0	**Fibrokeratom, digitales** (Haut von Fingern, C44.68; Handfläche, C44.67; Zehen, C44.78; Fußsohle, C44.76) <Anm. 228>
8171/3	**Fibrolamelläres hepatozelluläres Karzinom (HCC)** (C22) <Anm. 73>

8851/0	**Fibrolipom**
8850/3	[Fibroliposarkom]
8810/0	**Fibrom o.n.A.**
9330/0	**Fibrom, ameloblastisches** (C03.9)
8823/1	**Fibrom, desmoplastisches**
M-78000	**Fibrom, folliküläres** (Haut, C44)
M-78800	**Fibrom, infantiles digitales**
8821/1	Fibrom, invasives
M-78000	**Fibrom, kalzifierendes**
8811/0	Fibrom, myxoides
M-74810	**Fibrom, nichtossifizierendes**
9321/0	Fibrom, odontogenes o.n.A. (C03.9)
9262/0	**Fibrom, ossifizierendes** (Knochen, C40, C41)
M-78000	**Fibrom, perifolliküläres** (Haut, C44)
8812/0	**Fibrom, periostales** (Knochen, C40, C41)
9322/0	**Fibrom, peripheres odontogenes** (C03.9)
8810/0	Fibrom, submesotheliales (Pleura, C38.4; Peritoneum, C48.1) <Anm. 227>
8851/0	Fibrom, weiches
9274/0	**Fibrom, zementbildendes** (C03.9) <Anm.35 >
9262/0	**Fibrom, zemento-ossifizierendes odontogenes** (C03.9) <Anm. 346>
9321/0	**Fibrom, zentrales odontogenes** (C03.9)
8810/0	Fibroma durum
8851/0	Fibroma molle
M-78800	Fibromatose o.n.A. (ausgenommen tiefe Fibromatosen wie abdominale, = 8822/1, extraabdominale, = 8821/1, infantile, = 8821/1 und mesenteriale, = 8822/1)
8822/1	**Fibromatose, abdominale** (C76.2)
8821/1	Fibromatose, aggressive
8821/1	**Fibromatose, extraabdominale**
8821/1	**Fibromatose, infantile** <Anm. 231>
M-78800	**Fibromatose, infantile digitale**
M-78800	**Fibromatose, infiltrative**
M-78800	**Fibromatose, (juvenile) hyaline**
M-78000	**Fibromatose, kalzifizierende**
M-78800	**Fibromatose, kongenitale**
8824/1	[Fibromatose, kongenitale generalisierte]
8822/1	Fibromatose, mesenteriale (C48.16)
M-78800	**Fibromatose, palmare** (M. Dupuytren) D1-50430
M-78800	**Fibromatose, plantare** (M. Ledderhose) D1-50440
8821/1	Fibromatose, pseudosarkomatöse
8822/1	Fibromatose, retroperitoneale (C48.0)
M-78800	**Fibromatose, superfizielle**
M-78800	**Fibromatosis colli**
8890/0	Fibromyom
8852/0	[Fibromyxolipom]
8811/0	**Fibromyxom**
8811/3	Fibromyxosarkom
9290/0	Fibro-Odontom, ameloblastisches (C03.9) <Anm. 355>
9290/3	**Fibro-Odontosarkom, ameloblastisches** (C03.9) <Anm. 355>

M-74000	**Fibroossäre Dysplasie**
9262/0	Fibro-Osteom (Knochen, C40, C41)
8810/3	**Fibrosarkom o.n.A.** <Anm. 229>
9330/3	Fibrosarkom, ameloblastisches (C03.9)
M-78800	**Fibrosarkom, entzündliches**
8814/3	**Fibrosarkom, infantiles**
8814/3	Fibrosarkom, kongenitales
9330/3	Fibrosarkom, odontogenes (C03.9)
8812/3	**Fibrosarkom, periostales** (Knochen, C40, C41)
8810/3	Fibrosarkom, submesotheliales (Pleura, C38.4; Peritoneum, C48.1) <Anm. 227>
M-78000	[Fibrose o.n.A.]
M-74220	**Fibrosierende Adenomatose**
M-74220	Fibrosierende Adenose
8172/3	*Fibrosierendes hepatozelluläres Karzinom (HCC)* (C22) <Anm. 74>
9160/0	[Fibrosierter Nasenpapel-Nävus] <Anm. 212>
M-78020	Fibrosklerose
8600/0	Fibrothekom (Ovar, C56) <Anm. 177>
8830/0	Fibroxanthom o.n.A. <Anm. 232>
8830/1	**Fibroxanthom, atypisches** <Anm. 233>
8830/3	Fibroxanthom, malignes <Anm. 234>
M-74320	**Fibrozystische Krankheit o.n.A.** (Mamma, C50)
M-74320	Fibrozystische Krankheit, nicht-proliferativer Typ (Mamma, C50)
M-74322	**Fibrozystische Krankheit, proliferativer Typ** (Mamma, C50)
M-74324	**Fibrozystische Krankheit, proliferativer Typ mit Atypien** (Mamma, C50)
M-74320	Fibrozystische Mastopathie o.n.A. (C50)
M-74322	Fibrozystische Mastopathie, proliferativer Typ (C50)
M-74324	Fibrozystische Mastopathie, proliferativer Typ mit Atypien (C50)
M-26600	Fissurale Zyste o.n.A.
8120/2	„Flat tumor" (Harnblase, C67; Nierenbecken, C65; Ureter, C66; Harnröhre, C68) <Anm. 50>
8318/3	*Flimmerzell-Adenokarzinom („Ciliated cell adenocarcinoma")* (Corpus uteri, C54) <Anm. 101>
M-74260	Floride Adenose
9275/0	Floride ossäre Dysplasie (C03.9)
9275/0	**Floride zemento-ossäre Dysplasie** (C03.9)
M-72151	Fokale epitheliale Hyperplasie
M-72200	**Fokale lymphoide Hyperplasie**
M-72030	**Fokale noduläre Hyperplasie** (Leber, C22.0)
9612/3	*Follikelzentrums-Lymphom, diffuses überwiegend kleinzelliges* (REAL*) <Anm. 413>
9608/3	*Follikelzentrums-Lymphom, follikuläres o.n.A.* (REAL) <Anm. 413>
M-72610	Follikuläre Keratose
M-26520	**Follikuläre Kieferzyste** D4-51524
8340/3	[Follikuläre Variante des papilläres Schilddrüsenkarzinoms] <Anm. 95>
M-75550	**Follikulärer Nävus**
8330/3	Follikuläres Adenokarzinom o.n.A. (Schilddrüse, C73)
8331/3	Follikuläres Adenokarzinom, grob invasiv (Schilddrüse, C73)
8331/3	Follikuläres Adenokarzinom, gut differenziert (Schilddrüse, C73)

8332/3	Follikuläres Adenokarzinom, mäßig differenziert (Schilddrüse, C73)
8331/3	Follikuläres Adenokarzinom mit minimaler Invasion (Schilddrüse, C73) <Anm. 111>
8331/3	Follikuläres Adenokarzinom, oxyphiler Zelltyp (Schilddrüse, C73) <Anm. 113>
8332/3	Follikuläres Adenokarzinom, trabekulär (Schilddrüse, C73)
8331/3	Follikuläres Adenokarzinom vom Klarzelltyp (Schilddrüse, C73) <Anm. 114>
8330/0	**Follikuläres Adenom** (Schilddrüse, C73)
M-78000	**Follikuläres Fibrom** (Haut, C44)
9608/3	*Follikuläres Follikelzentrums-Lymphom o.n.A.* (REAL) <Anm. 413>
9609/3	*Follikuläres Follikelzentrums-Lymphom, Grad I (überwiegend kleinzellig)* (SMH*) <Anm. 413>
9610/3	*Follikuläres Follikelzentrums-Lymphom, Grad II (gemischt klein- und großzellig)* (SMH*) <Anm. 413>
9611/3	*Follikuläres Follikelzentrums-Lymphom, Grad III (großzellig)* (SMH*) <Anm. 413>
9691/3	[Follikuläres gemischt kleinzellig-gekerbtkerniges und großzelliges Lymphom (W)]
9698/3	[Follikuläres großzelliges gekerbtkerniges Lymphom]
9698/3	[Follikuläres großzelliges Lymphom o.n.A. (W)]
9698/3	[Follikuläres großzelliges nichtgekerbtkerniges Lymphom]
8330/3	**Follikuläres Karzinom o.n.A.** (Schilddrüse, C73)
8331/3	**Follikuläres Karzinom, gut differenziert** (Schilddrüse, C73)
8332/3	**Follikuläres Karzinom, mäßig differenziert** (Schilddrüse, C73)
8332/3	Follikuläres Karzinom, trabekulär (Schilddrüse, C73)
9695/3	[Follikuläres kleinzelliges gekerbtkerniges Lymphom (W)]
9690/3	**Follikuläres Lymphom o.n.A.** <Anm. 453>
9691/3	[Follikuläres Lymphom vom Mischzelltyp]
9698/3	[Follikuläres nichtgekerbtkerniges Lymphom o.n.A.]
9683/3	Follikuläres zentroblastisches Lymphom <Anm. 413, 448>
9692/3	**Follikuläres zentroblastisch-zentrozytisches Lymphom** (K) <Anm. 444>
8641/0	Follikulom, lipidhaltiges (Ovar, C56) <Anm. 196>
M-26000	Fordyce-Krankheit D4-42020
9763/3	Franklin-Krankheit
M-72420	**Fundusdrüsenhyperplasie** (C16.1, 2)
M-72042	**Fundusdrüsenpolyp** (Magen, C16)
M-72042	**Fundusdrüsenpolypose** (Magen, C16)

G

8160/0	**Gallengangsadenom o.n.A.** (Leber, C22) <Anm. 70>
8160/0	Gallengangsadenom, intrahepatisches (Leber, C22) <Anm. 70>
8160/3	**Gallengangskarzinom** (Leber, C22) <Anm. 70>
8161/3	**Gallengangs-Zystadenokarzinom** (Leber, C22) <Anm. 70>
8161/0	**Gallengangs-Zystadenom** (Leber, C22) <Anm. 70>
9634/3	*Gamma-delta-T-Zell-Lymphom, hepatosplenisches* (REAL*) <Anm. 426>
9763/3	Gamma-Schwerketten-Krankheit <Anm. 480>
9765/1	**Gammopathie, monoklonale** <Anm. 482>

8683/0	**Ganglienzell-Paragangliom** (Duodenum, C17.0)
9505/1	**Gangliogliom o.n.A.**
9505/3	*Gangliogliom, anaplastisches* <Anm. 386>
9505/0	*Gangliogliom, desmoplastisches infantiles (DIG)* <Anm. 384>
9505/3	*Gangliogliom, malignes*
9490/3	**Ganglioneuroblastom**
9491/0	**Ganglioneurofibromatose** (Gallenblase, C23)
9490/0	**Ganglioneurom**
9491/0	**Ganglioneuromatose** <Anm. 380>
M-33660	**Ganglion, intraossäres**
M-33600	**Ganglion, Nervenscheiden-**
M-33600	Ganglionzyste
9490/0	**Gangliozytom o.n.A.** (Gehirn, C71; Rückenmark, C72.0)
9490/0	**Gangliozytom, dysplastisches des Kleinhirns** (C71.6) <Anm. 379>
8153/1	**Gastrinom, benigne oder von Low-grade-Malignität** <Anm. 68>
8153/0	*Gastrinom, benignes* <Anm. 68>
8153/3	[Gastrinom, malignes] <Anm. 68>
8153/3	**Gastrinom von Low-grade-Malignität** <Anm. 68>
M-73330	Gastrische Metaplasie
9672/3	[Gekerbtkerniges Lymphom o.n.A.]
8552/3	*Gemischt azinär-endokrines Karzinom* (Pankreas, C25) <Anm. 169>
8095/3	Gemischt basalzellig-plattenepitheliales Karzinom (Haut, C44) <Anm. 44>
8154/3	**Gemischt duktal-endokrines Karzinom** (Pankreas, C25) <Anm. 69>
8201/3	Gemischt invasives kribriformes Karzinom (Mixed invasive cribriform carcinoma) (Brust, C50) <Anm. 80>
8340/3	[Gemischt papillär-folliculäres Karzinom (Schilddrüse, C73)] <Anm. 95>
8154/3	Gemischtes Inselzell- und exokrines Adenokarzinom (Pankreas, C25) <Anm. 69>
8180/3	Gemischtes Leberzell- und Gallengangskarzinom (C22)
9385/3	*Gemischtes Subependymom-Ependymom* (Gehirn, C71; Rückenmark, C72.0) <Anm. 364>
8323/0	Gemischtzelliger benigner epithelialer Tumor (Ovar, C56)
8323/1	*Gemischtzelliger epithelialer Tumor mit niedrigem Malignitätspotential* (Ovar, C56) <Anm. 104>
8323/1	*Gemischtzelliger epithelialer Tumor von Borderline-Malignität* (Ovar, C56) <Anm. 104>
8323/3	**Gemischtzelliger maligner epithelialer Tumor** (Ovar, C56) <Anm. 107>
8323/3	**Gemischtzelliges Adenokarzinom** <Anm. 105>
8323/0	**Gemischtzelliges Adenom o.n.A.**
8281/3	**Gemischtzelliges azidophil-basophiles Karzinom** (Hypophyse, C75.1)
8855/3	**Gemischtzelliges Liposarkom**
8514/3	*Gemischtzelliges, medullär-folliculäres Karzinom* (Schilddrüse, C73) <Anm. 159>
9411/3	**Gemistozytisches Astrozytom** (Gehirn, C71; Rückenmark, C72.0)
9411/3	Gemistozytom (Gehirn, C71; Rückenmark, C72.0)
M-72870	Generalisierte Keratoakanthome
M-57210	**Genitale Lentiginose**
M-74410	**Geringgradige Dysplasie**

9085/3	**Germinaler Mischtumor** (Gehirn, C71) <Anm. 298>
9064/2	*Germinales Carcinoma in situ* (Hoden, C62) <Anm. 285>
9064/3	**Germinom** (Ovar, C56; Hoden, C62; Thymus, C37; Mediastinum, C38.3; Retroperitoneum, C48.0; Gehirn, C71) <Anm. 286>
M-26520	**Gingivazyste des Erwachsenen** D4-51512
M-26520	**Gingivazyste des Kindes** D4-51511
M-72420	**Glandulär-zystische Endometriumhyperplasie** D7-75620
M-72420	**Glanduläre Endometriumhyperplasie** D7-75620
M-72420	**Glanduläre Hyperplasie**
M-73300	**Glanduläre Metaplasie**
8316/3	*Glaszellkarzinom („Glassy cell carcinoma")* (Cervix uteri, C53; Corpus uteri, C54) <Anm. 99>
M-26000	**Gliaheterotopie, nasale** D4-91710
9440/3	**Glioblastom o.n.A.** (Gehirn, C71; Rückenmark, C72.0)
9442/3	**Glioblastom mit Sarkomanteilen** (Gehirn, C71; Rückenmark, C72.0)
9440/3	**Glioblastoma multiforme** (Gehirn, C71; Rückenmark, C72.0)
9444/1	*Gliofibrom* (Gehirn, C71; Rückenmark, C72.0) <Anm. 376>
9380/3	**Gliom o.n.A.** (Gehirn, C71; Rückenmark, C72.0; ausgenommen nichtneoplastisches Nasengliom, SNOMED 1984 = M-26160; SNOMED 1993 = D4-91710)
9400/3	**Gliom, astrozytisches** (Gehirn, C71; Rückenmark, C72.0; Retina, Sehnervenpapille, C69.2) <Anm. 370>
9380/3	**Gliom, malignes** (Gehirn, C71; Rückenmark, C72.0)
M-26000	**Gliom, nasales** D4-91710
9383/1	[Gliom, subependymales]
9381/3	**Gliomatose, meningeale** (Gehirn, C71; Rückenmark, C72.0) <Anm. 362>
9381/3	**Gliomatosis cerebri** (Gehirn, C71; Rückenmark, C72.0)
9387/3	*Gliome, gemischte* (Gehirn, C71; Rückenmark, C72.0; ausgenommen Oligoastrozytom, = 9382/3) <Anm. 366>
9505/1	Glioneurom
9442/3	**Gliosarkom** (Gehirn, C71; Rückenmark, C72.0)
8712/0	**Glomangiom**
8713/0	**Glomangiomyom**
8710/3	**Glomangiosarkom**
8691/1	[Glomus-aorticum-Tumor (C75.51)] <Anm. 201>
8691/0	*Glomus-aorticum-Tumor, benigner* (C75.51) <Anm. 201>
8692/1	[Glomus-caroticum-Tumor (C75.4)] <Anm. 201>
8692/0	*Glomus-caroticum-Tumor, benigner* (C75.4) <Anm. 201>
8690/1	[Glomus-jugulare-Tumor (C75.53)] <Anm. 201>
8690/0	*Glomus-jugulare-Tumor, benigner* (C75.53) <Anm. 201, 202>
8711/0	**Glomustumor o.n.A.**
8711/3	*Glomustumor, maligner* <Anm. 205>
8152/1	*Glukagonom, benigne oder von Low-grade-Malignität* (Pankreas, C25) <Anm. 68>
8152/0	**Glukagonom, benignes** (Pankreas, C25) <Anm. 68>
8152/3	[Glukagonom, malignes] <Anm. 68>
8152/3	**Glukagonom von Low-grade-Malignität** (Pankreas, C25) <Anm. 68>
M-55050	Glykogenablagerung
M-55050	**Glykogenakanthose**

8315/3	Glykogenhaltiges Karzinom (Brust, C50)
8315/3	**Glykogenreiches Karzinom** (Brust, C50)
8904/0	[Glykogenreiches Rhabdomyom]
8590/1	[Gonaden-Stromatumor]
9073/1	**Gonadoblastom** (Ovar, C56; Hoden, C62) <Anm. 290>
9073/1	Gonadom, dysgenetisches (Ovar, C56; Hoden, C62) <Anm. 290>
9073/1	Gonadozytom (Ovar, C56; Hoden, C62) <Anm. 291>
8320/3	Granularzelladenokarzinom <Anm. 103>
9420/3	**Granularzelliges Astrozytom** (Gehirn, C71; Rückenmark, C72.0) <Anm. 372>
8890/3	Granularzelliges Leiomyosarkom <Anm. 251>
8320/3	**Granularzellkarzinom** <Anm. 103>
9580/0	Granularzellmyoblastom o.n.A.
9580/3	Granularzellmyoblastom, malignes
9580/3	**Granularzellmyoblastom, malignes nicht-organoides** (Weichteile, C49; Mundhöhle, C01-06; Oropharynx, C10)
9581/3	**Granularzellmyoblastom, malignes organoides** (Mundhöhle, C01-06; Oropharynx, C10)
9580/0	**Granularzelltumor o.n.A.** (ausgenommen Infundibulum, = 9444/0)
9444/0	*Granularzelltumor des Infundibulums* (C75.1) <Anm. 375>
9580/0	**Granularzelltumor, kongenitaler** (Gaumen, C05; Oropharynx, C10; Weichteile, C49)
9580/3	**Granularzelltumor, maligner**
M-45020	Granulationsgewebe o.n.A.
9721/1	*Granulom, eosinophiles*
M-44020	**Granulom, pyogenes**
M-77880	**Granulom, retikulohistiozytäres**
9713/3	Granuloma, „midline"-(K) <Anm. 464>
M-44020	**Granuloma pyogenicum**
9766/1	[Granulomatose, lymphoide] <Anm. 483>
9766/1	[Granulomatose, lymphomatoide] <Anm. 483>
9713/3	Granulomatose, lymphomatoide Liebow (K) <Anm. 464>
8621/1	**Granulosa-Thekazelltumor** (Ovar, C56) <Anm. 183>
8620/3	Granulosazellkarzinom (Ovar, C56) <Anm. 182>
8620/1	Granulosazelltumor o.n.A. (Ovar, C56; Hoden, C62) <Anm. 182>
8620/1	**Granulosazelltumor, adulter** (Ovar, C56; Hoden, C62) <Anm. 182>
8622/1	**Granulosazelltumor, juveniler** (Ovar, C56; Hoden, C62) <Anm. 184>
8620/3	**Granulosazelltumor, maligner** (Ovar, C56; Hoden, C62) <Anm. 182>
9860/3	[Granulozytäre Leukämie o.n.A.]
9930/3	[Granulozytäres Sarkom] <Anm. 511>
8312/3	[Grawitz-Tumor]
9829/3	*Großzellig-heterogene akute lymphatische Leukämie* (FAB: L2) <Anm. 490>
9829/3	*Großzellige heterogene akute Lymphoblastenleukämie* <Anm. 490>
8726/0	Großzelliger Nävus der Sehnervenpapille (C69.2)
8642/1	*Großzelliger verkalkender Sertoli-Zell-Tumor* (Hoden, C62) <Anm. 197>
9699/3	*Großzelliges anaplastisches B-Zell-Lymphom* (K) <Anm. 446, 465>
9726/3	*Großzelliges anaplastisches Null-Zell-Lymphom* <Anm. 446, 465>
9725/3	*Großzelliges anaplastisches T-Zell-Lymphom* (K) <Anm. 446, 465>

9681/3	[Großzelliges gekerbtkerniges Lymphom o.n.A.]
9684/3	[Großzelliges immunoblastisches Lymphom]
8012/3	**Großzelliges Karzinom** <Anm. 3>
9714/3	**Großzelliges Ki-1-positives anaplastisches Lymphom o.n.A.** (K) <Anm. 465>
9714/3	Großzelliges (Ki-1-positives) Lymphom <Anm. 465>
9680/3	[Großzelliges Lymphom o.n.A.]
9680/3	[Großzelliges Lymphom vom gekerbtkernigen und nichtgekerbtkernigen Typ]
9715/3	*Großzelliges Lymphom vom „multilobated" Typ (Pinkus)* (K) <Anm. 466>
9682/3	[Großzelliges nichtgekerbtkerniges Lymphom o.n.A.]
8072/3	**Großzelliges nichtverhornendes Plattenepithelkarzinom** (Analkanal, C21.1) <Anm. 24>
9727/3	*Großzelliges sklerosierendes B-Zell-Lymphom des Mediastinums* (C38,1–3) (K) <Anm. 446>
8071/3	**Großzelliges verhornendes Plattenepithelkarzinom** (Analkanal, C21.1) <Anm. 24>
8631/0	**Gut differenzierter Sertoli-Leydig-Zell-Tumor** (Ovar, C56; Hoden, C62) <Anm. 189>
9056/3	*Gut differenziertes papilläres Mesotheliom* (Peritoneum, C48.1) <Anm. 281>
8632/1	**Gynandroblastom** (Ovar, C56) <Anm. 190>
8153/3	[G-Zelltumor, maligner] <Anm. 68>

H

M-33430	Haarbalgzyste
M-75550	**Haarfollikelnävus**
8720/0	Haarnävus (C44)
9940/3	**Haarzell-Leukämie** <Anm. 513>
9161/1	Haemangioblastoma retinae (69.2) <Anm. 321>
9123/0	**Haemangioma racemosum**
9131/0	Haemangioma simplex
9535/0	**Hämangioblastisches Meningeom** (C70)
9161/1	Hämangioblastom o.n.A. (Gehirn, C71) <Anm. 321>
9161/0	*Hämangioblastom, erworbenes büscheliges* (Haut, C44) <Anm. 320>
9161/1	**Hämangioblastom, kapilläres** (Gehirn, C71) <Anm. 321>
9130/3	Hämangioendotheliales Sarkom
9130/1	**Hämangioendotheliom o.n.A.** <Anm. 314>
9134/1	Hämangioendotheliom, endovaskuläres papilläres (Haut, C44; Subkutis, C49) <Anm. 318>
9133/1	Hämangioendotheliom, epitheloides o.n.A.
9133/1	**Hämangioendotheliom, epitheloidzelliges o.n.A.**
9130/0	**Hämangioendotheliom, infantiles der Leber** (C22) <Anm. 314>
9130/1	**Hämangioendotheliom, kaposiformes** (Weichteile, C49) <Anm. 316>
9130/3	**Hämangioendotheliom, malignes**
9133/3	Hämangioendotheliom, malignes epitheloides
9133/3	**Hämangioendotheliom, malignes epitheloidzelliges**
9130/1	**Hämangioendotheliom, spindelzelliges** (Weichteile, C49) <Anm. 315>

9120/0	**Hämangiom o.n.A.**
9123/0	Hämangiom, arteriovenöses
9161/0	*Hämangiom, büscheliges („tufted")* (Haut, C44) <Anm. 320>
9162/1	*Hämangiom, diffuses* <Anm. 322>
9125/0	**Hämangiom, epitheloides** <Anm. 313>
9125/0	Hämangiom, epitheloidzelliges <Anm. 313>
9126/0	[Hämangiom, histiozytoides] <Anm. 313>
9131/0	Hämangiom, infantiles
9132/0	Hämangiom, intramuskuläres <Anm. 317>
9131/0	Hämangiom, juveniles
9131/0	**Hämangiom, kapilläres**
9121/0	**Hämangiom, kavernöses**
M-44020	**Hämangiom, lobuläres**
9132/0	Hämangiom, perineurales (C47) <Anm. 317>
9131/0	Hämangiom, plexiformes
8832/0	Hämangiom, sklerosierendes (Haut, C44) <Anm. 232>
9132/0	Hämangiom, synoviales <Anm. 317>
9132/0	**Hämangiom, tiefes** <Anm. 317>
9122/0	**Hämangiom, venöses**
9142/0	**Hämangiom, verruköses keratotisches** (Haut, C44)
M-44020	Hämangiom vom Granulationsgewebstyp
9536/0	**Hämangioperizytisches Meningeom** (C70)
9150/1	**Hämangioperizytom o.n.A.**
9150/0	**Hämangioperizytom, benignes**
9150/3	**Hämangioperizytom, malignes** <Anm. 319>
9120/3	Hämangiosarkom <Anm. 311>
9175/0	**Hämolymphangiom**
8898/0	*Hämorrhagischer Spindelzelltumor mit amianthoiden Fasern* (Lymphknoten, C77) <Anm. 253>
8042/3	**Haferzellkarzinom** (Lunge, C34) <Anm. 12>
8042/3 +8140/3	**Haferzell- und Adenokarzinom** (Lunge, C34) <Anm. 12>
8042/3 +8070/3	**Haferzell- und Plattenepithelkarzinom** (Lunge, C34) <Anm. 12>
M-75530	Halbseitennävus
8723/0	**Halo-Nävus** (C44)
M-75500	**Hamartom o.n.A.**
M-75550	**Hamartom, basaloides follikuläres**
M-75650	**Hamartom, biliäres**
M-75620	Hamartom, fibröses o.n.A.
M-75620	**Hamartom, fibröses der Kindheit**
M-75500	**Hamartom, hypothalamisches neuronales** (C71.04)
8960/1	Hamartom, leiomyomatöses der Niere (C64) <Anm. 264>
8851/0	**Hamartom, lipofibromatöses** (Nerven, C47) <Anm. 243>
M-75640	**Hamartom, mesenchymales**
M-75500	**Hamartom, neuromuskuläres** (Weichteile, C49)
M-75660	**Hamartomatöser Polyp**
9721/1	*Hand-Schüller-Christian-Krankheit*
8120/1	[Harnblasenpapillom] <Anm. 49>

8321/0	**Hauptzellenadenom** (Nebenschilddrüsen, C75.0)
8390/0	**Hautanhangsadenom** (C44)
8390/3	**Hautanhangskarzinom** (C44)
8390/0	[Hautanhangstumor]
9709/3	[Hautlymphome] <Anm. 462>
8170/3	HCC o.n.A. (C22)
9220/1	Hemichondrodysplasie (Knochen, C40, C41) <Anm. 336>
8970/3	**Hepatoblastom** (C22)
8180/3	**Hepatocholangiokarzinom** (C22)
8214/3	*Hepatoides Karzinom* (Magen, C16) <Anm. 87>
8170/3	Hepatokarzinom (C22)
8170/3	[Hepatom o.n.A.]
8170/0	Hepatom, benignes (C22) <Anm. 72>
8970/3	[Hepatom, embryonales]
8170/3	Hepatom, malignes (C22)
9634/3	*Hepatosplenisches Gamma-delta-T-Zell-Lymphom* (REAL*) <Anm. 426>
8170/0	**Hepatozelluläres Adenom** (C22) <Anm. 72>
8170/3	**Hepatozelluläres Karzinom (HCC) o.n.A.** (C22)
8171/3	**Hepatozelluläres Karzinom (HCC), fibrolamelläres** (C22) <Anm. 73>
8172/3	*Hepatozelluläres Karzinom (HCC), fibrosierendes* (C22) <Anm. 74>
8174/3	**Hepatozelluläres Karzinom (HCC), klarzelliges** (C22) <Anm. 76>
8175/3	**Hepatozelluläres Karzinom (HCC), riesenzelliges** (C22) <Anm. 77>
8173/3	*Hepatozelluläres Karzinom (HCC), sarkomatoides* (C22) <Anm. 75>
8172/3	**Hepatozelluläres Karzinom (HCC), sklerosierendes** (C22) <Anm. 74>
8173/3	**Hepatozelluläres Karzinom (HCC), spindelzelliges** (C22) <Anm. 75>
8172/3	*Hepatozelluläres Karzinom (HCC), szirrhöses* (C22) <Anm. 74>
M-73400	**Heterotope Verknöcherung**
M-26000	Heterotopie o.n.A.
8880/0	**Hibernom**
8400/0	Hidradenom o.n.A. (Haut, C44)
8402/3	*Hidradenom, malignes noduläres* (Haut, C44) <Anm. 124>
8402/0	**Hidradenom, noduläres** (Haut, C44) <Anm. 124>
8405/0	**Hidradenom, papilläres** (Haut, C44)
8405/0	Hidroadenoma papilliferum (Haut, C44)
8401/0	Hidrokystom, apokrines (Haut, C44)
8404/0	Hidrokystom, ekkrines (Haut, C44)
8660/0	**Hiluszelltumor** (Ovar, C56) <Anm. 198>
9720/3	[Histiozytäre medulläre Retikulose]
9680/3	[Histiozytäres Lymphom o.n.A.]
9126/0	[Histiozytoides Hämangiom] <Anm. 313>
8832/0	Histiozytom o.n.A. (Haut, C44) <Anm. 232>
8830/1	Histiozytom, atypisches fibröses <Anm. 233>
8830/3	Histiozytom, entzündliches malignes fibröses <Anm. 234>
8830/0	**Histiozytom, fibröses o.n.A.** <Anm. 232>
8832/0	Histiozytom, fibröses (Haut, C44) <Anm. 232>
8832/0	Histiozytom, kutanes (Haut, C44) <Anm. 232>
9635/3	*[Histiozytom, malignes des Intestinums]* <Anm. 428>
8830/3	**Histiozytom, malignes fibröses** <Anm. 234>
8830/3	Histiozytom, myxoides malignes fibröses <Anm. 234>

8830/3	Histiozytom, riesenzelliges malignes fibröses <Anm. 234>
8830/3	Histiozytom, storiform-pleomorphes malignes fibröses <Anm. 234>
8832/0	Histiozytom, tiefes (Subkutis, C49) <Anm. 233>
8830/3	Histiozytom, xanthomatöses malignes fibröses <Anm. 234>
M-77800	[Histiozytose o.n.A.]
9722/3	[Histiozytose, akute differenzierte progressive]
9720/3	**Histiozytose, maligne (MH)** <Anm. 471>
M-77800	**Histiozytose, regressierende atypische** (Haut, C44)
9721/1	*Histiozytose X o.n.A.*
9722/3	[Histiozytose X, akute progressive]
8220/2	*Hochgradige Dysplasie bei Adenomatosis coli* (C18) <Anm. 83>
8220/2	*Hochgradige Dysplasie bei familiärer adenomatöser Polypose* (Kolon, C18; Rektum, C20) <Anm. 83>
8140/2	**Hochgradige Dysplasie in flacher Schleimhaut** (Kolon, C18; Rektum, C20) <Anm. 59>
8211/2	**Hochgradige Dysplasie in tubulärem Adenom** (Kolon, C18; Rektum, C20) <Anm. 83>
8263/2	**Hochgradige Dysplasie in tubulovillösem Adenom** (Kolon, C18; Rektum, C20) <Anm. 82, 83>
8261/2	**Hochgradige Dysplasie in villösem Adenom** (Kolon, C18; Rektum, C20) <Anm. 82, 83>
9625/3	*Hochmalignes B-Zell-Lymphom, Burkitt-ähnliches* (REAL*)
9597/3	*Hochmalignes Lymphom, nicht klassifizierbares* <Anm. 408>
9194/3	*Hochmalignes (High-grade-)Oberflächen-Osteosarkom* (Knochen, C40, C41) <Anm. 334>
8930/3	**Hochmalignes Stromasarkom des Endometriums** (C54) <Anm. 259>
8640/0	Hodenadenom (C62) <Anm. 194>
8590/1	[Hoden-Stromatumor]
9650/3	[Hodgkin-Krankheit o.n.A.]
9650/3	[Hodgkin-Lymphom o.n.A.]
9662/3	[Hodgkin-Sarkom] <Anm. 438>
8290/3	Hürthle-Zell-Adenokarzinom (Schilddrüse, C73)
8290/0	Hürthle-Zell-Adenom (Schilddrüse, C73)
8290/3	Hürthle-Zell-Karzinom (Schilddrüse, C73)
8290/0	[Hürthle-Zell-Tumor]
8742/2	Hutchinson-Melanose (C44)
8742/2	Hutchinson-Pigmentfleck (C44)
M-78800	**Hyaline Fibromatose**
8190/0	**Hyalinisiertes trabekuläres Adenom** (Schilddrüse, C73) <Anm. 78>
9173/0	Hygrom o.n.A.
9173/0	Hygrom, zystisches
M-72600	Hyperkeratose o.n.A.
8311/1	[Hypernephroider Tumor]
8312/3	[Hypernephrom]
M-72000	Hyperplasie o.n.A.
M-72450	Hyperplasie, adenofibromyomatöse
M-72420	**Hyperplasie, adenomatöse** (ausgenommen atypische, = M-72005)
M-72170	**Hyperplasie, adenomatöse duktale** (Pankreas, C25)
M-72420	**Hyperplasie, adenomatoide**

M-72440	Hyperplasie, adenomyomatöse
9125/0	Hyperplasie, angiolymphoide mit Eosinophilie <Anm. 313>
M-72005	Hyperplasie, atypische
M-72005	**Hyperplasie, atypische adenomatöse**
M-72005	Hyperplasie, atypische duktale <Anm. 161>
M-72005	**Hyperplasie, atypische glanduläre**
M-72005	Hyperplasie, atypische intraduktale <Anm. 161>
M-72005	Hyperplasie, atypische lobuläre <Anm. 161>
M-72420	**Hyperplasie der Brunner-Drüsen** (Duodenum, C17.0)
M-72170	**Hyperplasie, duktale** (ausgenommen atypische, = M-72005)
M-72050	**Hyperplasie, duktale papilläre** (Pankreas, C25)
M-72151	Hyperplasie, fokale epitheliale
M-72200	**Hyperplasie, fokale lymphoide**
M-72030	**Hyperplasie, fokale noduläre** (Leber, C22.0)
M-72420	**Hyperplasie, glanduläre**
M-72170	**Hyperplasie, intraduktale** (ausgenommen atypische, = M-72005)
M-72020	Hyperplasie, kompensatorische
M-72020	**Hyperplasie, kompensatorische lobäre**
M-72100	Hyperplasie, lobuläre (ausgenommen atypische, = M-72005)
M-72200	**Hyperplasie, lymphoide**
M-72480	Hyperplasie, mikroglanduläre
M-72030	**Hyperplasie, noduläre**
M-72030	**Hyperplasie, noduläre regenerative**
M-73050	**Hyperplasie, onkozytäre**
M-72050	**Hyperplasie, papilläre**
M-72090	**Hyperplasie, pseudoepitheliomatöse**
M-72090	**Hyperplasie, pseudokarzinomatöse**
M-72200	**Hyperplasie, reaktive lymphoide**
M-72042	**Hyperplastische Polypose**
M-72042	**Hyperplastischer Polyp**
M-73040	**Hyperthekose**
M-71000	Hypertrophie o.n.A.
M-20680	Hypertrophie, kongenitale
8140/0	**Hypophysenadenom** (C75.1) <Anm. 56>
8140/3	**Hypophysenkarzinom** (C75.1) <Anm. 56>
M-75500	**Hypothalamisches neuronales Hamartom** (C71.04)

I

9962/1	Idiopathische hämorrhagische Thrombozythämie <Anm. 517>
9961/1	Idiopathische Myelofibrose <Anm. 516>
9961/1	**Idiopathische Osteomyelosklerose (OMS)** <Anm. 516>
9962/1	Idiopathische Thrombozythämie <Anm. 517>
9705/3	[Immunoblastische Lymphadenopathie (IBL)] <Anm. 458>
9679/3	*Immunoblastisches B-Zell-Lymphom* <Anm. 447>
9679/3	*Immunoblastisches B-Zell-Lymphom mit hohem Lymphozytengehalt* (K) <Anm. 447>
9679/3	*Immunoblastisches B-Zell-Lymphom mit plasmozytischer Differenzierung* (K) <Anm. 447>

9679/3	*Immunoblastisches B-Zell-Lymphom ohne plasmozytische Differenzierung* (K) <Anm. 447>
9684/3	**Immunoblastisches Lymphom o.n.A.** (K, W) <Anm. 449>
9679/3	*Immunoblastisches Lymphom vom B-Zelltyp* (K) <Anm. 447>
9684/3	[Immunoblastisches Sarkom]
9724/3	***Immunoblastisches T-Zell-Lymphom*** (K) <Anm. 446>
9760/3	[Immunoproliferative Krankheit o.n.A.]
9764/3	[Immunoproliferative Krankheit des Dünndarms] <Anm. 481>
9766/1	[Immunoproliferative Veränderung, angiozentrische] <Anm. 483>
9671/3	Immunozytisches Lymphom <Anm. 441>
9671/3	Immunozytom (K) <Anm. 441>
M-78800	**Infantile digitale Fibromatose**
8821/1	**Infantile Fibromatose** <Anm. 231>
8824/1	**Infantile Myofibromatose** (Haut, C44) <Anm. 231>
9505/0	*Infantiler desmoplastischer Tumor* <Anm. 371, 384>
9412/1	*Infantiles desmoplastisches Astrozytom* (Gehirn, C71; Rückenmark, C72.0) <Anm. 371>
M-78800	**Infantiles digitales Fibrom**
9071/3	[Infantiles Embryonalkarzinom] <Anm. 288>
8814/3	**Infantiles Fibrosarkom**
9130/0	**Infantiles Hämangioendotheliom der Leber** (C22) <Anm. 314>
9131/0	Infantiles Hämangiom
M-76000	Infiltrative Fasziitis
M-78800	**Infiltrative Fibromatose**
8856/0	Infiltrierendes Lipom
8530/3	[Inflammatorisches Karzinom] <Anm. 165>
8590/1	**Inkomplett differenzierter Keimstrang-Stromatumor** (Hoden, C62) <Anm. 176>
8150/3	[Inselzelladenokarzinom] <Anm. 68>
8150/0	[Inselzelladenom] <Anm. 68>
8150/3	[Inselzellkarzinom] <Anm. 68>
8151/3	Inselzellkarzinom von Low-grade-Malignität (Pankreas, C25) <Anm. 68>
8070/2	**In-situ-Karzinom o.n.A.** (Cervix uteri, C53) <Anm. 22>
8332/3	Insuläres Karzinom (Schilddrüse, C73) <Anm. 115>
8151/1	*Insulinom, benigne oder von Low-grade-Malignität* (Pankreas, C25) <Anm. 68>
8151/0	**Insulinom, benignes** (Pankreas, C25) <Anm. 68>
8151/3	[Insulinom, malignes] <Anm. 68>
8151/3	**Insulinom von Low-grade-Malignität** (Pankreas, C25) <Anm. 68>
8630/1	**Intermediär differenziertes Androblastom** (Ovar, C56) <Anm. 186, 188>
9083/3	[Intermediär-Teratom, malignes] <Anm. 293>
8630/1	**Intermediärer Sertoli-Leydig-Zell-Tumor** (Ovar, C56) <Anm. 186, 188>
8856/0	Intermuskuläres Lipom
M-73320	**Intestinale Metaplasie**
8144/3	**Intestinales Adenokarzinom** (Magen, C16; Gallenblase, C23; extrahepatische Gallengänge, C24; Nasen- und Nasennebenhöhlen, C30.0, C31) <Anm. 64>
8144/3	**Intestinales muzinöses Adenokarzinom** (Cervix uteri, C53; Vagina, C52) <Anm. 64>

9635/3	*Intestinales T-Zell-Lymphom (mit oder ohne Enteropathie)* (REAL) <Anm. 428>
8750/0	Intradermaler Nävus (Haut, C44; Konjunktiva, C69.0)
M-72170	**Intraduktale Hyperplasie** (ausgenommen atypische = M-72005)
8505/0	**Intraduktale Papillomatose**
8503/1	*Intraduktaler papillär-muzinöser Tumor mit mäßiger Dysplasie* (Pankreas, C25) <Anm. 152>
8500/2	Intraduktales Karzinom o.n.A. <Anm. 145>
8522/2	**Intraduktales Karzinom und lobuläres Carcinoma in situ** (Brust, C50)
8503/2	[Intraduktales papilläres Adenokarzinom]
8503/3	Intraduktales papilläres Adenokarzinom mit Invasion (Brust, C50) <Anm. 153>
8503/0	**Intraduktales papillär-muzinöses Adenom** (Pankreas, C25)
8503/2	[Intraduktales papilläres Karzinom]
8503/0	**Intraduktales Papillom**
8740/0	Intraepidermaler Nävus (C44)
8096/0	**Intraepidermales Epitheliom Jadassohn** (C44)
8070/2	Intraepidermales Karzinom o.n.A. <Anm. 22>
8077/2	**Intraepitheliale Neoplasie Grad 3 von Cervix uteri** (C53), **Vulva** (C51), **Vagina**(C52)
8010/2	Intraepitheliales Karzinom o.n.A. <Anm. 2>
8070/2	**Intraepitheliales Karzinom** (Mundhöhle, C01-06; Oropharynx, C10) <Anm. 23>
8070/2	Intraepitheliales Plattenepithelkarzinom o.n.A. <Anm. 22>
8081/2	Intraepitheliales Plattenepithelkarzinom vom Bowen-Typ (Haut, C44; Penis, C60; Larynx C32) <Anm. 36>
8160/3	Intrahepatisches Cholangiokarzinom (Leber, C22) <Anm. 70>
8160/0	Intrahepatisches Gallengangsadenom (Leber, C22) <Anm. 70>
9011/0	**Intrakanalikuläres Fibroadenom** (Brust, C50)
9195/3	*Intrakortikales Osteosarkom* (Knochen, C40, C41) <Anm. 335>
9132/0	Intramuskuläres Hämangiom <Anm. 317>
8856/0	**Intramuskuläres Lipom**
8840/0	Intramuskuläres Myxom
M-33410	**Intraossäre Epidermoidzyste**
M-33660	**Intraossäres Ganglion**
9187/3	*Intraossäres gut differenziertes (Low-grade-)Osteosarkom* (Knochen, C40, C41) <Anm. 331>
9270/3	[Intraossäres Karzinom (Parodontales Gewebe, C03.9)] <Anm. 349>
8850/0	Intra-/perineurales Lipom (C47)
9064/2	*Intratubulärer Tumor* (Hoden, C62) <Anm. 285>
8890/1	Intravaskuläre Leiomyomatose
9134/1	**Intravaskulärer alveolärer Bronchialtumor** (C34) <Anm. 318>
8504/3	Intrazystisches Karzinom
8504/3	**Intrazystisches papilläres Adenokarzinom**
8504/0	Intrazystisches papilläres Adenom
8504/0	**Intrazystisches Papillom**
9100/1	**Invasive Blasenmole** (Plazenta, C58; auch extraplazentar) <Anm. 303>
9100/1	Invasive Mole (Plazenta, C58; auch extraplazentar) <Anm. 303>
8500/3	Invasives duktales Adenokarzinom (Brust, C50) <Anm. 147>

8500/3	**Invasives duktales Karzinom** (Brust, C50; Vulva, C51) <Anm. 147>
8500/2 +8500/3	**Invasives duktales Karzinom mit überwiegender intraduktaler Komponente** (Brust, C50) <Anm. 148>
8522/3	**Invasives duktales und lobuläres Karzinom** (Brust, C50) <Anm. 164>
8521/3	[Invasives duktuläres Karzinom (Brust, C50)] <Anm. 163>
8821/1	Invasives Fibrom
8503/3	**Invasives intraduktales papillär-muzinöses Karzinom** (Pankreas, C25) <Anm. 152>
8201/3	**Invasives kribriformes Karzinom** <Anm. 80>
8520/3	**Invasives lobuläres Karzinom** (Brust, C50) <Anm. 162>
8470/3	Invasives muzinöses Zystadenokarzinom (Ovar, C56; Pankreas, C25) <Anm. 138>
8503/3	**Invasives papilläres Karzinom** (Brust, C50) <Anm. 153>
M-72920	**Invertierte follikuläre Keratose**
8053/0	**Invertiertes duktales Papillom** (Parotis, C07; andere große Speicheldrüsen, C08)
8053/0	**Invertiertes Papillom** (ausgenommen invertiertes Übergangszellpapillom von Harnblase, C67; Nierenbecken, C65; Ureter, C66; Harnröhre, C68, = 8121/1)
8121/1	**Invertiertes sino-nasales Papillom** (Nasen- und Nasennebenhöhlen, C30.0, C31) <Anm. 52>
8121/1	**Invertiertes Übergangszellpapillom** (Harnblase, C67; Nierenbecken, C65; Ureter, C66; Harnröhre, C68)
8724/0	[Involutierter Nävus] <Anm. 212>
M-74450	**Isolierte Keratosis follicularis**
M-57210	**Ito-Nävus** D4-40374

J

8096/0	**Jadassohn-Epitheliom, intraepidermales** (C44)
8740/0	**Junktionaler Melanozytennävus** (C44)
8740/0	**Junktionaler Nävus** (Konjunktiva, C69.0)
8740/0	Junktionsnävus (C44)
M-78800	**Juvenile hyaline Fibromatose**
M-75660	**Juvenile Polypose** D4-01034
8622/1	**Juveniler Granulosazelltumor** (Ovar, C56; Hoden, C62) <Anm. 184>
8770/0	Juveniler Nävus (Haut, C44; Konjunktiva, C69.0)
M-75660	**Juveniler Polyp**
9160/0	**Juveniles Angiofibrom** (Nasopharynx, C11)
M-78000	**Juveniles Aponeurosenfibrom** (Weichteile, C49)
9421/3	Juveniles Astrozytom (Gehirn, C71; Rückenmark, C72.0)
8832/3	Juveniles Dermatofibrosarcoma protuberans (Haut, C44; Subkutis, C49) <Anm. 236>
M-75540	Juveniles Elastom
9030/0	**Juveniles Fibroadenom** (Brust, C50; Ovar, C56)
9131/0	Juveniles Hämangiom
8502/3	Juveniles Karzinom (Brust, C50) <Anm. 151>
8770/0	Juveniles Melanom (Haut, C44; Konjunktiva, C69.0)
M-44040	**Juveniles Xanthogranulom**
8361/1	**Juxtaglomerulärer Tumor** (Niere, C64)

M-33660	Juxtakortikale Knochenzyste
9221/0	Juxtakortikales Chondrom (Knochen, C40, C41)
9221/3	**Juxtakortikales (periossales) Chondrosarkom** (Knochen, C40, C41) <Anm. 337>
9180/0	Juxtakortikales Osteom (Knochen, C40, C41) <Anm. 324>
9192/3	[*Juxtakortikales Osteosarkom*] <Anm. 333>

K

M-78000	**Kalzifizierende Fibromatose**
9301/0	**Kalzifizierende odontogene Zyste** (C03.9)
9340/0	**Kalzifizierender epithelialer odontogener Tumor** (C03.9)
M-78000	**Kalzifizierendes Fibrom**
M-55400	**Kalzinose, tumoröse**
M-55400	Kalziumablagerung o.n.A.
9161/1	**Kapilläres Hämangioblastom** (Gehirn, C71) <Anm. 321>
9131/0	**Kapilläres Hämangiom**
9171/0	**Kapilläres Lymphangiom**
9130/1	**Kaposiformes Hämangioendotheliom** (Weichteile, C49) <Anm. 316>
9140/3	**Kaposi-Sarkom**
8244/3	**Karzinoid-Adenokarzinom** <Anm. 90>
8241/0	*Karzinoid, klassisches* <Anm. 68>
8243/3	Karzinoid, muzinöses (Appendix, C18.1)
8240/3	[Karzinoidtumor o.n.A. (ausgenommen Appendix, = 8240/1)]
8240/1	[Karzinoidtumor o.n.A. (Appendix, C18; Ovar, C56)]
8241/1	**Karzinoidtumor, argentaffin, benigne oder von Low-grade-Malignität** <Anm. 68>
8241/3	**Karzinoidtumor, argentaffin, von Low-grade-Malignität** <Anm. 68>
8246/3	**Karzinoidtumor, atypischer** (Lunge, C34; Nasen- und Nasennebenhöhlen, C30.0, C31; Larynx, C32; Hypopharynx, C13; Trachea, C33) <Anm. 88>
8240/1	**Karzinoidtumor, benigne oder von Low-grade-Malignität** <Anm. 68>
8240/0	**Karzinoidtumor, benigner**
8241/0	*Karzinoidtumor, benigner argentaffiner* <Anm. 68>
8241/3	[Karzinoidtumor, maligner argentaffiner]
8240/1	**Karzinoidtumor, typischer** (Lunge, C34)
8240/3	**Karzinoidtumor (typischer)** (Nasen- und Nasennebenhöhlen, C30.0, C31; Larynx, C32; Hypopharynx, C13; Trachea, C33) <Anm. 88>
8240/3	**Karzinoidtumor von Low-grade-Malignität** <Anm. 68>
8010/3	Karzinom o.n.A.
8200/3	**Karzinom, adenoid-zystisches** <Anm. 79>
8200/3	**Karzinom, adenoid-zystisches ekkrines** (Haut, C44)
8560/3	**Karzinom, adenosquamöses** <Anm. 170>
8251/3	[Karzinom, alveoläres]
9270/3	Karzinom, ameloblastisches (C03.9) <Anm. 349>
8021/3	**Karzinom, anaplastisches**
8573/3	**Karzinom, apokrines** (Brust, C50) <Anm. 174>
8513/3	*Karzinom, atypisches medulläres* (Brust, C50) <Anm. 158>
8280/3	**Karzinom, azidophiles** (Hypophyse, C75.1)
8552/3	*Karzinom, azinär-endokrines* (Pankreas, C25) <Anm. 169>
8300/3	**Karzinom, basophiles** (Hypophyse, C75.1)

8094/3	[Karzinom, basosquamöses], <Anm. 44>
8250/3	Karzinom, bronchioläres (C34) <Anm. 93>
8250/3	Karzinom, bronchiolo-alveoläres (C34) <Anm. 93>
8270/3	**Karzinom, chromophobes** (Hypophyse, C75.1)
8510/3	**Karzinom, C-Zell-** (Schilddrüse, C73) <Anm. 155>
9110/3	Karzinom des Wolff-Ganges (C57.7) <Anm. 310>
8073/3	**Karzinom, differenziertes nichtverhornendes** (Nasopharynx, C11)
8145/3	**Karzinom, diffuses** (Magen, C16)
8154/3	Karzinom, duktal-endokrines (Pankreas, C26) <Anm. 69>
8500/3	[Karzinom, duktales o.n.A.] <Anm. 147>
8500/2	**Karzinom, duktales invasives mit überwiegender intraduktaler Komponente** (Brust, C50) <Anm. 148>
8500/3	[Karzinom, duktales mit endometrioiden Zügen (Prostata, C61)] <Anm. 150>
8522/3	Karzinom, duktales und lobuläres o.n.A. (Brust, C50) <Anm. 164>
8380/3	**Karzinom, endometrioides** (Corpus uteri, C54; Cervix uteri, C53; Ovar, C56; Vagina, C52) <Anm. 121>
8500/3	[Karzinom, endometrioides (Prostata, C61)] <Anm. 150>
8530/3	[Karzinom, entzündliches] <Anm. 165>
8280/3	Karzinom, eosinophiles (Hypophyse, C75.1)
8562/3	**Karzinom, epithelial-myoepitheliales**
8171/3	**Karzinom, fibrolamelläres hepatozelluläres** (C22) <Anm. 73>
8172/3	*Karzinom, fibrosierendes hepatozelluläres* (C22) <Anm. 74>
8330/3	**Karzinom, follikuläres o.n.A.** (Schilddrüse, C73)
8331/3	**Karzinom, follikuläres gut differenziertes** (Schilddrüse, C73)
8332/3	**Karzinom, follikuläres mäßig differenziertes** (Schilddrüse, C73)
8332/3	Karzinom, follikuläres trabekuläres (Schilddrüse, C73)
8552/3	*Karzinom, gemischt azinär-endokrines* (Pankreas, C25) <Anm. 169>
8095/3	Karzinom, gemischt basalzellig-plattenepitheliales (Haut, C44) <Anm. 44>
8154/3	**Karzinom, gemischt duktal-endokrines** (Pankreas, C25) <Anm. 69>
8201/3	Karzinom, gemischt invasives kribriformes (Brust, C50) <Anm. 80>
8340/3	[Karzinom, gemischt papillär-follikuläres (Schilddrüse, C73)] <Anm. 95>
8514/3	*Karzinom, gemischtzelliges, medullär-follikuläres* (Schilddrüse, C73) <Anm. 159>
8315/3	Karzinom, glykogenhaltiges (Brust, C50)
8315/3	**Karzinom, glykogenreiches** (Brust, C50)
8012/3	**Karzinom, großzelliges** <Anm. 3>
8214/3	*Karzinom, hepatoides* (Magen, C16) <Anm. 87>
8170/3	**Karzinom, hepatozelluläres (HCC) o.n.A.** (C22)
8210/3	[Karzinom in adenomatösem Polypen] <Anm. 82>
8210/3	[Karzinom in einem Polypen o.n.A.] <Anm. 82>
8530/3	[Karzinom, inflammatorisches] <Anm. 165>
8941/3	**Karzinom in pleomorphem Adenom** (Parotis, C07; andere große Speicheldrüsen, C08; Nasen- und Nasennebenhöhlen, C30.0, C31; Larynx, C32; Hypopharynx, C13; Trachea, C33; Tränenwege, C69.5) <Anm. 261>
8070/2	Karzinom in situ o.n.A.
8332/3	Karzinom, insuläres (Schilddrüse, C73) <Anm. 115>
8500/2	Karzinom, intraduktales o.n.A. <Anm. 145>

8503/2	[Karzinom, intraduktales papilläres]
8070/2	Karzinom, intraepidermales o.n.A. <Anm. 22>
8010/2	Karzinom, intraepitheliales o.n.A. <Anm. 2>
8070/2	**Karzinom, intraepitheliales** (Mundhöhle, C01-06; Oropharynx, C10) <Anm. 22>
9270/3	[Karzinom, intraossäres (Paradontales Gewebe, C03.9) <Anm. 349>
8504/3	**Karzinom, intrazystisches**
8500/3	**Karzinom, invasives duktales** (Brust, C50; Vulva, C51) <Anm. 147>
8522/3	**Karzinom, invasives duktales und lobuläres** (Brust, C50) <Anm. 164>
8521/3	[Karzinom, invasives duktuläres] <Anm. 163>
8941/3	Karzinom, invasives in pleomorphem Adenom (Parotis, C07; andere große Speicheldrüsen, C08) <Anm. 261>
8503/3	**Karzinom, invasives intraduktales papillär-muzinöses** (Pankreas, C25) <Anm. 152>
8201/3	**Karzinom, invasives kribriformes** <Anm. 80>
8520/3	**Karzinom, invasives lobuläres** (Brust, C50) <Anm. 162>
8503/3	**Karzinom, invasives papilläres** (Brust, C50) <Anm. 153>
8561/3	*Karzinom in Warthin-Tumor* (Parotis, C07; andere große Speicheldrüsen, C08; Kieferhöhle, C31.0) <Anm. 171>
8502/3	Karzinom, juveniles (Brust, C50) <Anm. 151>
8174/3	*Karzinom, klarzelliges hepatozelluläres* (C22) <Anm. 76>
8201/3	Karzinom, klassisches kribriformes (Brust, C50) <Anm. 80>
8045/3	**Karzinom, klein- und großzelliges** (Lunge, C34) <Anm. 14>
8041/3	**Karzinom, kleinzelliges o.n.A.** <Anm. 11>
8043/3	Karzinom, kleinzelliges, fusiformer Typ (Lunge, C34)
8044/3	**Karzinom, kleinzelliges, Intermediärtyp** (Lunge, C34) <Anm. 13>
8042/3	Karzinom, kleinzelliges neuroendokrines (Lunge, C34) <Anm. 12>
8043/3	**Karzinom, kleinzelliges, Spindelzelltyp** (Lunge, C34)
8042/3	Karzinom, kleinzelliges vom Haferzelltyp (Lunge, C34) <Anm. 12>
8070/3	**Karzinom, kloakogenes** (Analkanal, C21.1) <Anm. 24, 55>
8314/3	**Karzinom, lipidreiches** (Brust, C50)
8314/3	Karzinom, lipidsezernierendes (Brust, C50)
8520/3	Karzinom, lobuläres o.n.A. (Brust, C50) <Anm. 162>
8520/2	Karzinom, lobuläres nichtinvasives (Brust, C50) <Anm. 161>
8522/3	**Karzinom, lobuläres und duktales o.n.A.** (Brust, C50) <Anm. 164>
8082/3	**Karzinom, lymphoepitheliales**
8510/3	**Karzinom, medulläres o.n.A.** <Anm. 155>
8512/3	**Karzinom, medulläres mit lymphoidem Stroma** (Magen, C16) <Anm. 157>
8515/3	*Karzinom, medulläres mit papillärer Komponente* (Schilddrüse, C73) <Anm. 160>
8095/3	**Karzinom, metatypisches** (Haut, C44), <Anm. 44>
8010/6	**Karzinom-Metastase o.n.A.**
8407/3	*Karzinom, mikrozystisches der Hautadnexe* (Haut, C44)
8331/3	Karzinom, minimal-invasives (abgekapseltes) folliküläres (Schilddrüse, C73) <Anm. 111>
8249/3	**Karzinom mit endokriner Differenzierung** (Brust, C50) <Anm. 92>
8249/3	*Karzinom mit karzinoidähnlichen Merkmalen* <Anm. 92>
8035/3	*Karzinom mit osteoklastenähnlichen Riesenzellen* (Brust, C50) <Anm. 9>

8141/3	[Karzinom mit produktiver Fibrose] <Anm. 63>
8480/3	[Karzinom, muköses] <Anm. 141>
8480/3	**Karzinom, muzinöses** (Mamma, C50; Cervix uteri, C53; Vagina, C52) <Anm. 141, 143>
8480/3	**Karzinom, muzinöses ekkrines** (Haut, C44)
8480/3	**Karzinom, muzinöses nichtzystisches** (Pankreas, C25) <Anm. 142>
8982/3	*Karzinom, myoepitheliales* (Parotis, C07; andere große Speicheldrüsen, C08; Nasen- und Nasennebenhöhlen, C30.0, C31) <Anm. 268>
8010/3	**Karzinom, nasopharyngeales** (C11)
8246/3	Karzinom, neuroendokrines o.n.A. (Appendix, C18.1)
8350/3	**Karzinom, nichtabgekapseltes sklerosierendes** (Schilddrüse, C73)
8941/3	Karzinom, nichtinvasives in pleomorphem Karzinom (Parotis, C07; andere große Speicheldrüsen, C08) <Anm. 261>
8500/2	**Karzinom, nichtinvasives intraduktales** <Anm. 145>
8503/2	[Karzinom, nichtinvasives intraduktales papilläres]
8503/2	**Karzinom, nichtinvasives intraduktales papillär-muzinöses** (Pankreas, C25) <Anm. 152>
8504/2	[Karzinom, nichtinvasives intrazystisches]
8520/2	Karzinom, nichtinvasives lobuläres (Brust, C50) <Anm. 161>
8046/3	*Karzinom, nichtkleinzelliges* (Lunge, C34) <Anm. 15>
9270/3	Karzinom, odontogenes (C03.9) <Anm. 349, 350>
8290/3	**Karzinom, onkozytäres** (ausgenommen Brust, C50, = 8573/3) <Anm. 174>
8573/3	[Karzinom, onkozytäres (Brust, C50)] <Anm. 174>
8050/3	[Karzinom, papilläres o.n.A] <Anm. 16>
8260/3	**Karzinom, papilläres** (Schilddrüse, C73) <Anm. 95>
8342/3	*Karzinom, papilläres, oxyphiler Zelltyp* (Schilddrüse, C73) <Anm. 117>
8503/3	Karzinom, papillär-muzinöses (Pankreas, C25) <Anm. 152>
8022/3	**Karzinom, pleomorphes**
8034/3	[Karzinom, polygonalzelliges]
9270/3	**Karzinom, primäres intraossäres odontogenes** (C03.9) <Anm.349>
8033/3	**Karzinom, pseudosarkomatöses**
8175/3	*Karzinom, riesenzelliges hepatozelluläres* (C22) <Anm. 77>
8173/3	*Karzinom, sarkomatoides hepatozelluläres* (C22) <Anm. 75>
8481/3	[Karzinom, schleimbildendes] <Anm. 143>
8481/3	[Karzinom, schleimsezernierendes] <Anm. 143>
8502/3	**Karzinom, sekretorisches** (Brust, C50) <Anm. 151>
8461/3	**Karzinom, seröses papilläres des Peritoneums** (C48.1) <Anm. 134>
8463/3	**Karzinom, seröses papilläres des Peritoneums von Borderline-Malignität** (C48.1) <Anm. 134>
8121/3	**Karzinom, sinonasales** <Anm. 52>
8407/3	*Karzinom, sklerosierendes der Schweißdrüsenausführungsgänge* (C44) <Anm. 126>
8172/3	*Karzinom, sklerosierendes hepatozelluläres* (C22) <Anm. 74>
8230/3	[Karzinom, solides o.n.A.]
8481/3	**Karzinom, solides mit Schleimbildung** (Lunge, C34) <Anm.143>
8452/3	*Karzinom, solid-pseudopapilläres* (Pankreas, C25) <Anm. 132>
8074/3	**Karzinom, Spindelzell-** <Anm. 26>
8173/3	*Karzinom, spindelzelliges hepatozelluläres* (C22) <Anm. 75>
8070/3	Karzinom, spinozelluläres (Haut, C44)

8070/3	Karzinom, Stachelzell- (Haut, C44)
8407/3	*Karzinom, syringomatöses* (Haut, C44) <Anm. 126>
8141/3	[Karzinom, szirrhöses (ausgenommen Brust, = 8500/3)] <Anm. 63>
8500/3	[Karzinom, szirrhöses (Brust, C50)] <Anm. 147>
8172/3	*Karzinom, szirrhöses hepatozelluläres* (C22) <Anm. 74>
8190/3	Karzinom, trabekuläres
8211/3	**Karzinom, tubuläres** (Mamma, C50) <Anm. 84>
8020/3	**Karzinom, undifferenziertes o.n.A.** <Anm. 4>
8020/3	**Karzinom, undifferenziertes (anaplastisches)** (Schilddrüse, C73) <Anm. 4>
8021/3	**Karzinom, undifferenziertes (anaplastisches)** (Pankreas, C25) <Anm. 5>
8082/3	**Karzinom, undifferenziertes mit lymphozytärem Stroma** (Nasen- und Nasennebenhöhlen, C30.0, C31; Larynx, C32; Hypopharynx, C13; Trachea, C33)
8051/3	**Karzinom, verruköses o.n.A.** <Anm.18>
8051/2	*Karzinom, verruköses, nichtinvasives* (Penis, C60) <Anm. 17>
8145/3	Karzinom vom diffusen Typ (Magen, C16)
8144/3	Karzinom vom intestinalen Typ (Magen, C16; Gallenblase, C23; extrahepatische Gallengänge, C24) <Anm. 64>
8322/3	Karzinom, wasserklares
8420/3	**Karzinom, Zeruminal-** (äußerer Gehörgang, C44.2)
8474/3	*Karzinom, zystisches hypersekretorisches mit Invasion* (Brust, C50) <Anm. 140>
8010/9	**Karzinomatose**
8980/3	**Karzinosarkom** (ausgenommen Cervix uteri und Vagina, = 8951/3) <Anm. 262>
8951/3	Karzinosarkom (Cervix uteri, C53; Vagina, C52) <Anm. 262>
8941/3	Karzinosarkom in pleomorphem Adenom (Parotis, C07; andere große Speicheldrüsen, C08) <Anm. 261>
8981/3	**Karzinosarkom, embryonales**
8980/3	**Karzinosarkom, odontogenes** (Kieferhöhle, C31.0)
9121/0	**Kavernöses Hämangiom**
9172/0	**Kavernöses Lymphangiom**
8590/1	Keimstrang-Stromatumor o.n.A. (Ovar, C56) <Anm. 176>
8590/1	**Keimstrang-Stromatumor, inkomplett differenzierter** (Hoden, C62) <Anm. 176>
8630/3	**Keimstrang-Stromatumor, maligner inkomplett differenzierter** (Hoden, C62) <Anm. 186, 188>
8590/1	**Keimstrang-Stromatumor, unklassifizierter** (Ovar, C56) <Anm. 176>
8590/1	[Keimstrangtumor o.n.A.]
8623/1	**Keimstrangtumor mit anulären Tubuli** (Ovar, C56; Hoden, C62) <Anm. 185>
8623/1	Keimstrangtumor mit Ringtubuli (Ovar, C56; Hoden, C62) <Anm. 185>
9064/3	Keimzelltumor o.n.A. <Anm. 286>
M-78720	**Keloid**
M-33410	Keratinzyste
M-72860	**Keratoakanthom o.n.A.**
M-72860	**Keratoakanthom, lokalisiertes**
M-72870	Keratoakanthome, generalisierte

M-72870	**Keratoakanthome, multiple**
M-72850	Keratom, seniles
M-72850	Keratoma senile
M-72600	**Keratose o.n.A.**
M-72850	**Keratose, aktinische**
M-72760	**Keratose, benigne lichenoide**
M-72610	Keratose, follikuläre
M-72920	**Keratose, invertierte follikuläre**
M-72750	**Keratose, seborrhoische**
M-72850	Keratose, senile
M-72850	**Keratose, solare**
M-72920	Keratosis follicularis invertens
M-74450	Keratosis follicularis, isolierte
M-72960	**Keratosis obturans**
M-72832	**Keratotische Plaque**
8052/0	Keratotisches Papillom
M-26520	Keratozyste des Kiefers D4-51528
M-26520	**Keratozyste, odontogene**
M-26520	**Kieferzyste, follikuläre** D4-51524
8313/0	**Klarzelladenofibrom**
8310/3	**Klarzelladenokarzinom o.n.A.** <Anm. 98>
8310/0	**Klarzelladenom**
8310/1	*Klarzelladenom von Borderline-Malignität* (Ovar, C56) <Anm. 97>
8310/1	*Klarzelladenom von Borderline-Malignität, mesonephroides* (Ovar, C56) <Anm. 97>
M-72162	**Klarzellakanthom**
9243/3	*Klarzell-Chondrosarkom* (Knochen, C40, C41) <Anm. 341>
8402/0	Klarzellhidradenom (Haut, C44) <Anm. 124>
9396/3	**Klarzelliges Ependymom** (Gehirn, C71; Rückenmark, C72.0) <Anm. 369>
8174/3	**Klarzelliges hepatozelluläres Karzinom (HCC)** (C22) <Anm. 76>
8964/3	**Klarzelliges Nierensarkom** (C64)
8313/0	Klarzelliges Zystadenofibrom
8310/3	Klarzellkarzinom o.n.A. <Anm. 98>
8310/3	Klarzellkarzinom, mesonephroides
9530/0	**Klarzell-Meningeom** (C70) <Anm. 389>
9044/3	**Klarzellsarkom** (ausgenommen Nieren, = 8964/3) <Anm. 275>
9044/3	Klarzellsarkom der Sehnen und Aponeurosen (C49.92) <Anm. 275>
9270/0	**Klarzelltumor, odontogener** (C03.9) <Anm. 347>
9100/0	Klassische Blasenmole (Plazenta, C58) <Anm. 302>
8241/0	*Klassisches Karzinoid* <Anm. 68>
8201/3	Klassisches kribriformes Karzinom (Brust, C50) <Anm. 80>
9061/3	Klassisches Seminom (Hoden, C62) <Anm. 284>
8162/3	[Klatskin-Tumor (Extrahepatische Gallengänge, C24.0)] <Anm. 71>
9480/3	[Kleinhirnsarkom o.n.A.]
9471/3	Kleinhirnsarkom, arachnoidales (C71.6)
8045/3	**Klein- und großzelliges Karzinom** (Lunge, C34) <Anm. 14>
9670/3	[Kleinzelliges diffuses Lymphom o.n.A.]
9050/3	Kleinzelliges diffuses malignes Mesotheliom (DMM) (Peritoneum, C48.1; Pleura, C38.4; Perikard, C38.0) <Anm. 279>

8041/3	**Kleinzelliges Karzinom o.n.A.** <Anm. 11>
8043/3	Kleinzelliges Karzinom, fusiformer Typ (Lunge, C34)
8044/3	**Kleinzelliges Karzinom, Intermediärtyp** (Lunge, C34) <Anm. 13>
8043/3	**Kleinzelliges Karzinom, Spindelzelltyp** (Lunge, C34)
8042/3	Kleinzelliges Karzinom vom Haferzelltyp (Lunge, C34) <Anm. 12>
9670/3	[Kleinzelliges Lymphom o.n.A.]
9603/3	*Kleinzelliges lymphozytisches B-Zell-Lymphom (SLL)* (REAL) <Anm. 411>
9605/3	*Kleinzelliges lymphozytisches B-Zell-Lymphom/Chronische lymphatische B-Zell-Leukämie (SLL/B-CLL) mit plasmazellulärer Differenzierung* (SMH)
9670/3	Kleinzelliges lymphozytisches Lymphom o.n.A.
8042/3	Kleinzelliges neuroendokrines Karzinom (Lunge, C34) <Anm. 12>
9686/3	[Kleinzelliges nichtgekerbtkerniges Lymphom (W)]
8073/3	**Kleinzelliges nichtverhornendes Plattenepithelkarzinom**
9185/3	**Kleinzelliges Osteosarkom** (Knochen, C40, C41) <Anm. 329>
9706/3	**Kleinzelliges pleomorphes T-Zell-Lymphom** (K) <Anm. 459>
8803/3	**Kleinzelliges Sarkom**
9045/3	*Kleinzelliges Synovialsarkom* <Anm. 274>
8070/3	**Kloakogenes Karzinom** (Analkanal, C21.1) <Anm. 24, 55>
DC-41040	Knochenmarksreaktion, leukämoide
M-33630	Knochenzyste o.n.A.
M-33640	**Knochenzyste, aneurysmatische**
M-33400	**Knochenzyste, einfache**
M-33650	**Knochenzyste, einkammerige**
M-33660	**Knochenzyste, juxtaartikuläre**
M-33650	**Knochenzyste, solitäre**
M-33660	Knochenzyste, subchondrale
M-73400	Knöcherne Metaplasie
9210/0	Knorpelige Exostose (Knochen, C40, C41; Weichteile, C49; Gehirn, C71)
M-72030	**Knotige Transformation**
8334/0	Kolloidadenom (Schilddrüse, C73)
8480/3	[Kolloidkarzinom] <Anm. 141>
M-33790	Kolloidzyste o.n.A.
M-33790	**Kolloidzyste des 3. Ventrikels** D4-91410
8720/0	**Kombinierter Nävus** (C44) <Anm. 206>
8180/3	Kombiniertes hepatozelluläres Karzinom und Cholangiokarzinom (C22)
8244/3	Kombiniertes Karzinoid und Adenokarzinom <Anm. 90>
8501/3	[Komedokarzinom o.n.A.]
8501/2	[Komedokarzinom, nichtinvasives]
M-75550	Komedonennävus
M-72020	Kompensatorische Hyperplasie
M-72020	**Kompensatorische lobäre Hyperplasie**
9100/0	Komplette Blasenmole (Plazenta, C58) <Anm. 302>
M-72420	**Komplexe Endometriumhyperplasie** (C54)
M-74220	**Komplexe radiäre Narbe** (Mamma, C50)
9282/0	**Komplexes Odontom** (C03.9)
M-76700	Kondylom o.n.A.
M-76720	**Kondylom, spitzes**
M-20020	Kongenitale Dysplasie
M-78800	**Kongenitale Fibromatose**

8824/1	[Kongenitale generalisierte Fibromatose]
M-20680	Kongenitale Hyperplasie
M-57210	**Kongenitale Melanose**
M-57210	Kongenitale okulo-dermale Melanozytose D4-40376
M-26500	**Kongenitale Zyste o.n.A.**
9580/0	**Kongenitaler Granularzelltumor** (Gaumen, C05, Oropharynx, C10, Weichteile, C49)
8761/1	**Kongenitaler Melanozytennävus** (C44) <Anm. 218>
8814/3	Kongenitales Fibrosarkom
9580/0	**Kongenitales „Myoblastom"**
9180/0	Konventionelles Osteom (Knochen, C40, C41) <Anm. 324>
9186/3	*Konventionelles zentrales Osteosarkom* (Knochen, C40, C41) <Anm. 330>
M-74000	**Kortikale fibröse Dysplasie**
8280/0	Kortikotropes Adenom (Hypophyse, C75.1)
9350/1	**Kraniopharyngeom** (Hypophyse, C75.1)
M-74320	**Krankheit, fibrozystische o.n.A.** (Mamma, C50)
M-74320	Krankheit, fibrozystische, nicht-proliferativer Typ (Mamma, C50)
M-74322	**Krankheit, fibrozystische, proliferativer Typ** (Mamma, C50)
M-74324	**Krankheit, fibrozystische, proliferativer Typ mit Atypien** (Mamma, C50)
9760/3	[Krankheit, immunoproliferative o.n.A.]
9764/3	[Krankheit, immunoproliferative des Dünndarmes] <Anm. 481>
9970/1	[Krankheit, lymphoproliferative o.n.A.] <Anm. 518>
9960/1	[Krankheit, myeloproliferative o.n.A.] <Anm. 515>
M-78020	Kraurosis penis
M-78020	Kraurosis vulvae D7-75920
8490/6	**Krukenberg-Tumor** (Ovar, C56)
8243/3	Kryptenzellkarzinom (Appendix, C18.1) <Anm. 89>
M-45100	Küttner-Tumor
9124/3	[Kupfferzellsarkom] <Anm. 312>
8832/0	Kutanes Histiozytom (Haut, C44) <Anm. 232>
8850/0	Kutanes Lipom
9530/0	**Kutanes Meningeom** (Haut, C44) <Anm. 389>
8840/0	Kutanes Myxom

L

D2-20350	**Läsion, benigne lymphoepitheliale der großen Speicheldrüsen** (C07, C08)
9721/1	*Langerhans-Zell-Histiozytose (LHCH)* <Anm. 472>
8332/3	Langhans-Struma, wuchernde (Schilddrüse, C73)
M-26520	**Laterale periodontale Zyste** D4-51526
8170/0	Leberzelladenom (C22) <Anm. 72>
8170/3	Leberzellkarzinom (C22)
8180/3	Leberzell- und Gallengangskarzinom, gemischtes (C22)
8891/0	Leiomyoblastom
8891/3	Leiomyoblastom, malignes <Anm. 252>
8890/0	Leiomyofibrom
8890/0	**Leiomyom o.n.A.**
8893/0	**Leiomyom, bizarres**
8891/0	Leiomyom, epitheloides
8891/0	**Leiomyom, epitheloidzelliges**

8894/0	Leiomyom, vaskuläres (Haut, C44)
8892/0	**Leiomyom, zellreiches**
8960/1	Leiomyomatöses Hamartom der Niere (C64) <Anm. 264>
8890/1	**Leiomyomatose o.n.A.**
8890/1	Leiomyomatose, intravaskuläre
8890/1	Leiomyomatosis peritonealis disseminata (C48.1)
8890/3	**Leiomyosarkom o.n.A.** <Anm. 251>
8890/3	Leiomyosarkom, dermales (Haut, C44) <Anm. 251>
8891/3	Leiomyosarkom, epitheloides <Anm. 252>
8891/3	**Leiomyosarkom, epitheloidzelliges** <Anm. 252>
8890/3	Leiomyosarkom, granularzelliges <Anm. 251>
8890/3	Leiomyosarkom mit osteoblastischen Riesenzellen <Anm. 251>
8896/3	**Leiomyosarkom, myxoides** <Anm. 251>
8890/3	Leiomyosarkom, oberflächliches (Haut, C44) <Anm. 251>
9704/3	Lennert-Lymphom <Anm. 457>
M-57210	**Lentiginose, genitale**
M-57203	[Lentigo o.n.A.] D0-70110
M-72750	Lentigo actinica
8742/2	**Lentigo maligna** (C44)
8742/3	**Lentigo-maligna-Melanom (LMM)** (C44)
M-72750	Lentigo senilis D0-70112
M-57203	**Lentigo simplex** D0-70119
M-72750	**Lentigo solaris** D0-70112
9530/3	Leptomeningeales Sarkom (C70)
9722/3	**Letterer-Siwe-Krankheit** <Anm. 473>
9800/3	[Leukämie o.n.A.]
9801/3	**Leukämie, akute o.n.A.**
9806/3	*Leukämie, akute „bilineage"* <Anm. 488>
9806/3	*Leukämie, akute biphänotypische* <Anm. 488>
9871/3	*Leukämie, akute blastär-undifferenzierte myeloische* <Anm. 507>
9873/3	*Leukämie, akute differenzierte myeloblastische* <Anm. 507>
9840/3	Leukämie, akute erythromyeloblastische <Anm. 497, 601>
9806/3	*Leukämie, akute, gemischter Linienzugehörigkeit* <Anm. 488>
9806/3	**Leukämie, akute gemischtzellige** <Anm. 488>
9821/3	**Leukämie, akute lymphatische (ALL) o.n.A.** <Anm. 489, 490>
9826/3	**Leukämie, akute lymphatische vom Burkitt-Zell-Typ (FAB: L3)** <Anm. 490, 491>
9835/3	***Leukämie, akute lymphatische vom B-Zell-Typ (B-ALL)*** <Anm. 496>
9836/3	***Leukämie, akute lymphatische vom T-Zell-Typ (T-ALL)*** <Anm. 496>
9821/3	Leukämie, akute lymphoblastische o.n.A. <Anm. 489, 490>
9826/3	Leukämie, akute lymphoblastische vom Burkitt-Typ <Anm. 490, 491>
9910/3	Leukämie, akute megakaryozytäre <Anm. 510>
9891/3	Leukämie, akute monozytäre <Anm. 509>
9873/3	*Leukämie, akute myeloblastische mit Ausreifung* <Anm. 507>
9874/3	***Leukämie, akute myeloblastische mit Ausreifung und basophilen Blasten*** (FAB: M2-Baso) <Anm. 507>
9872/3	*Leukämie, akute myeloblastische ohne Ausreifung* <Anm. 507>
9861/3	**Leukämie, akute myeloische (AML) o.n.A.** <Anm. 501>
9873/3	***Leukämie, akute myeloische mit Ausreifung*** (FAB: M2) <Anm. 507>

9871/3	*Leukämie, akute myeloische mit minimaler Ausreifung* <Anm. 507>
9872/3	**Leukämie, akute myeloische ohne Ausreifung** (FAB: M1) <Anm. 507>
9861/3	Leukämie, akute myeloische unklassifizierte <Anm. 501>
9867/3	**Leukämie, akute myelomonozytäre o.n.A.** (FAB: M4) <Anm. 504>
9876/3	*Leukämie, akute myelomonozytäre mit Eosinophilie* (FAB: M4-Eo) <Anm. 504>
9896/3	*Leukämie, akute promonozytäre* <Anm. 509>
9896/3	*Leukämie, akute promonozytär-monozytäre* (FAB:M5b) <Anm. 509>
9805/3	*Leukämie, akute undifferenzierte o.n.A.* <Anm. 487>
9871/3	*Leukämie, akute undifferenzierte myeloische* (FAB:M0) <Anm. 507>
9804/3	[Leukämie, aleukämische o.n.A.]
9864/3	[Leukämie, aleukämische granulozytäre]
9824/3	[Leukämie, aleukämische lymphatische]
9864/3	[Leukämie, aleukämische myelogene]
9864/3	[Leukämie, aleukämische myeloische]
9853/3	*Leukämie, azurgranulierte chronische lymphatische o.n.A.* <Anm. 500>
9870/3	**Leukämie, Basophilen-** <Anm. 506>
9831/3	*Leukämie, B-lymphoblastische vom Vorläuferzell-Typ* <Anm. 494>
9803/3	**Leukämie, chronische o.n.A.**
9863/3	Leukämie, chronische granulozytäre <Anm. 502>
9823/3	**Leukämie, chronische lymphatische (CLL) o.n.A.** <Anm. 489>
9853/3	*Leukämie, chronische lymphatische vom azurgranulierten Typ o.n.A.* <Anm. 500>
9630/3	*Leukämie, chronische lymphatische vom azurgranulierten Typ* (SMH*) <Anm. 422>
9863/3	Leukämie, chronische myelogene <Anm. 502>
9863/3	**Leukämie, chronische myeloische (CML)** <Anm. 502>
9868/3	**Leukämie, chronische myelomonozytäre (CMML)** <Anm. 505>
9863/3	Leukämie, chronische myelozytäre <Anm. 502>
9850/3	**Leukämie, Eosinophilen-** <Anm. 508>
9860/3	[Leukämie, granulozytäre o.n.A.]
9853/3	*Leukämie, grobgranuläre chronische lymphatische o.n.A.* <Anm. 500>
9829/3	**Leukämie, großzellig-heterogene akute lymphatische** (FAB: L2) <Anm. 490>
9820/3	[Leukämie, lymphatische o.n.A.]
9820/3	[Leukämie, lymphozytische o.n.A.]
9890/3	[Leukämie, monozytäre o.n.A.]
9860/3	[Leukämie, myeloische o.n.A.]
9860/3	[Leukämie, myelomonozytäre o.n.A.]
9860/3	[Leukämie, myelozytäre o.n.A.]
9830/3	**Leukämie, Plasmazell-** <Anm. 493>
9830/3	Leukämie, plasmozytäre <Anm. 493>
9802/3	[Leukämie, subakute o.n.A.]
9822/3	[Leukämie, subakute lymphatische]
9862/3	[Leukämie, subakute myeloische]
9832/3	*Leukämie, T-lymphoblastische vom Vorläuferzell-Typ* <Anm. 494>
9601/3	*Leukämie vom Vorläufer-Zell-Typ, B-lymphoblastische* (REAL)
9627/3	*Leukämie vom Vorläufer-Zell-Typ, T-lymphoblastische* (REAL) <Anm. 421>

9828/3	*Leukämie, vorwiegend kleinzellige akute lymphatische* (FAB: L1) <Anm. 490>
9941/3	[Leukämische Retikuloendotheliose]
DC-41040	Leukämoide Knochenmarksreaktion
M-72832	Leukokeratose
M-72830	Leukoplakie o.n.A.
8650/0	[Leydig-Zell-Tumor o.n.A. (Ovar, C56)] <Anm. 198>
8650/1	[Leydig-Zell-Tumor o.n.A. (Hoden, C62)] <Anm. 198>
8650/0	**Leydig-Zell-Tumor, benigner** (Hoden, C62) <Anm. 198>
8650/3	**Leydig-Zell-Tumor, maligner** (Hoden, C62) <Anm. 198>
8660/0	Leydig-Zell-Tumor vom Hilustyp (Ovar, C56) <Anm. 198>
8650/0	**Leydig-Zell-Tumor vom nicht-hilären Typ** (Ovar, C56) <Anm. 198>
M-78020	Lichen sclerosus et atrophicus o.n.A. D0-40200
M-78020	Lichen sclerosus et atrophicus der Glans penis und des Präputiums (C60.0,1) D7-57130
M-78020	**Lichen sclerosus vulvae** D7-75920
8142/3	[Linitis plastica (Magen, C16)] <Anm. 63>
8641/0	Lipidfollikulom Lecène (Ovar, C56) <Anm. 196>
8641/0	Lipidhaltiges Follikulom (Ovar, C56) <Anm. 196>
8314/3	**Lipidreiches Karzinom** (Brust, C50)
8314/3	Lipidsezernierendes Karzinom (Brust, C50)
8641/0	**Lipidspeichernder Sertoli-Zell-Tumor** (Ovar, C56; Hoden, C62) <Anm. 196>
8670/0	Lipidzelliger Ovarialtumor (C56) <Anm. 199>
8670/0	Lipidzelltumor o.n.A. (Ovar, C56) <Anm. 199>
8670/3	*Lipidzelltumor, maligner* (Ovar, C56) <Anm. 199>
8324/0	**Lipoadenom**
8881/0	**Lipoblastom**
8881/0	Lipoblastomatose
8851/0	**Lipofibromatöses Hamartom** (Nerven, C47) <Anm. 243>
8851/0	**Lipofibrom, neurales** (Nerven, C47) <Anm. 240>
M-44040	Lipogranulom o.n.A.
M-72000	Lipohyperplasie der Ileozäkalklappe (C18.0) D6-11170
8850/0	**Lipom o.n.A.**
8850/1	*Lipom, atypisches* <Anm. 242>
8859/0	*Lipom, chondroides* <Anm. 250>
8881/0	Lipom, fetales
8856/0	Lipom, infiltrierendes
8856/0	Lipom, intermuskuläres
8856/0	**Lipom, intramuskuläres**
8850/0	Lipom, intra-/perineurales (C47)
8850/0	Lipom, kutanes
8850/0	Lipom, lumbosakrales (C49.61) <Anm. 240>
8854/0	**Lipom, pleomorphes**
8850/0	Lipom, tiefes
M-74100	**Lipomatose o.n.A.** (ausgenommen Fetale Lipomatose, = 8881/0, Lipomatose des Darmes, = 8850/0 und Multiple Lipome, = 8850/0)
8850/0	**Lipomatose des Darms** (C17; C18; C20) <Anm. 241>
M-74100	**Lipomatose, diffuse**

8881/0	Lipomatose, fetale
8850/0	Lipome, multiple <Anm. 240>
8850/3	**Liposarkom o.n.A.**
8851/3	[Liposarkom, differenziertes]
8858/3	**Liposarkom, entdifferenziertes** <Anm. 249>
8855/3	**Liposarkom, gemischtzelliges**
8851/3	**Liposarkom, gut differenziertes** <Anm. 244>
8852/3	**Liposarkom, myxoides** <Anm. 245>
8854/3	**Liposarkom, pleomorphes** <Anm. 248>
8853/3	**Liposarkom, rundzelliges** <Anm. 246>
8853/3	**Liposarkom, schlecht differenziertes myxoides** <Anm. 247>
M-72100	Lobuläre Hyperplasie (ausgenommen atypische = M-72005)
8520/3	Lobuläres Adenokarzinom (Brust, C50) <Anm. 162>
8520/2	**Lobuläres Carcinoma in situ (LCIS)** (Brust, C50) <Anm. 161>
M-44020	**Lobuläres Hämangiom**
8520/3	Lobuläres Karzinom o.n.A. (Brust, C50) <Anm. 162>
8520/2	Lobuläres Karzinom, nichtinvasives (Brust, C50) <Anm. 161>
8522/3	Lobuläres und duktales Karzinom o.n.A. (Brust, C50) <Anm. 164>
8810/0	**Lokalisierter fibröser Tumor** (Pleura, C38.4; Peritoneum, C48.1; Leber, C22; Perikard, C38.0) <Anm. 227>
8810/0	Lokalisiertes fibröses Mesotheliom (Pleura, C38.4; Peritoneum, C48.1; Leber, C22; Perikard, C38.0) <Anm. 227>
M-72860	**Lokalisiertes Keratoakanthom**
9740/3	**Lokalisiertes Mastzellsarkom** <Anm. 477>
8850/0	Lumbosakrales Lipom (C49.61) <Anm. 240>
8250/1	Lungenadenomatose (C34)
8972/3	**Lungenblastom** (C34) <Anm. 267>
8601/0	**Luteinisiertes Thekom** (Ovar, C56) <Anm. 179>
8610/0	Luteinom (Ovar, C56) <Anm. 181>
8610/0	**Luteom** (Ovar, C56) <Anm. 181>
M-79680	Luteoma gravidarum
9767/1	[Lymphadenopathie, angioimmunoblastische o.n.A.] <Anm. 484>
9705/3	[Lymphadenopathie, angioimmunoblastische mit Dysproteinämie (AILD)] <Anm. 458>
9705/3	[Lymphadenopathie, immunoblastische (IBL)] <Anm. 458>
9820/3	[Lymphadenose o.n.A.]
9170/3	Lymphangioendotheliales Sarkom <Anm. 311, 323>
9170/0	Lymphangioendotheliom o.n.A.
9170/3	Lymphangioendotheliom, malignes <Anm. 311,323>
9170/0	**Lymphangiom o.n.A.**
9171/0	**Lymphangiom, kapilläres**
9172/0	**Lymphangiom, kavernöses**
9173/0	**Lymphangiom, zystisches**
9170/0	**Lymphangiomatose** (Leber, C22)
9174/0	**Lymphangiomyom**
9174/1	**Lymphangiomyomatose**
9170/3	**Lymphangiosarkom** <Anm. 311, 323>
9820/3	[Lymphatische Leukämie o.n.A.]
9829/3	*Lymphoblastenleukämie, akute großzellige heterogene* <Anm. 490>

9828/3	*Lymphoblastenleukämie, akute vorwiegend kleinzellige* <Anm. 490>
9689/3	**Lymphoblastisches B-Zell-Lymphom** (K) <Anm. 452>
9685/3	Lymphoblastisches Lymphom o.n.A. (W)
9685/3	**Lymphoblastisches Lymphom, unklassifiziertes** (K)
9708/3	**Lymphoblastisches T-Zell-Lymphom** (K) <Anm. 461>
9685/3	[Lymphoblastom]
M-72200	[Lymphocytoma benignum cutis (Bäfverstedt)] D0-80300
8082/3	**Lymphoepitheliales Karzinom**
8082/3	**Lymphoepitheliales Plattenepithelkarzinom** (Haut, C44)
8082/3	**Lymphoepitheliom** (Mundhöhle, C01-06; Oropharynx, C10)
9704/3	**Lymphoepitheloides Lymphom** (K) <Anm. 457>
9650/3	[Lymphogranulomatose o.n.A.]
9705/3	[Lymphogranulomatosis X] <Anm. 458, 484>
9050/3	Lymphohistiozytäres diffuses malignes Mesotheliom (DMM) (Peritoneum, C48.1; Pleura; C38.4; Perikard; C38.0) <Anm. 279>
9718/3	*Lymphohistiozytisches Lymphom* (K) <Anm. 469>
9766/1	[Lymphoide Granulomatose] <Anm. 483>
M-72200	**Lymphoide Hyperplasie**
M-76880	**Lymphoider Polyp**
9590/3	**Lymphom o.n.A.**
9638/3	*Lymphom, anaplastisches großzelliges Hodgkin-ähnliches* (REAL*) <Anm. 430>
9595/3	[Lymphom, diffuses o.n.A.]
9675/3	[Lymphom, diffuses gemischt klein- und großzelliges (W)]
9680/3	**Lymphom, diffuses großzelliges o.n.A.** (W)
9681/3	[Lymphom, diffuses großzelliges gekerbtkerniges (W)]
9682/3	[Lymphom, diffuses großzelliges nichtgekerbtkerniges o.n.A. (W)]
9670/3	[Lymphom, diffuses gut differenziertes]
9680/3	[Lymphom, diffuses histiozytisches]
9686/3	[Lymphom, diffuses kleinzelliges nichtgekerbtkerniges]
9672/3	[Lymphom, diffuses kleinzelliges und gekerbtkerniges o.n.A. (W)]
9670/3	[Lymphom, diffuses lymphozytisches o.n.A.]
9675/3	[Lymphom, diffuses lymphozytisch-histiozytisches]
9673/3	[Lymphom, diffuses mittelgradig differenziertes lymphozytisches]
9672/3	[Lymphom, diffuses schlecht differenziertes lymphozytisches]
9675/3	[Lymphom, diffuses vom Mischzelltyp]
9683/3	[Lymphom, diffuses zentroblastisches o.n.A.] <Anm. 448>
9676/3	Lymphom, diffuses zentroblastisch-zentrozytisches <Anm. 444>
9723/3	[Lymphom, echtes histiozytisches] <Anm. 474>
9690/3	**Lymphom, follikuläres o.n.A.** <Anm. 453>
9691/3	[Lymphom, follikuläres gemischt kleinzellig-gekerbtkerniges und großzelliges (W)]
9698/3	[Lymphom, follikuläres großzelliges o.n.A. (W)]
9698/3	[Lymphom, follikuläres großzelliges gekerbtkerniges]
9675/3	[Lymphom, follikuläres großzelliges nichtgekerbtkerniges]
9695/3	[Lymphom, follikuläres kleinzelliges gekerbtkerniges (W)]
9698/3	[Lymphom, follikuläres nichtgekerbtkerniges o.n.A.]
9697/3	[Lymphom, follikuläres zentroblastisches] <Anm. 413, 448>
9692/3	**Lymphom, follikuläres zentroblastisch-zentrozytisches** (K) <Anm. 444>

9672/3	[Lymphom, gekerbtkerniges o.n.A.]
9680/3	[Lymphom, großzelliges o.n.A.]
9637/3	*Lymphom, großzelliges anaplastisches (ALCL), CD30-positiv* (REAL) <Anm. 429>
9681/3	[Lymphom, großzelliges gekerbtkerniges o.n.A.]
9684/3	[Lymphom, großzelliges immunoblastisches]
9714/3	**Lymphom, großzelliges Ki-1-positives anaplastisches o.n.A.** (K) <Anm. 465>
9682/3	[Lymphom, großzelliges nichtgekerbtkerniges o.n.A.]
9715/3	*Lymphom, großzelliges vom „multilobated" Typ (Pinkus)* (K) <Anm. 466>
9680/3	[Lymphom, histiozytäres o.n.A.]
9597/3	*Lymphom, hochmalignes, nicht klassifizierbares* <Anm. 408>
9684/3	**Lymphom, immunoblastisches o.n.A.** (K, W) <Anm. 449>
9679/3	**Lymphom, immunoblastisches vom B-Zell-Typ** (K)
9671/3	Lymphom, immunozytisches <Anm. 441>
9670/3	[Lymphom, kleinzelliges o.n.A.]
9670/3	[Lymphom, kleinzelliges diffuses o.n.A.]
9670/3	**Lymphom, kleinzelliges lymphozytisches o.n.A.**
9686/3	[Lymphom, kleinzelliges nichtgekerbtkerniges (W)]
9685/3	Lymphom, lymphoblastisches o.n.A. (W)
9685/3	**Lymphom, lymphoblastisches, unklassifiziertes** (K)
9704/3	**Lymphom, lymphoepitheloides** (K) <Anm. 457>
9718/3	*Lymphom, lymphohistiozytisches* (K) <Anm. 469>
9671/3	Lymphom, lymphoplasmozytisches (K) <Anm. 441>
9671/3	**Lymphom, lymphoplasmozytisches (Immunozytom)** (REAL)<Anm. 409>
9671/3	**Lymphom, lymphoplasmozytoides** (K) <Anm. 441>
9690/3	Lymphom, lymphozytisches noduläres o.n.A. <Anm. 453>
9717/3	*Lymphom, malignes der plasmozytoiden T-Zellen* (K) <Anm. 468>
9607/3	*Lymphom, Mantelzell-* (REAL) <Anm. 412>
9673/3	**Lymphom, Mantelzell-** <Anm. 442>
9673/3	Lymphom, Mantelzonen- <Anm. 442>
9590/3	Lymphom, nicht klassifizierbares <Anm. 406>
9596/3	*Lymphom, niedrigmalignes, nicht klassifizierbares* <Anm. 408>
9690/3	Lymphom, noduläres o.n.A. <Anm. 453>
9691/3	[Lymphom, noduläres gemischt lymphozytisch-histiozytisches]
9693/3	[Lymphom, noduläres gut differenziertes lymphozytisches]
9698/3	[Lymphom, noduläres histiozytisches]
9694/3	[Lymphom, noduläres lymphozytisches von intermediärer Differenzierung]
9696/3	[Lymphom, noduläres schlecht differenziertes lymphozytisches]
9691/3	[Lymphom, noduläres vom Mischzelltyp]
9871/3	[Lymphom, plasmazytoides (W)] <Anm. 441>
9683/3	Lymphom, primäres zentroblastisches <Anm. 448>
9683/3	Lymphom, sekundäres zentroblastisches <Anm. 448>
9687/3	[Lymphom, undifferenziertes vom Burkitt-Typ] <Anm. 450, 491>
9686/3	[Lymphom vom undifferenzierten Zelltyp o.n.A.]
9601/3	*Lymphom vom Vorläufer-Zell-Typ, B-lymphoblastisches* (REAL)
9627/3	*Lymphom vom Vorläufer-Zell-Typ, T-lymphoblastisches* (REAL) <Anm. 421>

9683/3	**Lymphom, zentroblastisches** (K) <Anm. 448>
9683/3	Lymphom, zentroblastisches, alle Subtypen <Anm. 416, 448>
9676/3	**Lymphom, zentroblastisch-zentrozytisches** (K)<Anm. 444>
9676/3	**Lymphom, zentroblastisch-zentrozytisches, diffuses** <Anm. 444>
9674/3	**Lymphom, zentrozytisches** (K) <Anm. 443>
9766/1	[Lymphomatoide Granulomatose] <Anm. 483>
9713/3	Lymphomatoide Granulomatose Liebow (K) <Anm. 464>
D0-30120	**Lymphomatoide Papulose**
9530/0	**Lymphoplasmozytenreiches Meningeom** (C70) <Anm. 389>
9671/3	**Lymphoplasmozytisches Lymphom (Immunozytom)** (REAL) <Anm. 409>
9671/3	**Lymphoplasmozytisches Lymphom** (K) <Anm. 441>
9671/3	**Lymphoplasmozytoides Lymphom** (K) <Anm. 441>
9970/1	[Lymphoproliferative Krankheit o.n.A.] <Anm. 518>
9592/3	[Lymphosarkom]
9850/3	[Lymphosarkomzell-Leukämie]
9820/3	[Lymphozytische Leukämie o.n.A.]
9678/3	*Lymphozytisches B-Zell-Lymphom* (K) <Anm. 446>
9710/3	*Lymphozytisches T-Zell-Lymphom* <Anm. 446>
9690/3	Lymphozytisch-noduläres Lymphom o.n.A. <Anm. 453>
8157/1	*L-Zell-Tumor, benigne oder von Low-grade-Malignität* <Anm. 68>
8157/0	*L-Zell-Tumor, benigner* <Anm. 68>
8157/3	*L-Zell-Tumor von Low-grade-Malignität* <Anm. 68>

M

8081/2	**M. Bowen** (Haut, C44; Penis, C60; Larynx, C32) <Anm. 36>
9650/3	[M. Hodgkin o.n.A.]
9658/3	**M. Hodgkin, diffuser lymphozytenprädominanter Typ (LP-HD)** <Anm. 436>
9652/3	M. Hodgkin, gemischtzellige Form <Anm. 434>
9661/3	[M. Hodgkin-Granulom] <Anm. 437>
9650/3	[M. Hodgkin-Lymphom o.n.A.]
9653/3	**M. Hodgkin, lymphozytenarmer Typ (LD-HD) o.n.A.** <Anm. 435>
9654/3	**M. Hodgkin, lymphozytenarmer Typ (LD-HD), diffuse Fibrose** <Anm. 435>
9655/3	M. Hodgkin, lymphozytenarmer Typ (LD-HD), retikuläre Form <Anm. 435>
9657/3	**M. Hodgkin, lymphozytenprädominanter Typ (LP-HD) o.n.A.** <Anm. 436>
9651/3	*M. Hodgkin, lymphozytenreicher klassischer Typ (LRC-HD)* <Anm. 433>
9652/3	M. Hodgkin, Mischtyp (MC-HD) <Anm. 434>
9657/3	[M. Hodgkin mit Lymphozyten-Histiozyten-Prädominanz] <Anm. 436>
9650/3	**M. Hodgkin, nicht klassifizierbarer** <Anm. 432>
9663/3	M. Hodgkin, noduläre Sklerose <Anm. 439>
9659/3	M. Hodgkin, nodulärer lymphozytenprädominanter Typ (LP-HD) <Anm. 436>
9663/3	**M. Hodgkin, nodulär-sklerosierender Typ (NS-HD) o.n.A.** <Anm. 439>
9666/3	[M. Hodgkin, nodulär-sklerosierender Typ, gemischtzellig] <Anm. 439>
9667/3	[M. Hodgkin, nodulär-sklerosierender Typ, lymphozytenarm] <Anm. 439>

9665/3	[M. Hodgkin, nodulär-sklerosierender Typ, lymphozytenreich] <Anm. 439>
9664/3	[M. Hodgkin, nodulär-sklerosierender Typ, zelluläre Phase] <Anm. 439>
9657/3	M. Hodgkin, Paragranulom o.n.A. <Anm. 436>
9490/0	M. Lhermitte-Duclos (Kleinhirn, C71.6) <Anm. 379>
M-71000	**M. Ménétrier** (Magen, C16) D5-32530
9220/1	M. Ollier (Knochen, C40, C41) <Anm. 336>
8540/3	**M. Paget der Brustwarze** (C50.0)
M-43800	**M. Paget des Knochens** D1-61100
8542/3	**M. Paget, extramammärer** <Anm. 166>
8541/3	**M. Paget mit invasivem duktalem Karzinom** (Brust, C50)
8543/3	**M. Paget mit nichtinvasivem intraduktalem Karzinom** (Brust, C50)
9540/1	M. Recklinghausen (Periphere Nerven, C47; Hirnnerven, C72.1–5)
DB-90340	M. Recklinghausen des Knochens (C40, C41)
9701/3	M. Sézary <Anm. 455>
9700/3	[M. Woringer-Kolopp] <Anm. 454>
9220/1	Maffucci-Syndrom (Knochen, C40, C41) <Anm. 336>
8334/0	**Makrofollikuläres Adenom** (Schilddrüse, C73)
9761/3	**Makroglobulinämie Waldenström** <Anm. 479>
M-44170	**Malakoplakie**
8010/3	**Maligne epitheliale Neoplasie**
9720/3	**Maligne Histiozytose (MH)** <Anm. 471>
9635/3	*[Maligne Histiozytose des Intestinums]* <Anm. 428>
9673/3	Maligne lymphomatöse Polypose <Anm. 442, 445>
9741/3	Maligne Mastozytose <Anm. 478>
9713/3	[Maligne „midline" Retikulose] <Anm. 464>
8000/3	**Maligne Neoplasie o.n.A.**
8000/9	**Maligne Neoplasie, unsicher ob Primärtumor oder Metastase**
9090/3	**Maligne Struma ovarii** (C56) <Anm. 300>
8001/3	**Maligne Tumorzellen**
9270/3	Maligne Veränderungen einer odontogenen Zyste (C03.9) <Anm. 350>
8152/3	[Maligner Alpha-Zell-Tumor] <Anm. 68>
8241/3	[Maligner argentaffiner Karzinoidtumor]
8151/3	[Maligner Beta-Zell-Tumor] <Anm. 68>
8780/3	Maligner blauer Nävus (Haut, C44; Augenlid, C44.1; Konjunktiva, C69.0; Orbita, C69.6)
9000/3	**Maligner Brenner-Tumor** (Ovar, C56)
8010/3	Maligner epithelialer Tumor o.n.A.
8963/3	**Maligner extrarenaler Rhabdoidtumor** (Weichteile, C49; Gehirn, C71) <Anm. 265>
8990/3	**Maligner gemischtzelliger mesenchymaler Tumor** <Anm. 269>
8711/3	*Maligner Glomustumor* <Anm. 205>
8630/3	Maligner gonadaler Stromatumor (Hoden, C62) <Anm. 186, 188>
9580/3	**Maligner Granularzelltumor**
8620/3	**Maligner Granulosazelltumor** (Ovar, C56; Hoden, C62) <Anm. 182>
8153/3	[Maligner G-Zell-Tumor] <Anm. 68>
8630/3	**Maligner inkomplett differenzierter Keimstrang-Stromatumor** (Hoden, C62) <Anm. 186, 188>
8650/3	**Maligner Leydig-Zell-Tumor** (Hoden, C62) <Anm. 198>

8670/3	*Maligner Lipidzelltumor* (Ovar, C56) <Anm. 199>
9740/3	Maligner Mastzelltumor <Anm. 477>
8247/3	Maligner Merkel-Zell-Tumor (Haut, C44; Vulva, C51)
8800/3	Maligner mesenchymaler Tumor
8951/3	**Maligner mesodermaler Mischtumor** (ausgenommen Corpus uteri, = 8980/3) <Anm. 262>
8980/3	Maligner mesodermaler Mischtumor (Corpus uteri, C54) <Anm. 262>
8940/3	**Maligner Mischtumor** (ausgenommen alle Lokalisationen von 8941/3)
8941/3	**Maligner Mischtumor** (Parotis, C07; andere große Speicheldrüsen, C08; Nasen- und Nasennebenhöhlen, C30.0, C31; Larynx, C32; Hypopharynx, C13; Trachea, C33; Tränenwege, C69.5) <Anm. 261>
8950/3	**Maligner Müller-Mischtumor** (ausgenommen Cervix uteri und Vagina, = 8951/3, und Corpus uteri, = 8980/3) <Anm. 262>
8951/3	**Maligner Müller-Mischtumor** (Cervix uteri, C53; Vagina, C52) <Anm. 262>
8980/3	Maligner Müller-Mischtumor (Corpus uteri, C54) <Anm. 262>
8370/3	Maligner Nebennierenrindentumor (C74.0)
9270/3	Maligner odontogener Tumor (C03.9) <Anm. 349>
9542/3	*Maligner peripherer epitheloider Nervenscheidentumor (MPNST)* (C47, C72.1-5; Weichteile, C49) <Anm. 395>
9541/3	*Maligner peripherer melanotischer Nervenscheidentumor (MPNST)* (C47, C72.1-5) <Anm. 394>
9540/3	**Maligner peripherer Nervenscheidentumor (MPNST)** (C47, C72.1-5) <Anm. 392>
9543/3	*Maligner peripherer Nervenscheidentumor (MPNST) mit divergierender mesenchymaler und/oder epithelialer Differenzierung* (C47, C72.1-5) <Anm. 396>
9544/3	*Maligner peripherer Nervenscheidentumor (MPNST) mit glandulärer Differenzierung* (C47, C72.1-5) <Anm. 397>
9561/3	**Maligner peripherer Nervenscheidentumor (MPNST) mit Rhabdomyosarkom** (C47, C72.1-5) <Anm. 400>
9020/3	**Maligner Phyllodes-Tumor** (Brust, C50)
8963/3	**Maligner Rhabdoidtumor o.n.A.**
9252/3	*Maligner Riesenzelltumor der Sehnenscheide* (C49) <Anm. 345>
9251/3	[Maligner Riesenzelltumor der Weichteile] <Anm. 343>
9250/3	[Maligner Riesenzelltumor des Knochens (C40, C41)] <Anm. 342>
8400/3	Maligner Schweißdrüsentumor (Haut, C44; Vulva, C51) <Anm. 123>
8640/3	Maligner Sertoli-Zell-Tumor (Hoden, C62) <Anm. 195>
8810/3	**Maligner solitärer fibröser Tumor** (Pleura, C38.4; Peritoneum, C48.1; Perikard, C38.0) <Anm. 227>
8670/3	*Maligner Steroidzelltumor* (Ovar, C56) <Anm. 199>
8810/3	Maligner submesothelialer fibröser Tumor (Pleura, C38.4; Peritoneum, C48.1) <Anm. 227>
9252/3	*Maligner tendosynovialer Riesenzelltumor* (C49) <Anm. 345>
9561/3	Maligner Tritontumor (C47, C72.1-5) <Anm. 400>
8000/3	Maligner Tumor o.n.A.
8002/3	[Maligner Tumor, kleinzelliger Typ]
8003/3	[Maligner Tumor, Riesenzelltyp]
8004/3	[Maligner Tumor, Spindelzelltyp]

8000/3	Maligner unklassifizierter Tumor
8000/9	Maligner unklassifizierter Tumor, unsicher ob Primärtumor oder Metastase
8010/3	**Maligner unklassifizierter epithelialer Tumor** (Ovar, C56) <Anm. 1>
8800/3	Maligner Weichteiltumor
8650/3	[Maligner Zwischenzelltumor] <Anm. 198>
9310/3	[Malignes Adamantinom] (ausgenommen in Tibia und langen Röhrenknochen, = 9261/3)
9310/3	**Malignes Ameloblastom** (C03.9)
9082/3	[Malignes anaplastisches Teratom (Hoden, C62)] <Anm. 293>
8630/3	**Malignes Androblastom** (Ovar, C56) <Anm. 186,188>
8241/3	[Malignes Argentaffinom]
8630/3	[Malignes Arrhenoblastom] <Anm. 186, 188>
9401/3	Malignes Astrozytom (Gehirn, C71; Rückenmark, C72.0)
8693/3	Malignes Chemodektom <Anm. 201>
9230/3	**Malignes Chondroblastom** (Knochen, C40, C41)
8940/3	**Malignes chondroides Syringom** (Haut, C44)
8745/3	[Malignes desmoplastisches Melanom] <Anm. 211>
9501/3	Malignes Diktyom
8403/3	*Malignes ekkrines Spiradenom* (Haut, C44) <Anm. 124>
8381/3	**Malignes endometrioides Adenofibrom** (Ovar, C56) <Anm. 121>
8381/3	**Malignes endometrioides Zystadenofibrom** (Ovar, C56) <Anm. 121>
9392/3	Malignes Ependymom (Gehirn, C71; Rückenmark, C72.0)
8011/3	[Malignes Epitheliom]
9133/3	Malignes epitheloides Hämangioendotheliom
9133/3	**Malignes epitheloidzelliges Hämangioendotheliom**
8693/3	**Malignes extraadrenales Paragangliom** <Anm. 201>
8830/3	**Malignes fibröses Histiozytom** <Anm. 234>
8830/3	Malignes Fibroxanthom <Anm. 234>
9505/3	*Malignes Gangliogliom*
8153/3	[Malignes Gastrinom] <Anm. 68>
9380/3	**Malignes Gliom** (Gehirn, C71; Rückenmark, C72.0)
8152/3	[Malignes Glukagonom] <Anm. 68>
9580/3	Malignes Granularzellmyoblastom
9130/3	**Malignes Hämangioendotheliom**
9150/3	**Malignes Hämangioperizytom** <Anm. 319>
8170/3	Malignes Hepatom (C22)
8151/3	[Malignes Insulinom] <Anm. 68>
9083/3	[Malignes Intermediär-Teratom (Hoden, C62)] <Anm. 293>
8982/3	*Malignes klarzelliges Myoepitheliom* (Parotis, C07; andere große Speicheldrüsen, C08; Nasen- und Nasennebenhöhlen, C30.0, C31) <Anm. 268>
8891/3	Malignes Leiomyoblastom <Anm. 252>
8810/3	Malignes lokalisiertes fibröses Mesotheliom (Pleura, C38.4; Peritoneum, C48.1; Perikard, C38.0) <Anm. 227>
9170/3	Malignes Lymphangioendotheliom <Anm. 311, 323>
9717/3	*Malignes Lymphom der plasmozytoiden T-Zellen* (K) <Anm. 468>
9740/3	Malignes Mastozytom <Anm. 477>
9501/3	**Malignes Medulloepitheliom**
8720/3	**Malignes Melanom o.n.A.** (C44) <Anm. 208>

8744/3	**Malignes Melanom, akral-lentiginöses (ALM) (C44)**
8721/3	**Malignes Melanom de novo** (Augenlid, C44.1; Konjunktiva, C69.0) <Anm. 210>
8780/3	**Malignes Melanom in blauem Nävus** (Haut C44; Augenlid, C44.1; Konjunktiva, C69.0; Orbita, C69.6)
8742/3	Malignes Melanom in Hutchinson-Melanose (C44)
8740/3	Malignes Melanom in Junktions- oder Compound-Nävus (Augenlid, C44.1; Konjunktiva, C69.0) <Anm. 216>
8761/3	**Malignes Melanom in kongenitalem Melanozyten-Nävus** (C44) <Anm. 219>
8740/3	**Malignes Melanom in Nävuszellnävus** (Augenlid, C44.1; Konjunktiva, C69.0) <Anm. 215>
8761/3	Malignes Melanom in pigmentiertem Riesennävus (C44) <Anm. 219>
8741/3	[Malignes Melanom in prämaligner Melanose] <Anm. 217>
8741/3	**Malignes Melanom in primärer erworbener Melanose** (Augenlid, C44.1; Konjunktiva, C69.0) <Anm. 217>
8723/3	[Malignes Melanom in Regression] <Anm. 211>
8721/3	**Malignes Melanom, nodulares (NM) (C44)** <Anm. 208>
8743/3	**Malignes Melanom, oberflächlich spreitendes (SSM) (C44)**
8720/3	**Malignes Melanom, unklassifiziertes (UCM) (C44)** <Anm. 208>
8720/3	**Malignes Melanom, Ursprung unbekannt** (Augenlid, C44.1)
9560/3	**Malignes melanozytisches Schwannom** (Nervenscheiden, C47, C72.1-5; Weichteile, C49) <Anm. 399>
9530/3	Malignes Meningeom (C70)
8990/3	**Malignes Mesenchymom** <Anm. 269>
9110/3	Malignes Mesonephrom <Anm. 310>
9050/3	**Malignes Mesotheliom o.n.A.** (Pleura, C38.4; Peritoneum, C48.1; Perikard, C38.0) <Anm. 279>
9015/3	*Malignes muzinöses Adenofibrom* <Anm. 270>
9015/3	*Malignes muzinöses Zystadenofibrom* <Anm. 270>
8982/3	*Malignes Myoepitheliom o.n.A.* (Parotis, C07; andere große Speicheldrüsen, C08; Nasen- und Nasennebenhöhlen, C30.0, C31) <Anm. 268>
9560/3	[Malignes Neurilemmom] <Anm. 399>
8745/3	[Malignes neurotropes Melanom] <Anm. 211>
8693/3	Malignes nichtchromaffines Paragangliom <Anm. 201>
9580/3	**Malignes nicht-organoides Granularzellmyoblastom** (Weichteile, C49; Mundhöhle, C01-06; Oropharynx, C10)
8402/3	*Malignes noduläres Hidradenom* (Haut, C44) <Anm. 124>
9386/3	*Malignes Oligoastrozytom* (Gehirn, C71; Rückenmark, C72.0) <Anm. 365>
9451/3	Malignes Oligodendrogliom (Gehirn, C71; Rückenmark, C72.0)
9581/3	**Malignes organoides Granularzellmyoblastom** (Mundhöhle, C01-06; Oropharynx, C10)
9250/3	[Malignes Osteoklastom (C40, C41)] <Anm. 342>
8680/3	**Malignes Paragangliom o.n.A.**
8682/3	*Malignes parasympathisches Paragangliom* <Anm. 201, 203>
8700/3	**Malignes Phäochromozytom** (Nebennierenmark, C74.1; Harnblase, C67) <Anm. 204>
8110/3	**Malignes Pilomatrixom** (C44)
9540/3	Malignes Schwannom o.n.A. (C47, C72.1-5) <Anm. 393>

9561/3	Malignes Schwannom mit rhabdomyoblastischer Differenzierung (C47, C72.1–5) <Anm. 400>
9014/3	*Malignes seröses Adenofibrom* (Ovar, C56) <Anm. 271>
9014/3	*Malignes seröses Zystadenofibrom* (Ovar, C56) <Anm. 271>
8681/3	**Malignes sympathisches Paragangliom** <Anm. 201, 203>
9040/3	[Malignes Synoviom] <Anm. 274>
9080/3	[Malignes Teratoblastom] <Anm. 294>
9502/3	**Malignes teratoides Medulloepitheliom** (Retina, C69.2)
9080/3	Malignes Teratom (Ovar, C56; Hoden, C62; Gehirn, C71) <Anm. 292>
8600/3	**Malignes Thekom** (Ovar, C56) <Anm. 178>
8580/3	*Malignes Thymom* (C37.9; Herz, C38.0) <Anm. 175>
8100/3	*Malignes Trichoepitheliom* (C44) <Anm. 46>
8155/3	[Malignes Vipom] <Anm. 68>
9044/3	Malignes Weichteilmelanom (C49) <Anm. 275>
M-74320	**Mammadysplasie** (C50)
9673/3	**Mantelzell-Lymphom** <Anm. 442>
9607/3	*Mantelzell-Lymphom* (REAL) <Anm. 412>
9607/3	*Mantelzell-Lymphom, blastisches* <Anm. 412>
9607/3	*Mantelzell-Lymphom, typisches* <Anm. 412>
9673/3	Mantelzonen-Lymphom <Anm. 442>
9615/3	*Marginalzonen-B-Zell-Lymphom der Milz* (REAL*) <Anm. 414>
9613/3	*Marginalzonen-B-Zell-Lymphom, extranodaler MALT-Typ* (REAL) <Anm. 414>
9614/3	*Marginalzonen-B-Zell-Lymphom, nodaler Typ* (REAL*) <Anm. 414>
8670/0	Maskulinovoblastom (Ovar, C56) <Anm. 199>
M-74320	[Mastopathia chronica cystica o.n.A.]
M-74320	Mastopathia chronica cystica, nicht-proliferativer Typ (C50)
M-74322	Mastopathia chronica cystica, proliferativer Typ (C50)
M-74324	Mastopathia chronica cystica, proliferativer Typ mit Atypie (C50)
M-74320	Mastopathie, fibrozystische o.n.A. (Mamma, C50)
M-74322	Mastopathie, fibrozystische, proliferativer Typ (C50)
M-74324	Mastopathie, fibrozystische, proliferativer Typ mit Atypien (C50)
9740/1	Mastozytom o.n.A.
9740/3	Mastozytom, malignes <Anm. 477>
9740/1	**Mastozytose** (Haut, C44)
9741/3	Mastozytose, maligne <Anm. 478>
DC-47080	Mastozytose, reaktive <Anm. 378>
9741/3	**Mastozytose, systemische** <Anm. 478>
9900/3	**Mastzell-Leukämie**
9740/1	Mastzellneoplasie, unklassifiziert
DC-47080	Mastzellproliferation, reaktive <Anm. 378>
9741/3	[Mastzellretikulose] <Anm. 478>
9740/3	Mastzellsarkom o.n.A. <Anm. 477>
9740/3	**Mastzellsarkom, lokalisiertes** <Anm. 477>
9740/1	**Mastzelltumor o.n.A.**
9740/3	Mastzelltumor, maligner <Anm. 477>
8510/3	Medulläres Adenokarzinom <Anm. 155>
8510/3	**Medulläres Karzinom o.n.A.** <Anm. 155>
8511/3	[Medulläres Karzinom mit amyloidem Stroma] <Anm. 156>

8512/3	Medulläres Karzinom mit lymphoidem Stroma (Magen, C16) <Anm. 157>
8515/3	*Medulläres Karzinom mit papillärer Komponente* (Schilddrüse, C73) <Anm. 160>
9180/0	Medulläres Osteom (Knochen, C40, C41) <Anm. 324>
9180/3	Medulläres Osteosarkom o.n.A. (Knochen, C40, C41) <Anm. 325>
9732/3	**Medulläres Plasmozytom** <Anm. 475>
9470/3	**Medulloblastom o.n.A.** (Kleinhirn, C71.6)
9471/3	**Medulloblastom, desmoplastisches** (Kleinhirn, C71.6)
9474/3	*Medulloblastom, melanotisches* (Gehirn, C71; Rückenmark, C72.0) <Anm. 378>
9501/3	**Medulloepitheliom o.n.A.**
9501/0	*Medulloepitheliom, benignes* (Retina, C69.2) <Anm. 381>
9501/3	**Medulloepitheliom, malignes**
9502/3	Medulloepitheliom, teratoides o.n.A. (Retina, C69.2)
9502/0	*Medulloepitheliom, teratoides benignes* (Retina, C69.2) <Anm. 382>
9502/3	**Medulloepitheliom, teratoides malignes** (Retina, C69.2)
9472/3	**Medullomyoblastom** (Kleinhirn, C71.6)
9910/3	**Megakaryoblastenleukämie, akute** (FAB: M7) <Anm. 510>
9910/3	Megakaryozytäre Myelose <Anm. 510>
9961/1	Megakaryozytäre Myelosklerose <Anm. 516>
9910/3	Megakaryozytenleukämie, akute <Anm. 510>
9363/0	[Melanoameloblastom]
8720/3	[Melanom o.n.A] <Anm. 208>
8744/3	**Melanom, akral-lentiginöses** (ALM) (C44)
8730/3	[Melanom, amelanotisches] <Anm. 211>
8720/0	**Melanom, benignes** (Uvea, C69.4)
8770/0	Melanom, juveniles (Haut, C44; Konjunktiva C69.0)
8720/3	**Melanom, malignes o.n.A.** (C44) <Anm. 208>
8721/3	Melanom, malignes de novo (Augenlid, C44.1; Konjunktiva, C69.0) <Anm. 210>
8745/3	[Melanom, malignes desmoplastisches] <Anm. 211>
8780/3	**Melanom, malignes in blauem Nävus** (Haut, C44; Augenlid, C44.1; Konjunktiva, C69.0; Orbita, C69.6)
8761/3	**Melanom, malignes in kongenitalem Melanozyten-Nävus** (C44) <Anm. 219>
8740/3	Melanom, malignes in Junktions- oder Compoundnävus (Augenlid, C44.1; Konjunktiva, C69.0)
8740/3	**Melanom, malignes in Nävuszellnävus** (Augenlid, C44.1; Konjunktiva, C69.0) <Anm. 215>
8761/3	Melanom, malignes in pigmentiertem Riesennävus (C44) <Anm. 219>
8741/3	[Melanom, malignes in prämaligner Melanose] <Anm. 217>
8741/3	**Melanom, malignes in primärer erworbener Melanose** (Augenlid, C44.1; Konjunktiva, C69.0) <Anm. 217>
8745/3	[Melanom, malignes neurotropes] <Anm. 211>
8720/3	**Melanom, malignes, Ursprung unbekannt** (Augenlid, C44.1)
8720/3	**Melanom, mukosal-lentiginöses** (Schleimhäute) <Anm. 208>
8721/3	**Melanom, noduläres** (NM) (C44) <Anm. 208>
8743/3	**Melanom, oberflächlich spreitendes** (SSM) (C44)

8720/3	**Melanom, unklassifiziertes (UCM)** (C44) <Anm. 208>
8720/2	[Melanoma in situ o.n.A.] <Anm. 207>
8741/2	Melanoma in situ, pagetoides (C44)
8720/3	**Melanomatose, meningeale** (Meningen, C70) <Anm. 209>
M-57210	Melanose o.n.A.
M-57210	**Melanose, diffuse**
M-57210	**Melanose, kongenitale**
8741/2	Melanose, pagetoide prämaligne (C44)
8741/2	**Melanose, prämaligne** (C44)
8741/2	**Melanose, primäre erworbene** (Augenlid, C44.1; Konjunktiva, C69.0)
8742/2	Melanosis circumscripta praeblastomatosa (Dubreuilh) (C44)
M-57210	**Melanosis coli** D5-44150
9541/3	*Melanotischer maligner peripherer Nervenscheidentumor (MPNST)* (C47, C72.1–5) <Anm. 394>
9474/3	*Melanotisches Medulloblastom* (Gehirn, C71; Rückenmark, C72.0) <Anm. 378>
9541/0	*Melanotisches Neurofibrom* (C47, C72.1–5)
9363/0	Melanotisches Progonom
8720/2	[Melanozyten-Hyperplasie, atypische] <Anm. 207>
8720/3	[Melanozyten-Hyperplasie, schwere] <Anm. 207>
8720/0	**Melanozytennävus o.n.A.** (Haut, C44; Vagina, C52; Cervix uteri, C53)
8750/0	**Melanozytennävus, dermaler** (C44)
8727/0	**Melanozytennävus, dysplastischer** (Haut, C44; Vulva, C51) <Anm. 214>
8720/0	**Melanozytennävus, erworbener** (Vulva, C51)
8740/0	**Melanozytennävus, junktionaler** (C44)
8761/1	**Melanozytennävus, kongenitaler** (C44) <Anm. 218>
8720/0	**Melanozytennävus, rezidivierender** (C44) <Anm. 206>
8760/0	**Melanozytennävus vom Compoundtyp** (C44)
9560/0	**Melanozytisches Schwannom** (C47, C72.1–5) <Anm. 398>
8726/1	*Melanozytom* (Gehirn, C71) <Anm. 213>
8726/0	**Melanozytom der Sehnervenpapille** (C69.2)
8726/0	Melanozytom des Augapfels (C69.4)
M-57210	**Melanozytose, (kongenitale) okulo-dermale** D4-40376
M-57210	Melanozytose, okuläre
9539/3	**Meningealsarkomatose** (C70)
9381/3	**Meningeale Gliomatose** (Gehirn, C71; Rückenmark, C72.0) <Anm. 362>
8720/3	**Meningeale Melanomatose** (Meningen, C70) <Anm. 209>
9530/3	Meningeales Sarkom (C70)
9530/0	**Meningeom o.n.A.** (C70) <Anm. 389>
9530/3	**Meningeom, anaplastisches** (C70)
9535/0	Meningeom, angioblastisches (C70)
9534/0	**Meningeom, angiomatöses** (C70)
9530/1	**Meningeom, atypisches** (C70) <Anm. 390>
9530/0	**Meningeom, chondroides** (C70) <Anm. 389>
9530/0	**Meningeom, ektopisches** (Weichteile, C49; Nasen- und Nasennebenhöhlen, C30.0, C31; Nasopharynx, C11; Orbita, C69.6; Lunge, C34) <Anm. 389>
9531/0	Meningeom, endotheliales (C70)
9532/0	**Meningeom, fibröses** (C70)
9532/0	Meningeom, fibroblastisches (C70)

9535/0	**Meningeom, hämangioblastisches** (C70)
9536/0	**Meningeom, hämangioperizytisches** (C70)
9530/0	**Meningeom, kutanes** (Haut, C44) <Anm. 389>
9530/0	**Meningeom, lymphoplasmozytenreiches** (C70) <Anm. 389>
9530/3	Meningeom, malignes
9531/0	**Meningeom, meningotheliales** (C70)
9530/0	**Meningeom, metaplastisches** (C70) <Anm. 389>
9530/0	**Meningeom, mikrozystisches** (C70) <Anm. 389>
9538/1	**Meningeom, papilläres** (C70)
9533/0	**Meningeom, psammöses** (C70)
9530/0	**Meningeom, sekretorisches** (C70) <Anm. 389>
9531/0	Meningeom, synzytiales (C70)
9530/1	Meningeomatose o.n.A. (C70)
9530/1	Meningeomatose, diffuse (C70)
9530/1	Meningeome, multiple (C70)
9531/0	**Meningotheliales Meningeom** (C70)
9530/3	Meningotheliales Sarkom (C70)
8247/3	Merkel-Zell-Karzinom (Haut, C44)
8247/3	Merkel-Zell-Tumor, maligner (Haut, C44; Vulva, C51)
8990/1	[Mesenchymaler Mischtumor o.n.A.]
9240/3	**Mesenchymales Chondrosarkom** (Knochen, C40, C41; Weichteile, C49; Gehirn, C71)
M-75640	**Mesenchymales Hamartom**
8990/1	[Mesenchymom o.n.A.]
8990/0	**Mesenchymom, benignes**
8990/3	**Mesenchymom, malignes** <Anm. 269>
8822/1	Mesenteriale Fibromatose (C48.16)
8960/1	**Mesoblastisches Nephrom** (C64) <Anm. 264>
9110/1	[Mesonephrischer Tumor] <Anm. 309>
8313/0	**Mesonephrisches Adenofibrom** (Ovar, C56)
9110/3	**Mesonephrisches Adenokarzinom** <Anm. 310>
8310/1	*Mesonephroides Klarzelladenom von Borderline-Malignität* (Ovar, C56) <Anm. 97>
8310/3	Mesonephroides Klarzellkarzinom
9110/0	[Mesonephrom o.n.A.] <Anm. 309>
9110/3	Mesonephrom, malignes <Anm. 310>
9050/0	[Mesotheliom, benignes o.n.A.] <Anm. 277>
9054/0	Mesotheliom, benignes des männlichen Genitales (C63.9)
9053/3	Mesotheliom, biphasisches o.n.A. (Pleura, C38.4; Peritoneum, C48.1; Perikard, C38.0)
9053/0	[Mesotheliom, biphasisches benignes] <Anm. 277>
9053/3	**Mesotheliom, biphasisches malignes** (Pleura, C38.4; Peritoneum, C48.1; Perikard, C38.0)
9050/3	Mesotheliom, desmoplastisches diffuses malignes (DMM) (Peritoneum, C48.1; Pleura, C38.4; Perikard, C38.0) <Anm. 279>
9050/3	Mesotheliom, deziduoides peritoneales diffuses malignes (C48.1) <Anm. 279>
9050/3	Mesotheliom, diffuses o.n.A. (Pleura, C38.4; Peritoneum, C48,1; Perikard, C38.0)

9050/3	**Mesotheliom, diffuses malignes (DMM)** (Pleura, C38.4; Peritoneum, C48.1; Perikard, C38.0) <Anm. 279>
9052/0	[Mesotheliom, epitheliales benignes] <Anm. 277>
9052/3	**Mesotheliom, epitheliales malignes** (Pleura, C38.4; Peritoneum, C48.1; Perikard, C38.0)
9051/0	[Mesotheliom, fibröses benignes] <Anm. 277>
9051/3	Mesotheliom, fibröses malignes (Pleura, C38.4; Peritoneum, C48.1; Perikard, C38.0)
9056/3	*Mesotheliom, gut differenziertes papilläres* (Peritoneum, C48.1) <Anm. 281>
9050/3	Mesotheliom, kleinzelliges diffuses malignes (DMM) (Peritoneum, C48.1; Pleura, C38.4; Perikard, C38.0) <Anm. 279>
8810/0	Mesotheliom, lokalisiertes fibröses (Pleura, C38.4; Peritoneum, C48.1; Leber, C22; Perikard, 38.0) <Anm. 227>
9050/3	Mesotheliom, lymphohistiozytäres diffuses malignes (DMM) (Peritoneum, C48,1; Pleura, C38.4; Perikard, C38.0) <Anm. 279>
8810/3	Mesotheliom, malignes lokalisiertes fibröses (Pleura, C38.4; Peritoneum, C48.1; Perikard, C38.0) <Anm. 227>
9055/1	[Mesotheliom, multizystisches o.n.A.] <Anm. 280>
9055/0	*Mesotheliom, multizystisches benignes* (Pleura, C38.4; Peritoneum, C48.1; Perikard, C38.0) <Anm. 280>
9051/3	Mesotheliom, sarkomatöses malignes (Pleura, C38.4; Peritoneum, C48.1; Perikard, C38.0)
9057/3	Mesotheliom, schlecht differenziertes diffuses malignes (Pleura, C38.4; Peritoneum, C48.1; Perikard, C38.0) <Anm. 282>
9051/3	**Mesotheliom, spindelzelliges malignes** (Pleura, C38.4; Peritoneum, C48.1; Perikard, C38.0)
9057/3	*Mesotheliom, undifferenziertes diffuses malignes* (Pleura, C38.4; Peritoneum, C48.1; Perikard, C38.0) <Anm. 282>
9055/1	[Mesotheliom, zystisches o.n.A.] <Anm. 280>
9055/0	*Mesotheliom, zystisches benignes* (Pleura, C38.4; Peritoneum, C48.1; Perikard, C38.0) <Anm. 280>
9055/3	*Mesotheliom, zystisches malignes* (Peritoneum, C48.1) <Anm. 280>
9050/2	*Mesothelioma in situ* (Pleura, C38.4; Peritoneum, C48.1; Perikard, C38.0) <Anm. 278>
M-74810	**Metaphysendefekt, fibröser**
M-73000	Metaplasie o.n.A.
M-73330	Metaplasie, gastrische
M-73300	**Metaplasie, glanduläre**
M-73320	**Metaplasie, intestinale**
M-73400	Metaplasie, knöcherne
M-73500	Metaplasie, myeloide
M-73500	Metaplasie, myeloische
M-73380	Metaplasie, nephrogene
M-73050	**Metaplasie, onkozytäre**
9530/0	**Metaplastisches Meningeom** (C70) <Anm. 389>
8000/6	Metastase o.n.A.
8941/3	Metastasierendes pleomorphes Adenom (Parotis, C07; andere große Speicheldrüsen, C08) <Anm. 261>

8095/3	**Metatypisches Karzinom** (Haut, C44) <Anm. 44>
9713/3	„Midline granuloma" (K) <Anm. 464>
8333/0	**Mikrofollikuläres Adenom** (Schilddrüse, C73)
M-74200	Mikroglanduläre Adenose
M-72480	Mikroglanduläre Hyperplasie
9594/3	**Mikrogliom** (Gehirn, C71) <Anm. 407>
M-75650	**Mikrohamartom**
8076/3	[Mikroinvasives Plattenepithelkarzinom] <Anm. 30>
8341/3	*Mikrokarzinom, papilläres* (Schilddrüse, C73) <Anm. 116>
8407/3	*Mikrozystisches Karzinom der Hautadnexe* (C44) <Anm. 126>
9530/0	**Mikrozystisches Meningeom** (C70) <Anm. 389>
8441/3	[Mikrozystisches seröses Adenokarzinom (Pankreas, C25)] <Anm. 131>
M-32000	**Milchgangektasie** (Mamma, C50) D7-90370
8506/0	Milchgangs-Papillomatose, subareoläre (C50.0)
8149/3	*„Minimal-deviation"-Adenokarzinom* (Cervix uteri, C53; Vagina, C52) <Anm. 67>
8720/3	[„Minimal-deviation"-Melanom] <Anm. 208>
8331/3	Minimal invasives (abgekapseltes) folliküläres Karzinom (Schilddrüse, C73) <Anm. 111>
9382/3	[Mischgliom] <Anm. 363>
8323/3	**Mischkarzinom** (Corpus uteri, C54) <Anm. 106>
9537/0	Mischmeningeom (C70) <Anm. 391>
8940/0	Mischtumor o.n.A.
9085/3	**Mischtumor, germinaler** (auch Gehirn, C71) <Anm. 298>
8940/3	**Mischtumor, maligner** (ausgenommen alle Lokalisationen von 8941/3)
8941/3	**Mischtumor, maligner** (Parotis, C07; andere große Speicheldrüsen, C08; Nasen- und Nasennebenhöhlen, C30.0, C31; Larynx, C32; Hypopharynx, C13; Trachea, C33; Tränenwege, C69.5) <Anm. 261>
8951/3	**Mischtumor, maligner mesodermaler** (ausgenommen Corpus uteri, = 8980/3) <Anm. 262>
8980/3	**Mischtumor, maligner mesodermaler** (Corpus uteri, C54) <Anm. 262>
8990/1	[Mischtumor, mesenchymaler o.n.A.]
8940/0	Mischtumor vom Speicheldrüsentyp
M-74410	**Mittelgradige Dysplasie**
9707/3	**Mittelgroß- und großzelliges pleomorphes T-Zell-Lymphom** (K) <Anm. 460>
9764/3	[Mittelmeer-Lymphom] <Anm. 481>
8950/3	**Müller-Mischtumor, maligner** (ausgenommen Cervix uteri und Vagina, = 8951/3, und Corpus uteri, = 8980/3) <Anm. 262>
8951/3	**Müller-Mischtumor, maligner** (Cervix uteri, C53; Vagina, C52) <Anm. 262>
8980/3	Müller-Mischtumor, maligner (Corpus uteri, C54) <Anm. 262>
9100/1	Mole, invasive (Plazenta, C58; auch extraplazentar) <Anm. 303>
M-72151	**Molluscum contagiosum** DE-31A10
M-72860	Molluscum pseudocarcinomatosum
M-72860	Molluscum sebaceum
9895/3	*Monoblastenleukämie, akute o.n.A.* (FAB: M5a) <Anm. 509>
9896/3	*Monoblastenleukämie, akute mit Ausreifung* <Anm. 509>
9896/3	*Monoblastenleukämie, akute mit Differenzierung* <Anm. 509>

9765/1	**Monoklonale Gammopathie** <Anm. 482>
9972/1	*Monomorphe Posttransplantations-Lymphoproliferative Erkrankung (PTLE)* <Anm. 520>
8146/0	[Monomorphes Adenom]
M-74000	**Monostotische fibröse Dysplasie** D1-61628
9890/3	[Monozytäre Leukämie o.n.A.]
9890/3	[Monozytenleukämie o.n.A.]
9891/3	**Monozytenleukämie, akute** (FAB: M5) <Anm. 509>
9896/3	*Monozytenleukämie, akute differenzierte* <Anm. 509>
9895/3	*Monozytenleukämie, akute schlecht differenzierte* <Anm. 509>
9895/3	*Monozytenleukämie, akute undifferenzierte* <Anm. 509>
9894/3	[Monozytenleukämie, aleukämische]
9893/3	[Monozytenleukämie, chronische]
9892/3	[Monozytenleukämie, subakute]
9711/3	**Monozytoides B-Zell-Lymphom** (K) <Anm. 463>
9481/3	[Monstrozelluläres Sarkom] <Anm. 374>
–	Morbus siehe M.
M-78000	**Morton-Neurom** DA-43096
8084/3	*Mukoepidermoidkarzinom* (Analkanal, C21.1) <Anm. 37>
8430/3	**Mukoepidermoidkarzinom** (Parotis, C07; andere große Speicheldrüsen, C08; Nasen- und Nasennebenhöhlen, C30.0, C31; Nasopharynx, C11; Larynx, C32; Hypopharynx, C13; Trachea, C33; Haut, C44; Corpus uteri, C54)
8430/1	[Mukoepidermoidtumor]
8480/3	[Muköses Karzinom] <Anm. 141>
8480/3	[Mukoides Karzinom] <Anm. 141>
8300/0	Mukoidzelladenom (Hypophyse, C75.1)
8300/3	Mukoidzellkarzinom (Hypophyse, C75.1)
8243/3	**Mukokarzinoid** (diffuses endokrines System)
8243/3	Mukokarzinoidtumor (Appendix, C18.1)
8720/3	**Mukosal-lentiginöses Melanom** (Schleimhäute) <Anm. 208>
M-33440	**Mukozele**
M-33440	**Mukozele, obstruktive**
8091/3	**Multifokales oberflächliches Basalzellkarzinom** (Haut, C44) <Anm. 41>
9055/0	*Multilokuläre peritoneale Einschlußzyste* (C48.1)
8960/0	*Multilokuläres zystisches Nephrom* (C64) <Anm. 263>
8221/0	[Multiple adenomatöse Polypen] <Anm. 82>
8360/1	**Multiple endokrine Adenome**
9210/1	**Multiple hereditäre Osteochondrome** (Knochen, C40, C41; Synovia, C49.93)
8840/0	Multiple intramuskuläre Myxome <Anm. 237>
M-72870	**Multiple Keratoakanthome**
8850/0	Multiple Lipome <Anm. 240>
9530/1	Multiple Meningeome (C70)
9540/1	Multiple Neurofibrome (C47, C72.1-5)
M-72870	Multiple subepitheliale Epitheliome
8102/0	**Multiple Tricholemmome** (C44) <Anm. 47>
9140/3	Multiples hämorrhagisches Sarkom
9732/3	Multiples Myelom <Anm. 475>

8091/3	Multizentrisches Basalzellkarzinom (Haut, C44) <Anm. 41>
9055/0	*Multizystisches benignes Mesotheliom* (Pleura, C38.4; Peritoneum, C48.1; Perikard, C38.0) <Anm. 280>
9055/1	[Multizystisches Mesotheliom o.n.A. (Peritoneum, C48.1)] <Anm. 280>
8821/1	Musculoaponeurosen-Fibromatose
M-73400	Muskelverknöcherung o.n.A. D1-50210
8473/3	[Muzinöser papillärer Tumor mit geringem Malignitätspotential]
8472/3	[Muzinöser Tumor mit geringem Malignitätspotential o.n.A.]
8470/1	*Muzinöser zystischer Tumor mit mäßiger Dysplasie* (Pankreas, C25) <Anm. 137>
9015/0	**Muzinöses Adenofibrom** (Ovar, C56)
9015/1	*Muzinöses Adenofibrom von Borderline-Malignität* <Anm. 270>
8480/3	**Muzinöses Adenokarzinom** <Anm. 141, 143>
8480/0	**Muzinöses Adenom** <Anm. 136>
8480/3	**Muzinöses ekkrines Karzinom** (Haut, C44)
8243/3	Muzinöses Karzinoid (Appendix, C18.1)
8480/3	**Muzinöses Karzinom** (Mamma, C50; Cervix uteri, C53; Vagina, C52) <Anm. 141, 143>
8480/3	**Muzinöses nichtzystisches Karzinom** (Pankreas, C25) <Anm. 142, 143>
8471/3	**Muzinöses papilläres Zystadenokarzinom** (Ovar, C56)
8471/0	**Muzinöses papilläres Zystadenom** (Ovar, C56)
8473/3	**Muzinöses papilläres Zystadenom von Borderline-Malignität** (Ovar, C56) <Anm. 139>
9015/0	Muzinöses Zystadenofibrom (Ovar, C56)
9015/1	*Muzinöses Zystadenofibrom von Borderline-Malignität* <Anm. 270>
8470/3	**Muzinöses Zystadenokarzinom** (Ovar, C56;Pankreas, C25) <Anm. 138>
8470/0	**Muzinöses Zystadenom o.n.A.** (Ovar, C56; Pankreas, C25) <Anm. 136>
8472/3	**Muzinöses Zystadenom von Borderline-Malignität** (Ovar, C56) <Anm. 139>
8470/0	Muzinöses Zystom (Ovar, C56) <Anm. 136>
9700/3	**Mycosis fungoides** (K, W) <Anm. 454>
9631/3	*Mycosis fungoides / Sézary-Syndrom* (REAL) <Anm. 423>
9989/1	**Myelodysplastisches Syndrom o.n.A.** <Anm. 521>
9989/1	Myelodysplastisches Syndrom, unklassifiziert <Anm. 521>
9932/3	[Myelofibrose, akute] <Anm. 512>
9961/1	Myelofibrose, idiopathische <Anm. 516>
9961/1	[Myelofibrose mit myeloischer Metaplasie] <Anm. 516>
M-73500	Myeloide Metaplasie
9860/3	[Myeloische Leukämie o.n.A.]
M-73500	Myeloische Metaplasie
8870/0	**Myelolipom**
9732/3	Myelom, multiples <Anm. 475>
9731/3	[Myelom, solitäres] <Anm. 475>
9732/3	[Myelomatose] <Anm. 475>
9860/3	[Myelomonozytäre Leukämie o.n.A.]
9960/1	[Myeloproliferative Krankheit o.n.A.] <Anm. 515>
9960/1	[Myeloproliferatives Syndrom (MPS) o.n.A.] <Anm. 515>
9930/3	[Myelosarkom] <Anm. 511>
9841/3	Myelose, akute erythrämische

9840/3	Myelose, eythrämische o.n.A. <Anm. 497, 501>
9910/3	Myelose, megakaryozytäre <Anm. 510>
9961/1	Myelosklerose, megakaryozytäre <Anm. 516>
9860/3	[Myelozytäre Leukämie o.n.A.]
9732/3	Mylom o.n.A. <Anm. 475>
9580/0	**„Myoblastom", kongenitales**
8982/0	Myoepitheliales Adenom
8982/3	*Myoepitheliales Karzinom* (Parotis, C07; andere große Speicheldrüsen, C08; Nasen- und Nasennebenhöhlen, C30.0, C31) <Anm. 268>
8982/0	**Myoepitheliom, benignes**
8982/3	*Myoepitheliom, malignes o.n.A.* (Parotis, C07; andere große Speicheldrüsen, C08; Nasen- und Nasennebenhöhlen, C30.0, C31) <Anm. 268>
8982/3	Myoepitheliom, malignes klarzelliges (Parotis, C07; andere große Speicheldrüsen, C08; Nasen- und Nasennebenhöhlen, C30.0, C31) <Anm. 268>
M-78800	**Myofibroblastentumor, entzündlicher**
8898/0	*Myofibroblastom* (Lymphknoten, C77; Brust, C50; Vulva, C51) <Anm. 253>
8890/0	Myofibrom
8824/1	**Myofibromatose o.n.A.** <Anm. 231>
8824/1	**Myofibromatose, infantile** (Haut, C44) <Anm. 231>
8860/0	Myolipom
8895/0	[Myom]
8895/3	[Myosarkom]
M-73400	**Myositis ossificans o.n.A.**
M-73400	Myositis ossificans circumscripta D1-50240
M-73400	Myositis ossificans, progressive D1-50220
M-73400	Myositis ossificans, traumatische D1-50230
M-76000	**Myositis proliferans**
8811/0	Myxofibrom
9320/0	Myxofibrom, odontogenes (C03.9)
8811/3	**Myxofibrosarkom**
9231/3	**Myxoides Chondrosarkom** (Knochen, C40, C41; Weichteile, C49; Gehirn, C71)
8811/0	Myxoides Fibrom
8896/3	**Myxoides Leiomyosarkom** <Anm. 251>
8852/3	**Myxoides Liposarkom** <Anm. 245>
8830/3	Myxoides malignes fibröses Histiozytom <Anm. 234>
8852/0	[Myxolipom]
8852/3	[Myxoliposarkom] <Anm. 245>
8840/0	**Myxom o.n.A.**
8840/0	Myxom, intramuskuläres
8840/0	Myxom, kutanes
9320/0	**Myxom, odontogenes** (C03.9)
8840/0	Myxome, multiple intramuskuläre <Anm. 237>
9394/1	**Myxopapilläres Ependymom** (Gehirn, C71; Rückenmark, C72.0)
8840/3	**Myxosarkom**

N

8810/0	**Nackenfibrom** (C49.06) <Anm. 226>
M-44040	**Naevoxanthoendotheliom**

M-75560	**Naevus araneus** D3-85200
M-75550	**Naevus comedonicus**
M-75560	**Naevus flammeus**
M-75580	**Naevus lipomatosus superficialis**
M-75560	**Naevus sanguineus**
M-75550	**Naevus sebaceus** D4-01012
M-75530	Naevus verrucosus
M-75530	Naevus (verrucosus) unius lateris
8730/0	[Nävus, achromer]
8727/0	Nävus, atypischer (Haut, C44; Vulva, C51) <Anm. 214>
8780/0	Nävus, blauer (Jadassohn) (Haut, C44; Vulva, C51; Vagina, C52; Cervix uteri, C53; Konjunktiva, C69.0)
8750/0	Nävus, dermaler (Haut, C44; Konjunktiva, C69.0)
8760/0	Nävus, dermaler und epidermaler (C44)
8727/0	Nävus, dysplastischer (Haut, C44; Vulva, C51) <Anm. 214>
M-75530	**Nävus, epidermaler o.n.A.**
M-75550	**Nävus, follikulärer**
8726/0	Nävus, großzelliger der Sehnervenpapille (C69.2)
8750/0	Nävus, intradermaler (Haut, C44; Konjunktiva, C69.0)
8740/0	Nävus, intraepidermaler (C44)
8724/0	[Nävus, involutierter] <Anm. 212>
M-57210	**Nävus Ito** D4-40374
8740/0	**Nävus, junktionaler** (Konjunktiva, C69.0)
8770/0	Nävus, juveniler (Haut, C44; Konjunktiva C69.0)
8720/0	**Nävus, kombinierter** (C44) <Anm. 206>
8780/3	Nävus, maligner blauer (Haut, C44; Augenlid, C44.1; Konjunktiva, C69.0; Orbita, C69.6)
8730/0	**Nävus, nichtpigmentierter** (Haut, C44; Mundhöhle, C01-06; Oropharynx, C10)
M-57210	**Nävus Ota** D4-40376
8720/0	Nävus, pigmentierter (C44)
8723/0	Nävus, regressiver (C44)
8750/0	**Nävus, subepithelialer** (Konjunktiva, C69.0)
8720/0	**Nävus, tief penetrierender** (C44) <Anm. 206>
8780/0	**Nävus, typischer blauer** (Haut, C44; Vulva, C51; Vagina, C52; Cervix uteri, C53; Konjunktiva, C69.0)
M-75560	Nävus, vaskulärer
8790/0	**Nävus, zellreicher blauer** (Haut, C44; Orbita, C69.6)
8720/0	**Nävuszellnävus o.n.A.** (Haut, C44; Vulva, C51; Vagina, C52; Cervix uteri, C53; Uvea, C69.4; Tränenwege, C69.5)
M-74220	Narbe, (komplexe) radiäre (Mamma, C50)
M-78810	Narbenfibromatose
M-26000	**Nasale Gliaheterotopie** D4-91710
M-26000	**Nasales Gliom** D4-91710
M-26000	**Nasengliom** D4-91710
9160/0	[Nasenpapel, fibröse] <Anm. 212>
9160/0	[Nasenpapel-Nävus, fibrosierter] <Anm. 212>
M-26600	**Nasoalveoläre Zyste** D4-51538
M-26600	**Nasolabiale Zyste** D4-51538

9160/0	Nasopharyngeales Angiofibrom (C11)
8010/3	**Nasopharyngeales Karzinom** (C11)
8373/0	Nebennierenadenom, spongiozytäres (C74.0)
8671/0	[Nebennierenresttumor (Ovar, C56)] <Anm. 200>
8370/3	Nebennierenrindenadenokarzinom (C74.0)
8370/0	**Nebennierenrindenadenom o.n.A.** (C74.0) <Anm. 118>
8375/0	**Nebennierenrindenadenom, gemischtzelliger Typ** (C74.0)
8374/0	**Nebennierenrindenadenom, Glomerulosazelltyp** (C74.0)
8373/0	**Nebennierenrindenadenom, Klarzelltyp** (C74.0)
8371/0	**Nebennierenrindenadenom, Kompaktzelltyp** (C74.0)
8372/0	**Nebennierenrindenadenom, stark pigmentierter Typ** (C74.0)
8370/3	**Nebennierenrindenkarzinom** (C74.0)
8370/0	Nebennierenrindentumor, benigner o.n.A. (C74.0)
8370/3	Nebennierenrindentumor, maligner (C74.0)
M-44700	Nekrotisierende granulomatöse Entzündung
8000/1	Neoplasie o.n.A.
8000/0	**Neoplasie, benigne o.n.A.**
8010/0	**Neoplasie, benigne epitheliale**
8000/1	**Neoplasie fraglicher Dignität**
8077/2	**Neoplasie, intraepitheliale Grad 3 von Cervix uteri** (C53), **Vulva** (C51), **Vagina** (C52)
8000/3	**Neoplasie, maligne o.n.A.**
8010/3	**Neoplasie, maligne epitheliale**
8000/9	**Neoplasie, maligne, unsicher ob Primärtumor oder Metastase**
8000/6	**Neoplasie, metastatische**
8140/2	**Neoplasie, prostatische intraepitheliale (PIN 3)** (C61) <Anm. 60>
9064/2	*Neoplasie, testikuläre intraepitheliale (TIN)* (Hoden, C62) <Anm. 285>
8077/2	Neoplasie, vaginale intraepitheliale Grad 3 (VAIN 3) (C52) <Anm. 33>
8077/2	Neoplasie, vulväre intraepitheliale Grad 3 (VIN 3) (C51) <Anm. 32>
8077/2	Neoplasie, zervikale intraepitheliale Grad 3 (CIN 3) (C53) <Anm. 31>
8960/3	**Nephroblastom** (C64)
M-73380	Nephrogene Metaplasie
M-73380	**„Nephrogenes Adenom"** (Harnblase, C67)
8960/1	**Nephrom, mesoblastisches** (C64) <Anm. 264>
8960/0	*Nephrom, multilokuläres zystisches* (C64) <Anm. 263>
M-33600	Nervenscheidenganglion
9562/0	Nervenscheidenmyxom (C47, C72.1-5) <Anm. 401>
9540/3	**Nervenscheidentumor, maligner peripherer (MPNST)** (C47, C72.1-5) <Anm. 392>
9542/3	*Nervenscheidentumor, maligner peripherer epitheloider (MPNST)* C47, C72.1-5; Weichteile, C49) <Anm. 395>
9541/3	*Nervenscheidentumor, maligner peripherer melanotischer (MPNST)* (C47, C72.1-5) <Anm. 394>
9543/3	*Nervenscheidentumor, maligner peripherer (MPNST) mit divergierender mesenchymaler und/oder epithelialer Differenzierung* (C47, C72.1-5) <Anm. 396>
9544/3	*Nervenscheidentumor, maligner peripherer (MPNST) mit glandulärer Differenzierung* (C47, C72.1-5) <Anm. 397>

9561/3	**Nervenscheidentumor, maligner peripherer (MPNST) mit Rhabdomyosarkom** (C47, C72.1-5) <Anm. 400>
8150/0	[Nesidioblastom] <Anm. 68>
8851/0	**Neurales Lipofibrom** (Nerven, C47) <Anm. 240>
9560/0	**Neurilemmom** (C47, C72.1-5) <Anm. 398>
9560/3	[Neurilemmom, malignes] <Anm. 399>
9560/3	[Neurilemmosarkom] <Anm. 399>
9560/1	[Neurinomatose]
9505/1	Neuroastrozytom
9500/3	**Neuroblastom o.n.A.** (ausgenommen Olfaktorius-Neuroblastom, = 9522/3, und peripheres Neuroblastom, = 9503/3)
9503/3	Neuroblastom, peripheres <Anm. 383>
9364/3	[Neuroektodermaler Tumor o.n.A.]
8246/1	*Neuroendokriner Tumor, benigne oder von Low-grade-Malignität* <Anm. 68>
8252/3	*Neuroendokriner Tumor von Low-grade-Malignität* (ausgenommen Lunge, = 8246/3) <Anm. 68, 88>
8246/3	Neuroendokrines Karzinom o.n.A.
8247/3	**Neuroendokrines Karzinom, primäres kutanes** (C44)
8253/3	*Neuroendokrines Karzinom, schlecht differenziertes* <Anm. 68>
8253/3	*Neuroendokrines Karzinom von High-grade-Malignität* <Anm. 68>
8246/3	**Neuroendokrines Karzinom von Low-grade-Malignität** (Lunge, C34) (andere Organe = 8252/3)
8252/3	*Neuroendokrines Karzinom von Low-grade-Malignität* (ausgenommen Lunge, = 8246/3) <Anm. 68, 88>
9503/3	**Neuroepitheliom o.n.A.** (ausgenommen Olfaktorius-Neuroepitheliom, = 9523/3) <Anm. 383>
9540/0	**Neurofibrom o.n.A.** (C47, C72.1-5)
9540/3	Neurofibrom, anaplastisches (C47, C72.1-5) <Anm. 392>
9541/0	**Neurofibrom, melanotisches** (C47, C72.1-5) <Anm. 392>
9550/0	**Neurofibrom, plexiformes** (C47, C72.1-5)
9540/0	Neurofibrom, solitäres (C47, C72.1-5)
9540/0	Neurofibrom, umschriebenes (C47, C72.1-5)
9540/1	**Neurofibromatose** (C47, C72.1-5)
9540/1	Neurofibrome, multiple (C47, C72.1-5)
9540/3	Neurofibrosarkom (C47, C72.1-5) <Anm. 392>
9520/3	**Neurogener Olfaktoriustumor** (C72.2)
9540/3	Neurogenes Sarkom (C47, C72.1-5) <Anm. 392>
M-26630	**Neurogliazyste**
9570/0	[Neurom o.n.A.] <Anm. 403>
9550/0	Neurom, plexiformes (C47, C72.1-5)
9570/0	Neurom, solitäres (Haut, C44) <Anm. 402>
M-78770	**Neurom, traumatisches**
M-75500	**Neuromuskuläres Hamartom** (Weichteile, C49)
8725/0	**Neuronävus** (C44)
9540/3	Neurosarkom (C47, C72.1-5) <Anm. 392>
9562/0	**Neurothekeom** (C47, C72.1-5) <Anm. 401>
9506/0	Neurozytom <Anm. 387>
9506/0	**Neurozytom, zentrales** <Anm. 387>

9860/3	[Neutrophilenleukämie o.n.A.]
9863/3	Neutrophilenleukämie, chronische <Anm. 502>
8350/3	[Nichtabgekapselter sklerosierender Tumor]
8350/3	Nichtabgekapseltes sklerosierendes Adenokarzinom (Schilddrüse, C73)
8350/3	**Nichtabgekapseltes sklerosierendes Karzinom** (Schilddrüse, C73)
8500/2	Nichtinvasives intraduktales Adenokarzinom <Anm. 145>
8500/2	**Nichtinvasives intraduktales Karzinom** <Anm. 145>
8503/2	[Nichtinvasives intraduktales papilläres Adenokarzinom]
8503/2	[Nichtinvasives intraduktales papilläres Karzinom]
8503/2	**Nichtinvasives intraduktales papillär-muzinöses Karzinom** (Pankreas, C25) <Anm. 152>
8504/2	[Nichtinvasives intrazystisches Karzinom]
8941/3	Nichtinvasives Karzinom in pleomorphem Adenom (Parotis, C07; andere große Speicheldrüsen, C08) <Anm. 261>
8501/2	[Nichtinvasives Komedokarzinom]
8470/2	*Nichtinvasives muzinöses Zystadenokarzinom* (Pankreas, C25) <Anm. 137>
8051/2	*Nichtinvasives verruköses Karzinom* (Penis, C60) <Anm. 17>
8046/3	*Nichtkleinzelliges Karzinom* (Lunge, C34) <Anm. 15>
9722/3	[Nichtlipidhaltige Retikuloendotheliose]
M-44200	Nichtnekrotisierende granulomatöse Entzündung
M-74810	**Nichtossifizierendes Fibrom**
8120/3	**Nichtpapilläres invasives Übergangszellkarzinom** <Anm. 50>
8730/0	**Nichtpigmentierter Nävus** (Haut, C44; Mundhöhle, C01-06; Oropharynx, C10)
8072/3	**Nichtverhornendes Plattenepithelkarzinom o.n.A.**
9596/3	*Niedrigmalignes Lymphom, nicht klassifizierbares* <Anm. 408>
8931/1	**Niedrigmalignes Stromasarkom des Endometriums** (C54) <Anm. 260>
M-26400	Nierenblastem, noduläres D4-71044
M-26400	**Nierenblastem, persistierendes**
8964/3	**Nierensarkom, klarzelliges** (C64)
8312/3	Nierenzelladenokarzinom (C64)
8312/3	**Nierenzellkarzinom o.n.A.** (C64)
8320/3	Nierenzellkarzinom, chromophiles (C64) <Anm. 103>
8310/3	Nierenzellkarzinom, chromophobes (C64) <Anm. 98>
8033/3	**Nierenzellkarzinom, sarkomatoides** (C64)
9855/3	*NK-Zell-Leukämie, chronische lymphatische vom azurganulierten Typ* <Anm. 500>
9855/3	*NK-Zell-Leukämie, grobgranuläre chronische lymphatische* <Anm. 500>
M-76100	**Nodale Angiomatose** (Lymphknoten, C77) <Anm. 322>
M-76000	**Noduläre Fasziitis** D1-50460
M-72030	**Noduläre Hyperplasie**
M-72030	**Noduläre regenerative Hyperplasie**
9252/0	*Noduläre Tendosynovitis (lokalisierter Typ)* (C49) <Anm. 344>
M-79680	**Noduläre Thekaluteinhyperplasie**
8832/0	Noduläre Unterhautfibrose (Haut, C44) <Anm. 232>
9691/3	[Noduläres gemischt lymphozytisch-histiozytisches Lymphom]
9693/3	[Noduläres gut differenziertes lymphozytisches Lymphom]
8402/0	**Noduläres Hidradenom** (Haut, C44) <Anm. 124>

9698/3	[Noduläres histiozytisches Lymphom]
9690/3	Noduläres Lymphom o.n.A. <Anm. 453>
9691/3	[Noduläres Lymphom vom Mischzelltyp]
9694/3	[Noduläres lymphozytisches Lymphom von intermediärer Differenzierung]
8721/3	**Noduläres Melanom (NM)** (C44) <Anm. 208>
M-26400	Noduläres Nierenblastem D4-71044
9659/3	Noduläres Paragranulom <Anm. 436>
9696/3	[Noduläres schlecht differenziertes lymphozytisches Lymphom]
9591/3	**Non-Hodgkin-Lymphom o.n.A**
9726/3	*Null-Zell-Lymphom, großzelliges anaplastisches* <Anm. 446, 465>

O

8042/3	Oat-cell-Karzinom (Lunge, C34) <Anm. 12>
8461/3	**Oberflächenkarzinom, seröses papilläres** (Ovar, C56)
9190/3	**Oberflächen-Osteosarkom o.n.A.** (Knochen, C40, C41) <Anm. 332>
9194/3	*Oberflächen-Osteosarkom, hochmalignes (High-grade-)* (Knochen, C40, C41) <Anm. 334>
8463/3	*Oberflächenpapillom von Borderline-Malignität* (Ovar, C56) <Anm. 135>
8461/0	**Oberflächenpapillom, seröses** (Ovar, C56)
8143/3	[Oberflächlich spreitendes Adenokarzinom] <Anm. 63>
8743/3	**Oberflächlich spreitendes Melanom (SSM)** (C44)
8890/3	Oberflächliches Leiomyosarkom (Haut, C44) <Anm. 251>
8091/3	Oberflächliches multizentrisches Basalzellkarzinom (Haut, C44) <Anm. 41>
M-33440	**Obstruktive Mukozele**
9311/0	**Odontoameloblastom** (C03.9)
M-26520	**Odontogene Keratozyste**
M-26520	**Odontogene Zyste o.n.A.**
9270/0	**Odontogener Klarzelltumor** (C03.9) <Anm. 347>
9312/0	**Odontogener Plattenepitheltumor** (C03.9)
9302/0	Odontogener Schattenzelltumor (C03.9) <Anm. 356>
9270/1	[Odontogener Tumor o.n.A.] <Anm. 348>
9321/0	**Odontogenes Fibrom o.n.A.** (C03.9)
9330/3	**Odontogenes Fibrosarkom** (C03.9)
9270/3	Odontogenes Karzinom (C03.9) <Anm. 349, 350>
8980/3	**Odontogenes Karzinosarkom** (Kieferhöhle, C31.0)
9320/0	Odontogenes Myxofibrom (C03.9)
9320/0	**Odontogenes Myxom** (C03.9)
9270/3	Odontogenes Sarkom (C03.9) <Anm. 349>
9302/3	*Odontogenes Schattenzellkarzinom* (C03.9) <Anm. 357>
9280/0	[Odontom o.n.A.] <Anm. 354>
9290/0	Odontom, fibro-ameloblastisches (C03.9) <Anm. 355>
9282/0	**Odontom, komplexes** (C03.9)
9290/3	Odontosarkom, ameloblastisches (C03.9) <Anm. 355>
M-57210	**Okulo-dermale Melanozytose** D4-40376
9522/3	**Olfaktorius-Neuroblastom** (Nasen- und Nasennebenhöhlen, C30.0, C31)
9523/3	**Olfaktorius-Neuroepitheliom** (Nasen- und Nasennebenhöhlen, C30.0, C31)
9520/3	**Olfaktoriustumor, neurogener** (C72.2)

9382/3	**Oligoastrozytom o.n.A.** (Gehirn, C71; Rückenmark, C72.0) <Anm. 363>
9386/3	*Oligoastrozytom, anaplastisches* (Gehirn, C71; Rückenmark, C72.0) <Anm. 365>
9386/3	*Oligoastrozytom, malignes* (Gehirn, C71; Rückenmark, C72.0) <Anm. 365>
9460/3	**Oligodendroblastom** (Gehirn, C71; Rückenmark, C72.0)
9450/3	**Oligodendrogliom o.n.A.** (Gehirn, C71; Rückenmark, C72.0)
9451/3	**Oligodendrogliom, anaplastisches** (Gehirn, C71; Rückenmark, C72.0)
9451/3	Oligodendrogliom, malignes (Gehirn, C71; Rückenmark, C72.0)
M-73050	**Onkozytäre Hyperplasie**
M-73050	**Onkozytäre Metaplasie**
8290/3	Onkozytäres Adenokarzinom
8290/0	Onkozytäres Adenom
8290/3	**Onkozytäres Karzinom** (ausgenommen Brust, C50, = 8573/3) <Anm. 174>
8573/3	[Onkozytäres Karzinom (Brust, C50)] <Anm. 174>
8290/0	Onkozytom
M-73050	**Onkozytose**
9071/3	[Orchioblastom (Hoden, C62)] <Anm. 288>
8842/0	*Ossifizierender fibromyxoider Weichteiltumor* (C49) <Anm. 239>
9262/0	**Ossifizierendes Fibrom** (Knochen, C40, C41)
9180/3	[Osteoblastisches Osteosarkom] <Anm. 325, 326>
9180/3	[Osteoblastisches Sarkom] <Anm. 325>
9200/0	**Osteoblastom o.n.A.** (Knochen, C40, C41)
9200/1	**Osteoblastom, aggressives** (Knochen, C40, C41)
9210/0	**Osteochondrom o.n.A.** (Knochen, C40, C41; Weichteile, C49; Gehirn, C71)
9210/0	Osteochondrom, solitäres (Knochen, C40, C41; Weichteile, C49; Gehirn, C71)
9210/1	Osteochondromatose (Knochen, C40, C41; Synovia, C49.93)
9210/1	**Osteochondrome, multiple hereditäre** (Knochen, C40, C41; Synovia, C49.93)
M-43800	Osteodystrophia deformans
DB-90340	Osteodystrophia fibrosa cystica generalisata
M-74000	**Osteofibröse Dysplasie**
9262/0	Osteofibrom (Knochen, C40, C41)
9182/3	[Osteofibrosarkom]
9180/3	[Osteogenes Sarkom o.n.A.] <Anm. 325>
9191/0	**Osteoid-Osteom o.n.A** (Knochen, C40, C41)
9210/0	Osteokartilaginäre Exostose (Knochen, C40, C41; Weichteile, C49; Gehirn, C71)
8030/3	**Osteoklastischer Riesenzelltumor** (Pankreas, C25) <Anm. 6>
9250/1	Osteoklastom o.n.A. (C40, C41)
9250/3	[Osteoklastom, malignes (C40, C41)] <Anm. 342>
9180/0	**Osteom o.n.A.** (Knochen, C40, C41; Weichteile, C49; Gehirn, C71) <Anm. 324>
9180/0	**Osteom, extraskelettales** (Weichteile, C49; Gehirn, C71)
9180/0	Osteom, juxtakortikales (Knochen, C40, C41) <Anm. 324>
9180/0	Osteom, konventionelles (Knochen, C40, C41) <Anm. 324>
9180/0	Osteom, medulläres (Knochen, C40, C41) <Anm. 324>
9180/0	Osteom, parossales (Knochen, C40, C41) <Anm. 324>

9961/1	**Osteomyelosklerose, idiopathische (OMS)** <Anm. 516>
9961/1	Osteomyelosklerose, primäre <Anm. 516>
9180/3	[Osteosarkom o.n.A.] <Anm. 325>
9181/3	[Osteosarkom, chondroblastisches] <Anm. 326>
9180/3	**Osteosarkom der Weichteile** (C49)
9182/3	[Osteosarkom, fibroblastisches] <Anm. 326>
9184/3	[Osteosarkom in Paget-Knochenkrankheit] <Anm. 328>
9195/3	*Osteosarkom, intrakortikales* (Knochen, C40, C41) <Anm. 335>
9187/3	*Osteosarkom, intraossäres gut differenziertes (Low-grade-)* (Knochen, C40, C41) <Anm. 331>
9192/3	[*Osteosarkom, juxtakortikales*] <Anm. 333>
9185/3	Osteosarkom, kleinzelliges (Knochen, C40, C41) <Anm. 329>
9186/3	*Osteosarkom, konventionelles zentrales* (Knochen, C40, C41) <Anm. 330>
9180/3	Osteosarkom, medulläres o.n.A. (Knochen, C40, C41) <Anm. 325>
9190/3	**Osteosarkom, Oberflächen-, o.n.A.** (Knochen, C40, C41) <Anm. 332>
9180/3	[Osteosarkom, osteoblastisches] <Anm. 325, 326>
9192/3	*Osteosarkom, parossales* (Knochen, C40, C41) <Anm. 333>
9193/3	*Osteosarkom, periossales* (Knochen, C40, C41) <Anm. 333>
9193/3	[Osteosarkom, periostales (Knochen, C40, C41)] <Anm. 333>
9190/3	[Osteosarkom, peripheres] <Anm. 332>
9183/3	**Osteosarkom, teleangiektatisches** (Knochen, C40, C41) <Anm. 327>
9180/3	**Osteosarkom, zentrales o.n.A.** (Knochen, C40, C41) o.n.A. <Anm. 325>
M-43800	[Ostitis deformans] D1-61100
DB-90340	Ostitis fibrosa cystica generalisata
M-57210	**Ota-Nävus** D4-40376
8590/1	[Ovar-Stromatumor]
8290/3	Oxyphiles Adenokarzinom
8290/0	**Oxyphiles Adenom**

P

9507/0	**Pacini-Neurofibrom** (Haut, C44; Weichteile, C49)
9507/0	**Pacini-Tumor**
9507/0	Paciniom
8741/2	Pagetoide prämaligne Melanose (C44)
9700/3	[Pagetoide Retikulose] <Anm. 454>
8741/2	Pagetoides Melanoma in situ (C44)
8898/0	*Palisaden-Myofibroblastom* (Lymphknoten, C77) <Anm. 253>
9570/0	**Palisadenneurom, abgekapseltes** (Haut, C44) <Anm. 402>
M-78800	**Palmare Fibromatose** (M. Dupuytren) D1-50430
8971/3	**Pankreatoblastom** (C25) <Anm. 266>
9931/3	[Panmyelose, akute]
9160/0	**Papel, fibröse** (Haut, C44) <Anm. 212>
M-72050	**Papilläre Hyperplasie**
9013/0	Papilläres Adenofibrom (Ovar, C56)
8260/3	**Papilläres Adenokarzinom** (ausgenommen Prostata, C61, = 8500/3) <Anm. 150>
8500/3	[Papilläres Adenokarzinom (Prostata, C61)] <Anm. 150>
8260/0	**Papilläres Adenom** (ausgenommen Kolon und Rektum, = 8261/1)
8261/1	Papilläres Adenom (Kolon, C18; Rektum, C20)

8050/2	[Papilläres Carcinoma in situ] <Anm. 16>
8408/0	**Papilläres ekkrines Adenom** (Haut, C44)
9393/1	**Papilläres Ependymom** (Gehirn, C71; Rückenmark, C72.0)
8820/0	**Papilläres Fibroelastom** (Herz, C38.0) <Anm. 230>
8405/0	**Papilläres Hidradenom** (Haut, C44)
8050/3	[Papilläres Karzinom o.n.A.] <Anm. 16>
8260/3	**Papilläres Karzinom** (Schilddrüse, C73) <Anm. 95>
8342/3	*Papilläres Karzinom, oxyphiler Zelltyp* (Schilddrüse, C73) <Anm. 117>
8561/0	Papilläres lymphomatöses Zystadenom (Parotis, C07; andere große Speicheldrüsen, C08)
9538/1	**Papilläres Meningeom** (C70)
8341/3	*Papilläres Mikrokarzinom* (Schilddrüse, C73) <Anm. 116>
8052/3	**Papilläres Plattenepithelkarzinom**
8406/0	Papilläres Syringadenom (Haut, C44)
8406/0	Papilläres Syringozystadenom (Haut, C44)
8130/3	**Papilläres Übergangszellkarzinom** <Anm. 50>
8450/3	**Papilläres Zystadenokarzinom o.n.A.** (Ovar, C56)
8450/0	**Papilläres Zystadenom o.n.A.** (Ovar, C56)
8451/3	**Papilläres Zystadenom von Borderline-Malignität** (Ovar, C56)
8503/3	Papillär-muzinöses Karzinom (Pankreas, C25) <Anm. 152>
8452/1	[Papillär-zystischer Tumor (Pankreas, C25)] <Anm. 132>
8450/3	Papillär-zystisches Adenokarzinom (Ovar, C56)
8050/0	**Papillom o.n.A.** (ausgenommen Papillom der Harnblase, = 8120/0)
M-72750	Papillom, basoquamöses
8120/0	[Papillom der Harnblase] <Anm. 49>
8503/0	Papillom, duktales
8121/0	**Papillom, exophytisches** (Nasen- und Nasennebenhöhlen, C30.0, C31) <Anm. 52>
M-76810	Papillom, fibroepitheliales
8503/0	**Papillom, intraduktales**
8504/0	**Papillom, intrazystisches**
8053/0	**Papillom, invertiertes** (ausgenommen Harnblase, C67; Nierenbecken, C65; Ureter, C66; Harnröhre, C68, = 8121/1)
8053/0	**Papillom, invertiertes duktales** (Parotis, C07; andere große Speicheldrüsen, C08)
8121/1	Papillom, invertiertes sino-nasales (Nasen- und Nasennebenhöhlen, C30.0, C31) <Anm. 52>
8052/0	Papillom, keratotisches
8121/0	**Papillom, sinonasales** <Anm. 52>
8121/1	**Papillom, sinonasales (zylinderzelliges), invertierter Typ** (Nasen- und Nasennebenhöhlen, C30.0, C31)
8051/0	[Papillom, verruköses] <Anm. 16>
8261/1	[Papillom, villöses]
8060/0	**Papillomatose o.n.A.** <Anm. 21>
8060/0	**Papillomatose, biliäre** (Leber, C22) <Anm. 21>
8505/0	Papillomatose, diffuse intraduktale
8505/0	**Papillomatose, intraduktale**
M-76770	**Papulose, bowenoide**
D0-30120	**Papulose, lymphomatoide**

9370/0	*Parachordom* (Weichteile, C49) <Anm. 359>
M-33400	**Paradentale Zyste**
8510/3	**Parafollikulärzellkarzinom** (Schilddrüse, C73) <Anm. 155>
8680/1	[Paragangliom o.n.A.] <Anm. 202>
8680/0	*Paragangliom, benignes o.n.A.* (Cauda equina C72.1)
8693/0	*Paragangliom, benignes extraadrenales* <Anm. 201>
8693/0	*Paragangliom, benignes nichtchromaffines* <Anm. 201>
8682/0	*Paragangliom, benignes parasympathisches* <Anm. 201>
8681/0	*Paragangliom, benignes sympathisches* <Anm. 201>
8690/0	*Paragangliom, benignes tympano-jugulares* (C75.53) <Anm. 201, 202>
8700/0	Paragangliom, chromaffines (Nebennierenmark, C74.1; Harnblase, C67)
8691/0	Paragangliom des Aortenglomus, benignes (C75.51) <Anm. 201>
8692/0	Paragangliom des Glomus caroticum, benignes (C75.4) <Anm. 201>
8693/1	[Paragangliom, extraadrenales o.n.A.] <Anm. 201>
8683/0	**Paragangliom, Ganglienzell-** (Duodenum, C17.0)
8680/3	**Paragangliom, malignes o.n.A.**
8693/3	**Paragangliom, malignes extraadrenales** <Anm. 201>
8693/3	Paragangliom, malignes nichtchromaffines <Anm. 201>
8682/3	*Paragangliom, malignes parasympathisches* <Anm. 201, 203>
8681/3	*Paragangliom, malignes sympathisches* <Anm. 201, 203>
8682/1	[Paragangliom, parasympathisches] <Anm. 201>
8681/1	[Paragangliom, sympathisches] <Anm. 201>
9657/3	Paragranulom o.n.A.
9658/3	Paragranulom, diffuses <Anm. 436>
9659/3	Paragranulom, noduläres <Anm. 436>
8682/1	[Parasympathisches Paragangliom] <Anm. 201>
8213/3	*Parietalzellkarzinom* (Magen, C16) <Anm. 86>
9180/0	Parossales Osteom (Knochen, C40, C41) <Anm. 324>
9192/3	*Parossales Osteosarkom* (Knochen, C40, C41) <Anm. 333>
9103/0	**Partielle Blasenmole** (C58) <Anm. 306>
M-37100	Peliosis o.n.A.
M-37100	**Peliosis hepatis** D5-81520
9272/0	Periapikale fibröse Dysplasie (C03.9) <Anm. 352>
9272/0	**Periapikale zementale Dysplasie** (C03.9) <Anm. 352>
9272/0	Periapikale zemento-ossäre Dysplasie (C03.9) <Anm.352>
M-33400	Periapikale Zyste D5-10780
M-78000	**Perifolliküläres Fibrom** (Haut, C44)
9012/0	**Perikanalikuläres Fibroadenom** (Brust, C50)
9132/0	**Perineurales Hämangiom** (C47) <Anm. 317>
M-33400	**Periodontale Zyste** D4-51525
9221/0	**Periossales Chondrom** (Knochen, C40, C41)
9193/3	*Periossales Osteosarkom* (Knochen, C40, C41) <Anm. 333>
8812/0	**Periostales Fibrom** (Knochen, C40, C41)
8812/3	**Periostales Fibrosarkom** (Knochen, C40, C41)
9193/3	[*Periostales Osteosarkom* (Knochen, C40, C41)] <Anm. 333>
8812/3	[Periostales Sarkom o.n.A. (Knochen, C40, C41)]
9602/3	*Periphere B-Zell-Neoplasie, nicht spezifiziert* (REAL)
9503/3	Peripherer neuroektodermaler Tumor <Anm. 383>
9503/3	Peripheres Neuroblastom <Anm. 383>

9322/0	Peripheres odontogenes Fibrom (C03.9)
9190/3	[Peripheres Osteosarkom] <Anm. 332>
M-44110	**Peripheres Riesenzellgranulom** D5-10850
9702/3	**Peripheres T-Zell-Lymphom o.n.A.**
9705/3	**Peripheres T-Zell-Lymphom vom AILD-(LgrX-)Typ** <Anm. 458>
9706/3	[Peripheres T-Zell-Lymphom vom pleomorph-kleinzelligen Typ] <Anm. 459>
9707/3	[Peripheres T-Zell-Lymphom vom pleomorphen mittelgroß- und großzelligen Typ] <Anm. 460>
9632/3	*Peripheres T-Zell-Lymphom, lymphoepitheloidzellige Form* (SMH*) <Anm. 424>
9702/3	**Peripheres T-Zell-Lymphom, unspezifiziertes** (REAL) <Anm. 409>
M-26400	Persistierende embryonale Strukturen
M-26400	**Persistierendes Nierenblastem**
M-75660	**Peutz-Jeghers-Polyp**
M-75660	**Peutz-Jeghers-Polypose**
M-75660	Peutz-Jeghers-Syndrom D4-01035
8070/3	**Pflasterzellkarzinom** <Anm. 23>
8700/3	Phäochromoblastom (Nebennierenmark, C74.1) <Anm. 204>
8700/0	**Phäochromozytom o.n.A.** (Nebennierenmark, C74.1; Harnblase, C67)
8700/3	**Phäochromozytom, malignes** (Nebennierenmark, C74.1; Harnblase, C67) <Anm. 204>
M-26000	**Phakomatöses Choristom**
9020/1	[Phyllodes-Tumor o.n.A.] <Anm. 272>
9020/0	**Phyllodes-Tumor, benigner** (Brust, C50)
9020/3	**Phyllodes-Tumor, maligner** (Brust, C50)
9252/0	*Pigmentierte villonoduläre Synovitis* (C49) <Anm. 344>
8720/0	Pigmentierter Nävus (C44)
9363/0	**Pigmentierter neuroektodermaler Tumor des Kindes**
8761/1	Pigmentierter Riesennävus (C44) <Anm. 218>
8770/0	**Pigmentierter Spindelzellnävus (Reed)** (Haut, C44; Konjunktiva, C69.0)
8097/3	*Pigmentiertes Basalzellkarzinom* (Haut, C44) <Anm. 45>
8833/3	**Pigmentiertes Dermatofibrosarcoma protuberans** (Haut, C44; Subkutis, C49)
9560/0	**Pigmentiertes Schwannom** (Nervenscheiden, C47, C72.1–5; Haut, C44) <Anm. 398>
8720/0	Pigmentnävus o.n.A. (C44)
8102/0	**Pilartumor** (C44) <Anm. 47>
M-33430	**Pilarzyste**
9421/3	Piloides Astrozytom (Gehirn, C71; Rückenmark, C72.0)
8890/0	**Piloleiomyom** (Haut, C44)
8110/3	Pilomatrixkarzinom o.n.A.(C44)
8110/0	**Pilomatrixom o.n.A.** (C44)
8110/3	**Pilomatrixom, malignes** (C44)
9421/3	**Pilozytisches Astrozytom** (Gehirn, C71; Rückenmark, C72.0)
9340/0	Pindborg-Tumor (C03.9)
9360/1	[Pinealom] <Anm. 358>
9362/3	**Pineoblastom** (Zirbeldrüse, C75.3)
9361/1	**Pineozytom** (Zirbeldrüse, C75.3)

8093/3	Pinkus-Tumor (Haut, C44) <Anm. 43>
9444/0	[*Pituizytom* (Hypophyse, C75.1)] <Anm. 375>
M-78800	**Plantare Fibromatose (M. Ledderhose)** D1-50440
M-72832	**Plaque, keratotische**
M-43061	**Plasmazellgranulom**
9830/3	**Plasmazell-Leukämie** <Anm. 493>
9732/3	Plasmazellmyelom <Anm. 475>
M-43061	**Plasmazellpseudotumor**
9830/3	Plasmozytäre Leukämie <Anm. 493>
9733/3	*Plasmozytisches Lymphom* (K) <Anm. 475, 476>
9671/3	[Plasmozytoides Lymphom (W)] <Anm. 441>
9731/3	**Plasmozytom o.n.A.** <Anm. 475>
9733/3	*Plasmozytom, extramedulläres* <Anm. 476>
9732/3	**Plasmozytom, medulläres** <Anm. 475>
9731/3	[Plasmozytom, solitäres] <Anm. 475>
9731/3	Plasmozytom, unklassifiziertes <Anm. 475>
M-72150	**Plattenepithelhyperplasie** (ausgenommen atypische = M-72005)
M-72005	**Plattenepithelhyperplasie, atypische**
8070/3	**Plattenepithelkarzinom o.n.A.** <Anm. 23>
8075/3	**Plattenepithelkarzinom, adenoides** <Anm. 27>
8075/3	**Plattenepithelkarzinom, akantholytisches** (Haut, C44; Vulva, C51) <Anm. 28>
8123/3	**Plattenepithelkarzinom, basaloides** (Analkanal, C21.1; Vulva, C51) <Anm. 54>
8094/3	**Plattenepithelkarzinom, basaloides** (Mundschleimhaut C00.3, 4, C03, C04, C05.0, C06; Larynx, C32; Hypopharynx, C13; Trachea, C33) <Anm. 44>
8085/3	*Plattenepithelkarzinom, desmoplastisches* (Haut, C44; Lippen, C00) <Anm. 38>
8072/3	**Plattenepithelkarzinom, großzelliges nichtverhornendes** (Analkanal, C21.1) <Anm. 24>
8071/3	**Plattenepithelkarzinom, großzelliges verhornendes** (Analkanal, C21.1) <Anm. 24>
8070/2	**Plattenepithelkarzinom in situ o.n.A.** <Anm. 22>
8076/2	[Plattenepithelkarzinom in situ mit fraglicher Stromainvasion] <Anm. 29>
8070/2	Plattenepithelkarzinom, intraepitheliales o.n.A. <Anm. 22>
8081/2	Plattenepithelkarzinom, intraepitheliales vom Bowen-Typ (Haut, C44; Penis, C60; Larynx, C32) <Anm. 36>
8073/3	**Plattenepithelkarzinom, kleinzelliges nichtverhornendes**
8082/3	**Plattenepithelkarzinom, lymphoepitheliales** (Haut, C44)
8076/3	[Plattenepithelkarzinom, mikroinvasives] <Anm. 30>
8078/2	*Plattenepithelkarzinom mit Hornbildung, in situ* (Haut, C44) <Anm. 34>
8078/3	*Plattenepithelkarzinom mit Hornbildung, invasiv* (Haut, C44) <Anm. 34>
8084/3	*Plattenepithelkarzinom mit muzinösen Mikrozysten* (Analkanal, C21.1) <Anm. 37>
8079/3	*Plattenepithelkarzinom mit Tumorriesenzellen* (Vulva, C51) <Anm. 35>
8072/3	**Plattenepithelkarzinom, nichtverhornendes o.n.A.**
8052/3	**Plattenepithelkarzinom, papilläres**
8075/3	**Plattenepithelkarzinom, pseudoglanduläres** <Anm. 27>

8074/3	**Plattenepithelkarzinom, spindelzelliges** <Anm. 25>
8071/3	**Plattenepithelkarzinom, verhornendes** o.n.A.
8051/3	**Plattenepithelkarzinom, verruköses** <Anm. 18>
8054/3	*Plattenepithelkarzinom, warziges (kondylomatöses)* (Vulva, C51; Vagina, C52; Cervix uteri, C53) <Anm.20>
M-72760	Plattenepithelkeratose, benigne
M-73220	**Plattenepithelmetaplasie**
8052/0	**Plattenepithelpapillom**
8560/3	[Plattenepitheltumor, adenokarzinomatöser]
9312/0	**Plattenepitheltumor, odontogener** (C03.9)
M-33410	**Plattenepithelzyste**
9104/1	**Plazentatumor, trophoblastischer** (C58) <Anm. 307>
8940/0	**Pleomorphes Adenom**
8022/3	**Pleomorphes Karzinom**
8854/0	**Pleomorphes Lipom**
8854/3	**Pleomorphes Liposarkom** <Anm. 248>
8901/3	**Pleomorphes Rhabdomyosarkom** <Anm. 255>
9424/3	**Pleomorphes Xanthoastrozytom** (Gehirn, C71; Rückenmark, C72.0)
8802/3	Pleomorphzelliges Sarkom
9131/0	**Plexiformes Hämangiom**
9550/0	**Plexiformes Neurofibrom** (C47, C72.1–5)
9550/0	Plexiformes Neurom (C47, C72.1–5)
9560/0	**Plexiformes Schwannom** (C47, C72.1–5) <Anm. 398>
8972/3	Pneumoblastom (C34) <Anm. 267>
9443/3	**Polares Spongioblastom** (Gehirn, C71; Rückenmark, C72.0) <Anm. 373>
9950/1	**Polycythaemia vera** <Anm. 514>
9950/1	Polycythaemia vera rubra <Anm. 514>
9072/3	**Polyembryom** (Ovar, C56; Hoden, C62) <Anm. 289>
8034/3	[Polygonalzelliges Karzinom]
9971/1	*Polymorphe Posttransplantations-Lymphoproliferative Erkrankung (PTLE)* <Anm. 519>
8507/3	*Polymorphes Low-grade-Adenokarzinom* (Parotis, C07; andere große Speicheldrüsen, C08) <Anm. 154>
M-74000	**Polyostotische fibröse Dysplasie** D4-01020
M-76800	[Polyp o.n.A.]
8210/0	[Polyp, adenomatöser o.n.A.] <Anm. 82>
M-76880	**Polyp, (benigner) lymphoider**
M-76800	**Polyp, Endometrium-** D7-75626
M-76800	**Polyp, endozervikaler** D7-75780
M-76820	**Polyp, entzündlicher**
M-76830	**Polyp, entzündlicher fibroider**
M-76820	**Polyp, entzündlicher kloakogener** (Analkanal, C21.1)
M-76830	Polyp, eosinophiler granulomatöser
M-76810	**Polyp, fibroepithelialer**
M-76810	**Polyp, fibröser**
M-75660	Polyp, hamartomatöser
M-72042	**Polyp, hyperplastischer**
M-75660	**Polyp, juveniler**
M-76800	**Polyp, Transitional-** (Colon, C18; Rektum, C20)

8221/0	[Polypen, multiple adenomatöse] <Anm. 82>
8210/0	[Polypoides Adenom] <Anm. 82>
M-76880	**Polypose, benigne lymphoide**
8850/0	Polypose, diffuse lymphomatöse (Dünndarm, C17; Kolon, C18; Rektum, C20) <Anm. 241>
8220/0	**Polypose, familiäre adenomatöse (FAP)** (Kolon, C18; Rektum, C20)
M-72042	**Polypose, hyperplastische**
M-75660	**Polypose, juvenile** D4-01034
9673/3	Polypose, maligne lymphomatöse <Anm. 442, 445>
8220/0	Polyposis coli, familiäre (C18)
9071/3	[Polyvesikulärer Vitellintumor] <Anm. 288>
DC-38000	Polyzythämie, sekundäre
8409/3	*Porokarzinom* (Haut, C44) <Anm. 128>
8400/0	*Porom, ekkrines* (Haut, C44) <Anm. 122>
M-75560	**Portweinnävus**
9972/1	*Posttransplantations-Lymphoproliferative Erkrankung (PTLE), monomorphe* <Anm. 520>
9971/1	*Posttransplantations-Lymphoproliferative Erkrankung (PTLE), polymorphe* <Anm. 519>
9989/1	Präleukämie
9989/1	Präleukämisches Syndrom
8741/2	**Prämaligne Melanose** (C44)
8741/2	**Primäre erworbene Melanose** (Augenlid, C44.1; Konjunktiva, C69.0)
9961/1	**Primäre Osteomyelosklerose** <Anm. 516>
9270/3	**Primäres intraossäres odontogenes Karzinom** (C03.9) <Anm. 349>
8247/3	**Primäres kutanes neuroendokrines Karzinom** (C44)
9624/3	*Primäres mediastinales (thymisches) großzelliges B-Zell-Lymphom* (REAL) <Anm. 419>
9683/3	Primäres zentroblastisches Lymphom <Anm. 448>
9473/3	**Primitiver neuroektodermaler Tumor (PNET)** (Gehirn, C71; Rückenmark, C72.0; Knochen, C40, C41) <Anm. 377>
9443/3	[Primitives polares Spongioblastom (Gehirn, C71; Rückenmark, C72.0)] <Anm. 373>
M-26520	**Primordialzyste** D4-51528
9363/0	Progonom, melanotisches
M-73400	Progressive Myositis ossificans D1-50220
8271/0	**Prolaktinom** (Hypophyse, C75.1)
M-76000	Proliferation o.n.A.
M-76100	Proliferation, vaskuläre
M-76000	**Proliferative Fasziitis** D1-50460
9252/0	*Proliferative Tendosynovitis (diffuser Typ)* (C49) <Anm. 344>
8102/0	**Proliferierende Tricholemmzyste** (C44) <Anm. 47>
9000/1	Proliferierender Brenner-Tumor (Ovar, C56)
8381/1	Proliferierender endometrioider Tumor (Ovar, C56) <Anm. 120>
9825/3	**Prolymphozytenleukämie o.n.A.** <Anm. 489>
9606/3	*Prolymphozytenleukämie vom B-Zell-Typ* (REAL) <Anm. 411>
9833/3	*Prolymphozytenleukämie vom B-Zell-Typ* <Anm. 495>
9628/3	*Prolymphozytenleukämie vom T-Zell-Typ (T-PLL)* (REAL) <Anm. 421>
9834/3	*Prolymphozytenleukämie vom T-Zell-Typ* <Anm. 495>

9866/3	**Promyelozytenleukämie, akute o.n.A.** (FAB: M3) <Anm. 503>
9866/3	Promyelozytenleukämie, akute hypergranuläre <Anm. 503>
9875/3	*Promyelozytenleukämie, akute hypogranuläre* <Anm. 503>
9875/3	*Promyelozytenleukämie, akute, hypogranuläre Variante* (FAB: M3-variant oder M3-hypogranulär) <Anm. 503>
9875/3	*Promyelozytenleukämie, akute mikrogranuläre* <Anm. 503>
8140/2	**Prostatische intraepitheliale Neoplasie (PIN 3)** (C61) <Anm. 60>
9410/3	**Protoplasmatisches Astrozytom** (Gehirn, C71; Rückenmark, C72.0)
9533/0	**Psammöses Meningeom** (C70)
M-72090	**Pseudoepitheliomatöse Hyperplasie**
8075/3	Pseudoglanduläres Plattenepithelkarzinom <Anm. 27>
M-72090	**Pseudokarzinomatöse Hyperplasie**
M-72200	[Pseudolymphom o.n.A] D0-80300
8720/0	[Pseudomelanom (Haut, C44)] <Anm. 206>
8470/3	[Pseudomuzinöses Adenokarzinom] <Anm. 138>
8471/3	[Pseudomuzinöses papilläres Zystadenokarzinom]
8471/0	[Pseudomuzinöses papilläres Zystadenom]
8473/3	[Pseudomuzinöses papilläres Zystadenom von Borderline-Malignität]
8470/3	[Pseudomuzinöses Zystadenokarzinom o.n.A.] <Anm. 138>
8470/0	[Pseudomuzinöses Zystadenom]
8472/3	[Pseudomuzinöses Zystadenom von Borderline-Malignität]
8480/6	**Pseudomyxoma peritonei**
M-76820	[Pseudopolyp o.n.A.]
M-76000	**Pseudosarkomatöse Fasziitis** D1-50460
8821/1	**Pseudosarkomatöse Fibromatose**
8033/3	**Pseudosarkomatöses Karzinom**
M-76890	**Pseudotumor, entzündlicher**
M-76890	**Pseudotumor, fibrös-entzündlicher**
8250/1	**Pulmonale Adenomatose** (C34)
M-73330	**Pylorusdrüsenmetaplasie**
M-44020	**Pyogenes Granulom**

R

M-74220	Radiäre Narbe (Mamma, C50)
M-33400	**Radikuläre Zyste** D5-10780
9350/1	Rathke-Taschen-Tumor (Hypophyse, C75.1)
M-26500	Rathke-Taschen-Zyste D4-52650
M-76100	Reaktive Angiomatose
M-72200	**Reaktive lymphoide Hyperplasie**
DC-47080	Reaktive Mastozytose <Anm. 378>
DC-47080	Reaktive Mastzellproliferation <Anm. 378>
9980/1	**Refraktäre Anämie o.n.A.** <Anm. 521>
9984/1	Refraktäre Anämie in Transformation <Anm. 521>
9983/1	**Refraktäre Anämie mit Blastenüberschuß (RAEB)** <Anm. 521>
9984/1	**Refraktäre Anämie mit Blastenüberschuß und Transformation (RAEBT)** <Anm. 521>
9982/1	**Refraktäre Anämie mit Ringsideroblasten (RARS)** <Anm. 521>
9982/1	Refraktäre Anämie mit Sideroblasten <Anm. 521>
9981/1	**Refraktäre Anämie ohne Ringsideroblasten (RA)** <Anm. 521>

9981/1	Refraktäre Anämie ohne Sideroblasten <Anm. 521>
M-77800	**Regressierende atypische Histiozytose** (Haut, C44)
8723/0	Regressiver Nävus (C44)
9080/1	**Reifes solides Teratom** (Ovar, C56) <Anm. 292>
9080/1	**Reifes Teratom o.n.A.** (Hoden, C62; Gehirn, C71) <Anm. 292>
9080/0	**Reifes Teratom** (Nasopharynx, C11; Nasen- und Nasennebenhöhlen, C30.0, C31; Mittel- und Innenohr, C30.1; Larynx, C32; Pankreas, C25; Haut, C44) <Anm. 292>
9084/0	Reifes zystisches Teratom (Ovar, C56; Haut, C44; Corpus uteri, C54; Cervix uteri, C53; Vagina, C52; Orbita, C69.6; Augenlid, C44.1; Konjunktiva, C69.0; Cornea, C69.1; Gehirn, C71) <Anm. 296>
8933/3	**Renales Adenosarkom** (C64)
8361/1	Reninom (Niere, C64)
M-44110	**Reparatives Riesenzellgranulom o.n.A.**
M-33400	**Residuale radikuläre Zyste** D5-10780
M-33400	**Retentionszyste o.n.A.**
8635/1	*Retiformer Sertoli-Leydig-Zell-Tumor* (Ovar, C56) <Anm. 193>
9941/1	[Retikuloendotheliose, leukämische]
9722/3	[Retikuloendotheliose, nichtlipidhaltige]
M-77880	**Retikulohistiozytäres Granulom**
M-77880	**Retikulohistiozytom**
9593/3	[Retikulosarkom]
9720/3	[Retikulose, histiozytäre medulläre]
9713/3	[Retikulose, maligne „midline"] <Anm. 464>
9700/3	[Retikulose, pagetoide] <Anm. 454>
9593/3	[Retikulumzellsarkom]
9363/0	Retinalanlage-Tumor
9510/3	**Retinoblastom o.n.A.** (C69.2) <Anm. 388>
9511/3	**Retinoblastom, differenziert** (C69.2) <Anm. 388>
9512/3	**Retinoblastom, undifferenziert** (C69.2) <Anm. 388>
8822/1	Retroperitoneale Fibromatose (C48.0)
8720/0	**Rezidivierender Melanozytennävus** (C44) <Anm. 206>
8963/3	Rhabdoid-Sarkom
8963/3	Rhabdoidtumor o.n.A. (Leber, C22) <Anm. 265>
8963/3	**Rhabdoidtumor, maligner o.n.A.**
8963/3	**Rhabdoidtumor, maligner extrarenaler** (Weichteile, C49; Gehirn, C71) <Anm. 265>
8900/0	**Rhabdomyom o.n.A.**
8904/0	**Rhabdomyom, adultes**
8903/0	**Rhabdomyom, fetales**
8904/0	[Rhabdomyom, glykogenreiches]
8900/3	[Rhabdomyosarkom o.n.A.] <Anm. 254>
8920/3	**Rhabdomyosarkom, alveoläres** <Anm. 258>
8910/3	**Rhabdomyosarkom, embryonales**
8902/3	**Rhabdomyosarkom, Mischtyp**
8911/3	*Rhabdomyosarkom mit ganglionärer Differenzierung* <Anm. 256>
8901/3	*Rhabdomyosarkom, pleomorphes* <Anm. 255>
8912/3	*Rhabdomyosarkom, spindelzelliges* <Anm. 257>
8900/3	[Rhabdosarkom] <Anm. 254>

M-71000	**Riesenfaltenhypertrophie** (Magen, C16) D5-32530
9016/0	[Riesenfibroadenom]
8051/3	Riesenkondylom (Analrand, C44.55) <Anm. 18>
8761/1	Riesennävus, pigmentierter (C44) <Anm. 218>
9200/0	Riesen-Osteoidosteom (Knochen, C40, C41)
9384/1	**Riesenzell-Astrozytom, subependymales** (Gehirn, C71; Rückenmark, C72.0)
M-44110	**Riesenzellepulis** D5-10850
8832/3	**Riesenzellfibroblastom** (Haut, C44; Subkutis, C49) <Anm. 236>
9441/3	**Riesenzell-Glioblastom** (Gehirn, C71; Rückenmark, C72.0) <Anm. 374>
M-44110	Riesenzellgranulom o.n.A.
M-44110	**Riesenzellgranulom, peripheres** D5-10850
M-44110	**Riesenzellgranulom, reparatives o.n.A.**
M-44110	**Riesenzellgranulom, zentrales reparatives des Kiefers** D5-14180
8175/3	*Riesenzelliges hepatozelluläres Karzinom(HCC)* (C22) <Anm. 77>
8830/3	Riesenzelliges malignes fibröses Histiozytom <Anm. 234>
8031/3	**Riesenzellkarzinom** <Anm. 7>
8802/3	**Riesenzellsarkom** (ausgenommen Knochen, = 9250/3)
9250/3	[Riesenzellsarkom des Knochens (C40, C41)] <Anm. 342>
9252/0	*Riesenzelltumor, benigner der Sehnenscheide* (C49) <Anm. 344>
9252/0	*Riesenzelltumor, benigner tendosynovialer* (C49) <Anm. 344>
9230/0	Riesenzelltumor, chondromatöser (Knochen, C40, C41)
9251/1	[Riesenzelltumor der Weichteile o.n.A.] <Anm. 343>
9250/1	**Riesenzelltumor des Knochens o.n.A.** (C40, C41)
9252/3	*Riesenzelltumor, maligner der Sehnenscheide* (C49) <Anm. 345>
9251/3	[Riesenzelltumor, maligner der Weichteile (C49)] <Anm. 343>
9250/3	[Riesenzelltumor, maligner des Knochens (C40, C41)] <Anm. 342>
9252/3	*Riesenzelltumor, maligner tendosynovialer* (C49) <Anm. 345>
8030/3	**Riesenzelltumor, osteoklastischer** (Pankreas, C25) <Anm. 6>
8030/3	**Riesenzell- und Spindelzellkarzinom**
9275/0	Riesenzementom (C03.9)
8853/3	**Rundzelliges Liposarkom** <Anm. 246>
9185/3	**Rundzell-Osteosarkom** (Knochen, C40, C41) <Anm. 329>
8803/3	Rundzellsarkom

S

9701/3	*Sézary-Syndrom* (K) <Anm. 455>
9631/3	*Sézary-Syndrom / Mycosis fungoides* (REAL) <Anm. 423>
8319/3	*Sammelrohrkarzinom* (Niere, C64) <Anm. 102>
8910/3	Sarcoma botryoides
8800/3	**Sarkom o.n.A.**
9330/3	Sarkom, ameloblastisches (C03.9)
8804/3	Sarkom, epitheloides <Anm. 222>
8804/3	**Sarkom, epitheloidzelliges** <Anm. 222>
9930/3	[Sarkom, granulozytäres] <Anm. 511>
9130/3	Sarkom, hämangioendotheliales
9684/3	[Sarkom, immunoblastisches]
8803/3	**Sarkom, kleinzelliges**
9530/3	Sarkom, leptomeningeales (C70)

9170/3	Sarkom, lymphangioendotheliales <Anm. 311, 323>
9530/3	Sarkom, meningeales (C70)
9530/3	Sarkom, meningotheliales (C70)
9481/3	[Sarkom, monstrozelluläres] <Anm. 374>
9140/3	Sarkom, multiples hämorrhagisches
9540/3	Sarkom, neurogenes (C47, C72.1-5)
9270/3	Sarkom, odontogenes (C03.9) <Anm. 349>
9180/3	[Sarkom, osteoblastisches] <Anm. 325>
9180/3	[Sarkom, osteogenes o.n.A.] <Anm. 325>
8812/3	[Sarkom, periostales o.n.A. (Knochen, C40, C41)]
8802/3	Sarkom, polymorphzelliges
8991/3	**Sarkom, undifferenziertes** (Leber, C22)
8805/3	*Sarkom, undifferenziertes* (Knochen, C40, C41; Gehirn, C71) <Anm. 223>
8800/3	Sarkom, unklassifiziertes <Anm. 221>
9051/3	Sarkomatöses malignes Mesotheliom (Pleura, C38.4; Peritoneum, C48.1; Perikard, C38.0)
8633/1	*Sarkomatoider Sertoli-Leydig-Zell-Tumor* (Ovar, C56) <Anm. 191>
8173/3	*Sarkomatoides HCC* (C22) <Anm. 75>
8033/3	**Sarkomatoides Nierenzellkarzinom** (C64)
8800/9	[Sarkomatose]
9302/3	*Schattenzellkarzinom, odontogenes* (C03.9) <Anm. 357>
9302/0	**Schattenzelltumor, benigner dentinogener** (C03.9) <Anm. 356>
9302/0	Schattenzelltumor, odontogener (C03.9) <Anm. 356>
8340/3	[Schilddrüsenkarzinom, papilläres, follikuläre Variante (C73)] <Anm. 95>
9895/3	*Schlecht differenzierte akute Monozytenleukämie* <Anm. 509>
8633/1	*Schlecht differenzierter Sertoli-Leydig-Zell-Tumor* (Ovar, C56) <Anm. 191>
9057/3	*Schlecht differenziertes diffuses malignes Mesotheliom* (Pleura, C38.4; Peritoneum, C48.1; Perikard, C38.0) <Anm. 282>
8853/3	**Schlecht differenziertes myxoides Liposarkom** <Anm. 247>
8253/3	*Schlecht differenziertes neuroendokrines Karzinom* <Anm. 68>
9045/3	*Schlecht differenziertes Synovialsarkom* <Anm. 274>
8481/3	[Schleimbildendes Adenokarzinom] <Anm. 143>
8481/3	[Schleimbildendes Karzinom] <Anm. 143>
M-57210	**Schleimhautmelanose**
8481/3	[Schleimsezernierendes Adenokarzinom] <Anm. 143>
8481/3	[Schleimsezernierendes Karzinom] <Anm. 143>
M-33440	Schleimzyste o.n.A. (ausgenommen Digitale Schleimzyste der Haut der Finger, = 8840/0)
8840/0	**Schleimzyste, digitale** (Haut der Finger, C44.68)
8082/3	Schmincke-Tumor (Nasopharynx, C11)
8121/3	Schneider-Karzinom (Nasen- und Nasennebenhöhlen, C30.0, C31) <Anm. 52>
8121/0	Schneider-Papillom (Nasen- und Nasennebenhöhlen, C30.0, C31) <Anm. 52>
M-79680	**Schwangerschaftsluteom**
9560/0	**Schwannom o.n.A.** (C47, C72.1-5) <Anm. 398>
9540/3	Schwannom, malignes (C47, C72.1-5) <Anm. 393>

9560/3	**Schwannom, malignes melanozytisches** (Nervenscheiden, C47, C72.1–5; Weichteile, C49) <Anm. 399>
9561/3	Schwannom, malignes mit rhabdomyoblastischer Differenzierung (C47, C72.1-5) <Anm. 400>
9560/0	**Schwannom, melanozytisches** (C47, C72.1-5) <Anm. 398>
9560/0	**Schwannom, pigmentiertes** (Nervenscheiden, C47, C72.1–5; Haut, C44) <Anm. 398>
9560/0	**Schwannom, plexiformes** (C47, C72.1-5) <Anm. 398>
9560/0	**Schwannom, zellreiches** (C47, C72.1-5) <Anm. 398>
8372/0	Schwarzes Adenom (Nebenniere, C74.0)
8400/3	Schweißdrüsenadenokarzinom (Haut, C44; Vulva, C51) <Anm. 123>
8400/0	**Schweißdrüsenadenom** (C44)
8573/0	[Schweißdrüsenkarzinom (Brust, C50)] <Anm. 174>
8400/3	**Schweißdrüsenkarzinom** (Haut, C44; Vulva, C51) <Anm. 123>
8400/1	[Schweißdrüsentumor o.n.A.]
8400/0	Schweißdrüsentumor, benigner (C44)
8400/3	Schweißdrüsentumor, maligner (Haut, C44; Vulva, C51) <Anm. 123>
8401/3	Schweißdrüsentumor, unklassifizierter maligner (Haut, C44) <Anm. 123>
8500/2	**Schwere duktale Dysplasie** (Pankreas, C25) <Anm. 146>
8500/2	**Schwere duktale Dysplasie/Carcinoma in situ** (Pankreas, C25) <Anm. 146>
8720/2	[Schwere Melanozyten-Dysplasie] <Anm. 207>
9762/3	**Schwerketten-Krankheit, Alpha-** <Anm. 480>
9763/3	**Schwerketten-Krankheit, Gamma-** <Anm. 480>
M-72750	**Seborrhoische Keratose**
M-72750	Seborrhoische Warze
8810/0	**Sehnenscheidenfibrom** (C49.93) <Anm. 225>
8850/0	Sehnenscheidenlipom (C49.93)
8317/3	*Sekretorisches Adenokarzinom* (Corpus uteri, C54) <Anm. 100>
8502/3	**Sekretorisches Karzinom** (Brust, C50) <Anm. 151>
9530/0	**Sekretorisches Meningeom** (C70) <Anm. 389>
DC-38000	Sekundäre Polyzythämie
9683/3	Sekundäres zentroblastisches Lymphom <Anm. 448>
9061/3	**Seminom o.n.A.** (Hoden, C62; auch Thymus, C37; Mediastinum, C38.3; Retroperitoneum, C48.0) <Anm. 284>
9062/3	**Seminom, anaplastisches** (Hoden, C62)
9061/3	Seminom, klassisches (Hoden, C62) <Anm. 284>
9063/3	**Seminom, spermatozytisches** (Hoden, C62)
9061/3	**Seminom, typisches** (Hoden, C62) <Anm. 284>
M-72850	Senile Keratose
M-72850	Seniles Keratom
8442/3	Seröser Tumor mit geringem Malignitätspotential o.n.A. (Ovar, C56)
9014/0	**Seröses Adenofibrom** (Ovar, C56)
9014/1	*Seröses Adenofibrom von Borderline-Malignität* <Anm. 270>
8441/3	**Seröses Adenokarzinom o.n.A.** (Ovar, C56; Corpus uteri, C54; Cervix uteri, C53) <Anm. 130>
8202/0	**Seröses mikrozystisches Adenom** (Pankreas, C25) <Anm. 81>
8461/0	**Seröses Oberflächenpapillom** (Ovar, C56)
8461/3	**Seröses papilläres Karzinom des Peritoneums** (C48.1) <Anm. 134>

8463/3	*Seröses papilläres Karzinom des Peritoneums von Borderline-Malignität* (C48.1) <Anm. 134>
8461/3	**Seröses papilläres Oberflächenkarzinom** (Ovar, C56)
8460/3	**Seröses papilläres Zystadenokarzinom** (Ovar, C56)
8460/0	**Seröses papilläres Zystadenom** (Ovar, C56)
8462/3	**Seröses papilläres Zystadenom von Borderline-Malignität** (Ovar, C56)
9014/0	Seröses Zystadenofibrom (Ovar, C56)
9014/1	*Seröses Zystadenofibrom von Borderline-Malignität* <Anm.270>
8441/3	Seröses Zystadenokarzinom o.n.A. (Ovar, C56)
8441/3	**Seröses Zystadenokarzinom** (Pankreas, C25) <Anm. 131>
8441/0	**Seröses Zystadenom o.n.A.** (Ovar, C56; Pankreas, C25)
8442/3	**Seröses Zystadenom von Borderline-Malignität** (Ovar, C56)
8441/0	Seröses Zystom (Ovar, C56)
8462/3	Serös-papillärer Tumor mit geringem Malignitätspotential (Ovar, C56)
8460/3	Serös-papilläres Adenokarzinom (Ovar, C56)
8630/1	[Sertoli-Leydig-Zell-Tumor o.n.A.] <Anm. 189>
8631/0	**Sertoli-Leydig-Zell-Tumor, gut differenzierter** (Ovar, C56; Hoden, C62) <Anm. 189>
8630/1	Sertoli-Leydig-Zell-Tumor, intermediärer (Ovar, C56) <Anm. 186, 187>
8634/1	*Sertoli-Leydig-Zell-Tumor mit heterologen Elementen* (Ovar, C56) <Anm. 192>
8635/1	*Sertoli-Leydig-Zell-Tumor, retiformer* (Ovar, C56) <Anm. 193>
8633/1	*Sertoli-Leydig-Zell-Tumor, sarkomatoider* (Ovar, C56) <Anm. 191>
8633/1	*Sertoli-Leydig-Zell-Tumor, schlecht differenzierter* (Ovar, C56) <Anm. 191>
8633/1	*Sertoli-Leydig-Zell-Tumor, undifferenzierter* (Ovar, C56) <Anm. 191>
8630/1	Sertoli-Stromazell-Tumor (Ovar, C56) <Anm. 186>
8640/0	Sertolizelladenom (Ovar, C56; Hoden, C62) <Anm. 194>
8640/3	**Sertoli-Zell-Karzinom** (Hoden, C62) <Anm. 195>
8640/0	**Sertoli-Zell-Tumor, benigner** (Ovar, C56; Hoden, C62) <Anm. 194>
8642/1	*Sertoli-Zell-Tumor, großzelliger verkalkender* (Hoden, C62) <Anm. 197>
8641/0	**Sertoli-Zell-Tumor, lipidspeichernder** (Ovar, C56; Hoden, C62) <Anm. 196>
8640/3	Sertoli-Zell-Tumor, maligner (Hoden, C62) <Anm. 195>
M-45100	**Sialadenitis, chron. sklerosierende** (Gl. submandibularis, C08.0)
8260/0	**Sialadenoma papilliferum** (Speicheldrüsen, C08)
M-26520	**Sialo-odontogene Zyste**
8490/3	Siegelringzelladenokarzinom <Anm. 144>
8490/3	**Siegelringzellkarzinom** <Anm. 144>
9719/3	*Siegelringzell-Lymphom vom T-Zell-Typ* (K) <Anm. 470>
8121/3	Sinonasales Karzinom <Anm. 52>
8121/0	**Sinonasales Papillom** <Anm. 52>
8121/1	**Sinonasales (zylinderzelliges) Papillom, invertierter Typ** (Nasen- und Nasennebenhöhlen, C30.0, C31)
M-77810	Sinushistiozytose o.n.A.
M-77810	**Sinushistiozytose mit massiver Lymphadenopathie (Rosai-Dorfman)**
9071/3	**Sinustumor, endodermaler** (Ovar, C56; Hoden, C62; Mediastinum, C38.3; Retroperitoneum, C48.0; Gehirn, C71) <Anm. 288>
D1-10250	Sjögren-Syndrom

M-74220	Skleradenose
M-78020	[Sklerose o.n.A.]
M-74220	Sklerosierende Adenose
M-45100	Sklerosierende Entzündung
8602/0	**Sklerosierender Stromatumor** (Ovar, C56) <Anm. 180>
8092/3	**Sklerosierendes Basalzellkarzinom** (Haut, C44) <Anm. 42>
8832/0	Sklerosierendes Hämangiom (Haut, C44) <Anm. 232>
8172/3	*Sklerosierendes hepatozelluläres Karzinom (HCC)* (C22) <Anm. 74>
8407/3	*Sklerosierendes Karzinom der Schweißdrüsenausführungsgänge* (C44) <Anm. 126>
M-72850	**Solare Keratose**
8230/3	[Solides Karzinom o.n.A.]
8481/3	**Solides Karzinom mit Schleimbildung** (Lunge, C34) <Anm. 143>
9080/1	**Solides reifes Teratom** (Ovar, C56) <Anm. 292>
8452/1	**Solid-pseudopapillärer Tumor** (Pankreas, C25) <Anm. 132>
8452/3	*Solid-pseudopapilläres Karzinom* (Pankreas, C25) <Anm. 132>
8452/1	[Solid-zystischer Tumor (Pankreas, C25)] <Anm. 132>
M-33650	**Solitäre Knochenzyste**
8810/0	Solitärer fibröser Tumor (Pleura, C38.4; Peritoneum, C48.1; Leber, C22; Perikard, C38.0) <Anm. 227>
9731/3	[Solitäres Myelom] <Anm. 475>
9540/0	Solitäres Neurofibrom (C47, C72.1–5)
9570/0	Solitäres Neurom (Haut, C44) <Anm. 402>
9210/0	Solitäres Osteochondrom (Knochen, C40, C41; Weichteile, C49; Gehirn, C71)
9731/3	[Solitäres Plasmozytom] <Anm. 475>
8156/1	*Somatostatinom, benigne oder von Low-grade-Malignität* <Anm. 68>
8156/3	*Somatostatinom von Low-grade-Malignität* <Anm. 68>
8500/3	**Speichelgangkarzinom** (Parotis, C07; andere große Speicheldrüsen, C08; Hypopharynx, C13; Larynx, C32)
9063/3	**Spermatozytisches Seminom** (Hoden, C62)
9063/3	Spermatozytom (Hoden, C62)
M-75560	**Spider-Angiom**
M-75560	**Spidernävus** D3-85200
8070/3	Spinaliom (Haut, C44)
9130/1	**Spindelzelliges Angioendotheliom** (Haut, C44) <Anm. 314>
9130/1	**Spindelzelliges Hämangioendotheliom** (Weichteile, C49) <Anm. 315>
8173/3	*Spindelzelliges hepatozelluläres Karzinom (HCC)* (C22) <Anm. 75>
9051/3	**Spindelzelliges malignes Mesotheliom** (Pleura, C38.4; Peritoneum, C48.1; Perikard, C38.0)
8074/3	**Spindelzelliges Plattenepithelkarzinom** <Anm. 25>
8912/3	*Spindelzelliges Rhabdomyosarkom* <Anm. 257>
9041/3	Spindelzelliges Synovialsarkom <Anm. 274>
8074/3	**Spindelzellkarzinom** <Anm. 8, 26>
8857/0	**Spindelzell-Lipom**
8772/3	**Spindelzellmelanom o.n.A.** (Uvea, C69.4) <Anm. 220>
8773/3	**Spindelzellmelanom Typ A** (Uvea, C69.4) <Anm. 220>
8774/3	**Spindelzellmelanom Typ B** (Uvea, C69.4) <Anm. 220>
8772/0	**Spindelzellnävus o.n.A.** (C44)

8770/0	**Spindelzellnävus, pigmentierter (Reed)** (Haut, C44; Konjunktiva C69.0)
8801/3	[Spindelzellsarkom]
8898/0	*Spindelzelltumor, hämorrhagischer mit amianthoiden Fasern* (Lymphknoten, C77) <Anm. 253>
8030/3	**Spindelzell- und Riesenzellkarzinom**
M-75560	**Spinnennävus** D3-85200
8070/3	Spinozelluläres Karzinom (Haut, C44)
8403/0	Spiradenom o.n.A. (Haut, C44)
8403/0	**Spiradenom, benignes ekkrines** (Haut, C44)
8403/3	*Spiradenom, malignes ekkrines* (Haut, C44) <Anm. 124>
8770/0	**Spitz-Nävus** (Haut, C44; Konjunktiva, C69.0)
9422/3	[Spongioblastom o.n.A. (Gehirn, C71)] <Anm. 373>
9443/3	**Spongioblastom, polares** (Gehirn, C71; Rückenmark, C72.0) <Anm. 373>
9443/3	[Spongioblastom, primitives polares (Gehirn, C71; Rückenmark, C72.0)] <Anm. 373>
9440/3	[Spongioblastoma multiforme (Gehirn, C71)]
9423/3	[Spongioblastoma polare (Gehirn, C71)] <Anm. 373>
9504/3	**Spongioneuroblastom**
8373/0	Spongiozytäres Nebennierenadenom (C74.0)
9687/3	Sporadisches Burkitt-Lymphom <Anm. 450>
8070/3	Stachelzellkarzinom (Haut, C44)
M-33430	**Steatocystoma multiplex**
M-33430	Steatokystom o.n.A.
8670/0	**Steroidzelltumor o.n.A.** (Ovar, C56) <Anm. 199>
8670/3	*Steroidzelltumor, maligner* (Ovar, C56) <Anm. 199>
9170/3	Stewart-Trewes-Syndrom <Anm. 323>
M-76800	**Stimmbandpolyp** D2-04700
8830/3	Storiform-pleomorphes malignes fibröses Histiozytom <Anm. 234>
8931/1	Stroma-Endometriose (C54) <Anm. 260>
8930/0	**Stromaknoten des Endometriums** (C54)
8610/0	Stromaluteom (Ovar, C56) <Anm. 181>
8931/1	Stromamyose, endolymphatische (Haut, C54)
8930/3	Stromasarkom o.n.A. (C54) <Anm. 259>
8930/3	**Stromasarkom, hochmalignes des Endometriums** (C54) <Anm. 259>
8931/1	**Stromasarkom, niedrigmalignes des Endometriums**(C54) <Anm. 260>
8630/3	Stromatumor, maligner gonadaler (Hoden, C62) <Anm. 186, 188>
8602/0	**Stromatumor, sklerosierender** (Ovar, C56) <Anm. 180>
9091/1	Struma-Karzinoid (Ovar, C56) <Anm. 301>
9090/0	**Struma ovarii o.n.A.** (C56) <Anm. 299>
9090/3	**Struma ovarii, maligne** (C56) <Anm. 300>
9091/1	**Struma ovarii und Karzinoid** (Ovar, C56) <Anm. 301>
9802/3	[Subakute Leukämie o.n.A.]
9822/3	[Subakute lymphatische Leukämie]
9892/3	[Subakute Monozytenleukämie]
9862/3	[Subakute myeloische Leukämie]
8506/0	Subareoläre Milchgangs-Papillomatose (C50.0)
M-33660	**Subchondrale Knochenzyste**
9383/1	[Subependymales Astrozytom]
9383/1	[Subependymales Gliom]

9384/1	**Subependymales Riesenzell-Astrozytom** (Gehirn, C71; Rückenmark, C72.0)
9383/1	**Subependymom** (Gehirn, C71; Rückenmark, C72.0)
9385/3	*Subependymom-Ependymom, gemischtes* (Gehirn, C71; Rückenmark, C72.0) <Anm. 364>
8750/0	**Subepithelialer Nävus** (Konjunktiva, C69.0)
9633/3	*Subkutanes pannikulitisches T-Zell-Lymphom* (REAL*) <Anm. 425>
8810/0	Submesotheliales Fibrom (Pleura, C38.4; Peritoneum, C48.1) <Anm. 227>
8810/3	Submesotheliales Fibrosarkom (Pleura, C38.4; Peritoneum, C48.1) <Anm. 227>
8743/3	**Superficial spreading melanoma (SSM)** (C44)
M-78800	**Superfizielle Fibromatose**
8091/3	Superfizielles Basaliom (Haut, C44) <Anm. 41>
9500/3	Sympathikoblastom
8681/1	[Sympathisches Paragangliom] <Anm. 201>
9989/1	*Syndrom, dysmyeloplastisches (DMPS) o.n.A.* <Anm. 522>
9989/1	**Syndrom, myelodysplastisches o.n.A.** <Anm. 521>
9989/1	Syndrom, myelodysplastisches unklassifiziertes <Anm. 521>
9960/1	[Syndrom, myeloproliferatives (MPS) o.n.A.] <Anm. 515>
9989/1	Syndrom, präleukämisches
9040/3	„Synovial"-Sarkom <Anm. 274>
9132/0	Synoviales Hämangiom <Anm. 317>
9040/3	**Synovialsarkom o.n.A.** <Anm. 274>
9043/3	**Synovialsarkom, biphasisches** <Anm. 274>
9042/3	Synovialsarkom, epitheliales <Anm. 274>
9045/3	*Synovialsarkom, kleinzelliges* <Anm. 274>
9045/3	*Synovialsarkom, schlecht differenziertes* <Anm. 274>
9041/3	Synovialsarkom, spindelzelliges <Anm. 274>
9042/3	**Synovialsarkom vom monophasisch-epithelialen Typ** <Anm. 274>
9041/3	**Synovialsarkom vom monophasisch-fibrösen Typ** <Anm. 274>
9040/0	[Synoviom, benignes] <Anm. 273>
9040/3	[Synoviom, malignes] <Anm. 274>
9252/0	*Synovitis, (extraartikuläre) pigmentierte villonoduläre* (C49) <Anm. 344>
9531/0	Synzytiales Meningeom (C70)
8400/0	Syringadenom o.n.A. (Haut, C44)
8406/0	Syringadenom, papilläres (Haut, C44)
8400/0	**Syringofibroadenom** (Haut, C44) <Anm. 122>
8407/0	**Syringom o.n.A.** (Haut, C44) <Anm. 125>
8940/0	**Syringom, chondroides** (Haut, C44)
8940/3	**Syringom, malignes chondroides** (Haut, C44)
8407/3	*Syringomatöses Karzinom* (Haut, C44) <Anm. 126>
8406/0	**Syringozystadenom, papilläres** (Haut, C44)
9741/3	**Systemische Mastozytose** <Anm. 478>
8141/3	[Szirrhöses Adenokarzinom] <Anm. 63>
8172/3	*Szirrhöses hepatozelluläres Karzinom (HCC)* (C22) <Anm. 74>
8141/3	[Szirrhöses Karzinom (ausgenommen Brust C50, = 8560/3)] <Anm. 63>
8500/3	[Szirrhöses Karzinom (Brust, C50)] <Anm. 147>

T

M-26000	Talgdrüsen, ektopische D4-42020
8410/3	**Talgdrüsenadenokarzinom** (Haut, C44; Parotis, C07; andere große Speicheldrüsen, C08; Vulva, C51)
8410/0	**Talgdrüsenadenom** (Haut, C44; Parotis, C07; andere große Speicheldrüsen, C08)
8410/3	**Talgdrüsenkarzinom** (Haut, C44; Parotis, C07; andere große Speicheldrüsen, C08; Vulva, C51)
M-33430	Talgzyste
9183/3	**Teleangiektatisches Osteosarkom** (Knochen, C40, C41) <Anm. 327>
9252/0	*Tendosynovitis, noduläre* (C49) <Anm. 344>
9252/0	*Tendosynovitis, proliferative* (C49) <Anm. 344>
9080/3	[Teratoblastom, malignes] <Anm. 294>
8634/1	*Teratoides Androblastom* (Ovar, C56) <Anm. 192>
9502/3	Teratoides Medulloepitheliom o.n.A. (Retina, C69.2)
9081/3	**Teratokarzinom** (Hoden, C62; Mediastinum, C38.3; Retroperitoneum, C48.0) <Anm. 295>
9080/1	**Teratom o.n.A.** (Mediastinum, C38.3; Retroperitoneum, C48.0; Orbita, C69.6; Leber, C22) <Anm. 292>
9080/0	[Teratom des Erwachsenen o.n.A.] <Anm. 292>
9080/0	[Teratom des Erwachsenen, zystisches] <Anm. 292>
9080/0	[Teratom, differenziertes (Hoden, C62)] <Anm. 293>
9080/3	[Teratom, embryonales] <Anm. 294>
9084/3	Teratom in maligner Transformation (Hoden, C62; Gehirn, C71) <Anm. 297>
9080/3	Teratom, malignes (Ovar, C56; Hoden, C62; Gehirn, C71) <Anm. 292>
9082/3	[Teratom, malignes anaplastisches] <Anm. 293>
9080/1	**Teratom, reifes o.n.A.** (Hoden, C62; Gehirn, C71) <Anm. 292>
9080/0	**Teratom, reifes** (Nasopharynx, C11; Nasen- und Nasennebenhöhlen, C30.0, C31; Mittel- und Innenohr, C30.1; Larynx, C32; Pankreas, C25; Haut, C44) <Anm. 292>
9084/0	Teratom, reifes zystisches (Ovar, C56; Haut, C44; Corpus uteri, C54; Cervix uteri, C53; Vagina, C52; Orbita, C69.6; Augenlid, C44.1; Konjunktiva, C69.0; Cornea, C69.1; Gehirn, C71) <Anm. 296>
9080/1	**Teratom, solides reifes** (Ovar, C56) <Anm. 292>
9102/3	[Teratom, trophoblastisches malignes] <Anm. 293>
9082/3	[Teratom, undifferenziertes malignes] <Anm. 293>
9080/3	**Teratom, unreifes** (Ovar, C65; Hoden, C62; Gehirn, C71) <Anm. 292>
9080/0	[Teratom, zystisches o.n.A.] <Anm. 292>
8507/3	*Terminales duktales Adenokarzinom* (Parotis, C07; andere große Speicheldrüsen, C08) <Anm. 154>
9064/2	*Testikuläre intraepitheliale Neoplasie* (TIN) (Hoden, C62) <Anm. 285>
9716/3	*T-gamma-Lymphom, erythrophagozytisches (Kadin)* (K) <Anm. 467>
9768/1	**T-gamma-lymphoproliferative Krankheit** <Anm. 485>
8621/1	Theka-Granulosazelltumor (Ovar, C56) <Anm. 183>
M-79680	**Thekaluteinhyperplasie, noduläre**
8600/0	Thekazelltumor (Ovar, C56) <Anm. 177>
8600/0	**Thekom o.n.A.** (Ovar, C56) <Anm. 177>
8600/3	Thekom, fibröses (Ovar, C56) <Anm. 177, 180>

8601/0	**Thekom, luteinisiertes** (Ovar, C56) <Anm. 179>
8600/3	**Thekom, malignes** (Ovar, C56) <Anm. 178>
9962/1	**Thrombozythämie, essentielle** <Anm. 517>
9962/1	Thrombozythämie, essentielle hämorrhagische <Anm. 517>
9962/1	Thrombozythämie, idiopathische (hämorrhagische) <Anm. 517>
8580/0	**Thymom o.n.A.** (C37.9; Herz, C38.0) <Anm. 175>
8580/0	**Thymom, benignes** (C37.9; Herz, C38.0) <Anm. 175>
8580/3	**Thymom, malignes** (C37.9; Herz, C38.0) <Anm. 175>
8580/3	Thymuskarzinom (C37.9; Herz, C38.0) <Anm. 175>
8720/0	**Tief penetrierender Nävus** (C44) <Anm. 206>
9132/0	**Tiefes Hämangiom** <Anm. 317>
8832/0	Tiefes Histiozytom (Subkutis, C49) <Anm. 235>
8850/0	Tiefes Lipom
9832/3	*T-lymphoblastische Leukämie vom Vorläuferzell-Typ* <Anm. 494>
9627/3	*T-lymphoblastische(s) Lymphom/Leukämie vom Vorläuferzell-Typ* (REAL) <Anm. 421>
8330/0	**Toxisches Adenom** (Schilddrüse, C73) <Anm. 110>
8190/3	**Trabekuläres Adenokarzinom**
8190/0	**Trabekuläres Adenom**
8190/3	Trabekuläres Karzinom
M-72030	**Transformation, knotige**
8120/3	**Transitionalkarzinom** (Lunge, C34; Tränenwege, C69.5) <Anm. 51>
8120/0	Transitionalpapillom <Anm. 51>
M-76800	Transitionalpolyp (Kolon, C18, Rektum, C20)
8120/3	Transitionalzellkarzinom o.n.A. <Anm. 50>
M-73400	Traumatische Myositis ossificans D1-50230
M-78770	**Traumatisches Neurom**
M-78000	Trichodiskom (Haut, C44)
8100/0	Trichoepitheliom (C44)
8100/3	*Trichoepitheliom, malignes* (C44) <Anm. 46>
8101/0	**Trichofollikulom** (C44)
8102/3	*Tricholemmkarzinom* (C44) <Anm. 48>
8102/0	**Tricholemmom** (C44)
8102/0	**Tricholemmome, multiple** (C44) <Anm. 47>
M-33430	**Tricholemmzyste**
8102/0	**Tricholemmzyste, proliferierende** (C44) <Anm. 47>
9561/3	Tritontumor, maligner (C47, C72.1–5) <Anm. 400>
9104/1	**Trophoblastischer Plazentatumor** (C58) <Anm. 307>
9102/3	[Trophoblastisches malignes Teratom] <Anm. 293>
9105/3	**Trophoblasttumor, epitheloider** (Plazenta, C58) <Anm. 308>
8211/3	**Tubuläres Adenokarzinom**
8211/0	**Tubuläres Adenom** (ausgenommen Hoden, C62, = 8640/0)
8640/0	Tubuläres Adenom (Pick) (Hoden, C62) <Anm. 194>
8631/0	Tubuläres Adenom mit Leydig-Zellen (Ovar, C56; Hoden, C62) <Anm. 189>
8640/0	**Tubuläres Androblastom** (Ovar, C56) <Anm. 194>
8641/0	**Tubuläres Androblastom mit Lipidspeicherung** (Ovar, C56) <Anm. 196>
8211/3	**Tubuläres Karzinom** (Mamma, C50) <Anm. 84>

8263/0	Tubulopapilläres Adenom (Gallenblase, C23; extrahepatische Gallengänge, C24)
8263/0	**Tubulovillöses Adenom**
8000/1	Tumor o.n.A.
8560/3	[Tumor, adenokarzinomatös-epidermoider]
9300/0	**Tumor, adenomatoider odontogener** (C03.9)
8472/3	Tumor, atypisch proliferierender muzinöser (Ovar, C56) <Anm. 139>
8000/0	Tumor, benigner o.n.A.
8010/0	Tumor, benigner epithelialer o.n.A.
8010/0	**Tumor, benigner epithelialer, unklassifiziert** (Ovar, C56; Nasopharynx, C11) <Anm. 1>
8982/0	Tumor, benigner myoepithelialer
8246/0	*Tumor, benigner neuroendokriner* <Anm. 68>
9270/0	[Tumor, benigner odontogener]
8000/0	Tumor, benigner unklassifizierter o.n.A.
8700/0	Tumor, chromaffiner (Nebennierenmark, C74.1; Harnblase, C67)
8897/1	**Tumor der glatten Muskulatur** (Orbita, C69.6)
8806/3	*Tumor, desmoplastischer kleinzelliger der Kinder und jungen Erwachsenen* (Mediastinum, C38.1,2; periphere Nerven, C47, 48; Weichteile, C49) <Anm. 224>
9071/3	**Tumor, Dottersack-** (auch Mediastinum, C38.3; Retroperitoneum, C48.0; Corpus uteri, C54; Cervix uteri, C53; Vagina, C52; Vulva, C51; Gehirn, C71) <Anm. 288>
9505/0	*Tumor, dysembryoblastischer neuroepithelialer* <Anm. 385>
8380/1	Tumor, endometrioider mit niedrigem Malignitätspotential (Ovar, C56) <Anm. 120>
8000/1	Tumor fraglicher Dignität, unklassifizierter
8323/0	Tumor, gemischtzelliger benigner epithelialer (Ovar, C56)
8323/3	**Tumor, gemischtzelliger maligner epithelialer** (Ovar, C56) <Anm. 107>
8323/1	*Tumor, gemischtzelliger mit niedrigem Malignitätspotential* (Ovar, C56) <Anm. 104>
8311/1	[Tumor, hypernephroider]
9505/0	*Tumor, infantiler desmoplastischer* <Anm. 371, 384>
8503/1	*Tumor, intraduktaler papillär-muzinöser mit mäßiger Dysplasie* (Pankreas, C25) <Anm. 152>
9064/2	*Tumor, intratubulärer* (Hoden, C62) <Anm. 285>
8361/1	**Tumor, juxtaglomerulärer** (Niere, C64)
9340/0	**Tumor, kalzifizierender epithelialer odontogener** (C03.9)
8810/0	**Tumor, lokalisierter fibröser** (Pleura, C38.4; Peritoneum, C48.1; Leber, C22; Perikard, C38.0) <Anm. 227>
8000/3	Tumor, maligner o.n.A.
8010/3	Tumor, maligner epithelialer o.n.A.
8010/3	**Tumor, maligner epithelialer, unklassifizierter** (Ovar, C56) <Anm. 1>
8990/3	Tumor, maligner gemischtzelliger mesenchymaler <Anm. 269>
8800/3	Tumor, maligner mesenchymaler <Anm. 221>
9270/3	Tumor, maligner odontogener (C03.9)
8810/3	**Tumor, maligner solitärer fibröser** (Pleura, C38.4; Peritoneum, C48.1; Perikard, C38.0) <Anm. 227>

8810/3	Tumor, maligner submesothelialer fibröser (Pleura, C38.4; Peritoneum, C48.1) <Anm. 227>
8000/3	Tumor, maligner unklassifizierter
8000/9	Tumor, maligner, unsicher ob Primärtumor oder Metastase, unklassifizierter
9110/1	[Tumor, mesonephrischer] <Anm. 309>
8000/6	Tumor, metastatischer
8472/3	[Tumor mit geringem Malignitätspotential, muzinöser o.n.A.]
8473/3	[Tumor mit geringem Malignitätspotential, muzinöser papillärer]
8472/3	[Tumor, muzinöser mit geringem Malignitätspotential o.n.A.]
8470/1	*Tumor, muzinöser zystischer mit mäßiger Dysplasie* (Pankreas, C25) <Anm. 137>
9364/3	[Tumor, neuroektodermaler o.n.A.]
8350/3	[Tumor, nichtabgekapselter (Schilddrüse, C73)]
8452/1	[Tumor, papillär-zystischer (Pankreas, C25)] <Anm. 132>
9503/3	Tumor, peripherer neuroektodermaler <Anm. 383>
9363/0	**Tumor, pigmentierter neuroektodermaler des Kindes**
9463/3	**Tumor, primitiver neuroektodermaler (PNET)** (Gehirn, C71; Rückenmark, C72.0; Knochen, C40, C41) <Anm. 377>
8381/1	Tumor, proliferierender endometrioider (Ovar, C56) <Anm. 120>
8462/3	Tumor, serös-papillärer mit geringem Malignitätspotential (Ovar, C56)
8452/1	**Tumor, solid-pseudopapillärer** (Pankreas, C25) <Anm. 132>
8452/1	[Tumor, solid-zystischer (Pankreas, C25)] <Anm. 132>
8810/0	Tumor, solitärer fibröser (Pleura, C38.4; Peritoneum, C48,1; Leber, C22; Perikard, C38.0) <Anm. 227>
8453/0	*Tumor, zystischer des atrioventrikulären Knotens* (Herz, C38.0) <Anm. 133>
M-55400	**Tumoröse Kalzinose**
8040/1	**Tumorlet o.n.A.** (Lunge, C34) <Anm. 10>
8040/0	*Tumorlet, benignes* (Lunge, C34) <Anm. 10>
8001/1	Tumorzellen o.n.A.
8001/0	**Tumorzellen, benigne**
8001/1	**Tumorzellen fraglicher Dignität**
8001/3	**Tumorzellen, maligne**
8200/0	Turbantumor (Kopfhaut, C44.4)
M-72600	Tylosis
8780/0	**Typischer blauer Nävus** (Haut, C44; Vulva, C51; Vagina, C52; Cervix uteri, C53; Konjunktiva, C69.0)
8240/1	**Typischer Karzinoidtumor** (Lunge, C34)
9607/3	*Typisches Mantelzell-Lymphom* <Anm. 412>
9061/3	**Typisches Seminom** (Hoden, C62) <Anm. 284>
9827/3	**T-Zell-Leukämie, adulte (ATL)** <Anm. 492>
9629/3	*T-Zell-Leukämie, chronische lymphatische (T-CLL)* (REAL)
9852/3	*T-Zell-Leukämie, chronische lymphatische (T-CLL)* <Anm. 499>
9854/3	*T-Zell-Leukämie, chronische lymphatische vom azurgranulierten Typ* <Anm. 500>
9854/3	*T-Zell-Leukämie, grobgranuläre chronische lymphatische* <Anm. 500>
9705/3	**T-Zell-Lymphom, angioimmunoblastisches (AILD)** (REAL) <Anm. 409>

9705/3	T-Zell-Lymphom, angioimmunoblastisches (AILD, LgrX) (K) <Anm. 458>
9713/3	T-Zell-Lymphom, angiozentrisches (REAL)(K) <Anm. 409, 427 und 464>
9725/3	*T-Zell-Lymphom, großzelliges anaplastisches* (K) <Anm. 446, 465>
9724/3	*T-Zell-Lymphom, immunoblastisches* (K) <Anm. 446>
9635/3	*T-Zell-Lymphom, intestinales (mit oder ohne Enteropathie)* (REAL) <Anm. 428>
9706/3	T-Zell-Lymphom, kleinzelliges pleomorphes (K) <Anm. 459>
9636/3	*T-Zell-Lymphom/Leukämie, adulte(s) (ATL/L), HTLV1-positiv* (REAL)
9707/3	T-Zell-Lymphom/Leukämie, adulte(s)(ATL/L) (K) <Anm. 460>
9708/3	*T-Zell-Lymphom, lymphoblastisches* (K) <Anm. 461>
9710/3	*T-Zell-Lymphom, lymphozytisches* <Anm. 446>
9707/3	T-Zell-Lymphom, mittelgroß- und großzelliges pleomorphes (K) <Anm. 460>
9626/3	*T-Zell-Lymphom, nicht klassifizierbares* (REAL) <Anm. 420>
9702/3	T-Zell-Lymphom, peripheres o.n.A.
9702/3	T-Zell-Lymphom, peripheres unspezifiziertes (REAL) <Anm. 409>
9705/3	T-Zell-Lymphom, peripheres vom AILD-(LgrX-)Typ <Anm. 458>
9706/3	[T-Zell-Lymphom, peripheres vom pleomorph-kleinzelligen Typ] <Anm. 459>
9632/3	*T-Zell-Lymphom, peripheres, lymphoepitheloidzellige Form* (SMH*) <Anm. 424>
9633/3	*T-Zell-Lymphom, subkutanes pannikulitisches* (REAL*) <Anm. 425>
9703/3	T-Zonen-Lymphom (K) <Anm. 456>

U

8072/3	**Übergangskarzinom** (Analkanal, C21.1) <Anm. 24>
9537/0	**Übergangsmeningeom** (C70) <Anm. 391>
8120/0	Übergangspapillom (ausgenommen Tränenwege, C69.5, = 8053/0) <Anm. 49>
8053/0	**Übergangspapillom** (Tränenwege, C69.5)
M-76800	**Übergangspolyp** (Colon, C18, Rektum, C20)
8120/3	Übergangszellkarzinom o.n.A. <Anm. 50>
8120/2	**Übergangszellkarzinom in situ** <Anm. 50>
8120/3	**Übergangszellkarzinom, nichtpapilläres invasives** <Anm. 50>
8130/3	**Übergangszellkarzinom, papilläres** <Anm. 50>
8122/3	[Übergangszellkarzinom, spindelzelliges] <Anm. 53>
8120/0	**Übergangszellpapillom o.n.A** <Anm. 49>
8121/1	**Übergangszellpapillom, invertierter Typ** (Harnblase, C67; Nierenbecken, C65; Ureter, C66; Harnröhre, C68)
8090/3	Ulcus rodens (Haut, C44) <Anm. 40>
9540/0	Umschriebenes Neurofibrom (C47, C72.1-5)
8633/1	*Undifferenzierter Sertoli-Leydig-Zell-Tumor* (Ovar, C56) <Anm. 191>
8020/3	**Undifferenziertes (anaplastisches) Karzinom** (Schilddrüse, C73) <Anm. 4>
8021/3	**Undifferenziertes (anaplastisches) Karzinom** (Pankreas, C25) <Anm. 5>
9057/3	*Undifferenziertes diffuses malignes Mesotheliom* (Pleura, C38.4; Peritoneum, C48.1; Perikard, C38.0) <Anm. 282>

8930/3	Undifferenziertes Endometriumsarkom (C54) <Anm. 259>
8020/3	**Undifferenziertes Karzinom o.n.A.** <Anm. 4>
8082/3	**Undifferenziertes Karzinom mit lymphozytärem Stroma** (Nasen- und Nasennebenhöhlen, C30.0, C31; Larynx, C32; Hypopharynx, C13; Trachea, C33)
9687/3	[Undifferenziertes Lymphom vom Burkitt-Typ] <Anm. 450, 491>
9082/3	[Undifferenziertes malignes Teratom (Hoden, C62)] <Anm. 293>
8805/3	*Undifferenziertes Sarkom* (Knochen, C40, C41; Gehirn, C71) <Anm. 223>
8991/3	Undifferenziertes Sarkom (Leber, C22)
8010/0	**Unklassifizierter benigner epithelialer Tumor** (Ovar, C56; Nasopharynx, C11) <Anm. 1>
8010/0	Unklassifizierter benigner nasopharyngealer epithelialer Tumor (C11) <Anm. 1>
8010/0	Unklassifizierter benigner Tumor
8590/1	**Unklassifizierter Keimstrang-Stromatumor** (Ovar, C56) <Anm. 176>
8010/3	Unklassifizierter maligner epithelialer Tumor (Ovar, C56) <Anm. 1>
8400/3	Unklassifizierter maligner Schweißdrüsentumor (C44) <Anm. 123>
8000/9	Unklassifizierter maligner Tumor, unsicher ob Primärtumor oder Metastase
8000/1	Unklassifizierter Tumor fraglicher Dignität
8720/3	**Unklassifiziertes Melanom (UCM)** (C44) <Anm. 208>
9731/3	Unklassifiziertes Plasmozytom <Anm. 475>
8800/3	Unklassifiziertes Sarkom <Anm.221>
9080/3	**Unreifes Teratom** (Ovar, C56; Hoden, C62; Gehirn, C71) <Anm. 292>
8832/0	Unterhautfibrose, noduläre (Haut, C44) <Anm. 232>
8120/3	Urothelkarzinom o.n.A. <Anm. 50>
8120/1	[Urothelpapillom] <Anm. 49>
9740/1	Urticaria pigmentosa (Haut, C44) (ausgenommen wenn im Rahmen einer systemischen Mastozytose auftretend, = 9740/3) <Anm. 478>

V

8077/2	Vaginale intraepitheliale Neoplasie Grad 3 (VAIN 3) (C52) <Anm. 33>
8077/2	VAIN 3 (Vagina, C52) <Anm. 33>
M-76100	Vaskuläre Proliferation
M-75560	Vaskulärer Nävus
8894/0	Vaskuläres Leiomyom (Haut, C44)
M-45020	**Vault-Granulation** (Vagina, C52.9)
9122/0	**Venöses Hämangiom**
8071/3	**Verhornendes Plattenepithelkarzinom o.n.A.**
M-78000	**Verkalkendes Aponeurosenfibrom**
8110/0	Verkalkendes Epitheliom Malherbe (Haut, C44)
M-73400	Verknöcherung, extraskelettale o.n.A.
M-73400	**Verknöcherung, heterotope**
M-57203	[Vermehrte Melaninpigmentierung]
M-76600	Verruca o.n.A.
M-76620	**Verruca plana**
M-76630	**Verruca plantaris**
M-72750	Verruca seborrhoica

M-76630	Verruca simplex
M-76630	**Verruca vulgaris**
8051/3	**Verruköses Karzinom o.n.A.** <Anm. 18>
9142/0	**Verruköses keratotisches Hämangiom** (Haut, C44)
8051/2	*Verruköses nichtinvasives Karzinom* (Penis, C60) <Anm. 17>
8051/0	[Verruköses Papillom] <Anm. 16>
8051/3	**Verruköses Plattenepithelkarzinom** <Anm. 18>
8262/3	[Villöses Adenokarzinom]
8261/1	**Villöses Adenom**
8261/1	[Villöses Papillom]
8260/3	**Villogianduläres papilläres Adenokarzinom** (Cervix uteri, C53; Vagina, C52) <Anm. 96>
8077/2	VIN 3 (Vulva, C51) <Anm. 32>
8155/1	*Vipom, benigne oder von Low-grade-Malignität* <Anm. 68>
8155/0	*Vipom, benignes* <Anm. 68>
8155/3	[Vipom, malignes] <Anm. 68>
8155/3	**Vipom von Low-grade-Malignität** <Anm. 68>
9071/3	[Vitellintumor, polyvesikulärer] <Anm. 288>
9100/0	**Vollständige Blasenmole o.n.A.** (Plazenta, C58) <Anm. 302>
M-75650	**von Meyenburg-Komplex**
9831/3	*Vorläufer-B-lymphoblastische Leukämie* <Anm. 494>
9601/3	*Vorläufer-B-Zell-Neoplasie* (REAL)
9832/3	*Vorläufer-T-lymphoblastische Leukämie* <Anm. 494>
9828/3	*Vorwiegend kleinzellige akute lymphatische Leukämie* (FAB: L1) <Anm. 490>
9828/3	*Vorwiegend kleinzellige akute Lymphoblastenleukämie* <Anm. 490>
8077/2	Vulväre intraepitheliale Neoplasie Grad 3 (VIN 3) (C51) <Anm. 32>

W

9761/3	**Waldenström-Makroglobulinämie** <Anm. 479>
8561/0	Warthin-Tumor (Parotis, C07; andere große Speicheldrüsen, C08)
M-76600	[Warze o.n.A.]
M-72750	Warze, seborrhoische
M-74450	Warzige Dyskeratose
M-74450	**Warziges Dyskeratom**
8054/3	*Warziges (kondylomatöses) Plattenepithelkarzinom* (Vulva, C51; Vagina, C52; Cervix uteri, C53) <Anm. 20>
8322/3	**Wasserklares Adenokarzinom**
8322/0	**Wasserklares Adenom** (Nebenschilddrüsen, C75.0)
8322/3	Wasserklares Karzinom
M-44700	**Wegener-Granulomatose** D3-81690
8851/0	Weiches Fibrom
9044/3	Weichteil-Klarzelltumor, maligner (C49) <Anm. 275>
9044/3	Weichteilmelanom, malignes (C49) <Anm. 275>
8800/3	Weichteilsarkom
9581/3	**Weichteilsarkom, alveoläres** (C49) <Anm. 404>
8800/0	[Weichteiltumor, benigner]
8800/3	Weichteiltumor, maligner <Anm. 221>
8842/0	*Weichteiltumor, ossifizierender fibromyxoider* (C49) <Anm. 239>

8960/3	Wilms-Tumor (Niere, C64)
8332/3	Wuchernde Struma Langhans (Schilddrüse, C73)

X

M-55300	**Xanthelasma** (Augenlid, C44.1)
9424/3	**Xanthoastrozytom, pleomorphes** (Gehirn, C71; Rückenmark, C72.0)
8830/0	Xanthofibrom <Anm. 232>
M-44040	**Xanthogranulom o.n.A.**
M-44040	**Xanthogranulom, juveniles**
M-55300	**Xanthom o.n.A.**
8830/3	Xanthomatöses malignes fibröses Histiozytom <Anm. 234>
D6-44510	**Xeroderma pigmentosum o.n.A.**

Z

8790/0	**Zellreicher blauer Nävus** (Haut, C44; Orbita, C69.6)
9395/3	*Zellreiches Ependymom* (Gehirn, C71; Rückenmark, C72.0) <Anm. 368>
8892/0	**Zellreiches Leiomyom**
9560/0	**Zellreiches Schwannom** (C47, C72.1-5) <Anm. 398>
9274/0	**Zementbildendes Fibrom** (C03.9) <Anm. 353>
9273/0	**Zementoblastom, benignes** (C03.9)
9272/0	[Zementom o.n.A.] <Anm. 352>
9273/0	Zementom, echtes (C03.9)
9275/0	Zementome, familiäre multiple (C03.9)
9262/0	**Zemento-ossifizierendes odontogenes Fibrom** (C03.9) <Anm. 346>
9506/0	**Zentrales Neurozytom** <Anm. 387>
9321/0	**Zentrales odontogenes Fibrom** (C03.9)
9180/3	**Zentrales Osteosarkom o.n.A.** (Knochen, C40, C41) <Anm. 325>
M-44110	**Zentrales reparatives Riesenzellgranulom der Kiefer** D5-14180
9683/3	**Zentroblastisches Lymphom** (K), alle Subtypen <Anm. 416, 448>
9676/3	**Zentroblastisch-zentrozytisches Lymphom** (K) <Anm. 444>
9676/3	Zentroblastisch-zentrozytisches Lymphom, diffuses <Anm. 444>
9692/3	**Zentroblastisch-zentrozytisches Lymphom, follikuläres** (K) <Anm. 444>
9674/3	**Zentrozytisches Lymphom** (K) <Anm. 443>
8420/3	Zeruminaladenokarzinom (äußerer Gehörgang, C44.2)
8420/0	**Zeruminaladenom** (äußerer Gehörgang, C44.2)
8420/3	**Zeruminalkarzinom** (äußerer Gehörgang, C44.2)
8077/2	Zervikale intraepitheliale Neoplasie, Grad 3 (CIN 3) (C53) <Anm. 31>
M-72420	**Zollinger-Ellison-Syndrom** DB-63410
8650/1	[Zwischenzelltumor o.n.A.] <Anm. 198>
8650/0	[Zwischenzelltumor, benigner] <Anm. 198>
8650/3	[Zwischenzelltumor, maligner] <Anm. 198>
8121/3	**Zylinderzellkarzinom** (Nasen- und Nasennebenhöhlen, C30.0; C31) <Anm. 52>
8200/3	Zylindroides Adenokarzinom
8200/3	Zylindroides Bronchusadenom (C34)
8200/3	Zylindrom o.n.A (ausgenommen Zylindrom der Haut, = 8200/0)
8200/0	**Zylindrom der Haut** (C44)
8200/0	Zylindrom, dermales ekkrines (C44)
9013/0	Zystadenofibrom o.n.A. (Ovar, C56)

8381/0	**Zystadenofibrom, endometrioides** (Ovar, C56) <Anm. 119>
8381/1	**Zystadenofibrom, endometrioides von Borderline-Malignität** (Ovar, C56) <Anm. 120>
8313/0	Zystadenofibrom, klarzelliges
8381/3	**Zystadenofibrom, malignes endometrioides** (Ovar, C56) <Anm. 121>
9014/3	*Zystadenofibrom, malignes seröses* (Ovar, C56) <Anm. 270>
9015/0	Zystadenofibrom, muzinöses (Ovar, C56) <Anm. 270>
9015/1	*Zystadenofibrom, muzinöses von Borderline-Malignität* <Anm. 270>
9014/0	Zystadenofibrom, seröses (Ovar, C56)
9014/1	*Zystadenofibrom, seröses von Borderline-Malignität* <Anm. 270>
8440/3	**Zystadenokarzinom o.n.A.**
8551/3	*Zystadenokarzinom, azinäres* (Pankreas, C25) <Anm. 168>
8380/3	**Zystadenokarzinom, endometrioides** (Corpus uteri, C54; Cervix uteri, C53; Ovar, C56; Vagina, C52) <Anm. 121>
8470/3	Zystadenokarzinom, invasives muzinöses (Ovar, C56; Pankreas, C25) <Anm. 138>
8470/3	**Zystadenokarzinom, muzinöses** (Ovar, C56; Pankreas, C25) <Anm. 138>
8471/3	**Zystadenokarzinom, muzinöses papilläres** (Ovar, C56)
8470/2	*Zystadenokarzinom, nichtinvasives muzinöses* (Pankreas, C25) <Anm. 137>
8450/3	**Zystadenokarzinom, papilläres o.n.A.** (Ovar, C56)
8470/3	[Zystadenokarzinom, pseudomuzinöses o.n.A.] <Anm. 138>
8471/3	[Zystadenokarzinom, pseudomuzinöses papilläres]
8441/3	Zystadenokarzinom, seröses o.n.A. (Ovar, C56)
8441/3	**Zystadenokarzinom, seröses** (Pankreas, C25) <Anm. 131>
8460/3	**Zystadenokarzinom, seröses papilläres** (Ovar, C56)
8440/0	[Zystadenom o.n.A]
8472/3	[Zystadenom von Borderline-Malignität, pseudomuzinöses]
8473/3	[Zystadenom von Borderline-Malignität, pseudomuzinöses papilläres]
8401/0	**Zystadenom, apokrines** (Haut, C44)
8404/0	**Zystadenom, ekkrines** (Haut, C44)
8380/0	**Zystadenom, endometrioides** (Ovar, C56) <Anm. 119>
8380/1	**Zystadenom, endometrioides von Borderline-Malignität** (Ovar, C56) <Anm. 120>
8470/0	**Zystadenom, muzinöses o.n.A.** (Ovar, C56; Pankreas, C25) <Anm. 136>
8471/0	**Zystadenom, muzinöses papilläres** (Ovar, C56)
8473/3	Zystadenom, muzinöses papilläres von Borderline-Malignität (Ovar, C56) <Anm. 139>
8472/3	Zystadenom, muzinöses von Borderline-Malignität (Ovar, C56) <Anm. 139>
8450/0	**Zystadenom, papilläres o.n.A.** (Ovar, C56)
8561/0	Zystadenom, papilläres lymphomatöses (Parotis, C07; andere große Speicheldrüsen, C08)
8451/3	**Zystadenom, papilläres von Borderline-Malignität** (Ovar, C56)
8470/0	[Zystadenom, pseudomuzinöses o.n.A.]
8471/0	[Zystadenom, pseudomuzinöses papilläres]
8441/0	**Zystadenom, seröses o.n.A.** (Ovar, C56; Pankreas, C25)
8460/0	**Zystadenom, seröses papilläres** (Ovar, C56)
8462/3	**Zystadenom, seröses papilläres von Borderline-Malignität** (Ovar, C56)

8442/3	**Zystadenom, seröses von Borderline-Malignität** (Ovar, C56)
M-33400	[Zyste o.n.A.]
M-33400	**Zyste, apikale** D5-10780
M-26520	**Zyste, dentigeröse** D4-51520
M-26500	Zyste der Rathke-Tasche D4-52650
M-26600	**Zyste des Canalis incisivus** D4-51534
M-26500	Zyste des Ductus thyreoglossus D4-60334
M-26600	**Zyste des Nasopalatinganges** D4-51534
M-33400	[Zyste, einfache o.n.A.]
M-33410	Zyste, epidermale
M-26520	**Zyste, eruptive odontogene** D4-51524
M-26600	Zyste, fissurale o.n.A.
M-33430	Zyste, Haarbalg-
9301/0	**Zyste, kalzifizierende odontogene** (C03.9)
M-26500	**Zyste, kongenitale o.n.A.**
M-26520	**Zyste, laterale periodontale** D4-51526
M-26600	**Zyste, nasoalveoläre** D4-51538
M-26600	**Zyste, nasolabiale** D4-51538
M-26630	**Zyste, Neuroglia-**
M-26520	**Zyste, odontogene o.n.A.**
9270/3	Zyste, odontogene mit malignen Veränderungen (C03.9) <Anm. 350>
M-33400	**Zyste, paradentale**
M-33400	Zyste, periapikale D5-10780
M-33400	**Zyste, periodontale** D4-51525
M-33400	**Zyste, (residuale) radikuläre** D5-10780
M-26520	**Zyste, sialo-odontogene**
D5-14800	**Zystenkrankheit der Kiefer, familiäre multilokuläre** (C41.05, C41.1)
8453/0	*Zystischer Tumor des atrioventrikulären Knotens* (Herz, C38.0) <Anm. 133>
9400/3	Zystisches Astrozytom (Gehirn, C71; Rückenmark, C72.0; Retina, Sehnervenpapilla, C69.2) <Anm. 370>
9055/0	*Zystisches benignes Mesotheliom* (Pleura, C38.4; Peritoneum, C48.1; Perikard, C38.0) <Anm. 280>
9173/0	Zystisches Hygrom
8474/3	*Zystisches hypersekretorisches Karzinom mit Invasion* (Brust, C50) <Anm. 140>
9173/0	**Zystisches Lymphangiom**
9055/3	*Zystisches malignes Mesotheliom* (Peritoneum, C48.1) <Anm. 280>
9055/1	[Zystisches Mesotheliom o.n.A (Peritoneum, C48.1)] <Anm. 280>
9080/0	[Zystisches Teratom o.n.A.] <Anm. 292>
9080/0	[Zystisches Teratom des Erwachsenen] <Anm. 292>
8440/0	[Zystom o.n.A.]
8470/0	Zystom, muzinöses (Ovar, C56) <Anm. 136>
8440/0	Zystom, seröses (Ovar, C56)

E. Literatur

Ackerman AB, Cerroni L, Kerl H (1994) Pitfalls in histologic diagnosis of malignant melanoma. Lea & Febiger, Philadelphia

Albores-Saavedra J, Henson DE, Sobin LH (1991) Histological typing of tumours of the gallbladder and extrahepatic bile ducts, 2nd edn. WHO International histological classification of tumours. Springer, Berlin Heidelberg New York Tokyo

Altemeier WA, Gall EA, Zinninger MM, Howorth PI (1957) Sclerosing carcinoma of the major intrahepatic bile ducts. Ann Surg 75: 450–461

Altmann HW (1994) Hepatic neoformations. Pathol Res Pract 190: 513–577

Armed Forces Institute of Pathology (1957 ff.) Atlas of tumor pathology. 1st series: 1957 ff., 2nd: 1966 ff., 3rd series: 1991 ff. AFIP, Washington/DC

Aul C, Heyll A, Schneider W, Gattermann N, Runde V, Hossfeld DK (1995) Myelodysplastische Syndrome. Dtsch Ärztebl 92 A: 2836–2844

Balch ChM, Houghton AN, Milton GW, Sober AJ, Soong S-J (eds) (1992) Cutaneous melanoma, 2nd edn. Lippincott, Philadelphia

Barnhill RL, Mihm jr MC (1992) Histopathology of malignant melanoma and its precursor lesions. In: Balch ChM, Houghton AN, Milton GW, Sober AJ, Soong S-J (eds) Cutaneous melanoma, 2nd edn. Lippincott, Philadelphia

Battifora H, McCaughey WTE (1995) Tumors of the serosal membranes. AFIP Atlas of tumor pathology, 3rd series, fasc. 15. Armed Forces Institute of Pathology, Washington/DC

Bennett JM, Catovsky D, Daniel MT, Flandrin G, Galton DAG, Gralnik HR, Sultan C (1976) Proposals for the classification of the acute leukaemias. French-American-British (FAB) Cooperative Group. Br J Haematol 33: 451–458

Bennett JM, Catovsky D, Daniel MT, Flandrin G, Galton DAG, Sultan C (1980) A variant form of hypergranular promyelocytic leukemia (M3). Br J Haematol 44: 169–170

Bennett JM, Catovsky D, Daniel MT, Flandrin G, Galton DAG, Gralnick HR, Sultan C (1982) Proposals for the classification of the myelodysplastic syndromes. Br J Haematol 51: 189–199

Bennett JM, Catovsky D, Daniel MT, Flandrin G, Galton DAG, Gralnik HR, Sultan C (1985a) Criteria for the diagnosis of acute leukemia of megakaryocyte lineage (M7). A report of the French-American-British Group. Ann Intern Med 103: 460–462

Bennett JM, Catovsky D, Daniel MT, Flandrin G, Galton DAG, Gralnik HR, Sultan C (1985b) Proposed revised criteria for the classification of acute myeloid leukemia. A report of the French-American-British Group. Ann Intern Med 103: 620–625

Böcker W, Decker T, Ruhnke M, Schneider W (1997) Duktale Hyperplasie und Duktales Carcinoma in situ. Definition – Klassifikation – Differentialdiagnose. Pathologe 18: 3–18

Borchard F, Heilmann KL, Hermanek P, Gebbers J-O, Heitz PhU, Stolte M, Pfeifer U et al. (1991) Definition und klinische Bedeutung der Dysplasie im Verdauungstrakt. Pathologe 12: 50–56

Bostwick DG, Brawer MK (1987) Prostatic intraepithelial neoplasia and early invasion in prostate cancer. Cancer 59: 788–794

Breuninger H, Schaumburg-Lever G, Holzschuh J, Horny H-P (1997) Desmoplastic squamous cell carcinoma of skin and vermillion surface: A highly malignant subtype of skin cancer. Cancer 79: 915–919

Burger PC, Scheithauer BW (1994) Tumors of the central nervous system. AFIP Atlas of tumor pathology, 3rd series, fasc. 10. Armed Forces Institute of Pathology, Washington/DC

Burke A, Virmani R (1996) Tumors of the heart and great vessels. AFIP Atlas of tumor pathology, 3rd series, fasc. 16. Armed Forces Institute of Pathology, Washington/DC

Capella C, Frigerio B, Cornaggia M, Solcia E, Pinzou-Trujillo Y, Chejfec G (1984) Gastric parietal cell carcinoma – a newly recognized entity;

light microscopic and ultrastructural features. Histopathology 8: 813–824

Capella C, Heitz PU, Höfler H, Solcia E, Klöppel G (1995) Revised classification of neuroendocrine tumours of the lung, pancreas and gut. Virchows Arch 425: 547–560

Carney JA, Gordon H, Carpenter PC, Shenoy BV, Go VLW (1985) The complex of myxomas, spotty pigmentation and endocrine overactivity. Medicine 64: 270–283

Cheson BD, Cassileth PA, Head DR, Schiffer CA, Bennett JM, Bloomfield CD, Brunning R et al. (1990) Report of the National Cancer Institute-sponsored workshop on definitions of diagnosis and response in acute myeloid leukemia. J Clin Oncol 8: 813–819

Chessells JM (1995) Acute leukemia in childhood. In: Peckham M, Pinedo H, Veronesi U (eds) Oxford textbook of oncology. Oxford Univ Press, Oxford New York Tokyo

Cho D, Buscema J, Rosenshein NB, Woodruff JD (1985) Primary breast cancer of the vulva. Obstet Gynecol 66: 79–81 S

Clemente C, Cochram A, Elder DE, Levene A, MacKie RM, Miller MC jr, Rilke F et al. (1991) Histopathologic diagnosis of dysplastic nevi. Concordance among pathologists convened by the WHO melanoma programme. Hum Pathol 22: 313–319

Correa P, Chen VW (1995) Endocrine gland cancer. Cancer 75: 338–352

Coté RA, Rothwell DJ, Palotay JL, Beckett RS, Brochu L (1993) SNOMED INTERNATIONAL: The systematized nomenclature of human and veterinary medicine, 4 vols. College of American Pathologists (CAP), Northfield/Illinois, and American Veterinary Medical Association, Schaumburg/IL

Dabska M (1977) Parachordoma. A new clinicopathologic entity. Cancer 40: 1586–1592

Deutsche Krebsgesellschaft (1995) Diagnostische Standards. Qualitätssicherung in der Onkologie 3.1 (Hermanek P, Hrsg). W Zuckschwerdt Verlag, München Bern Wien New York

Deutsches Institut für medizinische Dokumentation und Information, DIMDI (Hrsg) (1994) ICD-10. Internationale statistische Klassifikation der Krankheiten und verwandter Gesundheitsprobleme, 10. Revision. Band I – Systematisches Verzeichnis. Version 1.0, Stand August 1994. Erschienen in mehreren Verlagen deutschsprachiger Staaten

Dhom G (1981) Die Nebennierenrinde. In: Doerr W, Seifert G, Uehlinger E (Hrsg) Pathologie der endokrinen Organe. Spezielle pathologische Anatomie Band 14/II. Springer, Berlin Heidelberg New York Tokyo

Dieckmann K-P, Loy V, Huland H (1989) Das Carcinoma in situ des Hodens: Klinische Bedeutung, Diagnostik und Therapie. Urologe [A] 28: 271–280

Dudeck J, Wagner G, Grundmann E, Hermanek P (Hrsg) (1994) Basisdokumentation für Tumorkranke, 4. Aufl. Arbeitsgemeinschaft Deutscher Tumorzentren (ADT). – Tumordokumentation in Klinik und Praxis, Band 1. Springer, Berlin Heidelberg New York Tokyo

Elder DE, Murphy GF (1991) Melanotic tumors of the skin. AFIP Atlas of tumor pathology, 3rd series, fasc. 2. Armed Forces Institute of Pathology, Washington/DC

Enzinger FM, Weiss SW (1995) Soft tissue tumors, 3rd edn. Mosby-Year Book Inc., St. Louis Baltimore Berlin Boston

Enzinger FM, Weiss SW, Liang CY (1989) Ossifying fibromyxoid tumor of soft parts. A clinicopathologic analysis of 59 cases. Am J Surg Pathol 13: 817–827

Fechner RE, Mills SE (1993) Tumors of the bones and joints. Atlas of tumor pathology, 3rd series, fasc. 8. Armed Forces Institute of Pathology, Washington/DC

Ferlito A, Recher G (1980) Ackerman's tumor (verrucous carcinoma) of the larynx. A clinicopathologic study of 77 cases. Cancer 46: 1617–1630

Frizzera G, Hanto DW, Gajl-Peczalska KJ, Rosai J, McKenna RW, Sibley RK, Holahan KP et al. (1981) Polymorphic diffuse B-cell hyperplasias and lymphomas in renal transplant recipients. Cancer Res 41: 4262–4279

Harris NL, Jaffe ES, Stein H, Banks PM, Chan JKC, Cleary ML, Delsol G et al. (1994) Revised European-American classification of lymphoid neoplasms: A proposal from the international Lymphoma Study Group. Blood 84: 1361–1392

Hayes MC, Scully RE (1987) Ovarian steroid cell tumors (not otherwise specified). A clinicopathological analysis of 63 cases. Am J Surg Pathol 11: 835–845

Hedinger Chr (1988) Histological typing of thyroid tumours, 2nd edn. WHO International histological classification of tumours. Springer, Berlin Heidelberg New York Tokyo

Hedinger Chr (1991) Pathologie des Hodens. In: Doerr W, Seifert G, Uehlinger E (Hrsg) Pathologie des männlichen Genitale. Spezielle pathologische Anatomie Bd. 21. Springer, Berlin Heidelberg New York Tokyo

Heenan PJ, Elder D, Sobin LH (1996) Histological typing of skin tumours, 2nd edn. WHO International histological classification of tumours. Springer, Berlin Heidelberg New York Tokyo

Hermanek P (1990) Malignant polyps – Pathological factors governing clinical management. Curr Top Pathol 81: 277–293

Hirsch FR, Matthews MJ, Aisner S, Campobasso O, Elema JD, Gazdar AF, Mackay B et al. (1988) Histopathologic classification of small cell lung cancer: changing concepts and terminology. Cancer 62: 973–977

Hoeffken K (1993) Hämatopoetisches und lymphatisches System. In: Dold U, Hermanek P, Höffken K, Sack H (Hrsg) Praktische Tumortherapie, 4. Aufl. Thieme, Stuttgart New York

Hoelzer D (1995) Acute leukemia in adults. In: Peckham M, Pinedo H, Veronesi U (eds) Oxford textbook of oncology. Oxford Univ Press, Oxford New York Tokyo

Hossfeld DK (1994) Leukemia. In: Love R (ed) UICC Manual of clinical oncology, 6th edn. Springer, Berlin Heidelberg New York Tokyo

Ioachim HL (1996) The revised European-American classification of lymphoid neoplasms. A belated commentary. Cancer 78: 4–9

Isaacson P (1981) Crypt cell carcinoma of the appendix (so-called adenocarcinoid tumor). Am J Surg Pathol 5: 213–224

Ishak KG, Anthony PP, Sobin LH (1994) Histological typing of tumours of the liver, 2nd edn. WHO International histological classification of tumours. Springer, Berlin Heidelberg New York Tokyo

Jacob W, Scheida D, Wingert F (Hrsg) (1978) Tumor-Histologie-Schlüssel (ICD-O-DA). International classification of diseases for oncology, Deutsche Ausgabe. Springer, Berlin Heidelberg New York

Jass JR, Sobin LH (1989) Histological typing of intestinal tumours, 2nd edn. WHO International histological classification of tumours. Springer, Berlin Heidelberg New York Tokyo

Kirchner T, Schalke B, Buchwald J, Ritter M, Marx A, Müller-Hermelink HK (1992) Well-differentiated thymic carcinoma. An organotypical low-grade carcinoma with relationship to cortical thymoma. Am J Surg Pathol 16: 1153–1169

Klatskin G (1965) Adenocarcinoma of the hepatic duct at its bifurcation within the porta hepatis. Am J Med 38: 241–256

Kleihues P, Burger PC, Scheithauer BW (1993) Histological typing of tumours of the central nervous system, 2nd edn. WHO International histological classification of tumours. Springer, Berlin Heidelberg New York Tokyo

Klöppel G, Solcia E, Longnecker DS, Capella C, Sobin LH (1996) Histological typing of tumours of the exocrine pancreas, 2nd edn. WHO International histological classification of tumours. Springer, Berlin Heidelberg New York Tokyo

Kramer IRH, Pindborg JJ, Shear M (1992) Histological typing of odontogenic tumours, 2nd edn. WHO International histological classification of tumours. Springer, Berlin Heidelberg New York Tokyo

Kurman RJ (ed) (1994) Blaustein's pathology of the female genital tract, 4th edn. Springer, Berlin Heidelberg New York Tokyo

Kurman RJ, Norris HJ, Wilkinson E (1992) Tumors of the cervix, vagina and vulva. Atlas of tumor pathology, 3rd series, fasc. 4. Armed Forces Institute of Pathology, Washington/DC

Kurman RJ, Solomon D (1994) The Bethesda System for reporting cervical/vaginal cytologic diagnoses. Springer, New York Berlin Heidelberg Tokyo

Laskowski J (1955) Zary onkologii, pathology of tumors. In: Kolodzieiska H, PZWL, Warsawa, 91–99 (zit. bei Dabska 1977)

Lennert K (1981) Histopathologie der Non-Hodgkin-Lymphome (nach der Kiel-Klassifikation und in Zusammenarbeit mit H. Stein). Springer, Berlin Heidelberg New York

Lennert K (1995) The proposal for a Revised European American Lymphoma classification – a new start of a transatlantic discussion. Histopathology 26: 481–483

Lennert K, Feller AC (1990) Histopathologie der Non-Hodgkin-Lymphome (nach der aktualisierten Kiel-Klassifikation). Springer, Berlin Heidelberg New York Tokyo

Lever WF, Schaumburg-Lever G (1989) Histopathology of the skin, 7th edn. Lippincott, Philadelphia

Ludwig WD, Raghavacker A, Thiel E (1994) Immunophenotypic classification of acute lymphoblastic leukemia. Baillière's Clin Haematol 7: 235–262

Lundberg G (1989) 1988 Bethesda system for reporting cervical/vaginal histological diagnosis. J Am Med Assoc 262: 931–934

Mathé G, Rappaport H (1976) Histological and cytological typing of neoplastic diseases of haematopoetic and lymphoid tissues. International histological classification of tumours No. 14. WHO, Geneva

Matsunou H, Konishi F, Jalal REA, Yamamichi N, Mukawa A (1994) Alpha-fetoprotein-producing gastric carcinoma with enteroblastic differentiation. Cancer 73: 534–540

Mazur MT, Kurman RJ (1994) Gestational trophoblastic disease and related lesions. In: Kurman RJ (ed) Blaustein's pathology of the female genital tract, 4th edn. Springer, Berlin Heidelberg New York Tokyo

McLean IW, Burnier MN, Zimmerman LE, Jakobiec FA (1994) Tumors of the eye and ocular adnexa. Atlas of tumor pathology, 3rd series, fasc. 12. Armed Forces Institute of Pathology, Washington/DC

Mennel HG (1988) Geschwülste des zentralen und peripheren Nervensystems. In: Doerr W, Seifert G, Uehlinger E (Hrsg) Pathologie des Nervensystems. Spezielle pathologische Anatomie, Bd 13/III. Springer, Berlin Heidelberg New York Tokyo

Mitschke H, Schaefer HJ (1981) Nebennierenmark. In: Doerr W, Seifert G, Uehlinger E (Hrsg) Pathologie der endokrinen Organe. Spezielle pathologische Anatomie, Bd 14/II. Springer, Berlin Heidelberg New York Tokyo

Moran CA, Hochholzer L, Rush W, Koss MN (1996) Primary intrapulmonary meningiomas. Cancer 78: 2328–2333

Mostofi FK (1973) Histological typing of urinary bladder tumours. International histological classification of tumours, No. 10. WHO, Geneva

Mostofi FK (1977) Histological typing of testis tumours. International histological classification of tumours, No. 16. WHO, Geneva

Mostofi FK (1981) Histological typing of kidney tumours. International histological classification of tumours, No. 25. WHO, Geneva

Mostofi FK, Sesterhenn IA, Davis CJ Jr (1993) A pathologist's view of prostatic carcinoma. Cancer 71: 906–932

Müller K-M (1983) Lungentumoren. In: Doerr W, Seifert G, Uehlinger E (Hrsg) Pathologie der Lunge. Spezielle pathologische Anatomie, Bd 16/II. Springer, Berlin Heidelberg New York

Müller-Hermelink HK, Marino M, Palestro G (1986) Pathology of thymic epithelial tumors. Curr Top Pathol 75: 207–268

Murphy GF, Elder DE (1991) Non-melanocytic tumors of the skin. Atlas of tumor pathology, 3rd series, fasc. 1. Armed Forces Institute of Pathology, Washington/DC

Murphy WM, Beckwith JB, Farrow GM (1994) Tumors of the kidney, bladder, and related urinary structures. Atlas of tumor pathology, 3rd series, fasc. 11. Armed Forces Institute of Pathology, Washington/DC

Nalesnik MA, Jaffe R, Starzl TE, Demetris AJ, Porter K, Burnham JA, Makowka L et al. (1988) The pathology of posttransplant lymphoproliferative disorders occuring in the setting of cyclosporine A-prednisone immunosuppression. Am J Pathol 133: 173–192

National Cancer Institute (1982) The non-Hodgkin's lymphoma pathologic classification project. NCI sponsored study of classifications of non-Hodgkin's lymphoma. Cancer 49: 2112–2135

Niemeyer C, Stollmann-Gibbels B, Ebell W, Gaedicke G, Creutzig U (1992) Myelodysplastische Erkrankungen im Kindesalter. Klin Pädiatr 204: 190–197

Orosz ZS, Sapi Z, Szentermay Z (1993) Unusual benign neurogenic soft tissue tumor: Epitheloid schwannoma or an ossifying fibromyxoid tumor? Pathol Res Pract 189: 601-605 + Critical commentary by Enzinger and Miettinen, ibid. 605–607

Österreichische Gesellschaft für Pathologie (Hrsg) (1994) Histologische Tumorklassifikation – Histopathologische Nomenklatur und Klassifikation der Tumoren und tumorähnlichen Veränderungen. Springer, Wien New York

OTD (1995) = Organspezifische Tumordokumentation (s. Wagner G, Hermanek P)

Percy CL, Berg JW, Thomas LB (eds) (1968) Manual of tumor nomenclature and coding. American Cancer Society

Percy C, Holten V van, Muir C (eds) (1990) ICD-O. International classification of diseases for oncology, 2nd edn. WHO, Geneva

Petersen RO (1992) Urologic oncology, 2nd edn. Lippincott, Philadelphia

Pindborg JJ, Reichart PA, Smith CJ, van der Waal I (1997) Histological typing of cancer and precancer ot the oral mucosa. 2nd edn. WHO International histological classification of tumours. Springer, Berlin Heidelberg New York Tokyo

Proppe KH, Scully RE (1980) Large cell calcifying Sertoli cell tumor of the testis. Am J Clin Pathol 74: 607–619

Pugh RCB (ed) (1976) Pathology of the testis. Blackwell, London Melbourne

Ridley CM, Frankman O, Jones ISC, Pincus S, Wilkinson EJ (1989) New nomenclature for vulvar disease. International Society for the Study of Vulvar Disease. Hum Pathol 20: 495–496

Rosai J (1996) Ackerman's surgical pathology, 8th edn. Mosby, St. Louis Toronto Washington

Rosai J, Carcangiu ML, DeLellis RA (1992) Tumors of the thyroid gland. Atlas of tumor pathology, 3rd series, fasc 5. Armed Forces Institute of Pathology. Washington/DC

Rosen PP, Oberman HA (1993) Tumors of the mammary gland. Atlas of tumor pathology, 3rd series, fasc 7. Armed Forces Institute of Pathology. Washington/DC

Russell P (1994) Surface epithelial-stromal tumors of the ovary. In: Kurman RJ (ed) Blaustein's pathology of the female genital tract, 4th edn. Springer, New York Berlin Heidelberg Tokyo

Schajowicz F (1993) Histological typing of bone tumours, 2nd edn. WHO International histological classification of tumours. Springer, Berlin Heidelberg New York Tokyo

Schwechheimer K (1990) Spezielle Immunmorphologie neurogener Geschwülste. In: Doerr W, Seifert G, Uehlinger E (Hrsg) Pathologie des Nervensystems IV. Spezielle pathologische Anatomie, Bd 13/IV. Springer, Berlin Heidelberg New York Tokyo

Scully RE, Bonfiglio TA, Kurman RJ, Silverberg SG, Wilkinson EJ (1994) Histological typing of female genital tract tumours, 2nd edn. WHO International histological classification of tumours. Springer, Berlin Heidelberg New York Tokyo

Seifert G (1991) Histological typing of salivary gland tumours. WHO International histological classification of tumours, 2nd edn. Springer, Berlin Heidelberg New York Tokyo

Serov SF, Scully RE (1973) Histological typing of ovarian tumours. WHO International histological classification of tumours, No. 9. WHO, Geneva

Shanmugaratnam K (1991) Histological typing of tumours of the upper respiratory tract and ear. WHO International histological classification of tumours, 2nd edn. Springer, Berlin Heidelberg New York Tokyo

Shepherd NA, Scholefield JH, Love SB, England J, Northover JMA (1990) Prognostic factors in anal squamous carcinoma: a multivariate analysis of clinical, pathological and flow cytometric parameters in 235 cases. Histopathology 16: 545–555

Siebenmann RE, Odermatt B, Hegglin J, Binswanger RO (1990) Alveolar cell adenoma, a recently identified benign lung tumour. Pathologe 11: 48–54

Silverberg SG, Kurman RJ (1992) Tumors of the uterine corpus and gestational trophoblastic disease. Atlas of tumor pathology, 3rd series, fasc 3. Armed Forces Institute of Pathology, Washington/DC

Singer ChRJ, Goldstone AH (1995) The chronic leukemias. In: Peckham M, Pinedo H, Veronesi U (eds) Oxford textbook of oncology. Oxford Univ Press, Oxford New York Tokyo

Sloane JP, Amendoeira I, Apostolikas N, Bellocq JP, Bianchi S, Böcker W, Bussolati G et al. (1997) Leitlinien für die Pathologie – Anhang zu den Europäischen Leitlinien für die Qualitätssicherung beim Mammographiescreening. Bericht der Arbeitsgruppe Pathologie der Europäischen Gemeinschaft. Pathologe 18: 71–88

SNOMED – Systematische Nomenklatur der Medizin (1984). Bd I: Numerischer Index, Bd II: Alphabetischer Index. (Hrsg der am. Ausg: Roger A Côté. Dt. Ausg bearbeitet und adaptiert von F. Wingert). Springer, Berlin Heidelberg New York Tokyo

Sobin LH, Thomas LB, Percy C, Henson DE (eds) (1978) A coded compendium of the international histological classification of tumours. WHO, Geneva

Soost H-J (1990) Münchener Nomenklatur II – Befundwiedergabe in der gynäkologischen Zytologie. Gynäkol Praxis 14: 433–438

Stausberg J, Schneider H (1996) Folgen und Kosten des Gesundheitsstrukturgesetzes für ein Informationssystem in der Chirurgie. Inform, Biometr, Epidemiol Med Biol 27: 123–138

Steeper TA, Rosai J (1983) Aggressive angiomyxoma of the female pelvis and perineum: Report of 9 cases of distinctive type of gynecologic soft-tissue neoplasm. Am J Surg Pathol 7: 463–475

Stein H, Müller-Hermelink KH, Hiddemann W (1996) Persönliche Mitteilung

Swerdlow AJ, English JSC, Qiao Z (1995) The risk of melanoma in patients with congenital nevi: A cohort study. J Am Acad Dermat 32: 595–599

Talerman A (1994) Germ cell tumors of the ovary. In: Kurman RJ (ed) Blaustein's pathology of the female genital tract. 4th edn. Springer, Berlin Heidelberg New York Tokyo

Thoenes W, Störkel St, Rumpelt HJ (1986) Histopathology and classification of renal cell tumors (adenomas, oncocytomas and carcinomas). The basic cytological and histopathological elements and their use for diagnostics. Pathol Res Pract 181: 125–143

Thoenes W, Störkel S, Rumpelt HJ, Moll R (1990) Cytomorphological typing of renal cell carcinoma – a new approach. Eur Urol 18 (Suppl): 6–9

UICC (1965) Illustrated tumor nomenclature. Springer, Berlin Heidelberg New York

UICC (1987, 1993a) TNM-Klassifikation maligner Tumoren. (Hrsg: Hermanek P, Scheibe O, Spiessl B, Wagner G), 4. Aufl. 1987; 4. Aufl., 2. Revision 1992. Springer, Berlin Heidelberg New York Tokyo

UICC (1993b) TNM Supplement 1993. A commentary on uniform use. (Eds: Hermanek P, Henson DE, Hutter RVP, Sobin LH). Springer, Berlin Heidelberg New York Tokyo

VandenBerg SR, Mary EE, Rubinstein LJ, Herman MM, Perentes E, Vinores SA, Collins VP et al. (1987) Desmoplastic supratentorial neuroepithelial tumors of infancy with divergent differentiation potential („desmoplastic infantile gangliogliomas"). Report on 11 cases of a distinctive embryonal tumor with favorable prognosis. J Neurosurg 66: 58–71

Wagner G (Hrsg) (1974, 1979, 1988) Tumorlokalisationsschlüssel, 1.–3. Auflage. Springer, Berlin Heidelberg New York

Wagner G (Hrsg) (1991,1993) Tumorlokalisationsschlüssel. International classification of diseases for oncology, ICD-O, 2. Aufl. Topographischer Teil. 4. Aufl. 1991, 5. Aufl. 1993. Arbeitsgemeinschaft Deutscher Tumorzentren (ADT) – Tumordokumentation in Klinik und Praxis, Band 3. Springer, Berlin Heidelberg New York Tokyo

Wagner G, Hermanek P (1995) Organspezifische Tumordokumentation – Prinzipien und Verschlüsselungsanweisungen für Klinik und Praxis. Arbeitsgemeinschaft Deutscher Tumorzentren (ADT) – Tumordokumentation in Klinik und Praxis, Band 2. Springer, Berlin Heidelberg New York Tokyo

Warnke RA, Weiss LM, Chan JKC, Cleary ML, Dorfman RF (1995) Tumors of the lymph node and spleen. Atlas of Tumor Pathology, 3rd series, fasc. 14. Armed Forces Institute of Pathology, Washington/DC

Watanabe H, Jass JR, Sobin LH (1990) Histological typing of oesophageal and gastric tumours, 2nd edn. WHO International histological classification of tumours. Springer, Berlin Heidelberg New York Tokyo

Weiss SW (1994) Histological typing of soft tissue tumours. 2nd edn. WHO International classification of tumours. Springer, Berlin Heidelberg New York Tokyo

Wenig BM (1993) Atlas of head and neck pathology. Saunders, London

Whitaker D, Henderson DW, Shilkin KP (1992) The concept of mesothelioma in situ: implications for diagnosis and histogenesis. Semin Diagn Pathol 9: 151–161

WHO (1967 ff.) International histological classification of tumours. 1st edn, vol 1–25 (1967–1981) WHO, Geneva; 2nd edn, vol 1 and 2 (1981) WHO, Geneva; further volumes (1988 ff.) Springer, Berlin Heidelberg New York

WHO (1976) ICD-O. International classification of diseases for oncology, 1st edn. WHO, Geneva

WHO (1981a) Histological typing of lung tumors, 2nd edn. International histological classification of tumours. WHO, Geneva

WHO (1981b) Histological typing of breast tumors, 2nd edn. International histological classification of tumours. WHO, Geneva

Wilkinson EJ, Keale B, Lynch M (1986) Report of the ISSVD Terminology Committee. J Reprod Med 31: 973–974

Williams ED (1980) Histological typing of endocrine tumors. WHO International histological classification of tumours, Vol. 23. WHO, Geneva

Woringer F, Kolopp P (1939) Lésion érythémato-squameuse polycyclique de l'avant-bras évoluant depuis 6 ans chez un garçonnet de 13 ans. Ann Dermat Syphilol 10: 945–958

Yoshimi N, Sugie S, Tanaka T, Aijin W, Bunai Y, Tatematsu A, Okada T (1992) A rare case of serous cystadenocarcinoma of the pancreas. Cancer 69: 2449–2453

Young RH, Scully RE (1982) Ovarian sex-cord-stromal tumors. Recent progress. Int J Gynecol Pathol 1: 101–123

Young RH, Scully RE (1983) Ovarian sex cord-stromal tumors with bizarre nuclei. A clinicopathologic analysis of 17 cases. Int J Gynecol Pathol 1: 325–335

Young RH, Scully RE (1994) Sex cord-stromal, steroid cell, and other ovarian tumors with endocrine, paraendocrine, and paraneoplastic manifestations. In: Kurman RJ (ed) Blaustein's pathology of the female genital tract, 4th edn. Springer, Berlin Heidelberg New York Tokyo

Zimmerman LE (1980) Histological typing of tumours of the eye and its adnexa. WHO International histological classification of tumours, No. 24. WHO, Geneva

Zülch KJ (1979) Histological typing of tumours of the central nervous system. WHO International histological classification of tumours, No. 21. WHO, Geneva

If you have any concerns about our products,
you can contact us on
ProductSafety@springernature.com

In case Publisher is established outside the EU,
the EU authorized representative is:
**Springer Nature Customer Service Center GmbH
Europaplatz 3, 69115 Heidelberg, Germany**

Printed by Libri Plureos GmbH
in Hamburg, Germany